国家社科基金重大招标项目"海洋生态损害补偿制度及公共治理机制研究——以中国东海为例"（批准号：16ZDA050）。

国家社科基金丛书
GUOJIA SHEKE JIJIN CONGSHU

海洋生态损害补偿制度研究
——以中国东海为例

Compensation Systems for Marine Ecological Damage：
A Case Study of the East China Sea

沈满洪　胡求光　李加林　等著

人民出版社

责任编辑：吴焰东
封面设计：石笑梦
封面制作：姚　菲
版式设计：胡欣欣

图书在版编目（CIP）数据

海洋生态损害补偿制度研究：以中国东海为例/沈满洪 等 著. —北京：
　人民出版社,2022.5
ISBN 978－7－01－023868－5

Ⅰ.①海…　Ⅱ.①沈…　Ⅲ.①东海-海洋污染-补偿机制-研究　Ⅳ.①X55

中国版本图书馆 CIP 数据核字（2021）第 209269 号

海洋生态损害补偿制度研究

HAIYANG SHENGTAI SUNHAI BUCHANG ZHIDU YANJIU

——以中国东海为例

沈满洪　胡求光　李加林 等　著

人 民 出 版 社 出版发行
（100706　北京市东城区隆福寺街 99 号）

北京汇林印务有限公司印刷　新华书店经销

2022 年 5 月第 1 版　2022 年 5 月北京第 1 次印刷
开本：710 毫米×1000 毫米 1/16　印张：32.25
字数：450 千字

ISBN 978－7－01－023868－5　定价：135.00 元

邮购地址 100706　北京市东城区隆福寺街 99 号
人民东方图书销售中心　电话 （010）65250042　65289539

目　　录

第四篇 | 评估篇

第五篇 ｜ 治理篇

第一篇

总论篇

——海洋生态损害补偿制度及公共治理机制的理论框架

1

海洋生态损害的严峻性与美丽中国为目标的生态文明建设形成鲜明的反差,东海海域尤其如此。海洋生态保护的"制度拥挤"现象与海洋生态保护制度绩效低下形成鲜明的反差,在制度创新走在全国前列的东海沿海地区尤其如此。实践中对海洋生态损害补偿制度的强烈需求与理论上对海洋生态损害补偿制度研究的相对不足形成鲜明的反差,反映了社科思想供给与政府咨询需求之间的脱节。因此,研究海洋生态损害补偿制度及公共治理机制十分重要并极其紧迫。

本篇主要阐述了海洋生态损害补偿的概念界定、研究基础、补偿主体、受偿主体、价值评价、资金流向、保障措施等问题,实际上就是概略地研究了海洋生态损害补偿制度及公共治理机制建设的"为何补偿""何谓补偿""谁来补偿""补偿给谁""补偿多少""如何补偿"等基本问题。总论篇相当于为全书构建了一个基本框架和理论假说,通过分论篇进一步求证这一基本框架和理论假说。

本篇研究形成下列主要观点:

第一,海洋生态损害补偿必须通过人对人的补偿进而实现人对海的补偿。海洋生态损害源于外部性导致海洋生态保护的"搭便车",公共性导致的海洋生态环境"公地悲剧",寻租活动的危害导致政府机制失灵,政府管制机制失效导致"零和博弈"。因此,需要构建海洋生态损害补偿制度解决或部分解决这些问题。海洋生态损害表面上看是人对海的损害,实质上是人对人的损害,因此,要实现人对海的补偿必须解决人对人的补偿问题。

第二,海洋生态损害补偿制度是"多个补偿者"补偿"多个受偿者"的关系。政府、企业、居民都有可能是海洋生态损害者,因此,都可能成为"补偿者";政府、企业、居民都有可能是海洋生态受害者,因此,都有可能是"受偿者"。政府作为补偿和受偿主体还因为政府是海洋生态资源的所有者,是海洋权益的代言人。从补偿主体的角度看,也可以分别称作政府补偿、市场补偿和社会补偿。社会补偿的重要方面是海洋生态保险组织参与到海洋生态保护中来,为海洋生态损害的相关企业分担风险。补偿者补偿受偿者往往是在海洋生态损害检测机构、仲裁机构及中介组织等的参与下完成的。

第三,海洋生态损害及其补偿价格的确定已经有一系列方法可以测算和参考。海洋生态损害的价值评估虽然尚未形成公认的方法,但是,市场价值法、替代市场法和假想市场法三大类十多种具体的方法足以供补偿研究和补偿实践选择。每种方法都有各自的优点和缺点,也有各自的使用范围。相比较而言,直接评估法优于间接评估方法,因此,在选择各生态系统服务价值评估方法时,按直接市场法>替代市场法>假想市场法的顺序进行选择。

第四,海洋生态损害补偿的资金筹措需要根据海洋生态损害的事权责任关系建立融资渠道。对于损害主体不清晰的海洋生态损害,应以政府财政出资为主;对于损害主体清晰的海洋生态损害,应由损害者付费补偿。从补偿主体和受偿主体分别由政府、企业、社会的构成看,既包括单一补偿主体又包括组合补偿主体,既包括单一受偿主体又包括组合受偿主体。从补偿主体的主导性可以区分为政府主导型补偿模式、市场主导型补偿模式和准市场型补偿模式。

第一章　绪　论

党的十八大报告首次提出美丽中国建设和海洋强国建设的战略目标,党的十九报告进一步强调加快美丽中国建设和加快海洋强国建设。美丽海洋是美丽中国的重要组成部分,没有美丽海洋就没有美丽中国。然而,海洋生态文明建设的体制机制研究相对滞后,急需对海洋生态损害补偿制度等问题加强研究。绪论主要阐述前提性、概念性、框架性的内容。因此,本章着重阐述海洋生态损害补偿制度的研究背景和意义、研究框架和内容、概念界定和甄别、主要创新和对策等。

第一节　研究背景和意义

一、问题异常严峻

本书的"问题对象"是中国海洋生态损害补偿制度。所涉及的问题包括:海洋生态损害怎么样? 海洋生态损害程度有多大? 海洋生态损害补偿制度如何构建? 海洋生态损害及其补偿价格如何确定? 海洋生态损害补偿制度如何实现公共治理? 这些问题的回答首先置于东海这一特定海域,而所构建的治理结构及其实现机制又适合于其他海域。需要说明的是:第一,海洋生态损害包括近海与远海、浅海与深海等不同海域,本书重点针对海洋生态损害比较突出的近海与浅海。第二,生态损害涉及野蛮捕捞、石油泄漏等众多类型,为了聚焦研究对象,本书重点针对的是填海工程、围涂工程、陆源污染等生态损害问题。第三,东海海域尚存在国际或区域之间的争端和冲突,但本书研究不涉及国际争端和两岸分歧的相关问题。

本书的"海域对象"是中国东海海域,重点指向近海、浅海及海岛。东海是中国三大边缘海之一,是指中国东部长江口外的大片海域,北临黄海,东临太平洋,南接台湾海峡,东海海域大约 70 万平方千米。中国东海的近海、浅海及海岛面临的生态损害是重中之重。之所以以东海海域作为研究对象,主要出于下列四个因素:

第一,东海海域是中国生态环境损害最严重的海域。根据《中国近岸海域环境质量公报》(2006—2017 年),在渤海、黄海、东海、南海四大海域中,东海的劣三类海水面积所占比重在 40% 以上,远高于其他三大海域,而且从 2008 年以来呈现出逐渐上升的趋势。防治东海生态环境损害是一项紧迫的任务,同时也可以为其他海域的污染治理提供示范。海洋生态损害补偿制度的探索首先从生态损害严重的海域入手,既更必要,也更可能。

第二,东海海域是中国岛屿最多的海域。中国共有大小岛屿 5000 多座,岛屿岸线总长 1.4 万多千米。东海约占岛屿总数的 60%,约 3000 多座;南海约占岛屿总数的 30%,约 1500 座;黄、渤海约占岛屿总数的 10%,约 500 座。东海海域不仅岛屿众多,而且经济活跃,人口密集,海洋生态损害涉及经济主体特别复杂,急需协调海洋生态损害的损益关系。

第三,东海沿海是中国经济最发达的区域。东海沿海涉及浙江、福建、上海等"两省一市",是中国长三角地区的重要组成部分,是中国长江经济带的龙头主体,东海沿海地区的经济地位极其重要。台湾之外的东海沿海地区浙江、福建和上海"两省一市",陆域面积占全国的 2.3%,人口占全国的 7%,GDP 却占全国的 14%。随着经济社会的发展,无论是生产者还是消费者均对生态环境质量的需求呈现出递增的趋势。但是,东海海域的生态损害和环境污染却呈现出加剧的趋势。中央实施海洋督察制度前,沿海各地近似疯狂的"填海工程""围涂工程""排海工程"严重地威胁着海洋安全。如果东海生态受到破坏,不仅会阻碍海洋经济强国建设,而且会影响中华民族伟大复兴的中国梦的实现。海洋生态损害补偿制度可能是解决东海海洋危机的重要手段之一,加强该制度的研究十分紧迫。

第四,东海生态治理是相对薄弱的海域。杭州湾是东海最大的海湾,流入东海的河流有长江、钱塘江、闽江及浊水溪等。东海海域的生态治理面临着错综复杂的矛盾:一是东海近海海域涉及浙江、福建、上海等地的海洋环境保护往往是"零和博弈"多于"非零和博弈";二是长江入海口的污染物排放及生态工程的建设绝非东海沿海"两省一市"可以左右,而是涉及整个长江流域的污染者。由于东海生态损害问题的复杂性,在东海生态治理方面呈现出畏难情绪。如果不能迎难而上,东海生态安全形势将日益加剧。研究东海生态损害补偿制度是一种迎难而上的战略选择。

二、研究相对不足

随着人类活动从"陆域"到"海洋"的不断拓展,从"陆域环境污染"到"海洋生态损害"认识的不断深化,国内学界普遍认为:海洋生态损害形势严峻,通过建立生态补偿制度,为海洋生态和环境可持续发展提供制度保障已迫在眉睫。

迄今为止,海洋生态损害补偿研究已经在以下几方面取得了较为丰富的研究成果:第一,阐述了海洋生态损害及海洋生态损害补偿的内涵。虽然不同的规章对于"生态损害""损害补偿"相关概念在内涵界定上还存在某些差异,但对于核心问题已形成一些基本共识,比如一般认为海洋生态损害补偿是针对经过批准的、在合法的海洋开发和利用过程中产生的海洋环境与生态系统的损害的补偿修复。第二,尝试分析了海洋生态损害补偿主体。虽然对海洋生态损害补偿主体研究较少,但已经对生态损害补偿的抽象主体(如国家)和具体主体(如行政机关、企业法人、个人等)两种不同类型的主体进行了探讨。第三,初步探讨了海洋生态损害的评估和补偿标准。海洋生态损害评估是海洋生态损害补偿标准研究的基础,以生境等价分析法和生态系统服务价值法为典型代表的海洋生态损害评估研究已出现。基于这两种方法核算的海洋生态损害补偿标准也已有初步成果。

海洋生态损害补偿是在海洋生态损害赔偿和海洋生态保护补偿制度建立的背景下提出的一种针对海洋生态环境的补偿制度。它不同于生态保护补偿的激励机制,强调的是海洋资源使用者对产生的环境负外部性的"买单",从这一角度看它是一种海洋使用者的"赔偿"机制;但它也不同于海洋生态损害赔偿的违法追责机制,强调的是对受损海洋生态环境的建设和修复,从这一角度看它是一种对海洋环境的"补偿"机制。

海洋生态损害补偿制度的理论和实践研究历史较短。从不同角度审视均存在研究的不足:从概念内涵来看,对"生态损害"的概念界定尚未达成共识,不同的文献对"生态损害补偿"的界定存在差异;从损害类型来看,以往的研究主要集中在围填海造陆工程、跨海大桥工程的工程性海洋损害研究,对污染性的海洋生态损害补偿研究甚少;从损害核算方法来看,由于海洋生态损害的非市场价值评估的方法本身存在较多的不确定性、不全面性以及不完全假设条件而受到一些质疑,尚缺乏一套科学的核算体系;从补偿机制来看,以往的研究主要集中在理论与内涵解析、生态损害价值量化以及法律基础分析,缺乏对于补偿机制的系统性研究;从立法实践来看,以往的研究主要集中在地方的试点,如山东、浙江、福建、天津等各省市自行制定的相关暂行办法,国家层面尚未发布统一的操作办法,因此海洋生态损害补偿的公共治理机制亟待完善。总体来看,现阶段海洋生态损害补偿制度的研究范围不够全面,研究体系不够完整,研究结果不够权威,海洋生态损害补偿制度研究尚未形成成熟的体系,从损害评估到标准制定再到制度出台尚存在较大的研究空间。

三、可能的拓展空间

（一）海洋生态损害补偿机理揭示

海洋生态损害已在认识层面基本达成共识,相关概念内涵也基本明确,但具体的海洋生态损害的生成机理、海洋生态损害的补偿机制以及公共治理机制还没有得到充分揭示。针对研究范围的抽象性和具体性特征,需要以典型的海洋生态损害补偿制度研究案例进行具体性研究,在此基础上提炼海洋生态损害补偿制度研究范围界定的一般性原则和特殊性原则。因此,有必要针对不同的中国海域、针对不同的生态损害、针对不同的补偿模式进行深入研究,实现从具体到一般的提升。

（二）海洋生态损害评估及损益主体分析

生态损害补偿制度研究不仅涉及相关概念内涵的界定问题,更为重要的是需要对东海生态损害状况、损害程度加以评估,并在此基础上精准定位生态损害损益主体之间的利益关系。海洋生态损害补偿针对不同类型的海洋生态损害进行损益主体关系的博弈分析,测算不同的海洋生态补偿力度和不同的制度组合下的不同制度绩效评估,梳理海洋生态损害补偿的基本框架及该制度促进海洋生态经济协调发展的机理,尚有较大的拓展研究空间。

（三）海洋生态损害补偿标准测算

针对以往研究中对于海洋生态损害"摸不清",补偿"算不准"的问题,结合东海生态损害的典型案例进行评估,对现有海洋生态损害赔偿标准以及补偿预测模型进行多方面改进:一是需要在市场价值法、替代市场法、假想市场法等不同方法中选择评价方法;二是按照工程性损害、污染性损害、突发性损

害等不同的海洋生态损害案例进行价值损益评价;三是就不同工程或项目的
经济效益、生态效益等综合效益进行评判,并就相关结论与以往类似研究结论
进行比较分析。

(四)海洋生态损害补偿的公共治理机制探索

欧、美、日等海洋发达国家在海洋生态损害补偿的公共治理领域拥有雄厚
的研究基础,形成了多种成功的治理模式,很多经验可以为我国海洋生态损害
补偿的公共治理提供有益的借鉴。我国海洋生态损害补偿的公共治理应在借
鉴国际经验和国内外相关研究成果的基础上,结合我国现阶段海洋生态损害
的实际状况,构建合理的海洋生态损害补偿制度的治理结构,解决市场失灵、政
府失灵和社会失灵问题。另外,梳理海洋生态损害补偿治理类别、选择各类分
析要素,归纳现有的海洋生态损害补偿治理结构存在的问题,设计合理的海洋
生态损害补偿治理结构,构建海洋生态损害补偿治理结构建设的各项保障机制。

第二节 研究框架和内容

本书由五篇构成,分别是"总论篇""基础篇""主体篇""评估篇""治理篇"。

一、总论的研究框架和内容

"总论篇"除了绪论外,主要阐述六个方面的内容:

(一)海洋生态损害补偿内涵研究

海洋生态损害补偿内涵研究主要回答"何谓补偿"。狭义的生态补偿就
是基于生态保护具有正外部性而对生态保护者进行补偿的制度安排,这是一
种保护者受偿的制度。广义的生态补偿除了狭义的生态补偿所包含的内容
外,还包括基于生态损害具有负外部性而要求损害者提供补偿的制度安排,这

是一种损害者补偿的制度。进一步又要延伸到人对自然的补偿,而不再局限于人对人的补偿。结合海洋问题,需要区分海洋有偿使用、海洋生态补偿、海洋损害赔偿等概念,需要区分海洋生态保护补偿与海洋生态损害补偿的联系和区别。海洋生态损害补偿制度是基于海洋生态损害的负外部性要求海洋生态损害者补偿其外部损害并进而恢复海洋生态功能的制度安排。

(二)海洋生态损害补偿主体研究

海洋生态损害补偿主体研究主要回答"谁来补偿"。海洋生态损害类型多样,大致包括工程损害型、污染损害型和突发损害型等。不同类型的施害者是不同的,与此对应的补偿主体也是不同的。在涉海工程建设、突发性海洋污染等施害主体能够明晰的情况下,毫无疑问坚持"谁损害、谁补偿"的原则,政府损害就政府补偿,企业损害就企业补偿,居民损害就居民补偿;在陆源污染等渐进式排污等施害主体难以明晰的情况下,补偿主体可能是代表公共利益的政府。为此,需要对不同类型的海洋生态损害进行分门别类的研究,提出不同情景下的补偿主体。

(三)海洋生态损害受偿主体研究

海洋生态损害受偿主体研究主要回答"补偿给谁"。海洋生态损害的对象可以分为两种类型:一是受损主体是产权明晰的私人经济主体,在这种情况下坚持"谁受损、补偿谁"的原则;二是受损主体是产权模糊的公共海洋或海域,在这种情况下,一般考虑代表公共利益的政府。但是,为了避免"运动员"与"裁判员"合一的制度缺陷,受偿主体也可以是社会中介组织,例如海洋生态保护基金会等。在受偿金获得主体明确的情况下,还要考虑海洋生态损害是可修复的还是不可修复的。对于可以修复的海洋生态环境,需要把受偿金用于海洋生态修复;对于不可修复的海洋生态环境,需要追究损害者的经济外责任乃至法律责任。

（四）海洋生态损害补偿标准研究

海洋生态损害补偿标准研究主要回答"补偿多少"。只有知道海洋生态损害导致的损失的大小，才可以明确补偿的金额。总的看，海洋生态损害价值评价包括市场价值法、替代市场法、假想市场法。不同的方法具有不同的优势和劣势，也具有不同的适用范围。为此，结合已有的海洋生态损害价值评价的方法，做一个方法评析，提出不同情境下可能使用的方法。

（五）海洋生态损害补偿方式研究

海洋生态损害补偿方式研究主要回答"如何补偿"。这个部分主要解决钱从哪里来，又到哪里去。为此，需要考察资金筹措渠道、资金流动方向、资金使用规范、补偿讨价还价、补偿具体方式等。通过这些问题的解决构建海洋生态损害补偿中的收入流量模型。同时，对于可修复的海洋生态损害，还要考察如何有效修复海洋生态。

（六）海洋生态损害补偿条件研究

海洋生态损害补偿条件研究主要回答"怎样补偿"。建立海洋生态损害补偿制度，至少需要下列外部条件：一是生态监测体系建设。根据海洋生态环境检测和监测的结果来确定海洋生态环境的损害情况。二是信息披露体系建设。根据海洋生态环境损害检测的结果及涉海工程建设的相关信息需要及时向公众披露信息。三是法律保障体系建设。既要推动海洋生态损害的上位法的建设，又可针对特定海域或省域制定地方性法规，以法律保障补偿制度的真正落实。

二、分论的研究框架和内容

本书设四个分论，分别承担补偿基础——"基础篇"、补偿主体——"主体篇"、补偿标准——"评估篇"和补偿治理——"治理篇"等四大问题的研究。

（一）基础篇：东海生态损害的总体评估及现有制度调查研究

本篇主要研究了三个方面的内容：梳理东海海洋生态损害的演变趋势，从生态损害的类型和区域层面对东海生态损害进行综合性评估；从市场机制失灵、政府机制失灵和社会机制失灵角度，揭示东海生态损害发生的制度根源；在梳理现有东海生态保护制度基础上，从投入产出视角构建生态保护制度绩效评估模型，分析东海生态治理效率的变化趋势；剖析海洋生态保护制度演进逻辑，分析海洋生态损害补偿制度与现有海洋保护制度之间的互补、替代和关联关系，明确海洋生态损害补偿制度的创新重点。

（二）主体篇：东海生态损害的损益主体关系及补偿机理研究

本篇包括四部分内容，分别为海洋生态损害补偿的宏观主体关系、海洋生态损害补偿的微观主体关系、海洋生态损害补偿主体关系的确立与调整、海洋生态损害补偿主体的支付意愿与方式。海洋生态损害补偿的宏观主体讨论的是政府主导的补偿框架下基于系统聚类法对沿海城市及其相关的陆地城市之间的补偿与被补偿关系进行界定。海洋生态损害补偿的微观主体讨论的是司法判例中海洋生态损害补偿纠纷中原告与被告之间的补偿关系，并基于逐步回归模型、多元逻辑模型、条件价值法和选择实验法等探讨相关利益主体的支付意愿及影响因素。不同的损益主体关系对应不同的生态补偿绩效，基于动态随机一般均衡模型的绩效导向的损益主体关系优化选择能够甄别出有效的海洋生态损害补偿制度，最终影响海洋生态损害补偿制度的建设方案。

（三）评估篇：东海生态损害补偿标准测算及典型案例研究

本篇在分析海洋生态系统分类体系及海洋生态系统服务价值构成的基础上，通过对海洋生态损害事件类型的划分，构建相应的海洋生态损害因果认定程序，形成不同类型海洋生态损害程度判别的方法。在海洋生态损害评估方法适用性分析的基础上,探讨了海洋生态损害评估方法同海洋生态损害补偿标准二者之间的关系,建立基于博弈论的海洋生态损害补偿框架及实施过程。在分析海洋生态损害补偿成本构成的基础上,构建包括发展机会成本、生态损害成本及生态修复成本在内的海洋生态损害补偿成本核算体系,并探讨了基于生态恢复力与影响周期的海洋生态损害补偿标准。在此基础上,定量分析生态损害程度,并构建相应的补偿标准成本核算体系,确定生态损害补偿标准。

(四)治理篇:海洋生态损害补偿的公共治理机制研究

本篇从治理结构分析的视野将海洋生态损害补偿治理问题区分成以下三个层面,即法律政策价值构建性的、法律政策制定性的、法律政策实施性的海洋生态损害补偿治理。海洋生态损害补偿治理涉及多个要素,本篇将治理要素分成三类,即行动者、行动者之间的关系以及行动者赖以交往的行动舞台,并逐类在不同层面的海洋生态损害补偿治理中进行分析。在此基础上,探讨了海洋生态损害补偿治理的内在运作机制,即行动者如何影响行动舞台、行动舞台又怎样影响行动者之间的关系建构、行动者又是如何影响行动者之间的关系。针对现实的与理想的海洋生态损害补偿治理结构存在着"条块分割、综合困难""政府核心、群体分割""联结方式单一、行动舞台缺乏"等问题,提出了在海洋生态损害补偿治理中行政体制要弱化条块、强化综合,建设政府部门间的"合作伙伴型"治理结构,以及实现"政府—社会—经济"从单一联结方式向多元联结方式转变等对策建议。

第三节 相关概念界定

海洋生态损害补偿是由学者提出并被某些地方政府采纳甚至在国家相关文件中出现的一个重要概念。但是,海洋生态损害补偿与海洋生态保护补偿、海洋生态损害赔偿等概念往往是模糊不清的。对这些概念作出明确界定,无论对于生态保护补偿制度、生态损害赔偿制度还是生态损害补偿制度的实施及其这些制度的相互衔接均有重要意义。

一、海洋生态环境损害与海洋生态环境保护

(一)海洋生态环境损害

海洋生态环境损害,有时简称海洋生态损害或海洋环境损害,是指由于人类活动直接或间接改变海域自然条件或向海域排入污染物质或能量而造成的对海洋生态系统及其生物因子、非生物因子的有害影响。[①] 理解这个概念需要把握三个要点:第一,海洋生态环境损害的人为性。损害海洋生态环境,可能是围海造地等人类活动引起的,也可能是海啸等自然灾害引起的。海洋生态经济学关注的仅仅是人类活动引起的部分,自然灾害引起的部分则是海洋灾害经济学者的研究任务。第二,海洋生态环境损害的多面性。海洋生态环境损害包括海洋生态系统服务功能散失等对海洋生态系统的损害、海洋生物多样性减少等对海洋生物因子的损害和海流变化等对海洋非生物因子的损害。第三,海洋生态环境损害的多渠道性。海洋生态环境损害可能是因为围海造地等导致海洋自然条件发生改变引起的损害,也可能是入海污染物过度排放导致的海洋生物多样性的减少的损害,还可能是温室气体过度排放导致海平面上升引起的损害。

(二)海洋生态环境保护

海洋生态环境保护就是政府、企业或居民为了保护或改善海洋生态环境而采取的主动作为。海洋生态环境保护的主体可能是政府,也可能是企业和

---

① 陈凤桂、张继伟、陈克亮等主编:《基于生态修复的海洋生态损害评估方法研究》,海洋出版社 2015 年版,第4—5页。

居民;海洋生态环境保护的结果可能使得海洋生态系统保持稳定,也可能促使海洋生态环境质量得到改善,还可能是遏制或减缓海洋生态系统的退化趋势;海洋生态环境保护是人类根据海洋生态环境科学的基本原理进行的主动作为而不是被动应对。原国家海洋局2018年2月印发的《全国海洋生态环境保护规划(2017年—2020年)》提出了推进海洋环境治理修复、构建海洋绿色发展格局、加强海洋生态保护、推动海洋生态环境监测提能增效、强化陆海污染联防联控、防控海洋生态环境风险等六个方面的工作。① 这就是我国海洋生态环境保护的工作重点,也是海洋生态环境保护的基本内容。

(三)海洋生态环境保护与海洋生态环境损害的关系

总体上讲,海洋生态环境保护与海洋生态环境损害是一组相对应的概念。加强海洋生态环境保护就是要减少海洋生态环境损害或增加海洋生态系统服务价值。因此,"保护"与"损害"、"保护者"与"损害者"往往存在着对抗性。加强海洋生态环境保护,会增加全人类的海洋生态环境收益,但会使海洋生态环境损害者的局部利益受损;削弱海洋生态环境保护,会降低全人类的海洋生态环境收益,但会使海洋生态环境损害者获取不该获取的收益。当然,由于人的理性的有限性,也可能出现海洋生态环境保护缺乏科学性,反而导致海洋生态环境受到损害。因此,海洋生态环境保护一定要防止"好心办坏事",确保"好心办好事"。

二、海洋生态保护补偿与海洋环境损害赔偿

(一)海洋生态保护补偿

海洋生态保护补偿首先需要区分为"人对海的补偿"与"人对人的补偿"。张诚谦认为,生态补偿就是通过物质和能量的投入等人为干预手段修复

---

① 国家海洋局印发《全国海洋生态环境保护规划》,《中国海洋报》2018年2月13日。

生态系统,以维持其动态平衡。① 以此类推,海洋生态保护补偿之"人对海的补偿"是指人类通过物质和能量的投入等人为干预手段对被破坏或污染的海洋生态环境进行修复,使之恢复并维持其生态系统动态平衡的经济活动。

国内关于海洋生态保护补偿更多的是从"人对人的补偿"角度理解的。海洋生态保护补偿之"人对人的补偿"又有两种类型的定义:第一类是从海洋生态保护正外部性的内部化角度进行定义的,例如,海洋生态保护补偿就是运用政府和市场手段激励海洋环境资源保护行为,调节海洋环境资源利益相关者之间利益关系的公共制度。② 从公共制度角度进行定义存在宽泛化的问题。有的学者认为,海洋生态保护补偿就是一种将海洋生态保护和修复行为的正外部性和海洋生态破坏的负外部性内部化的机制,旨在保护和改善海洋生态。③ 如果把负外部性内部化部分删除,这个定义也许就准确了。第二类是从海洋环境有偿使用角度进行定义的,例如,海洋生态补偿是指海洋使用人或受益人在合法利用海洋资源过程中,对海洋资源的所有权人或为海洋生态环境保护付出代价者支付相应的费用,其目的是支持与鼓励保护海洋生态环境的行为。④ 第二类是从实践到理论的定义,主要是根据海域使用金等政策工具而来的;第一类是从理论到实践的定义,主要是根据庇古税理论设计出来的环境经济手段。按照庇古税理论,海洋生态保护具有正外部性和公共物品属性,没有补偿等激励机制,海洋生态保护力度会不足,因为保护者的私人最优的海洋生态保护力度小于全社会的社会最优的海洋生态保护力度,两者之间的差额就是"外部收益"。为了实现私人最优和社会最优的一致,给

---

① 张诚谦:《论可更新资源的有偿利用》,《农业现代化研究》1987年第5期。
② 丘君、刘容子、赵景柱等:《渤海区域生态补偿机制的研究》,《中国人口·资源与环境》2008年第2期。
③ 李晓璇、刘大海、刘芳明:《海洋生态补偿概念内涵研究与制度设计》,《海洋环境科学》2016年第6期。
④ 王淼、段志霞:《关于建立海洋生态补偿机制的探讨》,《海洋信息》2007年第4期。

予保护者一个相当于"外部收益"的补偿,从而外部性就内部化了。①

(二)海洋环境损害赔偿

海洋环境损害赔偿也称海洋生态损害赔偿,是环境损害赔偿的具体化。环境损害赔偿责任的实质是将环境资源污染或破坏者的外部成本内部化的过程。② 海洋环境损害赔偿是针对海洋生态破坏或海上污染事件对海洋生态环境造成严重损害而设计的一种"事后赔偿"制度,目的是在事件发生后处理污染责任和支付赔偿金额,并采取补偿措施以补救和修复对海洋环境造成的损害。③ 该定义局限于海上污染事件,缩小了海洋环境损害赔偿的范围。严格地说,海洋环境损害赔偿是指因经济主体(公民、法人)的涉海活动,致使海洋生活环境、生产环境和生态环境遭受污染或破坏,从而损害一定区域人们的生活权益、生产权益和环境权益的行为人所应承受的民事上的法律后果。也就是说,基于每个公民都享有公平的海洋环境权,因此,要通过机制设计实现海洋环境资源配置中的外部性的内部化。从操作层面看,海洋环境损害赔偿是指未经批准的利用海洋的人类活动对海洋环境系统造成了损害,损害的责任方对自然进行的赔偿。海洋生态损害赔偿是责任方对其违法、过错、过失行为承担的一种法律责任,意在恢复到合法行为所应有的状态。④

(三)海洋生态保护补偿与海洋环境损害赔偿的关系

从经济学角度看,海洋生态保护补偿和海洋环境损害赔偿均源于庇古

---

① 沈满洪:《环境经济手段研究》,中国环境科学出版社 2001 年版,第 83—95 页。

② 於方、刘倩、牛坤玉:《浅议生态环境损害赔偿的理论基础与实施保障》,《中国环境管理》2016 年第 1 期。

③ 朱炜、王乐锦、王斌等:《海洋生态补偿的制度建设与治理实践——基于国际比较视角》,《管理世界》2017 年第 12 期。

④ 郑苗壮、刘岩、彭本荣等:《海洋生态补偿的理论及内涵解析》,《生态环境学报》2012 年第 11 期。

税理论——对正外部性的产生者补贴与对负外部性的制造者征税。海洋生态保护补偿就是通过对海洋生态保护者的补偿实现海洋生态保护正外部性的内部化;海洋环境损害赔偿就是通过对海洋环境损害者要求赔偿实现海洋环境损害负外部性的内部化。因此,这两者实际上是海洋环境保护中的一个问题的两个方面。两者的组合使用可以带来更高的制度绩效。严格地说,海洋环境损害是一种侵权行为,海洋环境损害赔偿是对侵权行为的一种惩戒。因此,海洋生态损害赔偿是一个法学概念和法律行为。为此,必须明确海洋生态损害者(也就是赔偿者)、海洋生态损害受偿者、海洋生态损害行为、海洋生态损害后果、海洋生态损害责任等,据此明确赔偿金额及赔偿义务。

三、海洋生态损害补偿及与相关概念的关系

(一)海洋生态损害补偿

海洋生态损害补偿首先需要区分"人对海的补偿"还是"人对人的补偿"。这与海洋生态保护补偿是一致的。

"人对海的补偿"的代表性定义是:海洋生态损害补偿是指经过批准的利用海洋的人类活动对海洋环境与生态系统造成了损害,损害的责任方对自然进行的补救或者补偿。[1] 有的学者强调了海洋生态损害补偿制度提出的前提及其非事后的过失惩罚。海洋生态损害补偿是在海洋生态损害赔偿和生态保护补偿建立的基础上提出的对受损海洋生物资源及生态功能的生态补偿制度,针对的是过程中的用海行为管制而非事后的过失惩罚,强调的是海洋生态环境保护而非责任方追责。[2] 这些定义均是建立在下列逻辑基础之上:因为

---

① 郑苗壮、刘岩、彭本荣等:《海洋生态补偿的理论及内涵解析》,《生态环境学报》2012 年第 11 期。

② 于冰、胡求光:《海洋生态损害补偿研究综述》,《生态学报》2018 年第 19 期。

海洋生态环境受到损害,所以需要补偿海洋生态环境。这就奠定了"人对海的补偿"的理论基础。

其实,海洋是一种自然存在物,要实现"人对海的补偿"的目的,也只有通过"人对人的补偿"的途径。一般而言,海洋的所有者是政府,所以政府接受补偿再政府补偿海洋。"人对人的补偿"的代表性定义是:海洋生态损害补偿是指海洋开发利用者在合法利用海洋资源的过程中造成海洋生态的损害,对海洋生态进行的补偿,是海洋生态损害的责任方对海洋生态系统服务损失的补偿,作为自然资源受托方的政府代表整个社会对海洋生态损害的责任方进行求偿。① 这个定义实际上同时强调了"人对海的补偿"和"人对人的补偿"。但是,作者把"人对人的补偿"完全局限于政府是不妥的,实际上,需要受偿的包括政府、企业和居民。

廓清海洋生态损害补偿的定义,必须首先明确谁是损害者;谁是受损者,谁是补偿者,谁是受偿者。按照"谁损害、谁补偿""谁受损、谁受偿"的原则就容易明确各自的责权利。

谁是海洋生态损害者? 梳理各类海洋生态损害的类型,就可以知道,海洋生态损害者可能是企业、居民,也可能是政府。因此,海洋生态损害的补偿者可能是企业、居民,也可能是政府。

谁是海洋生态损害的受损者? 从物质对象看,显然是海洋,海洋生态受到损害,所以需要补偿海洋。海洋生态损害的利益受损者可能是企业、居民,也可能是政府,因此,受偿对象也是企业、居民,也可能是政府。

还有一种情况比较特殊,为了减少海洋生态损害,政府需要对海洋生态损害的产生者——减少生态损害的企业、居民或政府提供补偿。

因此,海洋生态损害补偿是海洋生态损害者对海洋生态损害的利益受损者的补偿,并通过受偿者(往往是政府)加强海洋生态环境保护,改善和保护

---

① 郑苗壮、刘岩、彭本荣等:《海洋生态补偿的理论及内涵解析》,《生态环境学报》2012 年第 11 期。

海洋生态环境的制度安排。

(二)海洋生态损害补偿与海洋生态补偿的关系

海洋生态补偿是生态补偿的一种。海洋生态补偿至少存在三种不同的类型:第一种是对产生正外部性者给以补偿,也就是对海洋生态保护者给以补偿,例如对于从事海洋自然保护区保护工作的政府和居民给以补偿,这是典型的海洋生态保护补偿。第二种是对负外部性减少者给以补偿,例如对于实施"休渔期"制度的渔民、对于减少网箱养殖的渔民给以补偿。从数学上讲,负外部性的减少和正外部性的增加具有同等意义。但是,从负外部性的减少者角度看,他是受损者,因此也可纳入生态损害补偿范畴。第三种是对负外部性行为中的受损者给以补偿,例如对于由于海洋环境污染导致渔业产量下降的渔民的补偿。[①] 第三种类型实际上是一种赔偿,但往往纳入海洋生态损害补偿范畴。可见,只有海洋生态补偿中的第一种情况不可纳入生态损害补偿范畴。因此,从逻辑学上看,海洋生态补偿是大概念,海洋生态损害补偿是小概念,前者包含后者。具体地说,海洋生态补偿既包括海洋生态保护补偿又包括海洋生态损害补偿。有的学者把前者称作增益型补偿,把后者称作抑损型补偿。[②] 海洋生态损害补偿总体上属于后者。

(三)海洋生态损害补偿与海洋生态损害赔偿的关系

海洋生态损害补偿就是经政府审批的海洋生态损害者对海洋生态损害中的利益受损者给以补偿以实现利益平衡的一种机制,这是对负外部性行为中的受损者给以补偿的制度安排。《浙江省海洋生态损害赔偿和损失补偿管理暂行办法(草案)》明确指出:"发生海洋污染事故、违法开发利用海洋资源等

---

① 沈满洪:《环境管理中补贴手段的效应分析》,《数量经济技术经济研究》1998 年第 7 期。
② 李京梅、杨雪:《海洋生态补偿研究综述》,《海洋开发与管理》2015 年第 8 期。

行为导致海洋生态损害的,应当缴纳海洋生态损害赔偿费;实施海洋工程导致海洋生态环境改变的,应当缴纳海洋生态损失补偿费。"①其中,"海洋生态损失补偿"基本等同于"海洋生态损害补偿"。

而海洋生态损害赔偿就是未经政府审批的海洋生态损害者对海洋生态损害中的利益受损者给以赔偿的法律制度安排。这时,损害行为不属于一般的负外部性行为,而是违反法律的行为。原国家海洋局于2014年印发了《海洋生态损害国家损失索赔办法》,明确规定海洋行政主管部门可以向导致海洋环境污染或生态破坏的行为责任者提出索赔要求。《海洋生态损害国家损失索赔办法》第二条规定:因"新建、改建、扩建海洋、海岸工程建设项目""海洋倾废活动""向海域排放污染物或者放射性、有毒有害物质"等十一条行为及"其他损害海洋生态应当索赔的活动""导致海洋环境污染或生态破坏,造成国家重大损失的,海洋行政主管部门可以向责任者提出索赔要求"。②

因此,海洋生态损害补偿属于经济学范畴的负外部性内部化,海洋生态损害赔偿属于法学范畴的对侵权行为的惩戒。补偿往往具有选择性,赔偿往往具有强制性。但是,由于海洋生态损害补偿的狭义概念十分狭窄,因此,学界往往把海洋生态损害赔偿也纳入海洋生态损害补偿的范畴。

(四)海洋生态损害补偿与海洋资源有偿使用的关系

海洋资源有偿使用就是海洋资源所有者按照市场价格以有偿方式让渡海洋资源的使用权的制度安排。海洋资源有偿使用可以提高海洋资源的使用效率和效益。海洋资源有偿使用中常用的概念是海域使用金。海域使用金制度自1993年颁发的《国家海域使用管理暂行规定》起开始实行,是我国海洋管理的基本制度之一。据此规定,国家拥有海域的所有权,海域开发使用者必须

---

① 浙江省海洋与渔业局政策法规处:《浙江省海洋生态损害赔偿和损失补偿管理暂行办法(草案)》第二条,2013年12月17日。
② 国家海洋局:《海洋生态损害国家损失索赔办法》第二条,2014年10月21日。

通过申请获得海域使用权,海域使用权可以转让或出租,并按照相关标准规定缴纳一定数额的海域使用金。国家将海域使用金用于海域开发建设、保护和管理的支出。《中华人民共和国海域使用管理法》第三十三条规定:"单位和个人使用海域,应当按照国务院的规定缴纳海域使用金。"海域使用金制度用于填海造地、构筑物用海、养殖用海、油气开采用海、污水排海等用海活动中。海域使用金制度也用于海洋自然保护区建设中。2003年港珠澳大桥建设需占用珠江口中华白海豚国家级自然保护区750公顷,根据《港珠澳大桥工程对珠江口中华白海豚的影响专题研究报告》,除了在大桥各分段工程中考虑环保措施外,将增加1.5亿元的专项环保费用计入大桥建安费中,而针对受影响最大的中华白海豚将设专项研究及保护费达1.2亿元。[①]

另外,依据《中华人民共和国海洋环境保护法》第十一条规定,还有海洋排污费与海洋倾废费。这两个费从经济学意义上讲,属于庇古税中的环境税。"税"和"费"在实施中的刚性程度是不同的,但从成本支出角度看是等价的。不过,学术界既有把这两个费视作海洋生态损害补偿费的,又有把这两个费看作海洋资源有偿使用费的。

海洋生态损害补偿是相对较大的概念,海洋资源有偿使用是相对较小的概念。海洋生态损害补偿可以包括海洋资源有偿使用。

四、海洋生态损害补偿相关概念的关系

综上所述,海洋生态损害由弱到强的排序为:海洋生态环境保护→海洋资源有偿使用→海洋生态环境损害(负外部性)→海洋生态环境损害(侵害)。海洋生态环境保护,存在正外部性,需要海洋生态保护补偿,不存在海洋生态损害,总体上不属于生态损害补偿的范畴,而是属于海洋生态保护补偿范畴;海洋资源有偿使用,往往存在负外部性影响,应该且可以纳入海洋生态损害补

---

① 连娉婷、陈伟琪:《海洋生态补偿类型及其标准确定探讨》,中国环境科学学会学术年会论文集,2010年,第2270—2273页。

偿的范畴,这是典型的把"有偿"使用纳入补偿范畴;海洋生态环境损害,局限于经济学意义上的负外部性,这是狭义的海洋生态损害补偿的范畴;海洋生态环境侵害,属于法律范畴的概念,需要实施海洋环境损害赔偿,严格地说,属于侵权赔偿范畴,但不少学者也把它纳入海洋生态损害补偿范畴。因此,海洋生态损害补偿中的"补偿"二字实际上包含了狭义的"补偿"和"有偿""赔偿"等三层含义。

如果把海洋生态补偿作为一级概念,那么,它包括海洋生态保护补偿和海洋生态损害补偿。《山东省海洋生态补偿管理办法》规定:"海洋生态补偿是以保护海洋生态环境、促进人海和谐为目的,根据海洋生态系统服务价值、海洋生物资源价值、生态保护需求,综合运用行政和市场手段,调节海洋生态环境保护和海洋开发利用活动之间利益关系,建立海洋生态保护与补偿管理机制。"①综上所述,海洋生态损害补偿相关概念之间的关系可以见图1-1。图1-1表明,海洋生态补偿包括海洋生态保护补偿和广义的海洋生态损害补偿两个方面:广义的海洋生态损害补偿包括海洋资源有偿使用,狭义的海洋生态损害补偿和海洋生态损害赔偿。可见,海洋生态损害补偿是从最广义的角度去理解的。

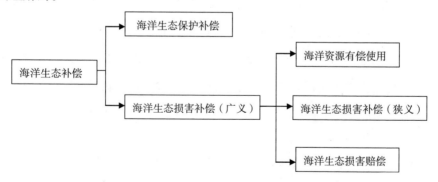

图1-1 海洋生态损害补偿相关概念关系示意图

① 《山东省财政厅 山东省海洋与渔业厅关于印发〈山东省海洋生态补偿管理办法〉的通知》(鲁财综〔2016〕7号),2016年1月28日。

第四节　主要创新和对策建议

一、主要创新

（一）海洋生态损害补偿是海洋资源有偿使用、海洋生态损害（负外部性）补偿和海洋生态损害（侵害）赔偿的集合

海洋生态损害补偿制度不是海洋生态保护补偿制度，是经政府审批的海洋生态损害者对海洋生态损害中的利益受损者给以补偿以实现利益平衡的一种机制，是海洋资源有偿使用、海洋生态损害（负外部性）补偿和海洋生态损害（侵害）赔偿的集合，实际上是"有偿""补偿""赔偿"的加总。对海洋的损害由弱到强的排序为：海洋生态环境保护→海洋资源有偿使用→海洋生态环境损害（负外部性）→海洋生态环境损害（侵害）。海洋生态环境保护，存在正外部性，需要海洋生态保护补偿，不属于海洋生态损害补偿范畴；海洋资源有偿使用，往往存在负外部性影响，应该且可以纳入海洋生态损害补偿的范畴，这是典型的把"有偿"使用纳入补偿范畴；海洋生态环境损害，局限于经济学意义上的负外部性，这是狭义的海洋生态损害补偿的范畴；海洋生态环境侵害，属于法律范畴的概念，需要实施海洋环境损害赔偿，严格地说，属于侵权赔偿范畴，但不少学者也把它纳入海洋生态损害补偿范畴。因此，海洋生态损害补偿中的"补偿"实际上包含了狭义的"补偿"和"有偿""赔偿"等三层含义。

（二）东海海洋生态治理的"制度拥挤"现象会通过共享信息、协调行动和集体决策三方面降低海洋生态保护制度绩效

东海海洋生态治理制度存在"制度拥挤"现象，并从三个方面降低制度绩效：在共享信息方面，制度的过分拥挤会在海洋生态治理过程中产生"九龙治

海,各自为阵"的行政壁垒,难以在海洋生态治理过程中形成有效的信息共享机制,造成严重的信息不对称,进而影响海洋生态保护制度绩效;在协调行动方面,制度的过分拥挤会使得各项制度存在交叉重叠,甚至出现规定不一致的情况,无法调解在海洋生态治理过程中存在的各方利益冲突,使得海洋生态保护制度绩效低下;在集体决策方面,制度拥挤不仅会造成无法形成统一的决策规则,还会影响决策主体之间的相互信任与互惠机制建立,使得在海洋生态治理集体决策的过程中难以达成一致的意见,极大提高海洋生态治理的交易成本,造成海洋生态保护制度绩效低下。

(三)海洋生态损害补偿制度与其他海洋生态保护制度之间的互补性和替代性关系决定了该制度可以嵌入海洋生态保护制度体系之中

海洋生态损害补偿制度与海洋环境产权制度等具有替代性,在具有制度替代性时,当然优胜劣汰;海洋生态损害补偿制度与入海污染总量控制制度等具有互补性,在具有制度互补性时,则可以组合使用。海洋生态损害补偿制度既是一种事后对海洋使用者的"赔偿"机制,同时也是一种事前对海洋的"保护"机制,与现有海洋生态保护制度之间存在着互补、替代和关联的复杂关系。通过海洋生态损害补偿制度与海洋生态保护制度的相互关系分析表明,海洋生态保护制度体系对海洋生态损害补偿制度具有"制度需求",海洋生态损害补偿制度有效嵌入海洋生态保护制度体系之中是可能的,而且是健全海洋生态保护制度体系的关键。未来海洋生态损害补偿制度的嵌入既要避免新旧制度间的冲突,也要关注与海洋生态红线制度、功能区划制度等现行制度的协同配合。

(四)海洋生态损害补偿制度可能存在"一个补偿者"补偿"一个受偿者"的现象,但更多情况是"多个补偿者"补偿"多个受偿者"

政府、企业、居民都有可能是海洋生态损害者,因此,都可能成为"补偿者";政府、企业、居民都有可能是海洋生态受害者,因此,都有可能是"受偿者"。由此可以形成"补偿矩阵",矩阵分析可以穷尽各种可能。政府作为补偿和受偿主体还因为政府是海洋生态资源的所有者,是海洋权益的代言人。从补偿主体的角度看,也可以分别称作政府补偿、市场补偿和社会补偿。社会补偿的重要方面是海洋生态保险组织参与到海洋生态保护中来,为海洋生态损害的相关企业分担风险。补偿者补偿受偿者往往是在海洋生态损害检测机构、海洋生态损害补偿仲裁机构、海洋生态损害补偿中介组织等的参与下完成的。

（五）针对生态系统服务价值评估的不同尺度要求形成了基于全球尺度、专家知识和单位面积价值当量因子及单项服务的海洋生态服务价值评估方法体系

单一方法评价不同尺度海洋生态损害可能带来的误差,需要构建多重因子的复合方法。在综合考虑海洋生态损害补偿成本构成的基础上,构建一套包括发展机会成本、生态损害成本及生态修复成本等在内的海洋生态损害补偿成本综合核算体系,指出不同类型的海洋生态损害事件补偿标准的制定需根据实际情况采用不同的方法。

（六）海洋生态损害补偿治理是行动者、行动者之间的关系以及行动者赖以交往的行动舞台等要素构成的治理结构

海洋生态损害补偿治理要素包括行动者、行动者之间的关系以及行动者赖以交往的行动舞台这三类,将每一类置于法律政策价值构建性的、法律政策制定性的、法律政策实施性的海洋生态损害补偿治理层面上进行分析。在海洋生态损害补偿治理中,行动者会利用自己的资源与影响力,尽力拓展各种适宜行动舞台来实现自己的目标;行动舞台的类型、数量、适宜性和行动者拓展行动舞台的能力直接影响海洋生态损害补偿治理中行动者之间的关系内容、行为规则、信任基础和权力关系的形成和发展;不同类型的行动者,行动者之间的目标和策略,拥有的资源和影响力,在补偿治理中扮演的角色,会直接影

响行动者之间的利益关系、权力关系、需求关系等,以及他们之间的行为规则、信任基础和权力关系的形成。

二、对策建议

（一）实现从单一的"命令—控制"型向合同契约型的市场运作和平等合作型等多元联结的多中心治理结构转变

基于现实的海洋生态损害补偿治理结构存在着"条块分割、综合困难""政府核心、群体分割""联结方式单一、行动舞台缺乏"等问题,建议在海洋生态损害补偿治理中行政体制要弱化条块、强化综合,建设政府部门间的"合作伙伴型"治理结构,以及实现"政府—社会—经济"从单一联结方式向多元联结方式转变,从而将微观层面的个体行为与中观层面的治理层级和宏观层面的治理结构融合起来。

（二）从战略高度构建起陆海统筹的海洋环境保护和治理的长效机制

加强海洋环境保护,必须坚持陆海统筹。坚持环境规划陆海统筹,实现不同部门、不同层级、陆地与海洋的"多规合一";坚持入海污染物总量控制,并且实现逐年递减前提下的总量控制,直至海洋环境改善到理想状态;坚持污染治理和总量减排考核,考核成绩纳入当地党政领导考核体系,并与项目审批、总量调剂相挂勾;坚持海洋生态保护补偿机制和海洋环境损害赔偿机制"双管齐下",以经济手段激励海洋环境保护。

（三）海洋生态损害补偿制度建设需要检测能力、信息能力等实施机制的保障

一是加强海洋生态损害检测能力建设,要推进海洋检测"多站一体"建

设——做到不同部门不同层级的监测站进行一体化整合;推进海洋监测"一站多能"建设——做到同一监测站要承担生态、环境、资源、气候等多项监测功能;推进海洋体系"立体检测"建设——要形成陆海、远近、海天相结合的立体化检测体系。二是加强海洋生态损害数据能力建设,保证数据的真实性——数据要反映海洋的真实世界,保证数据的一致性——不同层级不同部门的检测标准要一致化,保证数据的共享性——不同地区及层级的检测数据共享,保证数据的公开性——除非涉及国家安全数据均要公开。

第二章　海洋生态损益关系及补偿主体关系分析

随着我国经济社会的快速发展,海洋资源开发利用活动方兴未艾,海洋生态损害事件易发频发,海洋生态损害补偿日趋重要。为有效推进海洋生态损害补偿,首先需要解决的是补偿主体与受偿主体的关系问题。这就需要根据海洋生态系统服务功能变化以及影响范围确定利益相关者,分析利益的增损关系,通过利益相关者分析确定海洋生态损害的补偿主体和受偿主体。可以说,准确把握海洋生态损益关系及补偿主体关系是海洋生态损害补偿研究的逻辑起点。本章在分析海洋生态损害施害者、受害者及补偿主体的基础上,试图对海洋生态损害的损益关系及补偿主体关系进行综合分析。

第一节　海洋生态损益关系分析

海洋生态损益关系是指受损主体和受益主体之间的关系。利益相关者理论认为,企业可被理解为关联的利益相关者的集合,而企业的管理者需要管理与协调各个利益相关者。[①] 海洋生态损益关系主要包括海洋生态施害者、海

---

① Freeman,R.E.,Harrison,J.E.,Wicks,A.C.,*Managing for Stakeholders*:*Survival*,*Reputation and Success*,Yale University Press,2007.

洋生态损害的受害者、海洋生态监管者等相关利益主体之间的关系。本节在生态损害损益相关文献调研的基础上,尝试对我国海洋生态损益关系进行分析。

一、施害者行为分析

顾名思义,施害者是指由于海洋生态环境的不合理开发利用,导致海洋生态遭到破坏的个人或组织。基于海洋生态损害的定义,海洋生态损害行为可以有不同的分类,如《联合国海洋法公约(1982)》将对人类和海洋生物资源有害、对海洋活动会产生障碍的污染海洋的原因分为六类:陆源、国家管辖的海底活动、来自"区域"内的活动、海洋倾倒、船舶和大气层。① 也有学者从施害行为合法性视角将海洋生态损害行为分为合法使用海域造成的海洋生态损害、过错行为造成的海洋生态损害、历史积累性污染造成的海洋生态损害三类。② 综合已有研究成果,本节从海洋生态损害的具体行为出发将海洋生态损害施害者行为归纳为四种基本类型。

(一)陆源污染及"排海工程"

《中华人民共和国防治陆源污染物污染损害海洋环境管理条例》规定,陆地污染源是指人为地从陆地向海域排放污染物,造成或可能造成海洋环境污染损害的场所和设施等。③ 陆源污染物主要通过河流、入海排污口及大气沉降三种途径进入海洋,陆源污染是我国海洋生态损害的重要源头。2018 年 1月,原国家海洋局首次披露,全国海岸线上共有 9600 个陆源入海污染源(7500

---

① 《联合国海洋法公约(1982)》,第 207—212 条,见 https://www.un.org/zh/documents/treaty/files/UNCLOS-1982. shtml.

② 郑苗壮、刘岩、彭本荣等:《海洋生态补偿的理论及内涵解析》,《生态环境学报》2012 年第 11 期。

③ 《中华人民共和国防治陆源污染物污染损害海洋环境管理条例》(国务院令第 61 号),1990 年 6 月 22 日。

个入海排污口,其余为入海河流、排涝口等)正向大海吐出污水,平均每 2 千米海岸线就有一个。① 从东海的情况来看,长江、闽江、瓯江、钱塘江等 36 条主要入海河流的监测结果表明,全年不符合监测断面功能区水质标准的河流有 22 条,占 61%,杭州湾、象山港、乐清湾、三门湾 4 个重要海湾水质全部为劣四类。② 作为陆源污染的重要类型,"排海工程"抓住海洋污染物排放标准低于陆地污染物排放标准的环境监管政策,将污染物排放地从陆地的河流、湖泊改变为海洋,其实质是污染物排放的转移,对海洋生态造成了极其严重的损害。

（二）"涉海工程"

涉海工程主要包括由各级政府实施的围海工程、填海工程、围涂工程、连岛工程、跨海大桥、海洋港口等海洋开发建设项目。随着我国沿海地区经济的快速发展、人口的高度集聚和城市化进程的加快推进,人地矛盾日益加剧,围填海等涉海工程大肆上马。2018 年 1 月 17 日原国家海洋局通报,2013 年全国填海面积高达 15413 公顷(约合 154 平方千米),虽然此后逐年下降,但 2017 年填海面积仍有 5779 公顷。有海洋研究机构初步估算,与 20 世纪 50 年代相比,中国累计丧失滨海湿地 57%,丧失红树林面积 73%,减少珊瑚礁面积 80%,2/3 以上海岸遭受侵蚀(侵占),沙质海岸侵蚀岸线已逾 2500 千米。③

（三）海洋捕捞

捕捞业是传统渔业产业,也是水产品供给的重要来源。随着我国经济社

---

① 张泉、刘诗平:《我国首次摸清入海污染源分布　全面布局加强近岸海域环境保护》,2018 年 1 月 17 日,见 http://big5. xinhuanet. com/gate/big5/www. xinhuanet. com/politics/2018 - 01/17/c_1122274696. htm。

② 国家海洋局东海分局:《2016 年东海区海洋环境公报》,见 http://www. eastsea. gov. cn/。

③ 章轲:《沿海省份围填海全扫描:多方百计规避中央审批》,《第一财经日报》2018 年 1 月 23 日。

会快速发展,对优质水产品的需求越来越大,海洋捕捞强度与资源承载力矛盾日益突出。据测算,我国四大海域渔业资源总量约为 1600 万吨,可捕量约 800 万吨至 900 万吨,但 1995 年以来海洋捕捞量都在 1200 万吨以上,2015 年甚至达到了 1310 万吨。[①] 长期运用所谓的"光学原理""声学原理""电学原理""药学原理"等野蛮捕捞,几乎将海洋水产品"一网打尽"。这些不符合渔业可持续发展规律的捕捞行为严重破坏了生物多样性,影响了海洋渔业的可持续发展。

(四)海洋作业与海洋运输

海洋资源开采、运输和储备均有可能损害海洋生态环境。随着海洋经济的快速发展,我国实施了大量的海上钻井平台等海洋开发项目。然而,在海洋作业过程中,海上钻井平台爆炸等海洋作业已成为海洋环境污染的重要原因。此外,曾被当作环境友好型的运输方式,海洋运输已成为国际贸易运输的主要渠道,但是,海洋运输对海洋生态造成严重损害。有研究表明,海洋运输的污染排放不可小觑,仅 200 多艘商船每年排放的颗粒物就达约 9980 吨,而全球每年排放的氮氧化物气体中 30% 来自海上船舶。[②] 又如,2018 年 1 月 15 日,巴拿马籍油轮"桑吉"在我国东海海域燃烧多日,并形成了 10 平方千米的油污带,对海洋生态造成了严重损害。

综上对我国海洋生态损害行为的分析可知,海洋生态损害大致上可以概括为工程损害型、污染损害型和突发损害型等三种类型。与这三种海洋生态损害类型相对应,海洋生态施害者主要包括沿海渔民、涉海企业及政府组织。当然,广义的海洋生态施害者还包括陆源性污染主体。施害行为是造成海洋

---

① 《农业部:2020 年国内海洋捕捞总产量减至 1000 万吨内》,2017 年 1 月 20 日,见 http://news.163.com/17/0120/11/CB7IJFMO00018AOQ.html。

② 陈善能、陈宝忠、王兆强:《国际船舶防污染公约在低碳经济时代下的发展》,《中国航海》2010 年第 2 期。

生态损害的根源。因此,要理顺海洋生态损益关系及补偿主体关系,就需要对各种海洋生态损害行为的动因进行理论分析。

第一,外部性导致海洋生态保护的"搭便车"。外部性是指生产者或消费者的活动对其他生产者或消费者带来福利影响,而这种影响没有通过市场价格进行买卖。外部性问题会产生"搭便车"现象。由于海洋生态保护具有正外部性,海洋生态环境公共服务的责任主要由国家承担,沿海渔民等经济主体在利用海洋生态资源时则不必完全承担社会成本,即私人成本明显小于社会成本,出现"搭便车"现象。因此,每个个体为了实现自身利益最大化,往往会过度开发利用海洋生态资源,导致海洋生态保护的供给不足。

第二,公共性导致的海洋生态环境"公地悲剧"。"公地悲剧"是指从个人角度看是合情合理的却会导致整个社会遭殃的行为。我国海洋生态资源的产权属于国家所有,有些滩涂资源属于集体所有,都具有明显的公共物品属性。由于海洋生态资源产权的公共性,加上政府监管失灵,海洋生态资源开发利用主体在开发利用海洋生态资源的过程中,并不会因为开发利用的海洋生态资源的多少而增加支付相应的成本,必然从自身利益最大化的角度进行开发利用。长此以往,"公地悲剧"就不可避免地在海洋生态环境领域发生了。例如,对沿海及海岛渔民而言,在缺乏政府管制的情况下,不会因为多捕鱼而增加海洋渔业资源使用成本,于是,人人想方设法增加捕捞力度,最终导致渔业资源衰竭。

第三,寻租活动的危害导致政府机制失灵。寻租活动是一种不会导致社会福利增进的非生产性活动。寻租活动会导致两种后果:一是造成经济资源配置的扭曲,妨碍更有效的生产方式实施,阻碍社会福利的增进;二是占用了本该用于生产性活动的社会经济资源,却没有创造社会财富,造成了巨大的资源浪费。因此,寻租活动既降低了资源配置的效率,又损害了资源配置的公平。作为海洋环境治理的核心主体,我国各级政府负责海洋生态环境的监管和治理活动。但排海及围填海工程等领域事实上存在的各种寻租行为,使得政府海洋生态监管机制失灵,通常难以取得预期的政策效果。

第四,政府管制机制失效导致"零和博弈"。在海洋生态治理领域,好的政府管制措施会增加社会福利,实现"非零和博弈";坏的政府管制或缺乏管制则会降低社会福利,导致"零和博弈"。政府管制还存在组合情形。一种政府管制可能是正向影响社会福利,政府管制措施的不同组合或许会产生截然相反的效果。通过外部条件的改变,可能实现从"零和博弈"向"非零和博弈"的转变。例如,在没有海洋生态损害补偿制度的情况下,可能会导致海洋环境污染的不断加剧,出现"公地悲剧";在实施海洋生态损害补偿制度的情况下,海洋生态损害者的理性选择不是"损害"而是"保护",因此,就可能出现海洋环境质量的改善。所以,制度设计及实施是重要的。

二、受害者行为分析

海洋生态损害活动中的受害者是与施害者相对而言的概念。参照前述对施害者的定义,可以将受害者理解为因海洋生态损害而被迫不再接受海洋生态系统服务,以及在海洋生态恢复治理过程中牺牲自身利益或放弃发展机会的组织和个人。与施害者相比,海洋生态损害受害者的涉及面更广,主要包括沿海渔民、渔业生产经营主体、社会公众及政府等利益受损主体。

从受害者利益受损形式分析,大致可分为直接经济损失、空间资源被挤占、生态服务价值丧失等类型。在实践中受害者主要包括下列类型:

(一)沿海及海岛渔民

对沿海及海岛渔民而言,海洋是其主要的工作场所,渔船是其主要的生产资料。良好的海洋生态环境和充足的渔业资源,是沿海渔民生活的基本前提。海洋环境的污染,对沿海渔民的健康造成重大威胁;过度捕捞及海洋污染引起的海洋水产品产量非正常下降,会对渔民的经济收入造成直接影响。

（二）依赖海洋资源的企业

对涉海企业而言,海洋生态的损害将严重影响企业的正常经营。比如,渔获量等海洋水产品的减少,或者因海水污染造成的水产品质量下降,都会导致水产品加工企业开工不足,甚至停业转产。

（三）海洋旅游消费者

我国丰富的港口资源、滨海旅游资源及海洋生物资源,已经成为我国海洋经济的重要组成部分。但各种"涉海工程"和海洋污染造成的海洋生态损害,使海洋潜水爱好者无法享受到珊瑚礁等海洋生态系统带来的美好体验,损害消费者的海洋环境权益。

（四）沿海地方政府

对受海洋生态损害影响的沿海地方政府而言,海洋生态损害不仅会减少当地财政税收,影响地方经济发展,而且很可能会因未能保障社会公众的海洋环境权益而引起社会公众对政府的不满,损害地方政府公信力,甚至引发群体性事件。

面对海洋生态损害行为,理性的受害者往往希望制止损害行为,并且要求从施害方得到合理的海洋生态损害补偿。但是,海洋生态公共产权往往导致"公地悲剧"和集体行动困境。由于我国社会组织化程度低,海洋生态环境维权的私人成本过高,而分摊在个人身上的收益太小,多数居民没有足够的动力联合起来维护环境权益。海洋环境维权方面普遍存在"搭便车"心理,弱化了海洋环境维权意识。[1] 另外,在缺乏有效的民意监督机制的情况下,容易造成

---

① 曾丽红:《我国环境规制的失灵及其治理——基于治理结构、行政绩效、产权安排的制度分析》,《吉首大学学报(社会科学版)》2013 年第 4 期。

海洋生态损害主体与海洋环境监管部门合谋,忽视受害者的海洋生态权益诉求。①

从我国海洋生态损害实际情况看,与施害者相比,受害者相对弱势,大量的海洋生态损害行为都是在政府环境执法或受害者举报而受到追责。其原因是:我国对海洋生态损害受害者的法律保障体系还不健全,受害者海洋生态权益的维权成本过高,海洋生态保护的正外部性造成受害者与海洋生态损害行为斗争的动力不足。

三、其他主体行为分析

在海洋生态损益关系中,施害者、受害者无疑是核心主体。但从确定海洋生态损益关系及损益程度的角度看,海洋生态损益关系至少还应包括政府海洋生态监管部门、政府海洋生态监测部门、海洋生态研究机构、海洋生态环境保险等中介机构、海洋生态环境保护非政府组织等主体。

(一)政府海洋生态监管部门

主要是指依法承担海洋生态环境保护职责的政府职能部门。政府海洋生态监管部门代表国家履行海洋环境监管职责。无论是海洋生态环境施害者行为还是受害者行为,都离不开政府的有效监管。否则,施害行为就无法遏制,受害者利益就无法保障。可以说,政府海洋生态监管部门是确定海洋生态损益关系的"裁判员"。只有加强海洋生态监管,才能判断谁是损害者和谁是受损者,并据此判断谁补偿谁。

---

① 黄万华:《财政分权、政治晋升、环境规制失灵:一个政治经济学的分析框架》,《理论导刊》2011年第4期。曾丽红:《我国环境规制的失灵及其治理——基于治理结构、行政绩效、产权安排的制度分析》,《吉首大学学报(社会科学版)》2013年第4期。

（二）政府海洋生态监测部门

主要是指负责海洋生态质量变化及影响因素监测的专业机构。海洋环境监测是政府准确掌握海洋生态损害状况、开展海洋生态治理的基础性工作。我国政府海洋生态监测部门承担的海洋环境监测主要包括近岸海域水质监测、沉积物监测、陆源入海排污口监测、海洋垃圾监测等方面。海洋生态损害的大小必须以海洋生态检测为依据，海洋生态损害的价值损失也必须以海洋生态检测为依据，因此，政府海洋生态检测是解决"补多少"的关键。

（三）海洋生态环境研究机构

主要是指由政府或非政府部门举办的专门从事海洋生态损害评估、修复与治理的科学研究机构。海洋生态损害补偿是一项技术性较强的工作，为了科学确定损益关系、提升海洋生态损害补偿决策的科学化，发挥好海洋生态科学研究机构的专业优势就显得非常必要。哪些区域对海洋生态损害大、哪些污染因子对海洋生态损害大、海洋生态损害的机制如何科学测算、海洋生态损害如何以最低的成本进行修复等，都是急需加以研究解决的科学问题。

（四）海洋生态环境保护非政府组织

主要是指海洋环保公益组织。海洋生态环境保护非政府组织的网络组织优势和第三方立场能够帮助政府及时发现海洋生态损害行为，配合和监督政府海洋生态监管部门的工作，并且促进海洋生态损害补偿方案落地，无疑是政府海洋生态损害补偿工作的重要补充力量。海洋环境保护不仅仅是政府的事务，海洋生态损害补偿制度的建设也不仅仅是政府的事务，而是需要政府、企业、公众共同参与。非政府组织是实现海洋环境治理的重要主体。

(五)海洋环境保险等中介机构

主要是指能够为海洋生态损害经济损失提供风险保障,以及开展海洋生态损害第三方评估的社会中介组织。很多情况下,海洋生态的受损主体与受益主体并不会直接发生利益补偿,而且通过保险公司等中介机构来运作。例如,海上石油勘探、开采、运输等活动具有巨大的环境风险,一旦发生环境损害行为,施害者通常无法完全承担巨大的海洋环境污染损害赔偿责任。对于偶发性海洋环境污染事件,商业保险既是保障海洋生态损害补偿制度实施的机制,又是促进企业可持续发展的风险分担途径。

总的来看,海洋生态损害施害者、受害者及其他相关主体构成了海洋生态损益关系分析的基本框架,三个层面的主体分工合作、优势互补,使海洋生态损益关系中具有独特的功能。海洋生态损害损益关系见图2-1。

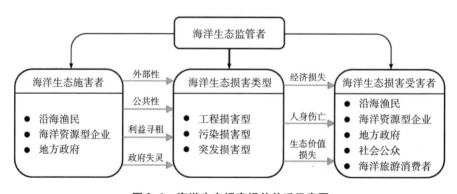

图2-1 海洋生态损害损益关系示意图

第二节 海洋生态损害补偿主体分析

海洋生态损害补偿主体分析主要回答"谁来补偿"的问题。科学界定补偿主体是海洋生态损害补偿的首要前提。但遗憾的是,政府层面尚未对此作出明确界定,补偿主体的界定不清会严重影响海洋生态损害补偿实践。学界对海洋生态损害补偿主体的定义还存在不同意见。有学者将海洋生态损害补偿的主体概括为三个方面：海洋生态系统服务功能的使用者、海洋生态系统的破坏者、因保护海洋生态系统而受益者。本节认为，海洋生态损害补偿的主体包括海洋生态环境的损害者、海洋生态资源的所有者、自愿参与海洋生态保护的社会公众等。

一、海洋生态损害者补偿

海洋生态损害行为具有显著的负外部性。在缺乏有效约束机制的情形下，施害主体通常不会主动停止海洋生态损害行为。《中华人民共和国海洋环境保护法》第八十九条明确规定："造成海洋环境污染损害的责任者，应当排除危害，并赔偿损失。"[①]这里，"赔偿"几乎等同于"补偿"。据此，海洋环境污染损害赔偿责任主体是造成海洋环境污染损害的责任者。在实践中，海洋生态损害的损害者或责任者大致包括沿海地方政府、造成海洋生态损害的企业和个人。海洋生态环境的使用者，不管是个人、企业或政府机关，在使用海洋资源环境时，损害了海洋生态环境，它就构成了海洋生态损害的补偿主体。[②]

海洋生态损害者补偿可分为两种情况：一是用海补偿。海洋生态资源开发利用主体使用海洋生态资源，需通过缴纳税费等形式向国家支付使用费用，体现了海洋生态资源有偿使用的思想。对此，《中华人民共和国海洋环境保护法》第十二条明确规定："直接向海洋排放污染物的单位和个人，必须按照国家规定缴纳排污费""向海洋倾倒废弃物，必须按照国家规定缴纳倾倒费"。[③] 为强化

---

① 《中华人民共和国海洋环境保护法》，根据 2017 年 11 月 4 日第十二届全国人民代表大会常务委员会第三十次会议第三次修正，见 http://ocean. qingdao. gov. cn/n12479801/n12480099/n12480162/181126091125464582. html。

② 李京梅、杨雪：《海洋生态补偿研究综述》，《海洋开发与管理》2015 年第 8 期。

③ 《中华人民共和国海洋环境保护法》，根据 2017 年 11 月 4 日第十二届全国人民代表大会常务委员会第三十次会议第三次修正，见 http://ocean. qingdao. gov. cn/n12479801/n12480099/n12480162/181126091125464582. html。

依法治海和税收法定的原则,由国家税务总局、原国家海洋局联合发布的《海洋工程环境保护税申报征收办法》已于 2018 年 1 月 1 日起正式施行。该办法第七条明确规定:"海洋工程环境保护税实行按月计算,按季申报缴纳。纳税人应当自季度终了之日起 15 日内,向税务机关办理纳税申报并缴纳税款。"①二是海洋生态损害补偿。海洋开发主体的活动对海水环境、生物多样性及海洋生态系统服务功能造成损害的,损害者应按照海洋生态损害情况给予补偿。除了施害者对受害者的直接补偿,损害者还可以通过保险公司投保海洋生态损害责任保险这种市场化机制对海洋生态损害事故进行赔偿或补偿。例如,2011 年轰动一时的蓬莱 19—3 油田溢油事故赔偿,开创了我国重大海洋环境事故生态损害索赔的先例。2012 年 4 月 27 日,原国家海洋局北海分局与康菲石油(中国)有限公司和中国海洋石油总公司达成协议,康菲中国公司出资 10.9 亿元人民币,赔偿溢油事故对海洋生态造成的损失;中海油公司和康菲中国公司分别出资 4.8 亿元和 1.13 亿元人民币,承担保护渤海环境的社会责任。两家公司总计支付 16.83 亿元。② 该案例中所指的"赔偿"也就是海洋生态损害补偿的一种类型。

二、海洋生态资源所有者补偿

海洋生态资源所有者补偿也可称作政府补偿,是指由政府作为国家海洋生态资源和海洋环境的所有者及其公共利益的代表,向为海洋生态保护作出贡献和因海洋生态保护而付出代价的主体所进行的成本或损失补偿。广义的政府包括立法机关、行政机关、司法机关、军事机关,狭义的政府仅指行政机关。从纵向关系来看,又可分为中央政府和各级地方政府。

---

① 国家税务总局、国家海洋局:《海洋工程环境保护税申报征收办法》,2017 年 12 月 27 日,见 http://www.hitax.gov.cn/xxgk_6_1/27103069.html。

② 国家海洋局:《蓬莱 19—3 油田溢油事故海洋生态损害索赔取得重大进展》,2012 年 4 月 27 日,见 http://www.soa.gov.cn/xw/ztbd/2011/pl193ytyysg/201211/t20121130_18260.htm。

在我国海洋生态损害补偿中,政府补偿主要包括两个方面:一方面,由于政府主导了大量的围填海工程、近海资源开发等项目,对海洋生态造成了不同程度的损害,作为海洋生态损害主体需对海洋生态进行补偿。另一方面,基于海洋生态环境的公共性,大量的海洋生态损害行为无法确定损害者,当"损害者补偿"原则无法落实的时候,政府作为海洋生态资源产权所有者和保护者而承担的海洋生态补偿主体责任。当然,由于海洋的整体性、流动性等特点,现实中可能基于跨国海洋环境问题而引起跨国海洋生态补偿问题,这就意味着国外政府、国际组织也可能作为海洋生态损害补偿的主体。

在实践中,海洋生态损害政府补偿主要有四种具体形式:(1)财政转移支付。主要包括三种财政转移支付模式:一是自上而下的政府纵向转移支付;二是不同政府之间的横向转移支付;三是混合转移支付(纵向与横向结合)。政府通过财政转移支付手段对海洋生态受损者进行补偿。(2)公共政策补偿。在海洋生态损害补偿中,通过制定各项优先权和优惠待遇的政策,中央政府和各沿海地方政府帮助筹集资金,以弥补海洋生态损害补偿资金。[1]　(3)海洋环境税费和专项资金。例如,渔业资源费、渔业资源增殖保护费、排污费及赔偿费等。(4)生境补偿。主要包括海洋生态修复和生境建设,包括海岸带的湿地建设补偿、沙滩修复工程、保护区建设[2],以及人工鱼礁项目。

三、自愿参与海洋生态保护者补偿

自愿参与海洋生态保护者补偿也可称作社会补偿,是针对损害者补偿和政府补偿存在的局限而产生的新的补偿模式,其主体是社会公众、环保非政府组织(NGO),以及海洋环境保险机构。通常认为,社会补偿是指不负有海洋生态补偿义务的组织或个人对海洋生态损害活动所进行的补偿,是出于生态

---

[1]　王新力:《论生态补偿法律关系》,中国海洋大学硕士学位论文,2010 年。

[2]　Trends, F., Group, K., *Payments for Ecosystem Services: Getting Started in Marine and Costal Ecosyste*, A Primer, 2010.

道德觉悟而对弱势群体或利益受损方进行的捐助。2017年3月,海昌海洋公园在天津宣布设立海昌海洋公益基金,致力于海洋环保公益事业。这就是海洋生态损害社会补偿的鲜活案例。随着新媒体的兴起,使社会公众行使海洋环保监督权更加便利,为社会公众参与海洋生态治理提供了更加及时有效的渠道。社会补偿更多的是一种"道义补偿",就是基于海洋生态保护的公共性,使原本不负有海洋生态损害补偿直接义务的组织或个人,主动对海洋生态损害进行补偿。

综上所述,海洋生态损害类型多样,大致包括工程损害型、污染损害型和突发损害型等。不同的海洋生态损害类型施害者有所差异,与此对应的补偿主体也不尽相同。在涉海工程建设、突发性海洋污染等施害者能够明晰的情况下,毫无疑问坚持"谁损害、谁补偿"的原则,政府损害就政府补偿,企业损害就企业补偿,居民损害就居民补偿;在因陆源性污染等因素引起的海洋生态损害的施害者难以界定的情况下,补偿主体可能是代表公共利益的政府。在我国海洋生态损害补偿实践中,应根据不同情况灵活运用损害者补偿、政府补偿和社会补偿,强化补偿对象多元化的构建机制。

第三节　海洋生态损害受偿主体分析

海洋生态损害受偿主体分析主要回答"补偿给谁"的问题。与海洋生态损害补偿主体相对应,海洋生态损害受偿主体也是多元化的。海洋生态损害受偿主体可以分为对人的补偿与对海的补偿。

一、对人的补偿

人类不顾海洋生态阈值的过度开发是导致海洋生态损害的根本原因。因此,要真正保护海洋生态,必须从"人"入手。"人"的问题的解决必须依靠体制、机制和制度的构建。海洋生态损害补偿的受偿主体,主要包括私人经济主体和地方政府,即自然人和法人两种类型。

(一)对私人经济主体的补偿

海洋是广大沿海和海岛渔民等渔业经济主体赖以生存和发展的基本生产要素,海洋对于渔民的重要性就像土地对于农民的重要性。对私人经济主体的补偿体现在两个方面:一方面,海洋生态环境的损害,导致渔民等经济主体陷入"失海""失业""失财"的困境,直接损害了其切身利益。因此,应该按照"谁受害、谁受偿"的原则对沿海和海岛渔民进行海洋生态损害补偿。另一方面,受政府海洋保护政策影响,很多海洋生态资源开发利用主体丧失了发展机会,影响了正常的生产经营。这就需要对私人经济主体发展机会的损失进行补偿。本质上看,这是渔民等经济主体机会成本的损失,只有对渔民的损失进行合理的补偿,才能有效鼓励其转产转业。

(二)对地方政府的补偿

如前所述,政府既代表国家监管海洋生态资源,又是海洋生态环境的保护者。无论是治理赤潮、石油泄漏等海洋生态环境问题,还是建设人工岛礁、海洋保护区、渔业资源增殖放流等工作,政府都基于公共利益投入大量的人力、物力和财力。因此,当海洋生态遭到损害时,政府毫无疑问应该成为海洋生态损害补偿的受偿主体。对此,《中华人民共和国海洋环境保护法》第八十九条规定:"对破坏海洋生态、海洋水产资源、海洋保护区,给国家造成重大损失的,由依照本法规定行使海洋环境监督管理权的部门代表国家对责任者提出损害赔偿要求"。① 在此基础上,为落实海洋生态损害国家索赔工作,原国家

---

① 《中华人民共和国海洋环境保护法》,根据 2017 年 11 月 4 日第十二届全国人民代表大会常务委员会第三十次会议第三次修正,见 http://ocean. qingdao. gov. cn/n12479801/n12480099/n12480162/181126091125464582. html。

海洋局于 2014 年 10 月印发了《海洋生态损害国家损失索赔办法》。① 这就从法律制度的角度体现了对政府进行补偿的思想。此外,不同层级的政府及地方政府之间也存在海洋生态损害补偿的情况。

总的来看,海洋生态损害的受害者受偿可大致分为两种情形:一是受损主体是产权明晰的私人经济主体(如滩涂水产养殖场所有者),在这种情况下坚持"谁受损、补偿谁"的原则;二是受损主体是产权模糊的公共海域等公有财产,一般考虑代表公共利益的政府。同理,海洋生态的保护者受偿也大致分为两种情形:在保护者可以界定的情况下,理所当然坚持"谁保护、补偿谁"的原则;在保护主体无法明确的情况下,则无法进行有效的海洋生态损害补偿。

二、对海的补偿

公共海域,尤其是近海和浅海海域,是我国海洋生态损害活动发生的重点海域,也是海洋生态损害补偿的重要客体。因此,海洋生态损害补偿不仅要针对"人",而且要兼顾"海"。海洋生态环境是一个多维、复杂的概念,对海的补偿也是多方面的。按照前述海洋生态的施害者行为分析,大致可以将对海的补偿分为海洋渔业资源、海洋生境、海水环境等三个层面。

(一)海洋渔业资源补偿

海洋渔业资源是人类生存发展的重要自然资源,向海洋索取资源是海洋生态损害的重要原因。由于人类对海洋渔业资源的过度开发,以及海洋工程建设对鱼类产卵场、索饵场所的破坏,使海洋生态系统遭到严重破坏,导致海洋渔业生物群落生产力下降,海洋生物多样性及渔业资源锐减。总的来看,我国传统的优质海洋渔业经济种类已难以形成鱼汛,经济鱼类向短周期、低质化

---

① 李军:《船舶污染的司法实践及其立法思考——以"金玫瑰"轮系列案件为例》,《浙江海洋大学学报(人文科学版)》2019 年第 1 期。

和低龄化演化,渔获品种质量下降。针对海洋渔业资源逐步枯竭的严峻现实,我国沿海地方政府已普遍采取海洋渔业资源增殖放流、海洋牧场建设、"休渔期"制度等措施进行补偿,以促进海洋渔业资源的可持续发展。

(二)海洋生态环境补偿

海洋生态服务功能得以有效发挥是以良好的海洋生态环境为前提的。然而,围填海工程等不合理的海洋开发活动对海洋生态系统的物质能量循环产生了巨大影响,严重破坏了海洋生物赖以生存的生态环境,严重影响了鱼、虾、贝类等海洋生物的繁殖生长。我国海洋生物生境遭破坏的典型表现是珊瑚礁、红树林、海草床以及滨海湿地等重要的海洋生物栖息地的丧失和退化。[1]为此,政府有必要通过建造人工岛礁、设立国家海洋保护区等方式来修复海洋生境,以保持海洋生态系统的服务功能。党的十八大以来,我国大力推进各类海域、海岛、海岸带整治修复及保护工作。据统计,270 余个项目累计修复岸线 190 多千米,修复海岸带面积 6500 多公顷,修复沙滩面积 1200 多公顷,修复恢复湿地面积 2000 多公顷。[2]

(三)海洋水环境补偿

海洋水环境是海洋生态环境的重要组成部分,也是海洋渔业资源发展的重要支撑条件。以"排海工程"为主的不合理的人类活动把陆源污染转移到海洋,对海洋水环境造成了严重损害。政府海洋监测和研究结果显示,我国的海洋生态环境污染问题随工业化和城市化进程的加快而日趋严重。作为我国三大边缘海之一,东海的海水污染问题尤其突出。根据 2007—2017 年的《中国近岸海域环境质量公报》,在渤海、黄海、东海、南海四大海域中,东海的劣三类海水面积所占比重在 40% 以上,远远高于其他三大海域。因此,除了资

① 贾欣:《海洋生态补偿机制研究》,中国海洋大学博士学位论文,2010 年。
② 赵婧:《海蓝蓝的时代变迁》,《中国海洋报》2018 年 4 月 20 日。

金投入治理海洋污染,还需要采取企业排海工程收费、排污总量控制、排污权交易等预防性措施对海洋水环境污染进行补偿。

需要说明的是,对海的补偿是通过对人的补偿而实现的,主要是海洋生态损害者通过向海洋公共资源所有者的代表——政府缴纳海洋生态损害补偿金,政府作为公共利益的代表利用这笔资金及其他财政收入对海洋生态环境实施保护措施。

综上所述,海洋生态损害的受偿主体可分为对人的补偿和对海的补偿,涉及因海洋生态损害造成的利益受损的个人、企业、政府等主体,以及海洋生态环境本身。其中,既有补偿对象明确的私人经济主体,也有产权模糊的公共海域。针对产权模糊的受偿主体,一般考虑代表公共利益的政府。但为了避免"运动员"与"裁判员"合一的制度缺陷,受偿主体也可以是社会中介组织。

第四节　海洋生态损害补偿的其他主体分析

海洋生态损害补偿主体关系极其复杂,除了补偿主体和受偿主体两大核心主体,还包括海洋生态环境监测机构、中介机构和专家组织等其他主体。对这些主体进行科学分析,是有效推进海洋生态损害补偿制度建设的重要保障。

一、海洋生态环境监测机构

海洋生态环境监测机构是海洋生态环境监测体系的重要组成部分。及时准确的海洋环境监测数据,不仅是督促海洋环境监管部门履行海洋环境保护职责的重要手段,也是做好海洋生态损害补偿的重要依据。

我国海洋环境监测工作从 20 世纪 70 年代起步,已从最初的单一海洋污染监测发展为大范围布局与功能区环境问题相结合的监测,取得了长足进步。[1]

---

[1]　路文海、向先全、杨翼等:《海洋环境监测数据处理技术流程与方法研究》,《海洋开发与管理》2015 年第 2 期。

在政府海洋环境监测机构建设方面,我国已建立以原国家海洋局为主体的国家、省、市、县四级一体化监测体系。我国海洋环境监测工作,依据目的不同可分为常规性监测、污染事故应急监测、专项调查性监测、研究性监测四大类。

经过多年的努力,我国已形成了国家、海区、省、市、县五级海洋生态环境监测网络体系。截至2016年,中国已建有海洋生态环境监测机构235个,其中国家机构94个(国家监测中心1个、海区监测中心3个、中心站17个、海洋站73个),地方机构141个。覆盖区域已包括滨海区(入海河口、排污口)、近岸海域、近海海域和远海海域,年均各类海洋生态环境监测站位总数达1万余个,获取数据超过200万个,形成了点、线、面相结合,近岸为主、兼顾近海的站位布局。① 以东海为例,2016年国家海洋局东海分局组织实施东海区海洋生态环境保护工作,共布设监测站位4000余个,获取监测数据42万余组。② 海洋环境监测机构及数据供给为海洋生态损害补偿的有效实施提供了科学依据。

二、海洋生态损害补偿的中介机构

通常认为,社会中介组织是按照一定法律、法规、规章或根据政府委托建立的,遵循"独立、客观、公正"原则,在社会生活中发挥服务、沟通、监督等职能,实施具体的服务性行为、执行性行为和部分监督性行为的社会组织。③ 按照政府、企业、个人之间的关系,可将社会中介组织分为六大类:(1)行业协会类;(2)评价监督类;(3)代理服务类;(4)准司法行政类;(5)科研文教类;(6)城市社区类。④ 社会中介组织具有身份中立性、服务专业性等优势,有利于增进补偿主体和受偿主体之间的相互信任,在提供补偿决策咨询、补偿标准

---

① 李潇、杨翼、杨璐等:《海洋生态环境监测体系与管理对策研究》,《环境科学与管理》2017年第8期。

② 国家海洋局东海分局:《2016年东海区海洋环境公报》,见 http://www.eastsea.gov.cn/。

③ 中国行政管理学会课题组:《我国社会中介组织发展研究报告》,《中国行政管理》2005年第5期。

④ 张云德编著:《社会中介组织的理论与运作》,上海人民出版社2003年版,第108页。

制定、补偿方案落地等方面发挥着不可替代的作用。

在我国海洋生态损害补偿实践中,通常由于补偿主体和受偿主体之间缺乏足够的信任,导致复杂的损失估价纠纷,增加了交易成本。因此,发挥好中介机构在政府监管部门、补偿主体和受偿主体之间的沟通协调及具体服务工作就显得很有必要。研究表明,以美国和德国生态补偿的 22 个项目样本为例,成功的生态补偿案例中有 82% 的项目有中介组织参与,其中大部分中介组织是各种社会组织。① 可见,发挥中介机构在降低交易成本、增强补偿受偿主体信任等方面的作用是推进海洋生态损害补偿的重要支撑。

三、海洋生态损害补偿的专家组织

英国学者吉登斯在《现代性与自我认同》一书中提出,现代社会中有符号系统和专家系统两大系统。其中,专家系统是指"由技术成就和专业队伍所组成的体系"②。在现代社会,专家组织之所以备受重视,一是社会分工的细化导致人们无法掌握所有领域的专业知识,二是现代风险不可知、不可控的特点加深了人们对于专家系统的依赖性。因此,有效发挥专家组织的决策咨询作用,对推进海洋生态损害补偿决策的科学化、民主化大有裨益。

在海洋生态损害补偿中,专家组织主要指国内外高校、科研机构及专业智库中长期从事海洋生态补偿研究和实务工作的专业人员。海洋生态损害补偿是我国海洋生态文明建设的全新课题,具有较强的专业性和技术性,需要不同专业背景专家学者的参与。因此,在海洋生态损害补偿工作中,政府应明确自身定位,负责牵头抓总,把握海洋生态损害补偿政策方向。在海洋生态损害补偿方案设计、补偿标准制定、补偿绩效评价等环节则应注重发挥专家组织在开展海洋生态损害补偿课题研究、项目论证、决策咨询等方面的作用。

---

① 王彬彬、李晓燕:《生态补偿的制度建构:政府和市场有效融合》,《政治学研究》2015 年第 5 期。

② [英]安东尼·吉登斯:《现代性的后果》,田禾译,译林出版社 2011 年版,第 38 页。

总之,在海洋生态损害补偿制度建设中,监测机构可以提供可靠的海洋生态损害数据信息,中介机构可以作为第三方提供更加可信的海洋生态损害补偿具体专业服务,专家组织可以发挥独特的决策咨询作用。它们是海洋生态损害补偿制度有效落地的重要支撑条件。发达国家的经验表明,海洋生态环境监测机构、中介机构和专家组织等其他主体的服务能力越强,海洋生态损害补偿制度就越容易有效推进。因此,在大力推进海洋生态损害补偿的新形势下,我国应注重海洋生态环境监测机构、海洋生态损害补偿中介机构及专家组织的建设。

第五节　海洋生态损害及补偿的主体关系综合分析

海洋生态损害补偿制度是在分析施害者、受害者及其他相关主体损益关系的基础上,进而确定海洋生态损害的补偿主体、受偿主体等相关主体,核心是确定补偿主体、受偿主体及其权责利关系。

一、海洋生态损益的综合关系分析

海洋生态损益的主客体划分一般以受益和受损为依据。海洋生态损益关系演进的形成机理是:施害者和受益者(包括企业、政府和社会公众等)对受害者和保护者(包括企业、政府、社会公众,以及海洋生态环境本身)利益的损害。受害者行为是施害者行为引起的,但它们之间又存在一个复杂的博弈过程。施害者和受害者是海洋生态损益关系中的核心主体。

海洋生态损益综合关系是损益相关主体之间的利益调整关系。具体而言,这些主体之间会形成复杂的网络关系:(1)作为施害者的沿海地方政府分别与受害地方政府、企业、社会公众及海洋旅游消费者之间的损益关系,可分为沿海地方政府—沿海地方政府、沿海地方政府—企业、沿海地方政府—社会公众、沿海地方政府—海洋旅游消费者）；（2）作为施害者的企业与受害沿海地方政府、企业、社会公众及海洋旅游消费者之间的损益关系，可分为施害企业—沿海地方政府、施害企业—受害企业、施害企业—社会公众、施害企业—海洋旅游消费者等四种情形；（3）作为施害者的渔民与政府之间的损益关系，即过度捕捞对海洋渔业资源的破坏（渔民—政府）；（4）作为受益者的地方政府、企业、社会公众、海洋旅游消费者与海洋生态保护者的损益关系，可分为四种情形（地方政府—海洋生态保护者、企业—海洋生态保护者、社会公众—海洋生态保护者、海洋旅游消费者—海洋生态保护者）。

在海洋生态损害损益关系中，有时候施害者、受害者及其损益关系是容易确定的，但很多时候施害者与受害者并不容易判定。例如，近岸海域海水污染对滩涂养殖私人经济主体经济利益的损害，这种污染往往是陆源性污染，或者是其他区域海洋污染扩散引起的，还可能是综合因素造成的。其损益关系通常需要海洋生态监管部门、海洋生态监测部门、海洋生态研究机构、海洋生态环境保险等中介机构、海洋生态环境保护非政府组织等主体介入。总之，损益关系分析的主要意义就在于科学划定不同情形下损益双方的权利（权力）边界、责任边界和利益边界，为确定海洋生态损害补偿关系提供决策依据。

二、海洋生态损害补偿的综合关系分析

与海洋生态损益关系相对应，海洋生态损害补偿主体关系主要由补偿主体、受偿主体及其他相关主体构成。按照"谁损害、谁补偿"和"谁受益、谁补偿"的生态补偿原则，施害者和受益者直接对应海洋生态损害补偿主体，受害者、保护者及受损海域直接对应海洋生态损害受偿主体。无论是哪一类主体关系，均涉及政府、社会组织、社会公众及相关海域四类主体。补偿主体的主要职责为通过资金或者其他形式向公共利益代表者政府补偿海洋生态服务功能损失，以及其他受害者的利益损失。受偿主体的主要职权（利）为接受以资金给付为主的补偿。

　　总的来看,海洋生态损害补偿存在政府补偿企业、渔民、政府、海域四种情形,企业补偿政府、企业、个人、海域四种情形,个人补偿政府、企业、个人、海域四种情形。海洋生态损害补偿主要包括两种类型:一种是海洋生态环境利益受益者对海洋生态利益受损者进行经济上的补偿;另一种是海洋生态资源开发利用者对海洋生态系统造成的损害进行补救,前者针对正外部性问题,后者则针对负外部性问题。海洋生态损害补偿与受偿矩阵如表2-1所示。

　　在海洋生态损害补偿实践中,由于海洋生态环境的整体性、流动性等特征,不仅确定补偿主体和受偿主体本身就是一个老大难问题,而且在支付补偿资金时通常无法准确落实到真正的海洋生态利益受损主体和海洋生态保护主体。这种情况下,就需要发挥海洋生态环境监测机构、中介机构及专家组织的重要作用。

表2-1　海洋生态损害补偿受偿矩阵

海洋生态损害受偿主体	海洋生态损害补偿主体		
	政府	企业	社会公众
政府	(1)施害地方政府对受害地方政府进行海洋生态损害补偿; (2)受益地方政府对为保护海洋生态的地方政府进行补偿。	(1)企业因海洋生态损害对海洋生态损失进行补偿; (2)海洋生态保护受益企业对地方政府进行补偿。	(1)社会公众对海洋生态损害进行补偿; (2)海洋生态保护受益社会公众对地方政府进行补偿。
企业	(1)政府的海洋生态损害行为造成企业利益损失; (2)企业因国家保护、修复海洋生态行为获得效益。	(1)对受偿企业保护、修复海洋生态行为进行补偿; (2)自身海洋生态损害行为造成其他企业利益损失。	(1)社会公众因企业保护、修复海洋生态行为获得效益; (2)社会公众的海洋生态损害行为造成企业利益损失。
社会公众	政府海洋生态损害行为造成社会公众利益损失,对其进行补偿。	(1)社会公众因保护海洋生态而得到受益企业的补偿; (2)企业的海洋生态损害行为造成社会公众利益损失。	社会公众海洋生态损害行为造成他人利益损失。

续表

海洋生态损害受偿主体	海洋生态损害补偿主体		
	政府	企业	社会公众
受损海域	(1)政府主导的围填海等行为破坏了海洋生态环境,必须承担生态损害补偿主体责任; (2)在无法确定海洋生态损害行为施害者的情况下,政府作为海洋生态资源产权所有者和公共利益的代表就要承担补偿责任。	企业的海洋生态损害行为对海洋水环境、海洋生物多样性等造成损害,必须承担补偿责任。	个人的海洋生态损害行为造成海洋渔业资源等的损害,必须承担补偿责任。

　　由海洋生态损害补偿与受偿的矩阵可见,从人对人的补偿而言,政府、企业、社会公众既可能是海洋生态损害的补偿主体,又可能是海洋生态损害的受偿主体。在极端的情况下,同一个主体在同一个事件中既可能是补偿主体又可能是受偿主体。因此,海洋生态损害补偿的主体关系错综复杂。在该制度建设过程中,必须具体问题具体分析,对症下药,分类施策,甚至一事一策。

第三章　海洋生态损害补偿标准及资金流向分析

补偿标准是海洋生态损害补偿研究的关键和难点,合理的评估方法是保障补偿标准准确性的重要基础。如果不落实充足的补偿资金,海洋生态损害补偿制度也将是空谈。因此,本章首先重点针对各类海洋生态损害的经济价值评估方法进行研究,对海洋生态系统服务价值评估中的市场价值法、替代市场法和假想市场法进行评述。在此基础上,分析了在海洋生态损害主体明确和损害主体不明确的不同情况下的海洋生态损害补偿资金的筹集方式,以及海洋生态损害补偿资金流向受损的海洋生态客体和经济主体的不同方式。最后,探讨了海洋生态损害补偿制度的政府主导、市场主导及准市场等三种可能模式。

第一节　海洋生态损害的补偿标准评估方法

海洋生态损害补偿标准主要包括两种计量模式:一种是基于生态修复的海洋生态损害评估,补偿标准以修复工程或补偿生境的规模为单位;另一种是基于海洋生态系统服务价值的损害评估,补偿标准以货币为单位。本章重点研究的是海洋生态损害的经济价值补偿和补偿资金的配置问题,因此本节主要评析海洋生态损害经济价值的评估方法,主要包括市场价值法、替代市场法和假想市场法三大类。①

一、市场价值法

市场价值法是利用市场价格对生态系统服务的现状及其变化进行直接评价的方法,包括以下几种:

(一)市场定价法

市场定价法就是基于消费者在不同的市场价格下所购买的服务的数量,以及生产者所供给的服务的数量,来估算生态系统服务价值。该方法适用于评估有实际市场价格的海洋生态系统服务的价值,如评估海洋生态系统的食品生产价值。②

$$V_i = \sum B_i P_i + \sum Y_i Q_i \qquad (3-1)$$

式(3-1)中,V_i 为海洋生态系统供给服务的价值;B_i 为人类捕捞的第 i 类海产品的数量;P_i 为第 i 类捕捞海产品的市场价格扣除成本后的单位价值;Y_i 为人类养殖的第 i 类海产品的数量;Q_i 为第 i 类养殖海产品的市场价格扣除成本后的单位价值。

(二)生产率变化法

生产率变化法就是生态环境变化可以通过生产过程影响生产者的产量、成本和利润。该方法适用于评估那些可以作为商业市场产品投入品的生态系统服务的经济价值。③

---

① 沈满洪:《资源与环境经济学》(第二版),中国环境出版社 2015 年版。
② 郑伟:《海洋生态系统服务及其价值评估应用研究》,中国海洋大学博士学位论文,2008 年。
③ 李文华等:《生态系统服务功能价值评估的理论、方法与应用》,中国人民大学出版社 2008 年版。

$$V = \sum (P_i Q_i - C_i Q_i)_x - \sum (P_i Q_i - C_i Q_i)_y \tag{3-2}$$

式(3-2)中,V 为生态改善带来的效益或生态损害带来的经济损失;C_i 为第 i 种产品的平均成本;下标 x 和 y 分别代表生态环境变化前后的两种情况。

(三)机会成本法

机会成本是指某种资源用于某种特定的用途时所放弃的其他各种用途的最高收益。以资源选择的机会成本可估算海洋资源为人类提供的服务价值。如有学者通过核算海水养殖场的机会成本评估围海养殖对区域生态环境造成的生态价值损失。[①]

$$G = \max\{E_1, E_2, E_3, \cdots, E_n\} \tag{3-3}$$

式(3-3)中,G 为海洋资源某种用途的机会成本;$E_1, E_2, E_3, \cdots, E_n$ 为海洋资源放弃的其他用途的潜在收益。

(四)疾病成本法/人力资本法

疾病成本法/人力资本法就是通过市场价格和工资来确定个人对社会的潜在贡献,以此估算生态环境变化对人体健康的损益。该方法可用于评估海洋生态系统有害疾病的生物控制服务价值。[②]

$$I_c = \sum_{i=1}^{n} (L_i + M_i) \tag{3-4}$$

式(3-4)中,I_c 为海洋环境污染导致的疾病损失成本;L_i 为特定个人因海洋环境污染导致的工资损失;M_i 为特定个人因海洋环境污染导致的医疗费用支出;n 为受影响的人口数量。

[①] 苗丽娟、于永海、关春江等:《机会成本法在海洋生态补偿标准确定中的应用——以庄河青堆子湾海域为例》,《海洋开发与管理》2014 年第 5 期。

[②] 郑伟:《海洋生态系统服务及其价值评估应用研究》,中国海洋大学博士学位论文,2008 年。

二、替代市场法

替代市场法是通过考察人们在与环境联系紧密的市场中的相关行为,间接推断人们对环境的偏好,以此估算环境质量变化的经济价值,即"揭示支付意愿"。其基本假设是市场中存在环境和自然资源的衍生价格、参照价格或隐含价格,通过发现和辨识这样的价格,就可以度量环境资源的价值。此类方法以实际可观察的市场价格和交易行为为基础,包括以下几种:

(一)替代成本/工程法

替代成本/工程法就是通过提供类似服务的替代工程的成本来评估某种海洋生态系统服务的价值,如以人工污水处理工程的处理成本评估海洋生态系统水质净化服务的价值,以钢铁业液化空气法制造氧气的平均生产成本评估海洋生态系统气体调节的价值。[①]

$$V_{sw} = P_w \times Q_{swT} \tag{3-5}$$

式(3-5)中,V_{sw} 为水质净化的价值;P_w 为人工处理废水的单位价格;Q_{swT} 为污水处理量。

$$V_{O_2} = P_{O_2} \times Q_{O_2} \tag{3-6}$$

式(3-6)中,V_{O_2} 为气体调节价值;P_{O_2} 为人工生产氧气的单位成本;Q_{O_2} 为氧气生产的量。

(二)影子价格法

影子价格泛指实际价格以外的,能反映资源稀缺程度的社会价值的价格。以市场上与其相同的产品价格作为"影子价格"可以估算该生态系统服务的价值。如以碳税或二氧化碳排放权的市场平均交易价格估算海洋生态系统固

---

① 陈尚、任大川、夏涛等:《海洋生态资本理论框架下的生态系统服务评估》,《生态学报》2013年第19期。

定温室气体的价值。[1]

$$V_{CO_2} = P_{CO_2} \times Q_{CO_2} \qquad\qquad (3-7)$$

式(3-7)中，V_{CO_2}为海洋生态系统气候调节价值；P_i为碳排放权的市场交易价格；Q_{CO_2}为固定二氧化碳的量。

(三)防护费用法

防护费用法是指以人们为消除或减少环境恶化的有害影响而承担的防护费用作为环境产品和服务的潜在价值。如通过修建堤坝可以减轻风暴、台风对海岸的破坏，因此用修建堤坝的费用作为海洋生态系统干扰调节服务的价值。[2]

$$V_m = \sum X_m \qquad\qquad (3-8)$$

式(3-8)中，V_m为海洋生态系统某种服务价值；X_m为防护工程中 m 项目的建设费用。

(四)恢复费用法

恢复费用法是指通过采取措施将受损的生态系统恢复到原来的状况，用恢复措施所需的费用来评估生态系统价值。该方法是基于生态修复思维的一种评估生态损害价值的方法。在国际上，生境等价分析法(HEA)和资源等价分析法(REA)是比较成熟的基于生态修复的生态损害评估方法。[3] 这两种方法的思路都是基于服务功能的转换，假定损失的服务功能和修复的服务功能之间能够相互衡量，且最终两者能够满足对等条件，从而估算所需的修复工程

---

① 张亭亭:《海域环境容量的价值评估》,厦门大学硕士学位论文,2009 年。

② 郑伟、王宗灵、石洪华等:《典型人类活动对海洋生态系统服务影响评估与生态补偿研究》,海洋出版社 2011 年版。

③ Desvousges, W. H., Gard, N., Michael, H. J. et al., "Habitat and Resource Equivalency Analysis: A Critical Assessment", *Ecological Economics*, Vol.143, 2018.

规模。根据生态损害情况,一种修复工程是侧重于资源恢复,即资源等价分析法,在海洋领域多表现为增殖放流;另一种修复工程则是建立生境,即生境等价分析法,如建设人工湿地、海草床、海洋生态保护区等。因此,基于生境/资源等价分析法的生态成本测算常用于评估海洋溢油污染等带来的生态价值损失。如有学者核算了采用人工湿地修复溢油损害生境的修建成本和采用牙鲆和栉孔扇贝进行增殖放流的成本,作为溢油造成的生态系统服务功能价值总损失。[①] 而我国原环境保护部《生态环境损害鉴定评估技术指南总纲》规定,基于生态修复措施的费用来计算海洋生态损害价值,即将海洋生态系统恢复到基线水平所需的费用作为首要和首选的海洋生态损害价值计算的方法;同时,还应包括海洋生态损害发生至恢复到基线水平的时间内(即恢复期)的损失费用。如无法修复,则通过替代工程的费用来计算海洋生态损害的价值损失。

基于资源等价分析法的生态成本可表示为:

$$V_{REA} = \sum (P_r \times Q_r) \tag{3-9}$$

式(3-9)中,V_{REA} 为增殖放流成本;P_r 为第 r 类增殖放流生物价格;Q_r 为第 r 类增殖放流生物数量,可根据 REA 方法得出。

基于生境等价分析法的生态成本可表示为:

$$V_{HEA} = P_{HEA} \times S_{HEA} \tag{3-10}$$

式(3-10)中,V_{HEA} 为修复工程的总成本;P_{HEA} 为修复工程的单位成本;S_{HEA} 为所需建设的生态修复工程的面积,可根据 HEA 方法得出。

（五）旅行费用法

旅行费用法是指旅游者为观光游览而付出的代价可以看作是对这些环境服务的实际支付,由此旅游娱乐服务价值等于消费者的实际旅行费用加上消

---

① 李亚燕:《基于生态资本评估的海洋溢油生态价值损害及补偿研究》,中国海洋大学硕士学位论文,2015 年。

费者剩余。该方法利用旅行相关市场的消费行为评估"游憩商品"的价值,根据游客的旅行费用(交通费、门票费等)推导出旅游需求曲线,计算相应的消费者剩余,可用于评估海洋生态系统的旅游娱乐服务价值,具体包括分区旅行费用法和个人旅行费用法两种。[1]

基于分区旅行费用法的旅游娱乐价值为:

$$V_{ST} = \sum \int_0^Q F(Q) \qquad (3-11)$$

式(3-11)中, V_{ST} 为旅游娱乐价值; $F(Q)$ 为通过调查数据回归拟合得到的游客数 Q 与旅行费用 TC 的函数关系。

基于个人旅行费用法的旅游娱乐价值为:

$$V_{ST} = (TC + CS) \times P \qquad (3-12)$$

式(3-12)中, TC 为单个游客的平均旅行费用; CS 为单个游客的消费者剩余,通过对游客旅行次数和旅行费用等参数回归分析后得到; P 为旅游景区接待的旅游总人数。

(六)资产价值法

资产价值法就是将生态环境质量看作影响资产价值的一个因素,当其他影响因素不变时,以环境质量的变化引起资产价值的变化额来估计环境质量的价值。该方法可用于比较有红树林、沼草群落保护地区和无保护地区的海域资产价值差值,以此反映生态系统干扰调节的价值。[2]

三、假想市场法

对于不可直接或间接交易的环境价值(主要是非使用价值),没有真实的

---

① 陈尚、任大川、夏涛等:《海洋生态资本理论框架下的生态系统服务评估》,《生态学报》2013年第19期。
② 陈凤桂、张继伟、陈克亮等主编:《基于生态修复的海洋生态损害评估方法研究》,海洋出版社2015年版。

市场数据,也无法通过间接观察市场行为来揭示价值,只能借助人为创造假想市场,通过受访者"陈述偏好"来衡量相关环境质量及其变动的价值。这也是环境价值评价的最后一道防线,任何不能通过其他方法进行的价值评估几乎都可以用假想市场法来进行。[1] 但是,这类方法的主观性太强,因此得出的评估数据往往存有一定争议。

该类方法主要包括意愿调查法和选择实验法两种。

(一)意愿调查法

意愿调查法也称条件价值法,主要利用问卷调查方式直接考察受访者在假设性市场里的经济行为,推导出人们对环境资源的假想变化的评价。通过假想市场设计,获取人们对改善某一生态系统服务的支付意愿(WTP)或接受某一生态系统服务损失的受偿意愿(WTA)。海洋生态系统的精神文化、知识拓展、生物多样性等服务价值都可以用该方法进行评估。[2]

$$V_j = WTP_j(WTA_j) \times P_j \times \eta \qquad\qquad (3-13)$$

式(3-13)中, V_j 为海洋生态系统某种服务价值; WTP_j 和 WTA_j 为某种生态系统服务的人均支付意愿和受偿意愿,均通过问卷调查构建补偿意愿函数计量模型得出; P_j 为评估海域内的人口数量; η 为被调查群体的支付率或受偿率。

(二)选择实验法

选择实验法是指以要素价值理论和随机效用理论为基础,用环境物品的不同属性来反映环境价值。与意愿调查法的直接询问不同,选择实验需要受访者在不同的备选项之间进行选择和权衡,以此间接推断受访者对环境物品

---

[1] 沈满洪主编:《资源与环境经济学》(第二版),中国环境出版社 2015 年版。
[2] 陈尚、任大川、夏涛等:《海洋生态资本理论框架下的生态系统服务评估》,《生态学报》2013 年第 19 期。

的价值。通过向受访者提供由资源或环境物品的不同属性水平组成的选择集,在选择集的众多属性中需要设计一个货币价值属性,用以表示在不同的方案状态下需要支付的费用。根据受访者的选择行为,通过经济计量学模型评估不同属性的非市场价值。[①]

$$WTP = -\frac{\beta_{attribute}}{\beta_{cost}} \tag{3-14}$$

式(3-14)中,WTP 为边际属性支付意愿;$\beta_{attribute}$ 和 β_{cost} 分别为个人效用关于环境特征属性的系数和效用关于货币属性的系数。

由属性变化引起的选择实验的福利变化,即补偿剩余 CS 可以表示为:

$$CS = -\frac{1}{\beta_{cost}}(V_{t_1} - V_{t_2}) = -\frac{1}{\beta_{cost}}(\beta_{t_1} X_{t_1} - \beta_{t_2} X_{t_2}) \tag{3-15}$$

式(3-15)中,V_{t_1} 和 V_{t_2} 分别代表受访者在不同属性状态时的效用水平,可以用属性向量$(X_1, X_2 \cdots)$的线性函数表示。

四、各种生态价值评估方法的比较与选择

(一)各类生态价值评估方法的比较

上述每种方法都有各自的优点和缺点,也有各自的使用范围。如直接市场法简单易行、结果直观,但只有少数的生态系统服务具有交易市场,因此其适用范围较窄。此外,如果有市场失灵或者政策失灵存在,市场就可能无法反映生态系统服务的全部价值。替代市场法日益成熟,很适用于评估生态系统的间接使用价值,但也需要以能够找到替代被评估生态系统服务功能为基础。假想市场法适用范围较广,但易受被访人群和问卷设计影响,因此其主观性和不确定性也最高。

具体生态价值评估方法比较如表3-1所示。

---

① 樊辉、赵敏娟:《自然资源非市场价值评估的选择实验法:原理及应用分析》,《资源科学》2013 年第 7 期。

表 3-1　各类生态价值评估方法的比较

评估方法		适用条件	优点	缺点
市场价值法	市场定价法	市场运行良好,具有能够反映出产品或服务的稀缺性的市场价格。	根据真实的市场行为,明确反映个人的偏好和支付意愿,结果可信度较高。	高度依赖市场价格,如果市场价格不能准确反映产品或服务的稀缺特征,则要通过"影子价格"进行调整。适用范围窄,无法评价没有市场交易的服务。
	生产率变化法	生产或消费活动对可交易物品的环境影响明显、能够观测或者能够用实证方法获得。	根据真实的市场资料,比较直观,易于公众理解接受。	高度依赖环境条件与生产函数的效应关系,而在一些情况下,生产函数难以建立;如果资源的变化影响了最终产品和其他投入品的价格,该方法也难以应用;并不是所有的服务都与最终产品有关,由此可能低估生态系统服务的价值。
	机会成本法	适用于难以估计环境变化的数量属性的情况。	简单实用,易于公众理解接受。	无法评价某些具有明显外部性且外部收益难以市场化的公共物品价值。
	疾病成本法	适用于评估生态环境变化对人体健康的影响,且有明确的疾病发生率与环境因子之间的剂量—反应(损害)函数,劳动力市场价格良好。	根据真实的市场资料,比较直观。	只有可以明确的损害函数才可以使用,该方法只能核算同疾病相关的非市场性损失。此外,疾病成本法并没有考虑到受影响的个体对于健康或疾病的偏好。
替代市场法	替代成本法	要求替代服务与原服务的高度相似性。	与基于支付意愿或收益的方法相比,这种基于成本的评估方法的优点是比较方便,资料和资源统计信息相对容易获得。	能够替代的工程可能不唯一,评估价值也具有不确定性;很多生态系统服务无法用技术手段去替代;被替代的服务往往只是生态系统提供的服务的一部分,服务价值有可能被低估。
	影子价格法	适用市场上有与其相同的产品价格作为"影子价格"的公共物品价值评估。常用于对环境污染经济损失成本的估算。	反映资源的稀缺程度,为资源的合理配置和有效利用提供正确的计量尺度。	"影子价格"是资源在最优决策下边际价值的反映,因此很难获取。另外,同一资源在不同的经济结构和不同的最优决策之下"影子价格"可能不同。因此"影子价格"受经济结构本身客观条件制约。①
	防护费用法	要求人们对他们受到损害的程度比较了解,并能相应计算出防护费用的大小。	与替代成本法类似,以成本估计价值比估计收益本身容易。	一方面使用成本估计收益一般都会造成低估;另一方面人们愿意支付的防护费用会受到经济社会发展水平和生活水平的影响。特别是处于风险中的人们的支付能力会限制防护支出。

①　杨桂元、宋马林:《影子价格及其在资源配置中的应用研究》,《运筹与管理》2010年第5期。

续表

评估方法		适用条件	优点	缺点
替代市场法	恢复费用法	恢复方案切实可行,能提供相同或相似的服务,且能够估算并支付这些恢复工程的费用。	以生态修复的成本为基础,公众接受度高。产生成本的数据资料容易获取。	需要依据过强的假设条件,即生态环境受损后能够完全对等恢复,而恢复工程的效果有待检验。此外,可能存在不同的修复方案,得出不同的评估结果。
	旅行费用法	适用于评估自然环境的休闲娱乐价值。这些地点是可以到达的,需要人们花费一定的时间和财物。	以实际市场行为为基础,符合现代经济学方法论要求,认知度较高。	问卷调查的数据会存在取样偏差问题,价值评估结果受旅游地区当地的经济水平显著影响。
	资产价值法	适用于评估地产涉及的环境因子的价值。房地产市场不存在扭曲现象,交易明显而清晰。	以实际市场价格为基础,能够反映消费者偏好,结果可信度较高。	高度依赖人们对房产的支付意愿,与环境条件密切相关。由于土地价格受多种因素影响,评估价值具有一定不确定性。
假想市场法	意愿调查法	适用于被调查者知道自己的个人偏好,有能力对环境物品或服务进行估价,并且愿意诚实地说出个人的支付意愿。	具有很大的灵活性,可以涵盖较大的评估范围,忽略某些不确定因素,因此适用广泛。	问卷设计和调查过程中容易造成各种偏差,包括信息偏差、支付方式偏差、投标起点偏差、调查者偏差、受访者的策略性偏差等。
	选择实验法	适用于被调查者知道自己的个人偏好。此外,该方法更适合对于多个因子存在的价值进行评估。	允许受访者进行权衡选择,提升公众接受度;能够准确评估环境物品的相对价值,揭示消费者的偏好排序;还可以作为支持决策者的工具,模拟政策实施后的收益,进行公共政策分析。	需要受访者了解该环境物品及其所处的背景,能够使选择结果准确无偏。选择实验法无法将确定属性和属性水平的组合都呈现给受访者,影响选择实验的有效性。选择实验需要经济学、心理学和统计学等多领域知识的支撑,具有一定难度。

(二)海洋生态系统服务价值评估方法的选择

选择哪种海洋生态系统服务价值评估方法取决于所要评估服务的类型、需要的信息以及数据的可得性。当某种海洋生态系统服务的价值可以采用几种方法进行评估时,需要对这些价值评估方法进行比较,以使评估达到尽可能的科学、合理。相比较而言,市场价值法优于替代市场法,因此在选择各生态系统服务价值评估方法时,按市场价值法>替代市场法(揭示偏好法)>假想市场法(陈述偏好法)的顺序进行选择。各类海洋生态系统服务可选择的价值评估方法如表3-2所示。

表 3-2　海洋生态系统服务价值的评估方法选择

海洋生态系统服务	经济价值评估方法											
	市场价值法		替代市场法							假想市场法		
	1	2	3	4	5	6	7	8	9	10	11	12
食品供给	√	√									√	
原料供给	√	√									√	
基因资源			√		√		√				√	
气候调节					√	√				√	√	
气体调节					√	√				√	√	
水质净化					√	√		√		√	√	√
生物控制				√			√	√			√	
干扰调节					√		√	√			√	
旅游娱乐	√		√						√		√	
精神文化											√	√
知识扩展	√				√						√	
初级生产	√	√						√			√	
物质循环		√			√	√					√	
生物多样性											√	√
提供生境			√					√			√	

注:1.市场定价法;2.生产率变化法;3.机会成本法;4.疾病成本法;5.替代成本法;6.影子价格法;7.防护费用法;8.恢复费用法;9.旅行费用法;10.资产价值法;11.意愿调查法;12.选择实验法。

(三)海洋生态损害价值及补偿的相关问题

1.海洋生态损害系数

不同的海域使用方式对生态系统服务的损害程度不同,核算海洋生态损害价值需要在原海域的生态系统服务价值基础上再乘以用海工程的生态损害程度。对此,学者们提议采用专家问卷调查法确定不同利用方式对各种海洋生态系统服务的损害程度。[1] 如山东省《用海建设项目海洋生态损失补偿评

---

① Rao,H.H.,Lin,C.C.,Kong H.,et al.,"Ecological Damage Compensation for Coastal Sea Area Uses",*Ecological Indicators*,No.38,2014.

估技术导则》(DB37/T 1448—2015)中明确了 14 种生态损失用海方式(包括填海、港池泊位用海、潜坝建设、海砂开采、航道清淤、海底管线开挖、盐业生产、池塘养殖、人工增殖渔礁、人工构筑物的透水部分、网箱养殖用海、筏架养殖用海、浴场与游乐场用海、取水用海等建设项目)在施工期和使用期对邻近海域的生态系统服务损害系数取值。按此思路,学者们研究了三亚市不同用海方式对珊瑚礁的损害补偿计算方法,①测算了厦门杏林跨海大桥海洋工程的生态损害损失,②以及山东莱州港航道建设工程项目、青岛港董家口港区大唐码头(二期)工程项目、莱州电厂用海项目、日照渔港用海项目和东营广利海堤用海项目的海洋生态损失。③

2. 价值评估的不确定性

尽管基于生态系统服务价值的生态补偿标准研究正在逐步深入,但是价值评估仍有很多不确定性。首先,并非所有的海洋生态系统服务功能都了解完全,且各类服务之间的影响关系也尚未明确,因此只是对已经探明的服务进行相对合理的计算。其次,大多数研究在核算生态损害成本时是基于线性函数的假设,而实际上各生态系统服务损失累积是非线性的。④ 再次,生态服务价值是源于人们的评价,因而同一种生态系统服务在不同的社会和经济环境中也会表现出不同的价值,评估方法需要进行本地化修正,尤其价格参数的多变性也增加了评估结果的不确定性。⑤ 综上所述,尽管有多种不同的方法均在不同程度上应用于补偿标准核算,但仍然缺少一致公认的测算方法和统一

① 张健、杨翼、曲艳敏等:《人类用海活动造成珊瑚礁损害的生态补偿方法研究——以三亚为例》,《环境与可持续发展》2017 年第 1 期。

② 饶欢欢、彭本荣、刘岩等:《海洋工程生态损害评估与补偿——以厦门杏林跨海大桥为例》,《生态学报》2015 年第 16 期。

③ 郝林华、陈尚、夏涛等:《用海建设项目海洋生态损失补偿评估方法及应用》,《生态学报》2017 年第 20 期。

④ Barbier, E.B., Koch, E.W., Silliman, B.R., "Coastal Ecosystem-based Management with Nonlinear Ecological Functions and Values", *Science*, No.319, 2008.

⑤ Vo, Q.T., Kuenzerb, C., Vo, Q.M., "Review of Valuation Methods for Mangrove Ecosystem Services", *Ecological Indicators*, No.23, 2012.

的研究框架,为此,常常需要多种方法相互验证,如用两类方法评估结果的均值作为生态环境损失值,或者用两类方法的评估结果作为生态环境损失值区间,这样可以提高评估结果的准确性。①

3. 生态损害补偿修正系数

在实施海洋生态损害补偿时,需要兼顾补偿主体的实际补偿能力等问题,因此最终的补偿标准将是生态损失价值评估的修正结果。关于生态损害补偿的修正系数,有研究考虑了经济社会发展水平,建立基于恩格尔系数与皮尔生长曲线模型的海洋生态补偿系数模型,以此反映不同经济社会发展水平下人们对生态系统服务价值的认知程度和进行补偿的支付意愿。② 有研究认为,不同开发地区的经济发展水平不一致,存在一定差异,经济发展水平落后的地区对环境的需求程度较低,而经济发达的地区则对环境的需求程度较高。因此,生态损害补偿标准体系需要引入一个经济系数,具体可由当地人均 GDP 及消费水平指数进行修正。③ 而山东省《用海建设项目海洋生态损失补偿评估技术导则》则指出,根据用海建设项目所属产业的社会经济特征、国家产业政策、影响区域等分别确定基准补偿系数、政策调整系统、附加补偿系数,三者加和确定用海建设项目的综合补偿系数再乘以建设项目占用海域产生的生态系统服务损失和生物资源损失。

综上所述,生态补偿标准的测算依然是补偿机制研究中的热点和难点。在海洋生态损害补偿的研究过程中,学者们将受影响区域的生态系统服务价值作为基础,通过引入生态损害系数、生态补偿系数等方式调整海洋生态损害补偿标准,以解决生态系统服务价值评估结果过高、未兼顾补偿主体的实际补偿能力等问题,同时有望通过不同系数的引入,实现差别化的生态补偿。

---

① 肖建红、陈东景、徐敏等:《围填海工程的生态环境价值损失评估——以江苏省两个典型工程为例》,《长江流域资源与环境》2011年第10期。
② 董彭旭:《填海工程的海洋生态补偿机制研究——以福建沙埕港为例》,厦门大学硕士学位论文,2013年。
③ 黄菲、史虹:《我国水电开发生态补偿模式的探究及应用》,《水利经济》2015年第3期。

第二节　海洋生态损害补偿制度的资金筹措

海洋生态损害补偿的资金筹措需要根据海洋生态损害的事权责任关系建立融资渠道。对于损害主体不清晰的海洋生态损害,应以政府财政出资为主;对于损害主体清晰的海洋生态损害,应由损害者付费补偿。

一、政府出资:损害主体难以界定的情况下

海洋生态环境中的公共物品特性决定了政府在海洋生态损害补偿中的责任地位。政府的主要职责就是代表国家进行海洋生态资源养护和海洋环境建设,并在法律调控范围内对因海洋生态破坏而利益受损的相关者给予补偿。[①]在损害主体难以确定的情况下,补偿资金主要依靠政府通过财政转移方式支出,属于使用公共财政进行生态补偿。财政转移支付的模式主要有三种:一是自上而下的纵向转移,如国家对地方的补偿;二是横向转移,主要应用于地区间生态损益较为明确的情形,由生态受益地区直接向生态保护区进行财政转移支付,或者是生态损害地区向生态受损地区进行财政转移支付;三是纵向与横向转移的混合,应用在有较为明确的生态受益地区,但是仅依靠生态受益地区的资金难以实现对生态保护地区的充足补偿的情形。[②]

海洋水体的流动性、海洋环境问题和海洋经济活动的跨界性,使得海洋生态补偿资金的筹集需要有多层面的政府转移支付共同支撑。以东海为例,东海沿岸涉及浙江、福建、上海等"两省一市"。而流入东海的河流有长江、钱塘江、闽江及浊水溪等。长江入海口的污染物排放及生态工程建设又非东海沿岸省市可以左右。因此,需要根据东海生态损害问题的复杂性,建立包含不同层次的海洋生态补偿财政转移支付制度。

---

① 李荣光:《域外海洋生态补偿法律制度对我国的启示》,《荆楚学刊》2018 年第 4 期。
② 江秀娟:《生态补偿类型与方式研究》,中国海洋大学硕士学位论文,2010 年。

第一层次是中央财政的纵向转移支付。东海不仅是沿海省市的生态资源,更是国家重要的战略资源。东海资源丰富,拥有我国一半以上岛屿,东海油气田资源是我国重要的能源战略物资;东海位于中国大陆、中国台湾和琉球群岛之间,地理位置特殊,具有独特的战略价值。因此,东海的生态环境治理需要中央财政的支持。原国家海洋局已经印发了《国家海洋局海洋生态文明建设实施方案》(2015—2020年),牵头制定海洋生态补偿相关标准,加大对重点生态功能区的转移支付力度,探索流域—海域生态补偿机制以及海洋工程建设项目生态补偿机制。[①]

第二层次是省际财政的横向转移支付。很多海洋都跨过多个省市,海洋生态损害补偿需要由涉及的包括不同行政管辖的政府共同治理。因此,为了解决省际区域性外部性问题,应当处理好横向转移支付与纵向转移支付之间的关系,构建横向转移支付制度。而构建横向转移支付制度需要有省际责任划分为基础。因此,也需要由中央政府出面统筹,从全国整体性海洋环境破坏现状出发,综合分析国家海洋环境和海洋资源的开发、利用情况,在中央政府的统一协调下,地方政府"根据辖区海洋生态保护和修复状况开展相应的生态建设和海洋生态补偿活动"。[②]

第三层次是省级以下政府财政转移支付制度。《国务院关于改革和完善中央对地方转移支付制度的意见》(国发〔2014〕71号)提出要完善省以下转移支付制度,明确规定省级以下各级政府要根据中央决策部署进一步健全各级政府财政转移支付制度。省级财政对辖区各市的海洋环境治理和修复进行财政转移。如日照市2017年争取山东省级海域使用金和海洋生态损失补偿费6849万元,用于海岸线整治修复、海洋生态修复、全省海洋经济调查、海洋

---

① 国家海洋局:《关于政协十二届全国委员会第五次会议第3238号(资源环境类198号)提案答复的函》(国海函〔2017〕第83号)。

② 安然:《海洋生态补偿与财政转移支付制度的建立》,《现代商贸工业》2018年第12期。

海域监测评价及海洋综合管理、浒苔绿潮灾害应急处置等。[①]

　　依靠政府出资的海洋生态损害补偿资金取决于政府的财政收支状况和政府的公共投资的偏好。从地方实践来看,开展生态补偿试点的地区多为一些经济发达地区,由此说明政府出资的补偿需要经济发展为基础。此外,这种方式下的资金来源渠道较为单一,很容易造成海洋生态资源受益者、生态系统保护者以及生态资源破坏者等主体之间的利益分配不均,导致不公平的社会现象存在。[②] 我国还处在海洋生态损害补偿制度建设的初级阶段,生态补偿资金来源主要是政府通过财政转移支付等方式来提供。但是政府的公共财政转移支付并不是生态补偿资金的唯一来源,还需发动市场和社会主体的力量。

二、企业出资:损害主体明确的情况下

　　按照"谁损害、谁补偿"原则,在生态损害行为和主体明确的情况下,理应由海洋生态损害的责任主体支付补偿费用,属于企业出资进行生态补偿。国家和地方已有相关文件对此进行规定:

　　原国家海洋局印发《海洋生态损害国家损失索赔办法》第二条规定:国家海洋行政主管部门可以向导致海洋环境污染或生态破坏,造成国家重大损失的责任者提出索赔要求。责任主体缴纳的海洋生态损害国家损失赔偿金的标准根据国家海洋局发布的《海洋生态损害评估技术指南(试行)》第八条规定海洋生态损害价值计算,主要内容包括:清除污染和减轻损害等预防措施费用;海洋生物资源和海洋环境容量等恢复期的损失费用;海洋生态修复费用;检测、试验、评估等其他合理费用。我国水产行业标准《建设项目对海洋生物资源影响评价技术规程》中规定"工程造成海洋生物资源量损害的,要依据影

---

　　① 解友财:《日照争取省级海域使用金和生态补偿费 6849 万元》,见 http://sd.dzwww. com/sdnews/201705/t20170517_15929772. htm。

　　② 冯凯:《我国海洋生态补偿资金来源的法律研究》,山东师范大学硕士学位论文, 2016 年。

响的范围和程度,制定补偿措施。补偿措施的方案要进行评估论证,择优确定,落实经费和时限。工程的生态补偿经费全部用于生态修复"。《山东省海洋生态损害赔偿费和损失补偿费管理暂行办法》中规定"发生海洋污染事故、违法开发利用海洋资源等行为导致海洋生态损害的,以及实施海洋工程、海岸工程建设和海洋倾废等导致海洋生态环境改变的,应当缴纳海洋生态损害赔偿费和海洋生态损失补偿费"。海洋生态损害赔偿费和损失补偿费金额,按照《山东省海洋生态损害赔偿和损失补偿评估方法》评估确定。

在补偿方式上,损害主体可以通过缴纳补偿金和实施工程修复两种方式实施补偿。采取生态修复工程方式进行海洋生态损害补偿的,一般需要涉海企业按照批准的海洋环境影响报告书(表)中确定的生态补偿方案,实施相应的生态修复工程。

由涉海企业出资进行海洋生态损害补偿,体现了公平公正原则,也实现了海洋生态环境的修复和保护。但是这种方式下的资金来源需要海洋生态损害行为的责任主体同意,海洋生态损失能够准确计量,有完整的监督管理机构促使责任主体按要求完成海洋生态损害补偿工作。因此,由企业出资进行生态损害补偿也需要有政府相关部门的制度体制作为保障。

三、社会出资:绿色社团组织等社会捐赠

从可持续发展角度来看,海洋生态保护和修复具有代际外部经济,是一种"功在当代,利在千秋"的行为。因此,海洋生态损害补偿也需要引导社会各方参与,拓展资金来源。这是属于第三方出资进行生态补偿,主要可包括以下几种方式:

通过社会募捐筹集资金。该方式一方面可以积极申请和寻求国际组织和机构对海洋生态损害补偿的资金扶持和技术援助,另一方面可以唤起民众的环境保护意识和热情,鼓励社会各界对海洋生态保护进行募捐和帮助。我国的海洋公益基金正逐渐兴起,如 2015 年,福建省海峡环保基金会与福建省海

洋与渔业厅达成战略合作,积极参与推动、支持增殖放流等海洋生态渔业资源保护公益活动;2017 年,天津海昌海洋公园设立海昌海洋公益基金、深圳市广电公益基金会等发起深圳首个珊瑚保护的公募型公益基金,都为海洋环保公益事业作出重要贡献。

建立海洋生态保险制度。由于海洋环境污染事故一般会造成大面积海域污染,因而导致的损失往往很大,大部分污染者并不具备赔偿能力,为此可以通过引入保险制度,分散与降低海洋开发活动产生海洋生态损害的风险,保证赔偿工作顺利落实。① 在以美国为首的工业发达国家,环境责任保险制度已进入较为成熟的阶段。环境责任保险制度可以分散排污企业环境风险、保护第三人环境利益、减少政府环境压力,有利于使受害人及时获得经济补偿和稳定社会秩序。2008 年,原国家环保总局和中国保监会联合发布了《关于环境污染责任保险工作的指导意见》,标志着我国环境污染责任保险制度雏形初现。在海洋生态补偿过程中,也应引入生态保险机制,为海洋生态环境恢复治理提供资金支持。

发行生态彩票,向社会公众筹集生态补偿基金。②

由社会出资补偿属于非利益关联者补偿,属于自愿补偿的范畴,取决于公众环境保护意识和责任。随着生态文明建设的推进和海洋强国战略的实施,生态补偿的社会参与之路必将越来越广阔。

四、不同来源的补偿资金结构分析

由上述讨论可知,海洋生态损害补偿资金的筹集主要有三种途径:政府财政转移支付、损害者支付以及社会组织支付。从生态补偿资金的组成结构来看,政府主体、企业主体、社会主体在不同来源的补偿资金筹集上有着不同的

---

① 安然:《海洋生态损害补偿国际经验及启示》,《合作经济与科技》2016 年第 24 期。

② 竺效:《我国生态补偿基金的法律性质研究——兼论〈中华人民共和国生态补偿条例〉相关框架设计》,《北京林业大学学报(社会科学版)》2011 年第 1 期。

作用地位。

如表 3-3 所示,对于政府出资的海洋生态补偿金,政府的财政转移支付是其主要来源渠道,政府在资金筹集上的重要性和影响力最高。企业主体和社会主体虽然是政府财政收入的基础,但他们没有直接出资用于海洋生态损害补偿,因此重要性和影响力相对较低;对于损害者筹集的生态损害补偿资金,由相关企业主体,缴纳海洋生态补偿金,承担补偿责任,企业主体对补偿资金筹集的影响力和重要性最高。但企业主体补偿的实施需要由政府的要求和管理作为基础,因此对于利益主体付费的补偿资金筹集,政府仍然具有较高的影响力和重要性。此时,社会公众并未参与补偿资金筹集,其影响力和重要性相对最低;对于社会筹集的生态损害补偿资金,社会主体是主要贡献者,具有较高的影响力和重要性。而社会主体的出资行为也深受政府的引导和开发,因此政府也具有一定的影响力和重要性。此时,私人主体未参与生态补偿资金筹集,其影响力和重要性相对最弱。

表 3-3　相关利益主体在不同来源的海洋生态补偿资金中的影响力与重要性比较

利益主体	政府筹资		损害者筹资		社会筹资	
	影响力	重要性	影响力	重要性	影响力	重要性
政府主体	高	高	高	高	中	中
私人主体	低	低	高	高	低	低
社会主体	低	低	低	低	高	高

综合来看,无论哪种筹集方式,政府都起着重要作用。从现行体制和市场环境来看,我国政府将在较长一段时期内以其行政强制力作为重要保障,发挥其海洋生态损害补偿资金给付主体的重要作用,成为诸多主体中最主要的组成部分。[①]

----

　①　彭彦彦:《建立健全我国生态补偿机制的财税政策研究》,中国海洋大学硕士学位论文,2011 年。

五、海洋生态损害补偿资金管理

海洋生态损害补偿资金的利用效率直接决定了生态补偿实施的效果。因此,必须十分重视资金的使用管理。海洋生态损害补偿资金的使用一般实行"收支两条线"管理。如《山东省海洋生态损害赔偿费和损失补偿费管理暂行办法》中指出,海洋生态损害赔偿费和损失补偿费属于政府非税收收入,纳入财政预算。海洋生态损害赔偿费和损失补偿费的支付按照财政国库管理制度有关规定执行。但是在涉及海洋生态补偿资金的征收、使用和监督等问题上都没有作详细的规定,需要有更明确的制度来完善海洋生态补偿金制度。

海洋生态补偿资金的来源主体包括政府、涉海企业、社会组织等,从实践来看,补偿资金大多来源于前两种主体。而企业出资进行海洋生态损害补偿的主要方式之一也是向相关部门缴纳费用,因此政府及相关部门在海洋生态损害补偿资金的使用和管理上发挥主导作用。首先,在立法中应明确资金的管理单位。例如,规定海洋生态损害赔偿费和损失补偿费由财政部门负责征收管理,由提出赔偿要求和具有相应审批权限的海洋与渔业行政主管部门具体征收。此外,从国际的自然资源赔偿案例来看,设立补偿基金实行托管方式管理较为常见。2010 年,墨西哥湾石油钻井平台"深水地平线"发生爆炸,油井漏油,英国石油公司赔偿 500 亿美元用于赔偿漏油的受害者。美国政府将此赔偿金设立专项基金,并将其委托第三方"墨西哥湾赔偿机构"作为托管机构处理溢油赔偿工作。受影响的个人和行业按所规定的赔偿种类和标准向托管机构提出赔偿申请,由其审核和发放赔偿金。[①] 其次,在使用中设立单独账户保证专款专用。相关管理办法规定严格按照预算安排使用,专款专用,年终结余结转下年度使用。再次,需加强基金使用情况的审计和监督,保证补偿资金在各级财政的监督下封闭运行,做到分级管理,不挤占、不平调、不挪用,并且应

[①] 刘丹:《渤海溢油事故海洋生态损害赔偿研究——以墨西哥湾溢油自然资源损害赔偿为鉴》,《行政与法》2012 年第 3 期。

保证资金使用情况信息公开,接受公众监督。最后,需要加强对补偿资金的实施效率进行评估,提高资金的使用效率,如从资金筹集的充足度,资金预算的平衡性,资金分配的合理性等指标对生态补偿财政实现机制进行评估。①

第三节　海洋生态损害补偿的资金流向

一、向海洋生态损害的生态客体补偿

受损的海洋生态环境是海洋生态损害补偿客体,是主体间权利和义务所指向的对象。受损的海洋生态环境是第一直接影响对象,海洋生态损害补偿资金的首要用途是修复受损的海洋生态环境。根据修复的内容划分,海洋生态系统修复可以分为生物修复和生境修复。生物修复是采取自然或人工措施恢复和重建受损的一种或多种生物;生境修复是指采取水文修复、沉积学修复和化学修复等有效措施,对受损的生境进行恢复与重建,使退化状态得到遏制并改善。② 我国较为典型的海洋生态修复案例如表3-4所示。

表3-4　我国典型的海洋生态修复案例(部分)

海洋生态修复类型		典型案例
资源恢复型	增殖放流	2018年8月,浙江省宁海县检察院通过增殖放流恢复被非法捕捞海产品犯罪行为破坏的海洋渔业资源。③
	人工鱼礁	2014年,山东省海洋与渔业厅印发《山东省人工鱼礁建设规划(2014—2020年)》,规划建设九大人工鱼礁带,修复因过度捕捞和受污染较重的海洋渔业资源。④

① 沈海翠:《海洋生态补偿的财政实现机制研究》,中国海洋大学硕士学位论文,2013年。

② 王丽荣、于红兵、李翠田等:《海洋生态系统修复研究进展》,《应用海洋学学报》2018年第3期。

③ 《宁海县检察院以增殖放流补偿海洋生态修复》,http://www.zjjcy.gov.cn/art/2018/8/30/art_31_63002.html。

④ 《山东省海洋与渔业厅关于印发〈山东省人工鱼礁建设规划(2014—2020年)〉的通知》(鲁海渔〔2014〕3号),2014年1月15日。

续表

海洋生态修复类型		典型案例
生境修复型	红树林修复	2017年,广西壮族自治区防城港市实施东湾红树林生态修复工程,通过混交林种植方式,提升红树林生物多样性,减少红树林虫灾。①
	珊瑚礁修复	2013年起,海南省海洋与渔业科学院会同国家海洋局、中科院等多家单位打造三亚蜈支洲岛的人工珊瑚礁生态系统,利用不锈钢材质的人工礁基,移植造礁石珊瑚,加速珊瑚苗生长,促进珊瑚礁群落的加速形成。②
	海草床修复	广西壮族自治区合浦儒艮国家级自然保护区,以保护性的自然恢复为主对海草进行修复。在约32公顷的生境保护区恢复喜盐藻,3个月后恢复区的海草覆盖率由1%提高到2%。③

　　海洋生物资源恢复主要通过增殖放流和人工鱼礁建设对海洋渔业资源进行恢复。增殖放流,即是采用人工方式向特定水域投放鱼、虾、蟹和贝类亲体、人工繁育种苗或暂养的野生种苗,来恢复海洋渔业资源。④ 这是一种社会认同度高、效果明显又比较成熟的海洋生态补偿方式。20世纪80年代末开始,我国在渤海、黄海和东海海域开展增殖放流行动。根据舟山渔业捕捞统计,增殖放流改进了舟山海域生态群落结构,增加了舟山海域渔业资源量和海洋生物多样性,对海洋资源环境修复的作用已初步显现。⑤ 人工鱼礁建设是通过人为在海中设置的构造物,并有目的地沉置于海底,营造海洋生物栖息的良好环境,为鱼类等提供繁殖、生长、索饵和庇敌的场所,以改变海洋生物资源与环境。⑥ 日本、韩国及欧美国家等在利用人工鱼礁改善和恢复海洋生态环境等研究和应用方面比较早,现已近成熟,取得了明显的经济和生态效应。⑦ 我国

① 《港口区切实推进东湾红树林生态修复工程项目》,《防城港日报》2018年5月10日。
② 《"新闻联播"点赞海南人工珊瑚礁生态修复成效明显》,人民网,2017年9月11日。
③ 国家项目协调办公室:《中国南部沿海生物多样性管理项目自评估报告》,国家海洋局,2011年。
④ 程家骅、姜亚洲:《海洋生物资源增殖放流回顾与展望》,《中国水产科学》2010年第3期。
⑤ 丁建伟:《舟山市海洋生态补偿的实践与思考》,《渔业信息与战略》2014年第2期。
⑥ Seaman,W.J.,*Artificial Reef Evaluation with Application to Natural Marine Habitats*,USA:CRC Press,New York,2000.
⑦ 苏源、刘花台:《海洋生态补偿方法以及国内外研究进展》,《绿色科技》2015年第12期。

人工渔礁建设始于 20 世纪 80 年代,随着辽宁、河北、山东、江苏、浙江、广东、广西等沿海各省区的投放建设,人工渔礁的资源增殖功能得到了广泛开发。

海洋生境修复主要包括对红树林生态系统、珊瑚礁生态系统和海草床生态系统三种典型且脆弱海洋生态系统的生态修复。我国自 21 世纪初以来,各级政府部门和科研机构加强对红树林、珊瑚礁和海草床生态系统的保护研究,通过对破坏行为的有效管理和多项人工移植技术的引用,一些地区的海洋生态系统的退化趋势得到了基本的遏制。广西、广东、福建等省区采取由项目开发主体实施珊瑚礁异地迁植、红树林种植等方式,对工程建设造成的生态破坏进行补偿。

二、向海洋生态损害的经济主体补偿

海洋生态损害具有显著的负外部性,相关经济主体的利益会因海洋生态损害而受到损失,应受到补偿。但是我国已实施的地方海洋生态补偿管理办法仅规定将"海洋生态损害赔偿和生态损失补偿费"专项用于海洋与渔业生态环境修复、保护、整治和管理,暂未将受海洋工程建设而遭受利益损失的利益主体纳入补偿范围。但是,从海洋生态损害的负外部性角度看,也需要对海洋生态损害的经济主体进行补偿。

对海洋开发活动产生的直接利益损失者进行补偿。以 2010 年大连 7·16 溢油事件为例,该事件影响的利益群体广泛,受污染海域的养殖户的海产品(鱼类、奸蟹类等)的数量损失近六成,海产品加工企业可能由于原材料减产的问题导致效益降低。这些养殖户、海产品加工企业的损失理应受到补偿。此外,溢油事件破坏周边海域的生态环境,给大连老虎滩、金石滩等这些重要景区的旅游业造成了一定的影响,大连地区的居民有可能会在使用污染后的海产品而使身体受到伤害。地方政府作为公共代表,也应该成为海洋生态损害赔偿的补偿对象。[1]

---

① 张雯:《我国海洋溢油生态损害赔偿的研究——以大连 7·16 事件为例》,大连理工大学硕士学位论文,2014 年。

对减少海洋生态损害的海洋使用者进行补偿。如为了渔业资源恢复,广西实施减船转产政策,主要通过国家向渔民购买渔船功率指标进行,即每减少1千瓦,渔民可以补得5000元的补贴。除发放补偿金外,政府也提供优惠政策帮助失海渔民再就业,如对从事近岸养殖的渔民进行职业培训到工厂工作等。还向相关企业收取费用负担失海渔民保险的60%。[①]

然而,由于海洋的流通性,使得海洋生态损害的受损主体在现有技术水下并未能完全确定,而仅依靠政府出资的海洋生态损害补偿力度有限。因此,对海洋生态损害的经济主体的补偿范围、标准、方式、补偿程序等问题研究还需要逐步推进。

三、海洋生态损害补偿资金的发放与使用

从上述分析来看,海洋生态损害补偿资金可来自政府、涉海企业、社会组织等不同主体。

政府出资的海洋生态损害补偿资金的发放主要有以下两种方式:第一,政府财政转移支付,包括纵向财政转移支付和横向财政转移支付。第二,专项资金发放,由国家或地方财政设立专项资金,对有利于海洋生态保护和建设的行为进行资金补贴和技术扶助,如中央海岛保护专项资金用于海岛的保护、生态修复。捕捞渔民转产转业专项资金用于吸纳和帮助转产渔民就业、带动渔区经济发展、改善海洋渔业生态环境的项目补助。[②] 涉海企业出资进行海洋生态损害补偿,可以直接对受损生境和受损利益主体进行补偿,也可以通过向政府部门缴纳补偿费,由政府部门实施补偿工作。同样,社会组织出资的海洋生态补偿金,可以由社会组织自行实施补偿工作,也可以通过政府部门来实施。

海洋生态损害补偿金优先用于海洋生态环境保护、修复、整治和管理,以

---

① 吕良爽:《广西海洋生态补偿的主体和客体研究》,中国海洋大学硕士学位论文,2015年。

② 郑苗壮、刘岩:《建立完善的海洋生态补偿机制》,《中国海洋报》2015年3月10日。

及因责任人破产无法承担补偿责任时生态修复计划的实施。具体的生态修复可以由用海主体承担实施工程,也可以委托第三方进行管理。

综上所述,海洋生态补偿资金的流向存在多种可能的方式和可能的组合,见图3-1。

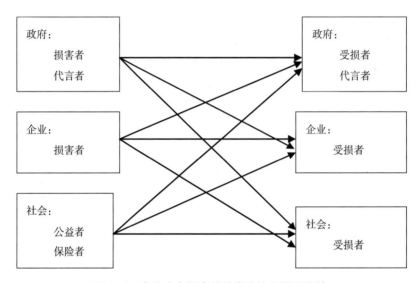

图3-1 海洋生态损害补偿资金流向的可能性

由图3-1可见,单一的补偿资金流向包括:政府补偿政府、政府补偿企业、政府补偿社会;企业补偿政府、企业补偿企业、企业补偿社会;社会补偿政府、社会补偿企业、社会补偿社会。两两组合的补偿资金流向包括:政府和企业补偿政府、政府和社会补偿政府、企业和社会补偿政府;政府和企业补偿企业、政府和社会补偿企业、企业和社会补偿企业;政府和企业补偿社会、政府和社会补偿社会、企业和社会补偿社会。三三组合的补偿资金流向包括:政府、企业和社会补偿政府;政府、企业和社会补偿政府和企业;政府、企业和社会补偿企业和社会;政府、企业和社会补偿政府、企业和社会。

根据上述分析,海洋生态损害补偿资金的流向有以下几种典型路径,见图3-2、图3-3、图3-4。

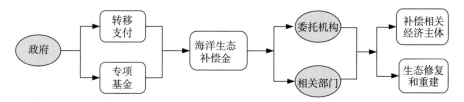

图 3-2　以政府主导的海洋生态补偿资金流向与使用

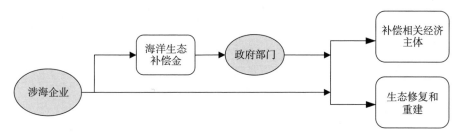

图 3-3　以涉海企业主导的海洋生态补偿资金流向与使用

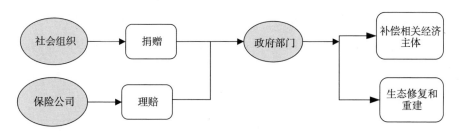

图 3-4　以社会组织和机构主导的海洋生态补偿资金流向与使用

第四节　海洋生态损害补偿的可能模式

海洋生态损害修复与生态保护涉及多方利益主体,根据生态补偿运行过程中政府参与和市场化的程度,海洋生态损害补偿可包括政府主导补偿模式、市场主导补偿模式、准市场补偿模式等三种模式。

一、政府主导补偿模式

政府主导的海洋生态损害补偿模式的本质是运用国家强制力间接干预市

场经济行为,对海洋生态环境利益和社会经济利益进行再分配,是一种命令—控制式的生态补偿。

政府是海洋生态损害补偿制度建立和完善的主导者,主要体现在以下几方面:第一,对于损害主体不明确的海洋生态损害,政府承担着海洋生态修复和保护工作;第二,政府需要为建立生态补偿市场提供必要的立法、监测、技术、管理等方面的支撑条件;①第三,海洋开发活动产生的海洋生态损害往往不局限于开发活动所在地区,由于海水流动性等特点,可能造成区域性的生态损害。因此,在进行生态修复时需要整体考虑,需要海洋行政主管部门进行统一部署和协调,以保障生态补偿效果。

政府主导的生态损害补偿模式主要通过制定生态补偿法律法规等行政管理手段以及财政机制等经济手段发挥作用。具体实施模式可以包括中央政府主导模式、地方政府主导模式、管理部门主导模式等,具体补偿方式可包括资金、实物、政策、经济合作、人才和技术等。政府主导型生态补偿模式见图3-5。

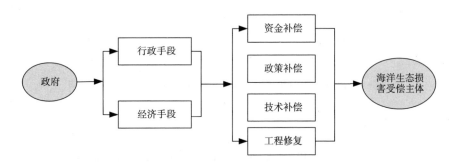

图3-5 政府主导的海洋生态补偿模式示意图

针对损害主体不明确的海洋生态损害,如陆源污染和历史性的海洋生态破坏问题,需要实施以政府主导的补偿模式。在补偿实施的初级阶段,更需要发挥政府的主导作用,通过政府的财政政策和手段对相关主体进行利益调节,

---

① 孔凡斌:《生态补偿机制国际研究进展及中国政策选择》,《中国地质大学学报(社会科学版)》2010年第2期。

促进海洋生态补偿的实现。

在我国的生态补偿实践中,中央政府主导模式占主体,多以财政转移支付专项基金、重大生态建设工程等补偿模式执行。政府主导的补偿模式具有执行力高、容易实施的优势,但是这种补偿模式需要政府能够有效确定生态环境资源相对于人类需求的稀缺程度,因此存在较高的信息收集的成本,并存在一定的时滞性,①再加上我国海洋生态损害补偿缺乏法律的明确规定,在补偿原则、补偿对象、补偿标准等方面不明确,使得补偿范围和程度有限并存有不确定性。因此,在海洋生态损害补偿制度建设上,既需要政府部门加强对资金使用的监督和效果考评,完善财政补偿机制;又需要积极探索制定和完善有利于市场交易的规则、生态服务监测系统以及促进生态服务标准化等制度系统,为生态补偿市场化机制的不断完善创造条件。②

二、市场主导补偿模式

市场主导的海洋生态损害补偿模式是指市场交易主体在规定的生态环境标准、法律法规的范围内,利用市场行为来改善生态环境。③ 具体而言,这种补偿模式是将生态环境要素的权属、生态系统服务功能或环境污染治理的配额等投入市场,通过一对一交易、市场贸易、生态标记或"生境银行"等方式开展的生态补偿,④是一种较为自由的补偿实现方式。

一对一交易重点针对受益方或破坏者明确并且数量较少、海洋生态系统服务的提供者或受损者数量不多的生态补偿情况。其主要由政府部门组织开

---

① 潘金:《我国生态环境补偿法律机制研究》,北京交通大学硕士学位论文,2008 年。
② 李文华、刘某承:《关于中国生态补偿机制建设的几点思考》,《资源科学》2010 年第 5 期。
③ 陈克亮、张继伟、陈凤桂主编:《中国海洋生态补偿制度建设》,海洋出版社 2015 年版。
④ 谢高地、曹淑艳:《生态补偿机制发展的现状与趋势》,《企业经济》2016 年第 4 期。

展谈判,确定交易条件,借助价格补偿方式来实现资金的筹措。[1] 市场贸易主要依照排污权交易理论,建立海洋排污权的交易制度,如参照碳排放交易的做法,政府根据海洋生态环境的相关保护要求对需要交易的海洋生态环境容量进行分配,确定用海主体的生态定额(配额),通过制定海洋排污权许可证,使经济主体通过向政府买进的交易方式,获得排污许可证,实现对海洋生态资源所有者——国家的补偿。[2] 生态标记模式则是类似于质量认证的手段,通过发展对生态海产品、绿色海产品的生态标记认证工作,使得生态资源利用者间接支付海洋生态系统服务的价值,筹集生态补偿资金。通过生境银行借贷补偿,主要借鉴美国的湿地银行补偿制度。

市场化生态补偿机制运行的关键在于构建一个能够连接利益相关者的市场,使补偿的主体之间进行直接联系,双方在明确生态服务市场价格的基础上,通过交易市场实现生态补偿。就建立市场主导型的海洋生态损害补偿模式而言,首先确定海洋资源环境的产权所有者和潜在购买者,在海洋生态损害补偿的主客体都十分明确的情况下,比较容易发挥市场的调节作用。其次对海洋生态系统服务进行市场交易定价,使其能够反映资源稀缺性,也具有现实可交易性。再次需要明确交易方式,通过生态购买或协商谈判,如在生态资源初始权分配的前提下,一般是区域内的地方政府作为公共利益的代表,通过协商解决相邻区域内生态受益者对生态贡献者的补偿问题。[3] 最后,为保障市场交易的顺利实施,还需要制定交易规则,对市场进行规范和管理。在此基础上,海洋生态损害补偿和受偿双方按需通过交易市场完成补偿,见图 3-6。

---

① 黄秀蓉:《海洋生态补偿的制度建构及机制设计研究》,西北大学博士学位论文,2015 年。

② 刘薇:《市场化生态补偿机制的基本框架与运行模式》,《经济纵横》2014 年第 12 期。

③ 梁丽娟:《流域生态补偿市场化运作制度研究——以黄河流域为例》,山东农业大学硕士学位论文,2007 年。

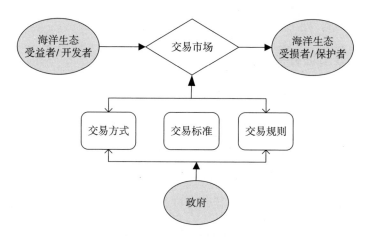

图 3-6　市场主导的海洋生态损害补偿模式示意图

市场手段在海洋生态损害补偿制度的建设中发挥着重要作用。首先,基于受益者/破坏者付费的补偿原则能够有效地内化环境外部性,实现生态保护价值。其次,通过市场交易实现生态补偿,更能体现补偿主体之间平等自愿、发挥市场激励性。再次,利益主体之间实现了生态补偿也可以减少国家的财政支出。受财政支付能力所限,政府可能也无法保证生态补偿资金的持续供给。相比之下,受益者支付是能够建立一条持久的资金供给渠道。最后,市场补偿方式灵活,管理运行成本较低,补偿的时效性较高,同时也能够避免生态补偿中的政府失灵问题。因此,市场补偿是政府补偿的有益补充,它是生态补偿制度创新的主要方向。①

我国市场补偿机制在实践中发挥作用仍有限,一方面与我国相关产权制度不明晰有关,另一方面则是我国缺少鼓励市场交易的法律与政策。市场主导的海洋生态损害补偿制度尚在摸索阶段,需要海洋生态损害量化评估、海洋损害主体和受损主体范围界定、海洋环境污染权交易等技术和制度创新,逐步推进市场化补偿。同时,鼓励海洋生态保护者与受益者之间直接进行协商,积

---

① 沈满洪、谢慧明、王晋等:《生态补偿制度建设的"浙江模式"》,《中共浙江省委党校学报》2015 年第 4 期。

极探索多样化的市场补偿方式。

三、准市场补偿模式

准市场,是相对完全竞争市场而言的有限竞争的市场,是由政府购买由竞争的供应方提供的准公共物品与社会性福利产品的市场。[①] 准市场补偿模式遵循相互交换和自愿交换的市场机制,但由于政府的介入使其不同于传统的市场配置机制。准市场补偿模式的生态补偿是指在国家或区域政府的协调下,通过区域之间的协商和横向转移支付、对口援助等实现的生态补偿。

准市场的生态补偿实际上是生态建设区和生态受益区或生态损害区与生态受损区之间的动态博弈,共同保护环境和发展的一种模式。[②] 这种模式下的生态补偿双方之间的交易既不同于传统意义上的政府指令性配置,也不同于完全自由竞争的市场,而是由"政治民主协商制度"和"利益补偿机制"等作为保障来协调地方利益的重新分配。[③] 这种补偿模式适合于生态建设区与生态受益区或生态损害区与生态受损区均容易划分的区域之间的补偿,常用于在流域上下游或相邻海域之间的生态补偿。

这种补偿模式有利于明确补偿方和受偿方各自的责任与义务,具有较强的约束性;同时,也可以发挥市场在优化资源配置中的杠杆作用。另外,该补偿模式具有较好的灵活性,双方可以采取多种方式实现生态补偿,如货币补偿、项目补偿、异地开发、产业合作等。但是,这种模式在实施过程中涉及中央与地方之间、地方政府之间、政府与企业之间、政府与居民之间等多重复杂的利益关系,如何协调多方利益关系,形成多样性的契约安排是研究的重点。海洋的海水流动性特征使得海洋生态损害涉及的范围广泛,而海洋又常成为污

---

① 彭德琳:《准市场调控中的政策整合》,《学术界》2008年第5期。

② 蔡邦成、陆根法:《生态建设补偿模式探析》,中国可持续发展研究会2006学术年会青年学者论坛专辑。

③ 常亮:《基于准市场的跨界流域生态补偿机制研究——以辽河流域为例》,大连理工大学博士学位论文,2013年。

染流向的末端。因此,在建立海洋生态损害补偿制度过程中,需要陆海统筹,通过准市场模式,搭建海洋生态受益者和陆地生态保护者之间的补偿途径。

海洋生态环境的公共物品特性以及海洋生态环境保护的外部性决定了海洋生态补偿单纯依靠市场机制或者单纯依靠政府机制都是无法解决的。海洋生态补偿需要考虑政府失灵和市场失灵问题,市场失灵需要政府参与进行海洋生态补偿,政府失灵也需要市场或社会机制参与纠正。① 政府主导补偿、市场主导补偿、准市场补偿三种模式各有长处和短处,应根据生态补偿条件、实施可行性、成本收益等条件进行优化选择,以保证海洋生态补偿的功能发挥。我国海洋生态损害补偿制度尚处于起步阶段,需要以政府引导、市场推进、社会公众参与为原则,逐步扩展生态补偿的市场化、社会化发展路径。这也是海洋生态损害补偿公共治理机制构建的意蕴。

---

① 张玉强、张影:《海洋生态补偿机制研究——基于利益相关者理论》,《浙江海洋学院学报(人文科学版)》2017 年第 2 期。

第四章 海洋生态损害补偿 制度的保障措施

建立和完善海洋生态损害补偿制度,首先要明确海洋生态损害补偿的补偿主体、受偿主体、补偿客体、补偿标准和补偿模式等补偿体系内部的核心要素,同时还要建立和完善海洋生态环境及损害监测体系、海洋生态损害数据供给体系、海洋生态损害补偿的法律制度及海洋环境治理结构等补偿体系外围的保障措施。缺乏必要的保障措施,海洋生态损害补偿制度就无法正常运行。本章重点就监测体系建设、统计数据供给、法律制度建设、治理结构完善等内容进行阐述。

第一节 海洋生态环境及损害监测体系建设

海洋生态环境监测是认知海洋的重要途径,是海洋事业发展的基础,是各级政府保护海洋环境的重要管理手段。建设海洋生态损害补偿制度,就必须研判损害主体是谁、损害程度怎么样等问题,需要海洋生态环境监测体系作为技术保障。2015 年以来,国家海洋局《海洋生态文明建设实施方案(2015—2020 年)》《全国海洋生态环境保护规划(2017 年—2020 年)》等重要文件都对加强海洋生态环境监测评价工作作出了部署,有力地推动了海洋生态环境监测事业发展。截至 2016 年,全国升级改造海洋站 31 个,新建海洋环境监测中心站 2 个,全国海洋环境监测机构总数达 235 个,建成海洋环境在线监测系统 120 余台/套,在线监测、视频监视、卫星遥感等技术手段得到较为广泛的应用,①在获取我国乃至全球海洋资源环境及其动态信息、支持我国海洋开发与保护管理决策方面发挥了重要作用。但与海洋生态损害补偿制度建设对海洋环境及损害监测的实际需求相比,我国海洋环境监测体系的建设仍面临着国家和地方基层监测机构不健全、监测能力发展不平衡、业务工作不均衡、监测技术标准不科学等问题,迫切需要加快海洋生态环境及损害监测体系建设。

一、明确海洋生态环境及损害监测统筹管理的主体

海洋生态环境及损害监测统筹管理主体就是解决"谁来负责海洋生态监测"的问题。长期以来,我国海洋生态环境监测由国家海洋部门主管,但是生态环境部门、农业部门、交通部门、科研院所及军队等相关机构也在开展有关海洋环境监测,各部门对海洋监测职责理解不同、监测任务界定不清。此外,各部门大多执行本部门制定的行业技术标准,在监测技术路线、站位设置、监测内容、时间频次、监测设备、评价指标与方法方面存在较大差异。这种多部门交叉监测的情况不仅造成海洋监测资源的浪费,而且严重影响了海洋生态环境监测数据的规范性、科学性和统一性。因此,迫切需要根据 2018 年 3 月中共中央关于《深化党和国家机构改革方案》,理顺海洋监测有关部门的关系,加强各部门之间的统筹协调,建设形成以生态环境部门为主的国家与地方统筹协调、分工合理、职责明晰、资源共享的海洋生态环境及损害监测业务布局和工作机制。

---

① 国家海洋局:《全国海洋生态环境保护规划(2017 年—2020 年)》,第 2 页。

二、优化拓展海洋生态环境监测业务布局

海洋生态损害的原因多种多样,花样不断翻新。海洋生态环境监测需要按照经济社会发展情况和人民群众对美丽海洋建设的实际需要进行动态调整。在加快建设海洋强国和美丽海洋的新时代,就需要围绕海洋生态损害补偿制度建设的迫切需要,主动优化拓展海洋生态环境监测业务布局。

(一)海水环境监测

海水环境是海洋生态环境质量优劣最直观、最重要的评价指标。做好海水环境监测,要加强近岸海域环境质量考核性监测和实时在线监测。构建以国控监测站位为基础,国家和地方协调统一,覆盖沿海各区市县、各类海洋功能区、重要海湾和河口等的近岸海洋环境质量监测站位布局,优化监测指标和时间频率,全面支撑近岸海域水质考核制度的实施。在重点海湾河口、重要海洋功能区、大中城市毗邻海域等部署高频环境质量监测站位,加强重点海域水文动力要素、环境质量要素等的实时在线监测,进一步提升把握近岸海域环境质量状况及趋势的能力。

(二)入海污染物监测

海洋生态损害的问题在水里,根子却在岸上。因此,要按照"陆海统筹"的思路加强对入海污染物的分类监测。具体措施包括:对全国沿海陆源入海污染源实施定期统计调查,加强跨部门信息交流共享,建立健全国家—海区—省市地方共建共享的陆源入海污染源台账。进一步加大业务化监测力度,全面布局河流总入海径流量监测,全面布局入海排污口监测,全面布局排污总量监测。实施高频监测和实时在线相结合的重点陆源污染源监督监测,国家和地方要建成主要入海河流和重点入海排污口实时在线监控体系,对其他主要陆源污染源开展定期的高频监测,鼓励社会公众参与陆源排污监督,进一步提

升把握陆源排污状况及对海洋环境影响的能力。加强海岸带和海上开发活动环境影响的跟踪监测。

（三）海洋生态系统监测

以生态监控区和海洋保护区为重点,深化基于生态系统的海洋综合监测。增加海洋生态监控区类型,适当扩大监控区范围,深化对近岸和近海典型海洋生态系统的结构、服务功能及其变化趋势的综合监测,进一步增加海洋生态监控区监控区域。推进海洋保护区生态监测站建设,强化主要保护对象以及影响因素和生态服务功能的连续监测。推进大时空尺度监测与精细化监控相结合的海洋生态遥感监测技术应用,实现对典型海洋生态系统、自然岸线格局、国家级海洋保护区等多维监测。加强重点生态区海洋生物多样性及关键物种动态监测。系统开展全国海洋生物多样性本底调查,建立健全我国海洋生物多样性监测信息库。

（四）海洋环境风险预警监测

进一步完善海洋生态灾害应急监测体系,强化天地一体化监视监测网络和预警预报模式,利用多手段实现对溢油、赤潮、绿潮、危化品等高危险区的高频监视监测,重点在北黄海沿岸、渤海湾、南黄海沿岸、长江口、福建沿海、珠江口、涠洲岛周边、海南沿岸等 8 个高风险区域进行布局,提升赤潮、绿潮、水母、外来入侵生物等海洋生态灾害的灾前预警和应急监测能力。完善海水入侵和土壤盐渍化,以及海岸侵蚀监测断面布局,掌握海水入侵重点区域的入侵范围和入侵程度,提升灾害预警能力。

（五）其他重大专项监测

组织全国海洋生态环境本底调查与监测。定期开展海洋污染基线调查,系统掌握入海河流、排污口、深海排放口和各类海上污染源等的排污状况,编制沿海地区主要危险化学品清单和风险分布图,摸清典型有毒有害污染物在我国海洋环境各介质中的现状、分布特征和演变趋势。实施全国海洋生态专项调查,系统掌握自然岸线、滨海湿地、河口、海湾等重要海洋生态系统和生物多样性优先保护区域的生态系统状况和生物多样性特征,摸清我国海洋生态家底和潜在生态风险。此外,深化拓展应对气候变化、海洋酸化、海洋垃圾等新型海洋环境问题,实施针对性专项监测。

三、推进海洋生态环境监测布局优化和能力提升

(一)推进海洋监测"多站一体"建设

"多站一体"就是不同部门不同层级的监测站进行一体化整合。针对我国海洋监测"多头管理"及"多层管理"的弊端,对海洋监测站点进行系统梳理,统一规划海洋监测站点,对与规划站点相邻或相近的原有站点进行归并和整合。这样,一方面可以解决监测数据的不一致问题,另一方面又可以解决监测成本的节约化问题。

(二)推进海洋监测"一站多能"建设

"一站多能"就是同一监测站要承担生态、环境、资源、气候等多项监测功能。海洋环境监测站是海洋生态环境监测业务体系重要组成部分,为各级政府和海洋管理部门有效地保护海洋环境,作出科学决策,提供真实、准确、及时的监测数据,在整个国家海洋观测网中起着不可替代的作用。

(三)推进海洋体系"立体监测"建设

"立体监测"就是要形成陆海、远近、海天相结合的立体化监测体系。一是分类推进海洋生态环境立体监测能力建设,切实提高海洋生态环境监测的时效性、连续性、覆盖率和精细化水平。系统提升各级海洋部门船舶走航监测

能力,保障不同条件下海洋环境监测任务需求,结合各单位任务承担情况、辖区水文情况和 3 小时应急响应圈建设工作,分级实施监测船舶队伍建设,满足近岸、近海、远海监测需求。二是重点推进实时在线监测能力全面增强,综合运用浮(潜)标、岸基站等多技术手段,围绕入海污染源监控、重点海湾环境监管、海洋环境风险应对等精细化管理需求,推进国家和地方相结合的在线监测监控系统建设,实时掌握海洋环境现状、发现违法行为并取证、提升海洋环境监管水平。积极引导、鼓励在涉海重大工程、重大生态修复、海洋环境整治项目中同步建设实时在线监测能力。三是大力发展海洋生态环境遥感遥测能力,构建由雷达、卫星平台、航空平台和无人机平台构成的空天一体海洋环境遥感监测系统。实现海岸带岸线、滨海湿地、热点开发区及重点海洋工程遥感动态监测,对沿岸石油、危化品生产、储运设施和基地、核电设施临近海域等环境高风险区监测实施有效覆盖。

(四)加强海洋应急监测保障能力

按照集中部署、统一管理、应急储备、均匀布局、统一指挥的原则,推进各级海洋环境灾害突发事件应急管理队伍建设,构建若干国家级和海区应急中心。结合海洋(中心)站和用海单位,共同构建 3 小时应急响应圈。国家应急中心建立国家级海洋灾害、应急突发事件及风险源应急管理网络和可视化平台,实现全国范围内海洋灾害、应急突发事件处置的综合指挥调度。各海区分局建立所辖海区海洋灾害、应急突发事件及风险源应急管理网络和可视化平台,依托应急指挥信息系统,开展应急处置指挥调度。海区应急中心系统终端覆盖辖区内各海洋站,并与地方共享互通,接收处理各级监测机构获取的预警数据信息,实现所辖海区海洋生态环境应急预警集中管理。

(五)重视海洋监测人才队伍建设

一方面,制定海洋环境监测机构编制标准,优化各级监测机构的专业技术人员配置,做好监测岗位类别划分,推进一岗多能、专兼结合,有效缓解专业人员编制短缺问题。优化监测人员发展环境,健全完善监测人员职称评定制度和艰苦岗位津贴制度,培养各领域的领军人物和骨干人才。另一方面,实施分级负责的监测评价技术培训,普及基层人员的职业道德教育、岗前培训、岗位轮训等培训课程,编制一批内容先进实用、针对性强、海洋环境监测特色明显的培训课程和教材,建设网络多媒体培训平台,推进常态化远程教育培训。完善监测人员双向交流机制,深化开放实验室制度。继续组织开展"全国海洋环境监测专业技术竞技大奖赛"等活动,鼓励各级海洋主管部门常态化开展监测人员技能竞技活动,积极参与国际和地区间实验室互校。

第二节　海洋生态环境及损害统计数据供给

一、海洋生态环境及损害统计数据的重要性

2017 年 9 月,中共中央办公厅、国务院办公厅印发的《关于深化环境监测改革提高环境监测数据质量的意见》明确指出,海洋生态环境监测数据是客观评价海洋环境质量状况、反映海洋生态损害及污染治理成效、实施海洋生态环境管理与决策的基本依据,并就提升环境监测质量提出了具体意见。在海洋生态损害补偿制度建设实践中,科学确定海洋生态损害的现状及动态变化,即海洋生态损害的存量和增量的问题,是海洋生态损害补偿制度建设的关键环节。显然,要回答海洋生态损害程度怎么样、变化情况怎么样、损害因素有哪些等问题,都需要高质量的海洋环境监测数据供给作支撑。

我国海洋环境监测的覆盖区域已包括滨海区(入海河口、排污口)、近岸海域、近海海域和远海海域,年均各类海洋生态环境监测站位总数达 1 万余

个,获取数据超过 200 万个。① 海洋环境及损害监测数据是否具有代表性、准确性、精密性、可比性和完整性,将直接影响到海洋生态管理服务的质量、海洋执法的公正性和严肃性以及政府环境决策的科学性。但是,我国海洋生态环境监测数据质量问题突出。因此,推进海洋生态损害补偿制度建设,迫切需要加强海洋生态环境及损害统计数据的有效供给。

二、海洋生态环境及损害统计数据统筹管理

海洋监测统计数据质量是海洋生态环境及损害统计数据的生命线,海洋生态损害数据的供给必须加强对数据的规范管理和统筹管理。总的来看,海洋生态损害监测数据的多口径统计和多头管理严重影响了海洋生态环境监测的科学性,迫切要求实现统筹管理。推进海洋生态环境及损害统计数据统筹管理目标任务包括三个方面:

一是分级建设国家、海区和地方相衔接的海洋生态环境及损害监督管理系统,形成集信息获取、传输、管理、分析、应用、服务、发布于一体的海洋生态监测信息平台,建立全国统一的海洋生态环境及损害基础数据库,便于主管部门对相关海洋生态损害情况进行适时监测和监控。

二是建立配套的系统运行和数据信息管理办法,做好监测数据的处理与入库,实施科学化、专业化管理。结合海洋生态损害补偿制度建设的需要及我国海洋环境监管实际情况,建议由国家生态环境部牵头,加强海洋生态环境监测制度的建设,依法统筹管理和开展海洋环境及损害监测工作,带动海洋环境监测体制和机制逐步理顺。

三是通过修订《海洋环境保护法》《海洋环境监测管理条例》等法律法规,统一海洋生态环境及损害监测的技术标准和数据统计规范,理顺各有关部门工作职责。同时,研究制定《海洋环境监测工作监督管理办法》《海洋环境监

---

① 国家海洋局:《2017 年中国海洋生态环境状况公报》,2018 年 3 月,见 http://gc.mnr.gov.cn/201806/t20180619_1797652.html。

测信息共享和发布管理办法》等一系列法规制度,加强国家层次上的战略统筹和有效监管。

三、海洋生态环境及损害统计数据信息公开

(一)信息公开的类型

按照监测数据的性质,可将海洋生态损害统计数据大致分为两种类型:一是申请公开。对于事关涉海企事业单位正常经营的重要敏感数据,必须依据国家信息公开法规进行申请。二是主动公开。主要是针对社会公众应该知情的公共服务类信息,以及涉及海洋生态施害主体的信息。

(二)信息公开的措施

一是研究制定海洋生态环境监测数据共享制度和规范,从制度上保证数据共享的安全和有效。二是充分利用互联网时代的信息技术手段,创新发展公益服务信息产品发布渠道。将海洋生态环境公报、专报和通报等信息产品的发布对象由各级海洋主管部门向沿海地方政府、涉海管理部门、社会团体和公众等各类利益相关者拓展。三是强化中国海洋环境监测网的信息发布功能,定期更新网站版面和内容设计,不断丰富在线发布的信息产品类型,实现信息产品高频动态更新。开发微博、微信公众号、移动终端 App 等多源信息展示发展平台,全天候推送与海洋生态文明、用海安全等紧密相关的高时效性信息产品,加强海洋综合管理和生态文明建设成果宣传,扩大信息覆盖范围,提高信息获取的便捷性,增强社会影响力。四是落实信息公开责任制。一方面,要建立海洋生态环境及损害监测数据清单,进行清单化管理,做到凡是应该公开的信息必须在规定的平台及时主动公开,将海洋生态环境监测数据弄虚作假行为的监督举报纳入"12369"环境保护举报和"12365"质量技术监督举报受理范围,接受社会监督。另一方面,加强信息质量监管,建立"谁出数

谁负责、谁签字谁负责"的责任追溯制度。对伪造篡改监测数据、统计数据质量低下等现象要追究监测机构的责任。

第三节 海洋生态损害补偿法律制度建设

从本质上看,海洋生态损害补偿制度是一种利益调整机制。具体而言,是海洋生态环境的施害者对受害者不同形式的利益补偿。但在现实生活中,由于海洋的流动性、损害原因的复杂性,加上海洋生态的公共物品属性,大量的海洋生态损害案件无法进行补偿。究其原因,一个重要因素是海洋生态损害法律制度的缺失或者不合理。建立健全海洋生态损害补偿法律制度的实质,是运用法律手段调整相关主体在开发、利用、保护海洋生态环境之间的利益关系,围绕"谁来补、补给谁、补多少、如何补"等核心内容来明确海洋生态损害补偿法律关系,使海洋生态损害补偿进入法治化、制度化轨道。因此,本节从海洋生态损害补偿立法、执法、司法、守法等层面进行论述。

一、海洋生态损害补偿立法建设

科学立法是海洋生态损害补偿法律制度建设的逻辑起点。随着全面依法治国战略的实施,我国海洋生态保护的法律制度逐步完善,海洋生态补偿法律制度逐步建立。例如,2010 年山东省出台全国首个海洋生态赔偿办法——《山东省海洋生态损害赔偿费和损失赔偿管理暂行办法》;2014 年国家海洋局印发了《海洋生态损害国家损失索赔办法》,标志着全国范围内海洋损害赔偿制度化建设的开端。但总体而言,随着我国海洋生态损害补偿工作的深入开展,其面临的问题也逐渐凸显。海洋生态损害补偿工作还存在法律制度供给不足、法律地位不高、系统性不强等问题,迫切需要加快海洋生态损害补偿立法步伐。重点包括以下几个层面:(1)海洋生态损害补偿法规政策急需上升到法律制度层面。现行地方和生态环境部出台的海洋生态损害补偿法律制度,普遍属于部门规章、地方法规和部门规范性文件,其中地方立法较多,立法效力较低,地方法律文件的适用范围还局限于沿海部分省市。因此,在全面依法治国的新时代,迫切需要推进海洋生态损害补偿的法治化、制度化。(2)按照"山水林田湖草是生命共同体"的理念设计法律制度,增强海洋生态损害补偿法律制度的系统性。为了解决立法的系统性问题,首先要明确海洋生态损害补偿立法到底纳入生态补偿法还是环境损害赔偿法。海洋生态损害补偿单独立法显然过于零碎化。根据第一章的核心概念界定,海洋资源有偿使用补偿等内容可以纳入生态补偿法,而海洋生态损害赔偿等内容可以纳入环境损害赔偿法。为推进海洋生态补偿工作,全国各地已经出台了不少海洋生态损害相关法律制度,但存在明显的"头痛医头,脚痛医脚"的缺陷,各地出台的海洋生态损害补偿相关法律制度普遍存在标准不一、规定不全的问题。可见,下位法的缺失使得海洋生态损害补偿法律制度不能满足我国"全面建立生态补偿机制"的立法需求。因此,迫切要求制定一部能够统领全国海洋生态损害补偿工作的法律制度。(3)建立健全面向海洋生态损害的财政税收等专门法律制度。以海洋生态损害补偿金征收为例,国外的海洋生态补偿资金来源途径相对较多,除了国家财政转移支付和补贴外,还有政府基金、环境税、社会捐赠等。我国海洋生态补偿资金来源渠道相对单一,主要依靠政府财政转移支付和部分生态损害补偿费。遗憾的是,我国还存在补偿金征收法律依据不足。[①] 因此,与治理海洋生态损害的资金压力相比,迫切要求建立健全面向海洋生态损害补偿的配套专门法律制度。

二、海洋生态损害补偿执法建设

"有法必依、执法必严"是我国依法治国的关键环节。实践证明,海洋生态损害补偿法律制度的生命力在于严格执法。执法严格,海洋生态文明建设

---

① 陈忠禹:《建立健全海洋生态补偿法律机制》,《光明日报》2018 年 3 月 13 日第 15 版。

成效就显著。如果有法不依、执法不严,海洋生态损害补偿制度建设是无法想象的。加强海洋生态损害补偿执法建设,应从三方面取得突破:首先,加强海洋生态环境执法能力建设。主要是建立健全海洋环境执法队伍,不断提高执法队伍的思想政治素质和执法业务水平,规范执法程序和管理程序,保证海洋执法人员能够按照法律规定的内容和程序执行法律制度。对参与海洋生态损害补偿工作的海洋执法部门,应加强海洋生态损害补偿法律制度、实施程序、法律责任等方面的能力提升培训,保证执法人员严格依法办案。其次,加大对海洋生态违法行为的处罚力度。我国海洋生态损害呈现多发频发现象,除了涉海生产经营主体的海洋环境保护意识淡薄,一个关键因素就是海洋环境违法成本低、守法成本高。因此,要结合我国经济社会发展实际,加大对海洋生态损害行为的打击力度,大幅提高海洋环境违法成本,不断优化推进海洋生态损害补偿工作的法治环境。最后,严格落实行政问责制度。我国海洋环境行政执法还存在环境违法事故处理不作为的现象,而多数责任人并未因此被问责。由于问责制度没有落实到位,海洋执法部门的执法效果大打折扣。因此,建设海洋生态损害补偿制度,必须深入实施党政领导干部环境损害责任追究制度,并且扩大责任追究范围,对不作为、乱作为的执法问题坚决进行问责,情节严重的要追究刑事责任。

三、海洋生态损害补偿司法建设

公平正义是司法工作的生命线,海洋生态损害补偿司法建设的目标是司法公正。具体而言,海洋生态损害补偿司法建设就是要保障海洋生态损害的受害主体的权利得到保护和救济,海洋生态损害违法犯罪活动要受到制裁和惩罚。如果海洋生态损害受害主体无法通过司法程序维护自身的合法权利,那法律制度就会失去公信力。随着我国海洋生态损害补偿法律制度的不断完善和深入实施,加上社会公众海洋环境法律意识的逐步增强,各类海洋生态损害法律案件必将越来越多。确保海洋生态损害法律制度有效落实,并且保障相关利益主体的权利,都需要加强海洋生态损害补偿的司法体系建设。为此,应重点推进两方面工作:一要主动参与影响大、社会关注度高的重大海洋生态损害案件,打造良好的海洋生态损害违法现象法律治理司法环境;二要总结提炼海洋生态损害补偿司法实践经验。

四、海洋生态损害补偿守法建设

"法律的权威源自人民的内心拥护和真诚信仰。"全民守法是依法治国的基础,也是立法、执法、司法三者的末端。全社会共同遵守海洋生态损害补偿法律制度,是海洋生态损害法律制度建设的奋斗目标。加强海洋生态损害补偿守法建设,应重点围绕党政机关、涉海经营企业、社会公众推进。首先,提升全社会树立海洋生态环境保护及损害赔偿的法治意识。组织开展党政机关领导干部海洋生态环境保护及损害培训法律制度学习教育,为全民守法做好表率。其次,加强对守法涉海企事业生产经营主体的表彰激励,增强守法的荣誉感和获得感。针对自觉遵守海洋环境保护、走绿色发展之路的生产经营企业,在税费减免、融资、资质申报等方面给予大力支持,切实增强守法经营企业的荣誉感、获得感。再次,推进多层次多领域海洋生态损害依法治理。结合海洋生态损害补偿实际,深入开展多层次多形式法治创建活动,深化基层组织和部门、行业依法治理,支持各类社会主体自我约束、自我管理。发挥市民公约、乡规民约、行业规章、团体章程等社会规范在海洋生态损害治理中的积极作用。① 最后,加快建设海洋环境保护及生态损害赔偿法律服务体系,完善海洋环境法律援助制度,健全司法救助体系。当社会公众有诉求时,能够通过正常的法律途径得到满意的解决,各种海洋环境问题才会从根本上减少,才能使全民守法用法成为常态。

---

① 《中共中央关于全面推进依法治国若干重大问题的决定》,《人民日报》2014 年 10 月 29 日第 1 版。

第四节　海洋生态环境保护治理结构的完善

海洋生态损害补偿制度,本质上是一种让海洋生态损害成本内部化的市场机制。海洋生态损害补偿制度要落地见效,很大程度上需要政府、市场、社会等不同的主体各司其职、协同治理。这就要求加快完善海洋生态环境保护的治理结构。党的十八届三中全会通过的《中共中央关于全面深化改革若干重大问题的决定》明确提出:"全面深化改革的总目标是完善和发展中国特色社会主义制度,推进国家治理体系和治理能力现代化。"[①]可见,从管理转向治理是全面深化改革的追求。正是基于环境管理的固有缺陷及环境治理的明显优势,党的十九大报告指出:"构建政府为主导、企业为主体、社会组织和公众共同参与的环境治理体系。"[②]可见,中央高度重视从环境管理向环境治理的转变。海洋环境是环境保护的重要组成部分,当然也不例外。

一、政府的功能及职责

海洋资源的公共性、海洋环境污染的负外部性、海洋生态保护的正外部性等特征,均决定着海洋生态环境问题具有比陆上更加严峻的市场失灵风险。长期以来,大量微观经济主体往往把海洋视作可以肆意排放的纳污池,可以随意排放、随意侵占,由此造成"公地悲剧"。这就意味着政府作为公共利益的代表必须承担海洋环境治理的主要责任,具体涉及环境保护、海洋、海事、渔业等行政主管部门。随着新制度经济学等新兴学科的快速发展,传统理论认为的"市场失灵"的领域未必采取政府管理手段,市场机制同样可能矫正"市场

[①]　《中共中央关于全面深化改革若干重大问题的决定》,《人民日报》2013 年 11 月 16 日第 1 版。

[②]　习近平:《决胜全面建成小康社会　夺取新时代中国特色社会主义伟大胜利——在中国共产党第十九次全国代表大会上的报告》,《人民日报》2017 年 10 月 28 日第 1 版。

失灵"。同时,随着科学技术的进步,"海洋生态损害程度怎么样""施害主体是谁"等以往模糊的问题逐渐清晰,而且可以监控、可以检测、可以计量。技术的进步、信息的披露,使得企业和公众逐渐具备了参与治理的条件。

因此,在全面深化改革的新时代,要建立海洋环境治理中的"有限政府、有效政府",避免出现"政府办企业、政府办社会"的无所不包、无所不能的现象。同时,要切实履行好政府职能:加强海洋主体功能规划及海洋环境规划,划定海洋生态红线;加强对滩涂和海域等海洋资源的确权登记,建立现代海洋资源资产产权制度;建立入海污染物总量控制制度,并实施逐年递减的总量控制制度,直至海洋环境质量达到理想的程度;等等。

二、市场的功能及职责

从经济学角度来讲,解决环境问题的一个重要思路是将外部性内部化。随着技术的进步,自然资源领域从开放产权转变成封闭产权,成本大幅度下降;随着自然资源稀缺性的加剧,自然资源的产权界定收益不断提高。这就表明,市场机制在海洋生态治理中正在发挥越来越重要的功能。

充分发挥市场机制作用,高效配置海洋资源,既要打破"市场神话",又要相信市场可以发挥决定性作用。海洋生态治理市场机制的职责主要包括:探索海洋生态产权和海洋环境产权的界定,在产权明晰的前提下鼓励产权交易;完善海洋生态保护补偿机制,做到"谁保护、谁受益";建立海洋环境损害赔偿机制,做到"谁损害、谁赔偿";探索海洋生态保护补偿与海洋环境损害赔偿的耦合机制,实现互补性机制"1+1>2"的政策效果。

三、社会的功能及职责

相对于其他发达国家而言,我国海洋环境保护的非政府社会组织数量还比较少,资金和专业人员也非常短缺,发挥的作用比较有限。因此,要让社会组织有效参与海洋环境治理,需要在引导和培育社会组织方面下功夫。培育海洋环境保护的非政府组织等社会主体,避免主体缺失;加强海洋生态及损害信息披露,创造条件让社会组织参与海洋环境治理;探索海洋生态建设与环境保护的政府—企业—公众协商机制。

不同物品具有不同的物品属性,不同属性的物品需要不同的治理结构。海洋生态环境是一个极为复杂的系统。海洋生态环境保护治理结构的构建需要充分考虑以企业为主体的市场机制、以政府为主体的政府机制、以社会公众和非政府组织为主体的社会机制的职责分工及其相互制衡。在实践中,海洋生态环境保护直接结构通常是多主体参与的混合形态,而不是简单的单一主体和单一机制。一般认为,海洋生态环境是一个公共物品,其实不然。海洋生态环境也要区别对待。对于滩涂养殖的使用权而言,一般可以认定为私人物品(不同于私有财产),可能的治理机制是"市场机制为主,政府机制和社会机制配合";对于海岛高尔夫球场而言,一般可以认为是俱乐部物品,可能的治理机制是"社会机制为主,市场机制和政府机制配合";对于特定海域的渔业资源而言,一般可以认为是共有物品,可能的治理机制是"社会机制为主,市场机制和政府机制配合";对于公共海域的生态环境而言,一般可以认为是公共物品,可能的治理机制是"政府机制为主,市场机制和社会机制配合"。[1]

综上所述,不同属性的物品具有不同的治理结构,海洋环境不具有单纯的公共物品属性,可能存在准公共物品和私人物品属性的情况。因此,海洋环境保护要从单中心管理模式转向多中心治理模式,从单一管理模式转向多元化治理模式,从碎片化管理模式转向系统性治理模式。在海洋生态环境治理中,按照海洋环境治理理念,发挥不同机制的优势,形成扬长避短的治理机制,进而建立起政府、企业、公众与非政府组织之间的海洋环境协商机制。

---

① 沈满洪:《海洋环境保护的公共治理创新》,《中国地质大学学报(社会科学版)》2018 年第 2 期。

第二篇

基础篇——东海生态损害的总体评估及现有制度调查研究

东海是我国大陆岸线最长、入海河流最多的海域。受陆源性污染、填海造地工程、海上运输及开发工程的影响,东海已成为我国生态环境损害最为严重的海域,而制度缺失、制度失效是导致海洋生态损害问题频发的根源。在系统评估东海生态损害演变趋势的基础上,对现有东海生态保护制度开展理论分析和绩效评价,将有助于深刻揭示海洋生态损害的严峻性和紧迫性,进而深入挖掘现有制度的缺陷,为海洋生态损害补偿制度的嵌入及改革创新提供理论基础保障。

　　本篇主要研究了四个方面的内容:梳理东海海洋生态损害的演变趋势,从生态损害的类型和区域层面对东海生态损害进行综合性评估;从市场机制失灵、政府机制失灵和社会机制失灵角度,揭示东海生态损害发生的制度根源;在梳理现有东海生态保护制度基础上,从投入产出视角构建生态保护制度绩效评估模型,分析东海生态治理效率的变化趋势;剖析海洋生态保护制度演进逻辑,分析海洋生态损害补偿制度与现有海洋保护制度之间的互补、替代和关联关系,明确海洋生态损害补偿制度的创新重点。

　　本篇研究形成下列创新点:

　　第一,东海生态损害总体形势不容乐观,海水水质常年处于较差状态,长江口、乐清湾、杭州湾、闽东沿岸等重点区域生物多样性状况堪忧,虽然短期内海水水质和生物多样性有好转趋势,但并不显著。其中杭州湾是海洋环境污染最为严重的海域。对比其他海域可知,造成东海生态损害的最主要原因是陆源性污染,尤其是河流入海污染排放量远高于其他海域,因此加快治理陆源性污染损害是东海生态环境保护的重中之重。东海海洋生态损害是"市场失灵""政府失灵"及"社会失灵"的叠加结果,"三个失灵"并非各自独立而是相互交织,因此,中国海洋生态损害的治理不应相互割裂,要致力于构建市场+政府+社会"三位一体"的治理框架,明确并履行政府、企业、公众三大主体在海洋生态保护中的职责,充分发挥市场机制的资源配置作用、政府机制的组织调控作用和社会机制的协同治理作用,形成一种相互制衡的治理结构。

第二,东海海洋生态治理制度存在"制度拥挤"现象,"制度拥挤"现象会通过共享信息、协调行动和集体决策三方面降低海洋生态保护制度绩效。在共享信息方面,制度的过分拥挤会在海洋生态治理过程中产生"九龙治海,各自为阵"的行政壁垒,难以在海洋生态治理过程中形成有效的信息共享机制,造成严重的信息不对称,进而影响海洋生态保护制度绩效。在协调行动方面,制度的过分拥挤会使得各项制度存在交叉重叠,甚至出现规定不一致的情况,无法调解在海洋生态治理过程中存在的各方利益冲突,使得海洋生态保护制度绩效低下。在集体决策方面,制度拥挤不仅会造成无法形成统一的决策规则,还会影响决策主体之间的相互信任与互惠机制建立,使得在海洋生态治理集体决策的过程中难以达成一致的意见,极大提高海洋生态治理的交易成本,造成海洋生态保护制度绩效低下。

第三,基于制度互补性理论,我国海洋生态保护制度在保护主体、保护手段和保护过程方面存在较大的制度性互补需求,其中如何将海洋生态损害补偿制度嵌入海洋生态保护制度之中,是解决海洋生态保护制度拥挤、不协调,健全海洋生态保护制度体系的关键。海洋生态损害补偿制度既是一种事后对海洋使用者的"赔偿"机制,也是一种事前对海洋生态的"补偿"机制,与现有海洋生态保护制度之间存在着互补、替代和关联的复杂关系。因此,未来海洋生态损害补偿制度的嵌入既要避免新旧制度间的冲突,也要关注与海洋生态红线制度、功能区划制度等现行制度的协同配合。

第五章 东海海洋生态损害总体分析

海洋生态损害是指由于人类活动改变海域自然条件或者向海域排入污染物质、能量,对海洋生态系统及其生物、非生物因子造成的有害影响,具体表现为海洋生物资源的损失、海洋生境的改变、海洋环境功能的损失。本篇所研究的海洋生态损害类型主要包括陆源性污染、围填海工程及海上溢油事故等。本章主要通过整理海洋生态统计数据和地理信息数据,结合对沿海省市及海洋管理部门的实地调研,通过分析东海海洋生态损害的历史演变、现状特征及发展趋势,并基于海洋生态损害不同类型、不同区域以及不同时间段等维度,对东海生态损害的总体状况进行描述性分析与评估,揭示东海生态损害的演变机制及其规律,为后面的分析提供基础铺垫。

第一节 东海生态损害演变历程与未来趋势

一、东海生态损害演变历程

东海是我国大陆岸线最长、入海河流最多的区域,沿海各地的陆源性污染、填海造地工程及海上溢油事故等严重地威胁着海洋生态安全,使得东海海域成为污染最严重、海洋生态灾害和环境事件突发频率最高、海洋生态系统最为脆弱的海域。海洋生态损害的程度通常是以海水水质、生物多样性和沉积物质量三个指标来度量。随着各沿海地区政府对海洋生态环境保护的重视程度不断加强，生物多样性、沉积物质量等退化趋势有所缓解，但东海海水水质总体状况依然不容乐观。

（一）海水水质总体呈恶化态势

2006 年以来东海区近岸海域海水污染一直未得到显著改善，其中劣于四类海水的海域面积明显高于其他类海水海域面积，所占比例常年维持在 40% 左右，居高不下，四类、三类海水面积占比多数年份保持在 15% 左右，而二类、一类海水面积占比[①]虽有缓慢波动增长，但总体幅度较小，如图 5-1 所示。海水污染超标因子主要是无机氮与活性磷酸盐，2017 年超标率分别高达 53.1% 和 15.9%，污染区域主要集中在长江口、杭州湾、象山港、三门湾、三沙湾、闽江口、厦门港等近岸重要河口港湾区域。[②] 这既与陆域排海污染及资源无序开发等人为因素有关，也与其自身的自然地理特征密不可分。一方面，人口与产业的加速集聚引发湾海区域生态超载；另一方面，入海河流污染物的大量输入威胁湾区海域生态安全。与其他海域相比，半封闭式的海湾内部水体交换能力差，污染物在海域中的稀释、扩散和生物化学分解速度缓慢，海域自净能力受限。

虽然从近岸海域富营养化指标来看，东海海域富营养化情况有所好转，但总体海水水质仍不容乐观。自 2011 年起，东海整个近岸海域富营养化指数呈现出下降趋势，已由 2011 年的 3.1 降低为 2017 年的 1.48，[③]同时中度和重度

---

① 《中国近岸海域环境质量公报》以及大多数研究均将一类、二类海水归分为清洁海水标准，所以本章也以此为参照。

② 生态环境部（原环保部）：《2006—2016 中国近岸海域环境质量公报》，见 http://www.mee.gov.cn/hjzl/shj/jagb/。

③ 生态环境部（原环保部）：《2006—2017 中国近岸海域环境质量公报》，见 http://www.mee.gov.cn/hjzl/shj/jagb/。

（单位：%）

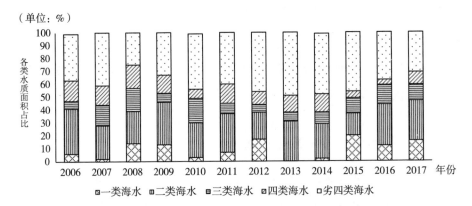

图 5-1 2006—2017 年东海近岸海域各类水质面积占比

资料来源：2006—2017 年《中国近岸海域环境质量公报》［生态环境部（原环保部）统一发布］。

富营养化海域面积明显下降,轻度富营养化海域面积则显著上升。但即便如此,东海海域富营养化程度仍是四大海域中最为严重的。另外从具体污染物指标来看,东海近岸海水水质的情况依然严峻,主要污染因子——无机氮与活性磷酸盐的超标率是四大海域中最高的。2006—2017 年,无机氮的超标率均在 40%以上,虽然浓度总体上呈现出波动下降趋势,但仍大于二类海水水质对无机氮每升 0.4 毫克的标准限值;①活性磷酸盐的超标率大多在 20%以上,其浓度主要集中在每升 0.02—0.03 毫克。

（二）生物多样性基本趋于稳定

2013—2017 年,东海区重点区域海洋生物群落基本稳定,具体表现在:一是主要类群基本不变,其中浮游植物以硅藻和甲藻为主,浮游动物以桡足类和水母类为主,大型底栖生物以环节动物、节肢动物和软体动物为主;二是物种数有所波动,其中相较于 2013 年,2017 年东海区浮游植物的物种数增加

---

① 依据水质划分标准,一类水质:水质良好。经简易净化处理(如过滤)、消毒后即可供生活饮用者。二类水质是指经常规净化处理(如絮凝、沉淀、过滤、消毒等)即可供生活饮用者。主要适用于集中式生活饮用水、地表水源地一级保护区,珍稀水生生物栖息地,鱼虾类产卵场,仔稚幼鱼的索饵场等。

9.7%,浮游动物与大型底栖动物的物种数分别增加32.2%和36.9%①。

　　总体而言,东海区浮游植物、浮游动物及大型底栖生物的物种数与生物多样性指数基本呈现由北向南逐渐升高的趋势,其中杭州湾在这几个区域中是最低的。从具体的生物种群来看,东海区重点区域浮游植物生物多样性指数表现出一定的空间异质性特点,其中长江口、杭州湾浮游植物多样性指数呈现出波动下降的趋势,乐清湾表现出水平波动趋势,而闽东沿岸则呈现出上升态势。东海不同重点区域的浮游动物多样性指数同样表现不一,其中杭州湾生物多样性指数呈先下降后上升趋势,乐清湾、闽东沿岸呈波动上升趋势,长江口表现出先上升后下降趋势。最后,从大型底栖生物多样性指数变化来看,长江口、乐清湾、杭州湾、闽东沿岸等重点区域均表现出波动上升趋势,相对而言杭州湾大型底栖生物多样性指数最小且涨幅不显著,由此可见杭州湾总体生物多样性状态较差。②

(三)沉积物质量有所改善

　　2009—2017年东海区沉积物质量总体状况稳定。东海区海域内重金属含量基本符合标准,海域内监测的国家级自然保护区数量自2009年的9个增长为2017年的21个,③沉积物状况均保持良好趋势,基本符合标准。另外,就污染相对较为严重的长江口与杭州湾来看,自2011年起,沉积物的质量状况亦有所好转,基本处于优良的状态,多数沉积物符合一类沉积物质量标准,基本无第三类沉积物质量点位,仅有个别年份出现铜污染。④

―――――――――――

① 自然资源部:2013年《中国海洋环境状况公报》、2017年《中国海洋生态环境状况公报》,见 http://www.mnr.gov.cn/sj/sjfw/hy/gbgg/zghyhjzlgb/。

② 自然资源部:2013—2016年《中国海洋环境状况公报》、2017年《中国海洋生态环境状况公报》,见 http://www.mnr.gov.cn/sj/sjfw/hy/gbgg/zghyhjzlgb/。

③ 国家海洋局东海分局:2009年、2017年《东海区海洋环境公报》,见 http://www.eastsea.gov.cn/xxgk_166/xxgkml/hytj/dhqhyhjgb/。

④ 生态环境部:2011—2016年《中国近岸海域环境质量公报》,见 http://www.mee.gov.cn/hjzl/shj/jagb/。

综上,从海水水质、生物多样性和沉积物质量三类主要指标来看,2013—2017 年东海生态质量状况基本趋于稳定,但水质、生物多样性等具体指标并未有显著改善,其中杭州湾等部分重点海域生态质量表现出持续恶化趋势,因此东海生态质量总体形势依然不容乐观。

二、东海生态损害现状分析

东海生态损害来源主要是陆源污染和围填海工程两大类,其中陆源污染问题最为严重。东海入海河流众多,导致陆源污染物来源极其复杂,陆源污染长期未得到有效治理,成为损害东海生态环境的重要原因。另一方面,虽然政府对围填海工程的限制日趋严格,但自 20 世纪 80 年代以来一系列的填海造地项目对东海生态造成了诸多不可逆的损害。在此背景下,东海生态损害总体呈现出如下特点:一是近岸海域生态环境污染形势严峻,尤其是海水水质状况较差,呈现出富营养化状态,各类污染物超标严重;二是生物群落结构与沉积物质量状况基本维持稳定。

(一)近岸海域水质较差

东海区近岸海域污染现象显著,具体表现为污染海域面积广、污染因子超标率高、富营养化现象普遍。

统计数据显示,2017 年夏季,近岸海域劣于四类的海域面积较 2012—2016 年同期均值减少30%,但仍高达 19%,[1]主要集中在长江口、杭州湾、浙江近岸及三沙湾、闽江口、厦门港等近岸重要河口港湾区域,超标率高达53.1%和 15.9%的无机氮与活性磷酸盐是造成污染的主要原因,[2]前者主要

---

[1]　国家海洋局东海分局:《2017 年东海区海洋环境公报》,见 http://www.mnr.gov.cn/dt/hy/201806/t20180629_2333548.html。

[2]　生态环境部:《2017 中国近岸海域生态环境质量公报》,见 http://www.mee.gov.cn/hjzl/shj/jagb/。

集中在长江口、浙江近岸、闽江口、厦门港等近岸海域,后者则主要集中在长江口、杭州湾、象山港、台州湾、三沙湾、闽江口、厦门湾、诏安湾等海域。海水中化学需氧量(COD)、重金属基本符合一类海水水质标准。从富营养化指标来看,2017 年夏季东海区海水呈富营养化状态的海域面积为 44325 平方千米,[①]以轻度富营养化为主,但重度富营养化海域面积为 12451 平方千米,占比仍达到 28.1%,相较于 2016 年增加了 3.8%,主要集中在长江口、杭州湾、闽江口、厦门港等局部海域。[①]

(二)部分海域生态系统健康状态不佳

2017 年夏季东海区域测出浮游植物 415 种,浮游动物 440 种,浅海大型底栖生物 521 种,潮间带大型底栖生物 336 种。生物多样性指数基本呈现由北向南升高的趋势。

2017 年东海区滩涂湿地、河口湾生态系统健康状况的调查结果显示,东海区 5 个生态监控区中,4 个处于亚健康状态,1 个处于不健康状态。长江口生态系统处于亚健康状态。近 5 年来,生物群落结构相对稳定,浮游动物、浅海大型底栖生物的多样性指数分别呈现出稳定和上升趋势,但是浮游植物的多样性指数呈下降趋势。此外,长江口地处长江三角洲经济区的重要河口,周边地区经济发达,陆源排污严重,导致部分水体严重富营养化现象突出。乐清湾生态系统处于亚健康状态。虽然生物群落基本稳定,但是受电厂温排水、围填海以及陆源排污等影响,部分水体呈富营养化状态,浮游动物、浅海大型底栖生物等生物量偏低。闽东沿岸生态系统处于亚健康状态,浮游动物与大型底栖生物的群落结构稳定性较好,但是浮游植物的群落稳定性一般,同时部分水体富营养化。杭州湾生态系统处于不健康状态,水体富营养化严重。近 5

---

① 富营养化状态依据富营养化指数(E)计算结果确定,该指数计算公式为 $E = $ [化学需氧量] × [无机氮] × [活性磷酸盐] × $10^6/4500$,$E \geqslant 1$ 为富营养化,其中,$1 \leqslant E \leqslant 3$ 为轻度富营养化,$3 < E \leqslant 9$ 为中度富营养化,$E > 9$ 为重度富营养化。

年来,虽然浮游植物多样性指数基本稳定,但是浮游动物与浅海大型底栖生物群落稳定性较差,生物密度与多样性指数均呈下降趋势。虽然不同区域导致海水污染的原因不尽相同,但总体而言,东海部分典型海域,尤其是重要湾区,海洋生态系统健康状态不佳。

(三)沉积物质量大多良好

2017 年东海海域沉积物质量总体良好。从具体污染物来看,近岸海域有机碳、硫化物、汞、铬、多氯联苯均符合第一类海洋沉积物质量标准;砷、石油类、滴滴涕、镉和铅符合第一类海洋沉积物质量标准的站位比例均在98%以上;锌和铜符合第一类海洋沉积物质量标准的站位比例均在95%以上。[1]从海域空间来看,东海区域内 21 个国家级海洋保护区沉积物质量良好,绝大多数保护区的有机碳、硫化物和石油类均符合一类海洋沉积物质量标准,典型生态系统沉积物质量优良。此外,监测的 17 个面积大于 100 平方千米的海湾中,除了泉州湾沉积物中铅、锌和铜指标略超标之外,其余 16 个海湾沉积物质量状况良好。[2] 其中长江口 100%沉积物达到一类标准,杭州湾沉积物 83.3%达第一类,16.7%为第二类,闽江口 100%沉积物达二类标准。[3]

三、东海生态损害未来趋势

(一)陆源性污染治理难度大,海域水质短期难以得到明显改善

东海入海河流和入海排污口较多,陆源性污染一直是东海生态损害的一

---

① 山东省人民政府:《山东省人民政府关于印发山东省海洋主体功能区规划的通知》,见 http://www.shandong.gov.cn/art/2017/9/4/art_2267_17589.html。

② 国家海洋局东海分局:《2017 东海区海洋环境公报》,见 http://ecs.mnr.gov.cn/xxgk_166/xxgkml/hytj/dhqhyhjgb/。

③ 生态环境部:《2017 中国近岸海域生态环境质量公报》,见 http://www.mee.gov.cn/hjzl/shj/jagb/。

个重要来源。与其他损害类型相比,陆源性污染主要属于面源污染问题,具有排污责任主体不清晰、治理主体不明确等特点,其治理长期面临陆海行政壁垒的现实难题。党的十九大就环境保护作出了顶层设计,同时第十三届全国人大也就陆海统筹作了体制性安排,但具体到各地方的陆源性污染治理依然面临部门职责不清晰、监管协调不顺畅等一系列问题。因此,预期未来东海陆源性污染将成为政府亟须解决的关键难题,而海域水质短期内也较难得到明显改善。

(二)围填海等涉海工程将受严格管控,海洋工程生态损害会日渐趋缓

填海造地工程在一定程度上缓解了沿海地区经济建设空间不足的困境,但与此同时也对近岸生态环境造成严重损害,破坏了海洋生物的原有栖息生境,导致生物多样性受损。2017 年,国家海洋督察组在对沿海 11 个省市地区开展围填海专项督察中发现,围填海项目违法审批、监管失位、污染防治不力等问题较为突出,因此出台相关规定原则上将不再审批一般性填海项目,不再分省下达围填海计划指标。国务院于 2018 年 7 月 25 日颁布了《关于加强滨海湿地保护严格管控围填海的通知》,对围填海项目审批进行了严格规定,除国家重大战略项目外,全面停止新增围填海项目审批。[①] 2018 年 9 月初,自然资源部东海分局牵头东海区三省一市成立了协调领导小组,开展了对东海区围填海现状的全面调查。在此背景下,预计未来东海填海造地项目将主要以国家重大建设项目、公共基础设施、公共事业和国防建设等为主。可以预见在围填海等涉海工程受到严格管控、海洋工程生态损害逐渐减少的情况下,海岸生态系统将有望得到逐渐恢复。

---

① 《国务院加强滨海湿地保护严格管控围填海》,《湿地科学与管理》2018 年第 4 期。

（三）海洋自然保护区建设将加大力度，海洋生物多样性将有所恢复

建设海洋自然保护区是保护和修复海洋生态环境的重要手段。随着我国海洋生态文明建设大力推进，东海区海洋保护区建设得到了快速发展。截至2017年，东海海区拥有21个国家级海洋保护区，总面积为3084.6平方千米，占全国国家级海洋保护区总面积的32.4%。[①] 另一方面，为进一步贯彻"严守资源环境生态红线"的总要求，国家海洋局于2016年6月印发《关于全面建立实施海洋生态红线制度的意见》。借助生态红线制度管理模式和海洋自然保护区建设，预计未来东海海洋生物多样性将得到显著改善。

第二节　东海海洋生态损害分析

一、陆源性污染的生态损害

陆源性污染的生态损害是东海面临的最主要的一类生态损害。上海、浙江、福建等东海沿海省市地区经济发达、人口密集，来自工业和生活的陆源性污染物大量排放入海，造成入海河流监测断面水质常年处于较差水平，排污口环境质量综合评价等级偏低。陆源性污染物对海洋生态系统的损害严重，所引起的赤潮等自然灾害会造成较大的社会和经济损失。

（一）陆源性生态损害的描述性分析

陆源性污染是指来自陆地的海洋污染。陆地向海洋排放污染物的形式有两种：一是通过河流、大气等环境媒介间接地将陆源污染物排放到海洋环境

---

① 邓邦平、纪焕红、何彦龙：《东海区国家级海洋保护区发展研究》，《海洋开发与管理》2017年第10期。

中,即江河入海污染;二是沿岸的城市、企业、个人直接把污染物排到海洋环境,即入海排污口污染。

1. 江河入海污染

东海区江河入海的污染物排放量常年居高不下,对东海近岸局部海域海洋生态环境带来较大压力。统计数据显示,入海河流监测断面的水质有所改善,但是未达到监测断面功能区水质标准要求的占比依旧较大。2006—2017年,虽然符合Ⅲ类水质标准的监测断面数量明显增加,符合Ⅴ类、劣Ⅴ类水质标准的河流断面数量明显下降,但符合Ⅰ类水质标准的河流断面数量依然为零,符合Ⅱ类的河流断面数量略有增长。与此同时,监测数据表明,自2012年起,监测的东海区25条左右的入海河流,不符合监测断面功能区水质标准要求的河流达到30%以上,同时其达标率均低于全国平均水平。

此外,虽然由河流携带入东海的污染物总量会出现波动下降,但总体污染状况依然严重。自2009年起,东海区河流入海污染物总量维持在1100万吨以上,一直居高不下,其中以化学需氧量(COD)、营养盐(氨氮和总磷)为主,部分污染物的排放量占全国河流入海污染物总量比例高达50%以上。由此表明,2009—2017年,东海一直是我国四大海域中河流入海污染最严重的海域。污染源监测数据显示,长江、闽江是化学需氧量、氨氮、石油类及重金属等河流入海污染物的主要来源。其中以长江最为显著,是东海区河流入海污染物的主要污染源,占比连年高达55%以上。闽江携带的污染物入海量则呈现出波动中略微上升的状态。

2. 入海排污口污染

陆源污染入海排污口污染物的排放是造成排污口周围局部海域生态环境质量下降的主要原因,同时随着海水的流动,又会进一步影响到整个近岸海域生态环境的质量。统计数据显示,2017年东海区入海排污口达标排放次数占全年监测总次数的比例为61%,入海排污口治理初见成效,但依然有47%入海排污口污水和污染物的排放处于综合等级D级以下,全年无A级排污口,对海洋环境造成了较为严重的损害。[①]

入海排污口排放的主要超标污染物是化学需氧量、总磷、类大肠菌群等。这些污染物的排放对排污口邻近海域的水质、沉积物和生物等造成巨大影响，使其邻近海域海水质量、沉积物质量、生物质量难以满足海洋功能区环境质量的要求。另外，2006—2017 年，东海区直排海污染源中废水的排放量呈现波动上升的趋势，其中主要的污染物排放量虽然出现波动下降，但各类污染源的排放量占四大海区总排放量的比例均较大，尤其是废水、化学需氧量以及石油类这三类主要污染物的排放量基本保持在 50% 以上，氨氮和总磷这两类污染物的排放量基本维持在 30% 以上，由此可见，东海区排污口是近海排污口中污染最为严重的区域。

（二）陆源性生态损害的影响分析

1. 影响海洋生态系统平衡，减少海洋生物多样性

污水通常会严重影响海域生态系统的健康，当污水系统由管道向较深的或混合良好的水域排放，其影响区域是排放口附近，浑浊度抑制了浮游植物的生产力，沉积作用改变了底栖环境。如果排放管道趋向海岸，可能有利于适应高浓度营养盐的潮间带海草和动物种群的生长，促进数目有限的生物种类的生长，但同时也扰乱了食物网中的能量转移，最终导致生物种群的多样化大大减少。污水对某些自然部落（如珊瑚礁）或低量营养盐的生境影响也相当大，能够打破建立已久的生态平衡。由于污水基本上由营养盐和有机物质构成，并且一般含有有机卤素和重金属等潜在有毒部分，因而污水中大量氮磷营养盐的积累可以导致富营养化并产生毒效，严重影响海洋生物的正常繁衍。

2. 造成海水富营养化，引发赤潮等海洋灾害

东海长期面临严峻的陆源性污染形势。由于陆域排放入海的污染物超

---

① 国家海洋局东海分局：《2017 东海区海洋环境公报》，见 http://ecs.mnr.gov.cn/xxgk_166/xxgkml/hytj/dhqhyhjgb/。

标,尤其是大量氮磷的超标排放,使得东海区海水富营养化面积由 2014 年的 35850 平方千米[1]增长为 2017 年的 44325 平方千米[2],增长了 23.64%。陆源性污染是赤潮灾害发生的重要原因。2017 年东海区共发现赤潮 41 次,累计影响面积约 2288 平方千米,其中以浙江近岸及以外海域最为严重,发现赤潮 33 次,累计影响面积 2068 平方千米。[2]与 2012—2016 年平均值相比,2017 年东海区赤潮发现次数增加,累计面积减少。相较于 2009 年的 473 平方千米,累计面积增长了约 4.84 倍。从变化趋势来看,赤潮发生呈现向全海域扩张的趋势,赤潮频发海域主要集中在长江口东南部、浙江中南部、福建厦门近岸等。

3.影响海洋水产品生产,威胁人类健康

污水也会通过影响生态环境而对人类产生间接影响,海滩上和浅海中大量污水中的物质会产生刺鼻的气味并恶化环境的适宜性,危及人类健康,各类病菌、病毒和寄生虫不断输入市区附近的沿岸水域,这些生物可在海上存活数小时、数天,病毒比细菌存活更长时间,特别是当其附着于底栖生物时存活期更长。水产品是人类获取食物和营养的重要来源,而食用污染水域中捕获的鱼类和贝类将导致人们受细菌和病毒的感染。此外,海水富营养化和赤潮的频繁发生严重损害了海域的生态结构,进而对人类海洋捕捞业和养殖业生产造成巨大经济损失。

二、填海工程的海洋生态损害

围填海是人类海岸开发利用活动中的重要方式之一。东海区两省一市人口密度大,人地矛盾尖锐,围填海工程成为破解资源与土地要素制约的重

---

[1]　自然资源部:2014 年《中国海洋环境状况公报》,见 http://www.mnr.gov.cn/sj/sjfw/hy/gbgg/zghyhjzlgb/。

[2]　国家海洋局东海分局:《2017 东海区海洋环境公报》,见 http://ecs.mnr.gov.cn/xxgk_166/xxgkml/hytj/dhqhyhjgb/。

要途径。自 20 世纪 70 年代以来,一方面,东海区填海热潮高涨、已填面积庞大、年均增速极快;另一方面,海岸线开发不断在加速,并且往深度开发推进,对海洋生态环境造成破坏性的损害,并且其影响还具有很大的不可逆性。

(一)填海工程生态损害的描述性分析

1. 填海工程

围填海是沿海地区拓展城市发展空间的重要手段。东海区两省一市人多地少的矛盾尤为突出,经济的快速发展,对城市空间的需求进一步扩大,引起了满足农业用地、工业用地、城市建设、公共设施建设等陆地空间需求的填海热潮。东海围填海的基本历程可分为四个阶段:一是 20 世纪 50 年代围海晒盐;二是 20 世纪 60—70 年代末期,围垦海涂增加农业用地;三是 20 世纪 80—90 年代,滩涂围垦养殖;四是 21 世纪后,港口和临港工业、城镇建设导致填海面积大幅上升。

统计数据显示,1979—2014 年东海区围填海总面积为 3000.6 平方千米,占全国围填海总面积的 26.1%,年均围填海的面积为 85.37 平方千米,单位岸线(千米)围填海的面积为 0.24 平方千米,年均围填海的面积呈现出明显的增长趋势。分阶段来看,1979—1990 围填海总面积 816.24 平方千米,主要分布在浙江绍兴市和宁波市,用于养殖用海和盐业用海。进入 20 世纪末 21 世纪初,东海近岸临港工业的快速发展对填海造地形成巨大需求,统计表明1991—2001 年围填海的总面积达到 858.49 平方千米,2002—2008 年围填海的总面积达到 535.03 平方千米,2009—2014 年围填海的总面积达到 808.86平方千米。[①]

2. 海岸线开发

东海区沿海省市海岸线的开发利用程度逐年加深,海岸带年均开发利

---

① 张雨:《中国沿岸围填海管控分区方案研究》,天津师范大学硕士学位论文,2017 年。

用长度呈现出明显的增长趋势,且开发程度逐渐向重度开发转变。统计数据显示,1980—1990 年东海区开发利用岸线达 857.2 千米,重度开发岸线[1]占 40.9%;1990—2000 年开发利用岸线为 847.9 千米,重度开发岸线占 36.1%;2000—2010 年开发利用岸线为 1235.6 千米,其中重度开发岸线占比为 51%;2010—2015 年开发岸线长度为 661 千米,其中重度开发岸线占比为 59.44%。相较于 20 世纪 80 年代,2010 年以后海岸线开发长度增长了 0.5 倍多。[2]

(二)填海工程生态损害的影响分析

在东海范围内,围填海工程所引起的海洋生态环境问题主要体现在:

1.海岸线不断向海洋延伸,天然生态环境被破坏

围填海活动导致沿海城市海岸线不断向海洋延伸,海岸线由原来的弯弯曲曲不断被拉直。1980—1990 年,东海区的海岸线不断被拉直,长度由 1980 年的 5219.79 千米缩减为 1990 年的 5083.97 千米,减少了约 2.70%。1990—2015 年,东海区两省一市的海岸线基本处于向海洋延伸的状态,海岸线长度从 5083.97 千米增加至 5382.14 千米,岸线的变化率基本处于 2% 左右,其中 1990—2010 年基本接近于全国的岸线变化率(见表 5-1)。

表 5-1　1980—2015 年东海区(两省一市)及全国海岸线长度变化

年份		1980	1990	2000	2010	2015
岸线长度（千米）	东海	5219.79	5083.97	5283.76	5393.69	82.14
	全国	16004.79	16320.73	17025.32	17564.03	17858.41

---

① 重度开发岸线:参考许宁(2016)的研究,构建海岸线开发利用负荷度指标,用单位岸线海岸开发利用面积来衡量,将海岸线年均开发利用负荷度大于等于 4 的界定为重度开发岸线。

② 许宁:《中国大陆海岸线及海岸工程时空变化研究》,中国科学院烟台海岸带研究所博士学位论文,2016 年。

续表

时期		1980—1990	1990—2000	2000—2010	2010—2015	1980—2015
岸线变化率(%)	东海	-2.60%	3.93%	2.08%	-0.21%	3.11%
	全国	1.97%	4.32%	3.16%	1.68%	11.58%

资料来源:肖锐:《近三十五年中国海岸线变化及其驱动力因素分析》,华东师范大学硕士学位论文,2017年。

海岸线变化带来的直接结果是海湾、河口、滩涂、湿地等海岸带原始生态环境的破坏。统计资料显示,1940—2014年东海区33个海湾的萎缩面积达到4053.03平方千米,占全国海湾萎缩面积的40.15%,萎缩率达到21.01%,萎缩速率达到57.9平方千米/年,远高于全国。其中,1996—1990年和21世纪以来两个时期东海区海湾面积萎缩最为显著,萎缩面积占全国的比例分别达到49.81%和40.36%。① 滨海滩涂、湿地作为海洋动植物重要的繁衍空间,在高强度的填海活动影响下,面积快速缩小,进而导致海洋生物多样性水平下降。另一方面,滨海、湿地、河口、海岸等典型生态系具有调节气候、抵御风暴潮等诸多作用,而围填海活动的开展大大降低了这些天然生境的海洋生态系统服务功能,并引发多种自然灾害。

2.影响渔业资源繁衍,制约海洋渔业发展

填海造地将永久占用海洋生物原有的栖息环境,而部分海洋生物尤其是底栖生物本身的迁移能力较差,当原有栖息地发生直接改变时往往会被掩埋覆盖而死亡。② 相较之下,低经济价值的鱼类通常适应能力更强,围填海活动结束后一定时期内,低值种类将逐步取代原本经济价值较高的种类,导致海域内生物群落发生更替。渔业资源结构的这种变化直接影响海洋传统捕捞业的盈利水平,制约海洋渔业的可持续发展。同时,滩涂、浅海本是传统海洋渔民

① 侯西勇、毋亭、侯婉等:《20世纪40年代初以来中国大陆海岸线变化特征》,《中国科学:地球科学》2016年第8期。

② 李铁军、徐丹、徐汉祥等:《浙江省围填海工程对海洋生态环境和渔业资源的影响分析》,《现代农业科技》2017年第18期。

重要的生产场所,而填海造地之后的土地使用权则不归渔民所有,"失海"后的渔民由于利益受损,从而引发社会冲突和纠纷。

3.改变海域水动力,加剧海洋污染

由于东海沿岸海域悬浮物浓度较高,围填海工程引发泥沙淤积,导致养殖区排水口无法正常排水,陆域无法正常泄洪排涝,给附近居民的生产和生活带来严重危害。

三、海上运输和开发的生态损害

船舶运输、海上石油开发和港口装卸油类等生产作业活动所带来的各类污染事故,是造成东海海洋生态损害的另一个重要原因。海上运输和开放对海洋生态环境的损害主要体现在海洋生态系统的结构、功能的严重改变以及海洋的资源价值、生态服务价值的严重减损。

(一)海上运输和开发的生态损害描述性分析

1.海上运输引起的损害

自 2001 年以来,东海区发生了多起因运输工具相撞、触礁等原因导致的污染物泄漏事件(见表5-2),泄漏的污染物既包括原油、燃油和汽油等石油类污染物,又包括苯乙烯等化学污染物,泄漏物的种类不仅繁多,而且数量庞大,以 2018 年 1 月 6 日在东海发生的轮船相撞事件为例,这次轮船相撞事件导致 13.6 万吨凝析油泄漏,这类大规模的污染物泄漏事件对海洋环境造成巨大的破坏,危及诸多海洋动植物生命。

表5-2　2001—2018 年东海区部分海上运输污染事件

发生时间	事件
2001 年 4 月 17 日	长江口外从日本驶往宁波港的韩国籍化学品货轮"大勇"号与上海驶往印度的香港籍"大望"号相撞,导致苯乙烯泄漏。

续表

发生时间	事件
2003 年 8 月 5 日	中国籍"长阳"轮与"浙长兴货 0375"轮在长江吴泾电厂码头发生碰撞,导致 85 吨燃油溢出。
2005 年 9 月 17 日	中国籍"朝阳平 8"轮船在上海港与出口掉头的"乌山"轮船发生碰撞,导致约 185 吨汽油泄漏。
2010 年 11 月 27 日	厦门东渡海天码头附近"千和 12"油污接收船与"厦港拖 3"拖轮相撞,造成 5 吨含油污水泄漏。
2012 年 6 月 26 日	荷属安的列斯籍杂货船"密斯姆"号在长江口与另一散货船发生碰撞,致使 100 吨燃油泄漏。
2018 年 1 月 6 日	在长江口以东 165 海里处,一艘伊朗向韩国运送原油的"桑奇号"油轮和中国"长峰水晶"号货船相撞,导致 13.6 万吨原油泄漏。

资料来源:2001—2016 年《中国近岸海域环境质量公报》[生态环境部(原环保部)统一发布]及媒体报道。①

2.海上开发引起的损害

海洋石油勘探是海上资源开发的主要活动,在石油勘探过程中会产生多种污染物,如泥浆、生产污水、钻屑、机舱污水、食品废弃物和生活污水,这些污染物经过简单处理后会被直接排放到海洋中,造成海洋环境污染。据最新数据显示,2017 年,东海区从事勘探作业的移动钻井平台有 5 个,在丽水、天外天和平湖油气开发区拥有 18 个海上油气平台,各平台在生活污水、生产污水、钻屑和钻井泥浆上的排放均达到规定标准,但不同污染物存在一些差异。

在东海区石油勘探开发所产生的各类污染物排放中,生产污水的排放量所占比例最高,其次是钻屑,钻井泥浆排放量最小。从变化趋势来看,自 2006 年以来,东海区石油勘探开发所产生的生产污水排放量总体呈现下降态势,钻井泥浆、钻屑等污染物排放量基本呈现倒"U"形变化趋势,但在不同的时间段污染物的排放量则表现出不同的变化趋势。生产污水的排放大致可划分为三个阶段:第一阶段(2006—2008 年)为增长期,生产污水的排放量逐年增加;第

---

① 搜狐网:《重大事故! 中韩两辆油轮相撞损失 13.6 万吨石油,却要中国买单?》,见 http://www.sohu.com/a/215878244_341513。

二阶段(2008—2010 年)为调整期,生产污水量表现出先下降后上升的趋势;第三阶段(2010—2014 年)为波动下降阶段。钻井泥浆和钻屑的排放量总体呈一致趋势,表现为平稳期(2006—2009 年)、波动上升期(2010—2013 年)、快速下降期(2014—2017 年)。

(二)海上运输和开发生态损害的影响分析

1.破坏海洋生态系统,降低生物多样性水平

海上运输和开发带来的污染物质,特别是溢油带来的污染,极大地破坏了海洋环境中正常存在的生态系统。当发生大规模的溢油事故后,大量的石油扩散在海面上形成一层厚厚的油层,导致其下方大面积海域严重缺氧,造成浮游生物、鱼虾因缺氧而大量死亡。同时海上运输和开发过程中容易产生有害物质,影响海洋生物的繁衍能力。此外,石油等污染物质对于海洋生境的损害十分显著,影响海洋生态系统的物质生产能力和能量流动,进而导致敏感性物种大量死亡,使原有食物链被打破。

2.影响海洋产业发展,造成经济损失

海洋运输和开发产生的污染能够从多个方面影响不同的海洋产业,从而造成经济损失。海洋运输和开发污染对海洋渔业的潜在威胁最大,包括渔业捕捞、养殖和加工。对捕捞业而言,海上运输和开发产生的污染物恶化了鱼类生存环境,造成鱼类大量死亡,可供捕捞的渔业资源降低。对于养殖业而言,海洋污染使得养殖环境恶化,降低养殖产品的数量和质量。在捕捞和养殖环节所造成的损失也会传导至加工环节,降低加工品的数量和质量。此外,海洋运输和开发引起的污染还会引起消费者降低对海产品的消费,降低渔业产品的销售量。海洋运输和开发会给滨海旅游业带来损失。滨海旅游业依托滨海优美的自然环境,海洋污染会降低游客的体验感,减少游客数量,对包括海浴、游泳、划船、海钓、潜水等在内的娱乐活动造成巨大的经济损失。除此之外,海上运输和开发的污染亦会影响到沿海工业,如发生在港口附近海域的大型溢油,直接影响港口、海港等沿岸行业的正常运营,同时,海水淡化工厂、制盐厂、发电站等依靠水源进行生产或冷却的沿岸工业由于海水污染受到很大威胁。

3.产生有毒物质,威胁人类健康

海上运输和开发产生的污染物质对人类健康形成威胁的主要有挥发性有机质(VOC)、多环芳烃(PAHs)和重金属。这些污染物质影响人类健康的途径主要有三种:一是当海上运输和开发过程中产生石油等污染物质泄漏时,受污染区域附近的渔民和来往船只受到威胁;二是在治理突发性污染事故过程中的暴露人群可能受到健康威胁;三是人类食用了被溢油事故污染了的鱼类、贝类和其他海产品造成的间接威胁。以上三种途径通过食物链传递的间接污染已经威胁人类健康。因此,一次较大规模的海上运输和开发导致的污染事故所造成的影响可能会延续几年甚至是更长时间。

第六章　东海生态损害的制度根源分析

本章承接第五章对东海海洋生态损害的总体评析,试图揭示造成这一损害的制度根源。基于东海生态损害的现实,本章拓展了以往围绕市场失灵和政府失灵分析环境问题的思路,构建了市场—政府—社会三维机制失灵的分析框架。具体而言,市场机制失灵包括海洋产权缺陷、负外部性及集体行动困境;政府机制失灵包括权力非均衡及弱治理能力;社会机制失灵包括社会自治缺失、社会资本不足及社会组织力量薄弱。海洋生态损害的制度根源并非是单一的,而是包含了市场、政府和社会三种机制的失灵。基于不同机制失灵的研究有助于在海洋生态治理中对症下药。

第一节　东海生态保护的市场机制失灵

市场机制(Market Mechanism)是利用价格信号来配置资源的方式,即资源或商品在价格信号的调节下自由流动来实现有效配置的机制,主要包括供求机制、价格机制、竞争机制和风险机制。市场在资源配置中,具有更高的经济效率,更能促进生产力的发展,究其原因,就在于市场有强劲的利益刺激、灵敏的信息传递、良好的经营导向、高效的资源配置、奖勤罚懒等功能。海洋生态问题与一般的市场商品有很大区别,海洋生态资源的综合性、复杂性、流动性、关联性等特征往往使得市场机制在海洋生态保护中面临失灵的困境。

一、海洋生态环境的产权缺陷

传统经济理论认为,公共产品是市场失灵的主要原因,"公地悲剧"便是公共产品所致市场失灵的重要表现。公地作为一项资源或财产被诸多个体拥有,每个个体都有权使用,但无权阻止他人使用。作为理性个体,人人都倾向于过度使用进而造成资源的枯竭,这就是"公地悲剧"。"公地悲剧"的根源在于个人理性前提下资源产权的不明晰,因此,尽可能地明晰公地,减少排他性使用是解决"公地悲剧"的重要思路。

确立产权是交易的前提,产权清晰才能责权明确、收益明确。但是产权归属清晰并不表明就可以交易,产权归属于公有还是归属于私人都可以说是界定清晰的,但是二者所蕴含的效率迥异。现实经济社会中大部分的资源已经被纳入特定的组织或国家的管辖范围内,很少存在纯粹的非排他性公共资源,各国沿海的海洋生态资源在经济区的概念下被严格地划归沿海国家或地区,不可谓没有归属,即使那些尚未被纳入特定主体管辖范围的领地(如公海)也被置于《联合国海洋法公约》等国际性法规的约束之下。从广义的产权角度看,这些资源不可谓没有设置排他性地进入。然而,海洋生态资源仍然被过度使用,海洋生态环境频遭破坏。透过海洋生态背后的"产权",才能把握海洋生态保护市场失灵的根源。

产权是一种通过社会强制而实现的对某种经济物品的多种用途进行的排他性的权利。其中"排他性"内涵丰富,排除本国之外的人只允许本国人民使用是排他性,排除他人而由一个自然人独享也是一种排他。理论和实践经验都表明,产权归属越"公",建立有效的激励约束机制难度就越大。[①] 海洋属于国家,即便一些海域出于管理之便划归沿海省市管辖,但仍带有强烈的"公"

---

① 闭明雄:《潜规则与制度和经济秩序》,《湖北经济学院学报》2013 年第 4 期。

的色彩。由政府行使管辖权,从产权角度看是清晰的,但产权归属范围过大,从中建立起有效的激励和惩罚机制存在着巨大的技术困难。对海洋的非排他性进入和使用必然导致其过度的开发甚至破坏。

二、海洋生态损害的负外部性

(一)海洋生态损害活动中的外部性

在几乎所有的涉海活动中,外部性始终存在。自 20 世纪 70 年代末以来,东海区围填海面积和工程数量持续扩大,1979—2014 年,东海区围填海总面积为 3000.6 平方千米,占全国围填海总面积的 26.1%,年均围填面积高达 85.37 平方千米。[1] 然而,海洋开发在促进地方经济发展的同时带来了诸如海洋生态系统退化、海岸侵蚀等不同程度的环境负外部性。海洋开发者在获得经济利益的同时并未对涉海利益受损群体进行相应的补偿,使得海洋开发强度远高于均衡状态下的强度。

海洋活动产生的外部性源于海洋产权缺陷,如果能对海洋彻底地划分权利归属,那么,不同利益主体之间行为的相互影响就能追根溯源,权利受到损害者便会向侵害者追责,双方可以通过谈判达成损害赔偿协议。在这一过程中海洋生态损害肇事者造成的社会成本已被内部化为私人成本的一部分,肇事者会对成本和收益进行重新评估,降低海洋生态损害活动的强度。然而,海洋产权的清晰界定与严格执行存在的高昂交易成本将阻碍经济主体维护其海洋产权,其结果是海洋产权会面临形同虚设的境况或为命令—服从的强制关系所取代。

(二)海洋生态损害活动中的信息传递问题

海洋活动负外部性难以减缓或消除的原因还与海洋生态资源本身的特

---

[1]　张雨:《中国沿岸围填海管控分区方案研究》,天津师范大学硕士学位论文,2017 年。

性造成的信息传递问题有关。海洋生态资源的综合性、复杂性、流动性、关联性等特征决定了资源开发行为很容易波及邻近海域和生态资源,存在识别破坏行为主体的困难,这给海洋生态损害行为提供了可乘之机。海洋的特征使得生态破坏行为难以识别,这一过程本质上是信息的传递问题。信息传递成本高昂是海洋产权界定困难以及经济外部性存在的重要原因。如果海洋利用的主体之间彼此缺乏沟通或难以识别彼此的行为,信息的传输和反馈则会出现严重障碍。在这种情况下,即使一方的行为严重侵犯了其他主体的利益,后者也极难主张自己的权利,这就放任了海洋生态损害负外部性活动的扩张。如果存在一个有管理的公共资源,只要集体使用者之间能达成一个有效的协议,资源将会得到很好的使用和管理。

有效的协议包含集体使用者之间的相互监督和对违反者的惩罚。海洋生态损害行为是涉及海洋资源利用者、周边以海洋为生的渔民、地方政府、环境保护组织、关心海洋生态的一般公众、邻国等多方利益的行为,在利益上牵一发而动全身。如果各方能够快速地获得任何其他主体行动的信息,那么海洋生态损害行为将会迅速得到解决,这也是世界上很多公共资源得到很好管理的原因。理论上讲,尽管市场机制模式最为理想,但却面临诸多困难。在这一模式下,即使海洋生态资源的产权被划定,如果利益的传导机制不畅通,一方主体的行为无法快速地传导到其他产权持有人或利益相关者,或者海洋资源开发和利用者刻意隐瞒自己的行为,则生态破坏行为并不能迅速引起其他各方的反应,其他各方根本感受不到自己的利益受到损害,从而放任了资源使用者的破坏行为。将问题归于信息费用高昂,使得在市场机制下难以解决的公共资源的管理难题看到了曙光,既然产权很难划定,由政府代为管理可能较合适,政府所要做的就是提高获取信息的技术和手段,并以此为基础进行有效管理。

三、海洋生态保护中的集体行动困境

(一)海洋生态保护中集体行动困境的本质

海洋生态资源并非无主,只不过是其主甚多,一国、一市或一县的民众都共享着某一个海域的生态资源,这些资源本质上是集体的,集体内每一个成员都可以对这些资源主张权利。传统的理论认为,当集体利益遭受损害时,集体成员会自发地起来抗争以增进集体的利益。但现实中,"搭便车"和成本收益困境使得集体行动逻辑仅具有理论的合理性。

在海洋生态损害问题中,上述两个问题对集体行动的影响体现得更明显。在中国,企业和地方政府均存在不同程度的海洋生态损害行为。这些损害主体手中掌握着远多于普通公众的资源,具有海洋环境诉求的普通公众难以制止其损害行为,即使可能,在成本和收益上也是不经济的。因此,在海洋生态保护集体行动的单个成员与损害主体力量对比悬殊的情形下,与主动制止损害行为相比,被动逃避损害行为显得更为理性。与此同时,"搭便车"问题使得单个成员行动的收益具有被分割的危险,并且,受益群体的广泛性使得这一问题更加突出。从集体物品的提供数量来看,海洋保护集体行动中的成员通过对成本收益进行评估进而选择采取积极行动,随之而来的问题是:该施加多少的努力,是完全禁止海洋生态损害行为还是部分禁止,采用何种标准来选择应禁止的损害行为。这一系列问题往往是单个成员无法解决的。在"搭便车"行为和成本高于收益两种因素作用下,海洋生态保护的集体行动难以实现,导致海洋生态环境的供给不足。

(二)海洋生态保护中集体行动困境解决的障碍

在存在海洋生态损害情形下,集体行动并非不可能。奥尔森就曾为集体行动困境的解决指明了方向,他认为"只有一种独立的和'选择性'的激励会

驱使潜在集团中的理性个体采取有利于集团的行动"。① 在海洋生态损害治理中,集体行动困境产生的原因主要在于行动成本过高而收益过低,通过"选择性激励"的方式可以使集体中采取积极行动的成员获得尽可能多的收益,同时,采取积极行动的成员通过激励机制来调节行动的力度和方向。因此,从理论上考虑,"选择性激励"是解决集体行动困境的不二之选。除了选择性激励外,意识形态的植入、社会资本的培育都可以增强集体行动的可能性。

但是无论是选择性激励还是意识形态植入抑或社会资本的培育,都离不开一个外在的强制机构——政府。政府对海洋生态损害行为是否赏罚分明严重地影响着海洋资源开发行为。而是否赏罚分明又取决于政府是否是海洋生态损害的利益相关方。只有在政府并不亲自"下场踢球"及不存在利益输送的情况下,政府才能相对公正地评判海洋生态损害行为,才能真正地去培育促进集体行动的激励机制以及公众的环保观念。从中国现实情况看,政府不仅作为裁判者,也作为运动员,政府是海洋资源开发的重要参与方,而且甚至也是海洋生态损害主要当事人,至少从 2017 年中央环境保护督察组反馈的情况来看是如此,在地方政府作为主要责任一方来看,希求地方政府能作出赏罚分明的激励存在不小的难度。

第二节　东海生态保护的政府机制失灵

政府管理一直被视为市场失灵的补救措施,市场无法解决的问题,政府理所当然地要承担起职责。政府是国家的代表,应承担那些归属国家层面的公共资源的保护和开发的职能。然而,政府有能力进行海洋环境管理并不意味着其就会切实执行。由于组成政府的主体有各自的利益,政府并非如新古典经济学假设的一心为公而没有私欲,在政府管制上可能存在"国家悖论"。中

---

① [美]曼瑟尔·奥尔森:《集体行动的逻辑》,陈郁等译,上海三联书店、上海人民出版社1995 年版,第 42 页。

国海洋生态损害的肇事源头不仅来自于企业,也来自于政府不合理的海洋开发和利用活动,从这一角度来看,对中国海洋生态损害的分析不应局限于市场因素,还应关注政府因素。

一、海洋生态治理权力非均衡

涉海利益主体之间权责的划分在海洋环境保护制度文本上的表现相对较为公平,但在实践中,利益主体的权责划分却并不对等,相反,呈现出非均衡特征,典型地表现为公众弱而地方政府强、非政府组织缺乏影响力。因此,无论是资源获取能力还是影响力上,地方政府均享有绝对优势。在公众态度对地方政府官员任免不存在约束力的前提下,地方政府行为并不会反映公众的利益,从而导致海洋生态保护目标失衡。

(一)海洋生态损害中权力非均衡的实质

缘何海洋环境保护法律法规在执行上常常偏离了规则的本意? 究其原因在于,企业、地方政府等涉海相关利益主体相较于普通公众而言占据了优势,更有能力争取自身的利益。权力在不同群体间的非均衡分布引起了海洋权益分配的倾斜。显然,地方政府和企业凭借资源和权力享有绝对的压倒性优势,普通公众则相对弱小,公众的海洋环境诉求往往被地方政府和企业获取海洋利益的诉求所掩盖。因此,在权力非均衡的社会里,海洋权益上的公平和正义往往难以真正实现。

(二)海洋生态损害中权力非均衡的表现

涉海利益主体之间权力均衡的实质是相关各方能够平等地参与到涉海规则的制定和实施中,它在规则的设计上类似于罗尔斯的"无知之幕"情景,即规则能照顾到各方的利益,同时在实施上任何一方都难以操纵规则。[①] 海洋

---

① ［美］罗尔斯:《正义论》,何怀宏等译,中国社会科学出版社 1988 年版,第 131 页。

生态环境涉及的利益主体广泛,包括企业、公众、政府、媒体、环保组织等,各利益主体如果能获得相对均衡、相互制约的权力,那么任何一方都难以操纵规则。在不同主体的相互制约下,海洋生态环境才能得到相对较好的保护。但是,现实中,地方政府主导着海洋生态资源开发,不仅是资源开发利用的主体,也是海洋生态损害的主要责任方。其他主体,如公众、媒体、非政府组织很难获得相应的话语权,难以平等地参与到规则的制定和实施中来。近海生态资源的可持续开发和利用关涉近海渔民生计和涉海企业的经营发展。从这一点上看,不存在污染诉求的个人和企业都不愿意看到海洋生态环境遭破坏,只要赋予其相应的权力,其也能够参与到海洋生态资源的保护中来。此外,第三方的非政府组织在海洋生态环境保护方面起着十分重要的作用,它能一定程度上将分散的公众团结起来,从而带来相对较大的影响力,因此可以作为抗衡政府权力扩张的天然屏障。20世纪末以来,国际环保事业中非政府组织的影响力不断扩大,对国际环境法的发展和实施产生了不可估量的影响。据统计,中国有2000多家环保非政府组织,但是这些环保组织大都存在着独立性不强、主动性不足等问题。

二、海洋生态弱治理能力

除利益相关者权力非均衡导致海洋生态环境保护制度实施效果不明显外,政府治理能力,也即制度执行力的弱化同样是制约制度实施绩效的重要成因。诺斯在1990年的著作中强调,制度体系包括正式制度、非正式制度以及实施机制。[①] 没有有效的实施机制,再好的制度也等于零。

从海洋生态保护的实践来看,从国家层面到各部委层面都出台过若干关于海洋生态保护的法律法规,浙江省也颁布了如《浙江省无居民海岛开发利用管理办法》《浙江省自然保护区管理办法》《浙江省海洋与渔业局关于印发

---

① 〔美〕道格拉斯·C.诺斯:《制度、制度变迁与经济绩效》,刘守英译,上海三联书店1994年版,第50—75页。

浙江省海洋与渔业行政处罚裁量基准的通知》等一系列环保规章制度。不可否认,法律法规制度使海洋生态保护有法可依,几乎所有的生态损害行为都是对这些法规制度的违反。行为主体并非不知道这些法律法规,而是由于法律法规在执行上可以变通,从而明知故犯。如早在 2002 年施行的《中华人民共和国海域使用管理法》明确规定填海 50 公顷以上、围海 100 公顷以上的项目用海应当报国务院审批,但现实的情况是,不同地区通过对超出规定面积的用海项目进行拆分来规避法律惩罚。

中国海洋生态损害治理软约束的原因在于:一是涉海利益主体之间权力的不均衡,法律和规则被有实力的海洋生态损害肇事集团所操控,地方利益集团有能力通过选择性地解读法律规则来规避来自中央政府的惩罚。二是制度的执行能力过低,无法将制定的法律法规付诸实施,在第十三届全国人大确定的国务院机构改革方案出台前,中国海洋保护机构的设置存在责任交叉、“多龙治海”的情况。

第三节　东海生态保护的社会机制失灵

一、海洋生态社会自治缺失

(一)自主治理理论的产生

为什么理论上存在“囚徒困境”和“公地悲剧”,而现实中大量的公共资源却实现了良好的管理? 奥斯特罗姆指出,其中的区别并不在于模型有什么错误,而在于分析模型的假设前提。“囚徒困境”和“公地悲剧”是基于“参与者缺乏沟通能力或者交易费用过高,无法进行有效沟通,从而无法建立起信任,各行其是,没有人注意单个人行动的效应,也没有意识到他们必须共享一个未来,改变现有结构的成本就很高”的前提假设。然而,现实社会的人并非原子化地存在,彼此之间既有情感又有利益关联。在这一情形中,情感和利益长期内嵌于社会生活之中,使现实中的人们能够实现一定程度的互相信任,也能互相知悉各自行为对他人所带来的影响以及对公共池塘资源的影响。

(二)海洋生态损害自主治理的制度环境缺失

在对"囚徒困境"和"公地悲剧"理论的前提假设进行修正后,公共池塘资源自主治理理论为海洋生态损害治理提供了第三条路径,即由涉海当事主体依照一定的规则自主解决海洋生态损害问题。需要指出的是,所有公共资源管理实践均内嵌于一定的制度环境当中,这一制度环境即是外部环境对组织自治的认可。

长期以来,中国海洋生态治理仍然以行政手段为主,沿海地方是海洋环境管理的核心。在这一制度环境下,海洋生态自主治理的外部认可应来自地方政府。然而,地方政府未对海洋生态的自主治理给予认可,原因主要有三个方面:首先,地方政府"先污染后治理"的经济发展思路导致地方政府会阻碍海洋生态自主治理实践。其次,社会稳定是政策有效实施的前提条件,也是中央考察地方官员政绩的重要指标,而海洋生态自主治理主要依靠公众。然而公众行为的不可预测性增加了地方政府管控与维稳的难度。最后,公众在环保意识和素质上均有待提高,并且多数公众的环保半径仅仅停留在居住地周边,较少关注远超自身环保半径的海洋生态环境。海洋生态自主治理的形成同样缺乏非正式制度环境。

二、海洋生态治理社会资本不足

社会资本属于非正式制度的范畴,与正式制度互为补充,缺一不可。社会资本包括信任、社会道德水平、公民环保意识等内容,是构建海洋生态社会保护机制的重要内容。现阶段,中国公众之间难以形成横向的联结网络,公众之间松散、零星的保护活动无法构成强有力的社会保护机制。

(一)社会资本培育的重要性

任何一个社会,正式制度仅是社会秩序的一小部分,正如诺思所说,"在当代西方世界,是正式的法律与产权为生活和经济提供了秩序。然而正式规则,即便是在那些最发达的经济中,也只是形塑选择的约束的很小一部分(尽管非常重要)"[1]。如果没有形成自发性的服从,靠强制力量,政府最多只能执行3%—7%的法律规范。[2] 非正式制度的有效运行不但可以纠正正式制度的设计缺陷,而且能够弥补正式制度遗漏下的空白。非正式制度在社会秩序方面发挥着重要的作用,若非正式制度能获得认可并被有效保护,则能作为社会的制度基础,换言之,现代政府所建立起来的结构复杂的规则体系要得到有效的执行,必须依赖于其赖以建立的精神得到民众普遍的认同。作为非正式制度的重要内容,它们能够通过促进合作行为来提高社会效率。[3]

信任是社会资本的核心。信任度由低到高,社会凝聚力由弱到强。作为海洋生态损害的主要来源,陆源性污染主要源自生活和工业排放,这两个领域的排放与社会资本紧密相关。在社会资本丰富的国家或地区,公众拥有更强的守法意识和更高的道德水平,海洋生态损害行为鲜有发生。在中国相关法律规章制度不断出台的背景下,海洋生态损害行为仍然相当密集。这固然与法律法规执行不力有关,但也取决于社会道德水平、公民守法精神、信任等非正式制度。

(二)海洋生态治理中社会资本培育的不足

社会成员之间的普遍信任是社会资本的关键构建,它决定了海洋生态破

---

① [美]道格拉斯·C.诺思:《制度、制度变迁与经济绩效》,杭行译,格致出版社2008年版,第51页。卿臻:《价值观与制度变迁:基于〈宪法〉为核心的考察》,《学理论》2010年第32期。

② [德]柯武刚、史漫飞:《制度经济学:社会秩序与公共政策》,韩朝华译,商务印书馆2000年版,第167页。

③ [美]罗伯特·D.帕特南:《使民主运转起来——现代意大利的公民传统》,王列等译,江西人民出版社2001年版,第195页。

坏的受害者在对抗生态破坏行为时能否形成较强的凝聚力。普特南（Putnam）等认为社会信任产生于互惠规范和公民参与网络,普遍的互惠同样是一种具有高度生产性的社会资本,它的产生又依赖于密集的横向社会交换网络。[1] 并且,纵向治理网络的构建需要耗费大量的资源,为了维持治理网络的运转,需要不间断地投入资源,但所产生的治理效果可能也是短期的。横向治理网络则能起到增强社会凝聚力的作用,并且其形成后具有自我维持的效果。在中国,海洋生态治理中往往只能看到政府的身影,很难看到媒体和公众等社会成员的直接参与,其原因很大程度在于社会成员生活半径不断拓宽,新的具有凝聚功能的组织模式产生之前,普遍信任度不高,公众之间难以组成横向的海洋生态治理网络。当然,需要承认构建海洋生态损害治理的横向组织有助于社会资本的积累,但社会自发组建的横向组织提升社会公众的公民精神与普遍信任是个缓慢的过程,政府有组织的宣传对提升社会公众海洋环保意识则会起到明显的作用。

三、海洋生态治理社会组织力量薄弱

制度环境应允许和鼓励致力于海洋生态环境保护社会组织的发展。社会自治与政府治理相辅相成,缺一不可。随着海洋开发活动的日益增多,环保非政府组织的注意力也逐渐转向海洋生态环境的保护。国际上一些海洋环境保护组织拥有强大的话语权,常常介入政府决策,影响政府海洋资源开发活动。据统计,中国有 2000 余家环保非政府组织。[2] 但中国的环保非政府组织的作用发挥相对不足。

---

[1] Putnam, R. D., Leonardi, R., Nonetti, R. Y., *Making Democracy Work：Civic Traditions in Modern Italy*, Princeton University Press, 1994.

[2] 《非政府组织与环境保护 浅析环保非政府组织》,2018 年 9 月 16 日,见 http://www. linban.com/c/14436. shtml。

第四节 海洋生态保护机制失灵的治理框架

海洋生态损害是"市场失效""政府失灵"及"社会失灵"的叠加效应的体现,市场机制失灵、政府机制失灵以及社会机制失灵分别通过不同渠道影响海洋生态环境,但三种机制的失灵并非独立,而是相互交织在一起。因此,中国海洋生态损害的治理对策不应相互割裂,而是相互依赖、相互促进、共为一体的,因而海洋生态损害补偿制度及实现机制的构建就是要致力于解决市场、政府和社会三个机制的失灵问题,构建市场+政府+社会"三位一体"的治理框架(见图6-1),充分发挥市场机制在海洋资源配置中的决定性作用,有效发挥政府的调控作用,明确并履行政府、企业、公众三大主体在海洋生态保护中的职责并形成一种相互制衡的治理结构,使海洋生态损害补偿制度起到灵敏的激励和约束作用,并使该制度与其他各种制度激励相容。[1]

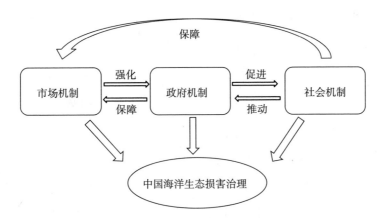

图6-1 "三位一体"的中国海洋生态损害治理框架

---

[1] 胡求光、沈伟腾、陈琦:《中国海洋生态损害的制度根源及治理对策分析》,《农业经济问题》2019年第7期。

一、以排污权交易制度和绿色海洋财税制度为核心的市场机制

(一)构建依据

产权的公有属性决定了海洋产权界定的困难,而海洋空间上的广阔性、资源的流动性以及边界的模糊性使得海洋产权清晰界定面临技术上和成本上的难题,海洋产权清晰界定难以推行。同时,由于海洋和陆地相比具有更强的不可控性,政府难以进行有效的监管,从而引起涉海和非涉海污染企业所施加的海洋生态损害行为具有根本的差异。非涉海污染企业主要通过向河流排放污染物对海洋生态造成损害,相对容易监管;而涉海企业部分或所有经营活动是在海上完成,包括资源开发、污染排放等活动难以被有效监管,因此,对这两类企业,海洋生态损害的治理模式应有所不同。就非涉海企业所引起的海洋生态损害而言,关键的问题不在于直接对海洋产权进行界定,正如全球气候变暖问题解决的市场化路径并不要求对大气进行产权界定,可以通过对碳排放权的界定控制碳排放总量,对非涉海企业而言,同样可以将污染物排放权的界定以及市场化交易作为海洋生态损害治理的核心。对于涉海企业,界定海洋产权和排放权从技术上均不可行,仍然只能由政府以代理人的身份对海洋资源开发和海洋环境污染行为进行管制,采用的政策工具主要以税收和补贴为主。

(二)实现路径

非涉海企业污染排放引起的海洋生态损害可以采取排污权交易市场化的方式进行治理。具体而言,排污权交易的运作框架包括一级市场和二级市场,一级市场是指排污权由中央政府到地方的配置,二级市场是地方政府对工业企业和居民的配置以及排污权在市场上的交易(如图 6-2 所示)。第一步,由中央政府通过评估当前中国海洋环境承载力以及损害状况,利用相应的技术手段确定全国范围内准许的污染排放总量,然后再根据全国污染排放基数和

不同地区的分配比例确定地方污染排放量配额。在此之前,需确定各地区排污量分配方式,由于中国不同地区间经济发展程度存在巨大的差异,采用纯粹的市场方式(如排放、挂牌)进行配置会强化发达地区的经济优势,产生地区间的不平等,因此,可以采取行政配置与市场化相结合的方式,即将全国划分成发达和欠发达地区,采用的标准可以是以人均收入作为划分标准,在排放配额的分配上向欠发达地区倾斜。在发达和欠发达地区内部形成排放权一级交易市场,由中央政府通过拍卖的方式实现排污权在不同省、市、区之间分配,此后,排污权可以进行自由流通。排污权交易的第二步是进行排污权的初始配置,形成排污权交易市场。在不同地区得到相应的排污权后,再进行地区内部配置,配置的对象是工业企业和居民,工业企业和居民排污量的比例可以由地方政府根据地方发展情况决定。同时,对工业企业和居民排污权的配置要有所区分,工业企业排污权配置可以采取拍卖、挂牌等市场化手段,而居民排污权的配置采取均等化的方式,即每个居民会分配到相同的排污权。在初始配置完成后,无论是工业企业的排污权,还是居民的排污权,均可以在市场上自由流通,通过价格信号引导排污权流向。

　　涉海企业的海洋生态损害行为具有难度大、成本高等特点,因此,对这类企业所引起的海洋生态损害仍需借助政府的调控。政府对海洋生态损害进行治理的政策工具包括海洋环境税、海洋资源税以及海洋清洁生产补贴等。具体而言,由中央政府委托沿海地方政府对涉海企业的海洋污染以及资源利用行为进行征税,初始的税率可以根据涉海企业自行申报的海洋污染排放量以及资源利用量进行确定,为防止企业隐瞒行为,政府应不定期地对涉海企业生产活动进行突击检验,若在检验过程中发现涉海企业存在低报污染量及资源利用量,则进行巨额罚款并追缴所欠税金,同时,在下一年度根据新的污染排放量和资源利用量调整税率并重新确定涉海企业征税区间。除征税之外,政府对于积极改进生产技术降低污染排放量以及提高资源利用率的涉海企业还应进行相应的补贴,鼓励更多的企业提高清洁生产的能力。

海洋生态损害补偿制度研究

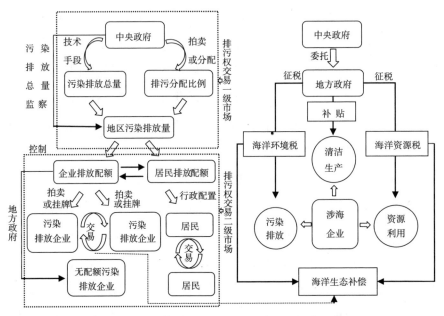

a. 排污权交易运行架构（非涉海污染企业）　　b. 绿色海洋财税制度架构（涉海污染企业）

图 6-2　海洋生态损害市场化治理的运行路线图

最后，通过排污权交易、海洋环境税以及海洋资源税获得的资金均应用于海洋生态补偿，改善海洋生态环境。

二、建立以绿色 GDP 为核心的考核晋升机制

（一）构建依据

在以 GDP 为核心的官员晋升考核制度下，地方政府主要关注经济增长而忽视海洋环境等公共产品的提供。因此，需改变地方官员晋升的考核内容，将以经济增长为核心的单维考核转变为经济增长和环境保护并重的绿色 GDP 考核，重塑地方官员的激励机制。内陆地区也是海洋陆源污染的主要来源，因此，绿色 GDP 考核需要覆盖所有的行政区，但直接考核内陆地区的海洋生态保护情况存在较大的难度，解决的思路是对内陆地区仅考核其行政区域范围内的污染，而沿海地区的考核则应包括陆源污染以及围填海等工程损害。

140

（二）实现路径

以绿色 GDP 考核为核心的海洋生态损害治理架构如图 6-3 所示,中央组织部负责对地方官员的政绩进行考核,将考核对象划分为内陆地区和沿海地区分别进行考核,内陆地区的考核内容包括排污权交易市场的维护以及排污配额总量的管理,沿海地区的考核内容还需包括对海洋开发活动的管理,在此提出的治理架构与排污权交易制度相衔接,除海洋开发活动需要政府直接管制外,由陆源污染引起的海洋生态损害通过市场的方式解决,地方政府仅提供交易秩序的维护服务和污染总量的控制,在此强调的是一种服务能力的考核。地方政府为促进地方经济增长会存在放松排污总量控制的倾向,从而增加本地区"法外"排放配额。为此,将生态环境部纳入治理架构当中,主要职责包括两个方面:一是对地方排污总量控制执行情况进行监管,二是对沿海地区海洋开发活动进行监管。在新的考核机制中,最为重要的是生态环境部对地方的陆地和海洋生态环境保护活动监管信息的反馈,将信息反馈给中央组织部进行共享,纳入地方官员的政绩考核体系中。

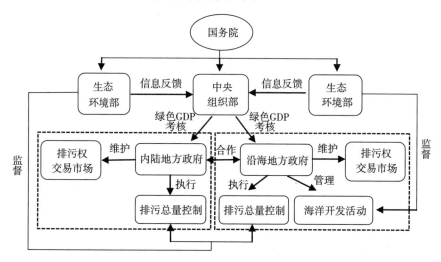

图 6-3　以绿色 GDP 考核为核心的海洋生态损害治理架构

三、建立以公众广泛参与为核心的社会治理机制

(一)构建依据

在排污权交易的市场运作下,地方政府作为海洋生态损害治理主导方的角色被弱化,但排污权交易在运行过程中仍会受到地方政府力量的干预,同时,围填海等海洋开发活动仍游离在市场力量之外,公众的广泛参与可以弥补政府及市场调节存在的不足,但公众参与海洋保护的集体行动需要满足一定的条件。在缺乏强制或缺乏不同于集团利益的独立激励时,如果一个大集团中的成员有理性地谋求其自我利益的最大化,他们不会采取行动以增进他们的集团利益,同时,集团也不会建立某种组织以追求他们的共同利益。① 因此,需建立起一种激励机制或强制机制,促使个体能够积极地参与到海洋生态保护的集体行动当中。

(二)实现路径

如图 6-4 所示,以公众参与为核心的社会治理机制的设计需侧重于通过降低个体参与成本或提高参与收益的方式改变相关利益人对海洋生态保护的成本和收益之间的配比,并且对海洋开发活动引起的损害和陆源污染引起的损害两种情况要有所区别。就前者而言,可以通过建立海洋保护非政府组织(NGO),实现公众与地方政府之间权力的相对平衡,这种联合使得在对抗地方政府海洋生态损害行为中产生的成本由组织内的所有个体分担,降低了个体行动的成本;对于后者可以采用外部激励的方式,包括物质奖励和精神奖励,物质奖励可以是中央政府的直接拨款或社会资金的支持,精神奖励可以是媒体的报道或官方所颁发的荣誉奖章。而在陆源污染引起的海洋生态损害情

---

① [美]曼瑟尔·奥尔森:《集体行动的逻辑》,陈郁等译,上海三联书店、上海人民出版社1980 年版,第 2 页。

形下,个体参与集体行动的表现是积极减少生活污水排放以及监督污染企业,提高收益的方式可以是政府颁布污水减排以及举报的奖励措施。对于污水减排可以设定不同的档次,对实际排放量低于不同档次标准的家庭实行不同程度的奖励,举报的奖励数额则根据被举报污染事件的严重程度进行确定。外部激励可以提高公众参与海洋生态保护的积极性,但需要耗费大量的成本,因此并非最有效率的方式。而公众环保意识的培育不仅能将海洋保护内化于个体的行动当中,而且在成本上也更低。通过培育公众的环保意识可以改变公众的偏好,增加对优质海洋生态环境的偏好,个体的效用会随着污染排放的减少而增加,因此,相较于缺乏环保意识的公众,拥有较强环保意识的公众通过减排行动可以获得更高的心理上的"隐形"收益,为个体参与提供了内在激励。从成本的角度来说,拥有较强环保意识的公众较少需要政府进行监管,从而可以降低监管成本。通过以上方式鼓励公众减少污水的排放可以降低居民排放配额总量,而又不挤占居民福利。

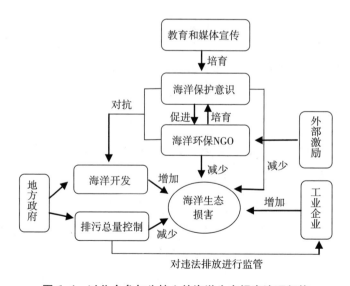

图 6-4　以公众参与为核心的海洋生态损害治理架构

个体行动的净利润大于零是公众参与海洋生态保护的必要条件,但非充分条件。公众参与集体行动还面临着"搭便车"问题,诸如社会网络、信任和规范等社会资本的培育是解决"搭便车"问题的主要手段。社会资本培育可以依赖于内部力量和外部力量,内部力量是指在海洋生态保护 NGO 内部的培育,面向的主要是组织内的成员;外部力量是指政府在全社会范围内的宣传,包括媒体、学校教育等。

四、市场、政府和社会之间的相互关系

海洋生态损害治理的市场机制、政府机制和社会机制相互依赖、互为补充。第一,政府机制为市场机制和社会机制运行提供保障。没有排污总量控制就不可能有排污权交易机制。政府力量能够加快公众海洋环境保护意识的形成。在新的考核制度下,地方政府有动力在这方面投入资源,如通过教育、媒体宣传等方式进行引导。第二,市场机制为政府机制和社会机制构建提供动力。海洋生态保护的市场机制使得排污权的交易公开化和透明化,所有排污权的交易都依靠市场交易的方式进行,地方官员设租能力减弱,有利于海洋生态损害政府机制的构建。此外,市场机制也为社会机制提供了补充,海洋生态损害治理的社会机制主要侧重的是海洋生态问题,对于内陆地方政府而言,提高公众海洋生态保护意识的激励不足,市场机制的存在则可以有效弥补这一缺失。第三,社会机制可以提高市场机制和政府机制的运行效率。社会机制的目标在于使得公众能够广泛参与到海洋生态保护当中,从而推动海洋环保 NGO 的发展,增强社会力量。海洋保护社会力量对污染企业和地方政府的海洋生态损害行为能够起到强有力的威慑作用,放松市场机制和政府机制有效运行所面临的约束条件,提高政府机制和市场机制的运行效率。

总而言之,海洋生态损害是一个复杂的系统性问题,同时面临市场机制失灵、政府机制失灵、社会机制失灵的风险,因此海洋生态补偿制度建设的关键在于解决市场、政府和社会三个机制的失灵问题,充分发挥市场机制在海洋资

源配置中的决定性作用,有效发挥政府的调控作用,明确并履行政府、企业、公众三大主体在海洋生态保护中的职责并形成一种相互协同和相互制衡的治理结构,使海洋生态损害治理制度能发挥相容性的激励和行之有效的约束作用,并使该制度与其他各种制度形成合力。

第七章 东海生态保护制度
梳理及绩效评估

　　本章通过对东海生态保护制度的全面梳理,指出东海生态保护制度存在组织机构行政壁垒过高、法律责任规定局限性明显和事前补偿制度缺失等问题。在此基础上,构建了一个"制度环境—制度绩效"的分析框架,并采用Super-SBM 模型、VAR 模型,结合宏观统计数据评价了东海生态环境保护制度的治理绩效,考察了制度环境对海洋保护制度绩效的影响。研究结果表明,东海生态保护制度在一定时期内对东海生态保护起着积极作用,然而,在东海沿岸地区经济社会快速发展背景下,权力机构的"条""块"分割使得东海环境保护制度面临着诸多挑战。打破"九龙治海,各自为阵"的管理格局,构建"陆海统筹、区域协同"的管理体制是东海生态环境保护制度的重要改革方向。

第一节 东海生态保护制度梳理

一、东海生态保护已有的制度及其实施

（一）东海生态保护组织机构设置

从国家层面来讲,在第十三届全国人大决定的国务院机构改革前,我国海

洋环境管理体制呈现出"条条"状的管理模式。中央层面涉及海洋环境管理的职能部门及其职责如表 7-1 所示。

表 7-1　涉及海洋环境管理的职能部门及其职责(中央层面)

职能部门	部门职责
环保部	实施近岸海域环境功能区划。负责陆源污染物和海岸工程建设项目的环境污染防治的监督管理。有责任防止并从源头上控制环境污染。
海洋局	负责海洋环境的监督管理,组织调查,监测,监视,评价海洋环境并对其进行科学研究,负责海洋污染损害的环境保护工作,主要是海洋工程建设项目和海洋倾倒废弃物两方面。
海事局	监督管理的范围为所辖港区水域内非军事船舶和港区水域外非渔业、非军事船舶污染海洋环境,并负责污染事故的调查处理;同时对外国籍船舶航行、停泊和作业所造成的污染事故登轮检查和处理。
渔业局	负责渔港水域内非军事船舶和渔港水域外渔业船舶污染海洋环境的监督管理,负责保护渔业水域生态环境工作,并调查处理前款规定的污染事故以外的渔业污染事故等。
林业局	介入滩涂湿地及红树林管理。
交通部	实施港口开发建设及海洋运输管理。监督并管理非渔业、非军事船舶污染海洋环境,同时对其造成的海洋污染事故进行调查处理。
海军环保部门	监督并管理军事船舶污染海洋环境,同时对其造成的海洋污染事故进行调查处理。

从地方层面来讲,东海海洋环境管理体制呈现出"块块"状,见表 7-2。

表 7-2　涉及海洋环境管理的职能部门(东海地方层面)

沿海地方政府	地方海洋环境管理部门	具体机构
上海市	上海市水务局(市海洋局)	海洋环境保护处
浙江省	原浙江省海洋与渔业局	环境处
福建省	原福建省海洋与渔业厅	资源环境保护处

(二)东海生态保护的法律法规

从 1974 年到 2016 年,中央层面颁布了一系列海洋生态保护法律法规,立法机构主要是全国人民代表大会和国务院,其中 1974 年颁布并仅在内部试行的《中华人民共和国防止沿海水域污染暂行规定》是新中国第一个关于海洋环境污染防治的规范性法律文件。1982 年颁布的《中华人民共和国海洋环境保护法》是新中国第一部综合性的海洋环境保护的法律法规,该法在后续的发展过程中不断完善与改进,主要在 1999 年和 2013 分别对其进行了修订,以适应海洋环境保护工作不断发展的新要求。2001 年颁布的《中华人民共和国海域使用管理法》正式从法律层面确立了国家对管辖海域的所有权。2009 年颁布的《中华人民共和国海岛保护法》依据海洋开发的需要为海岛的开发与保护设立专门的法律。中央层面各项具体的海洋生态保护法律法规清单见表 7-3。

表 7-3　中央层面海洋生态保护法律法规

颁布时间	法律法规	备注
1974	《中华人民共和国防止沿海水域污染暂行规定》	内部试行
1982	《中华人民共和国海洋环境保护法》	分别于 1999 年与 2013 年进行修订
1983	《中华人民共和国防止船舶污染海域管理条例》	2010 年废除
1983	《中华人民共和国海洋石油勘探开发环境保护管理条例》	
1985	《中华人民共和国海洋倾废管理条例》	
1986	《中华人民共和国渔业法》	分别于 2000 年、2004 年、2009 年和 2013 年进行修订
1988	《中华人民共和国防止拆船污染环境管理条例》	分别于 2016 年与 2017 年进行修订
1990	《防治海岸工程建设项目污染损害海洋环境管理条例》	分别于 2007 年、2017 年和 2018 年进行修订
1990	《防治陆源污染物污染损害海洋环境管理条例》	
1992	《海洋石油勘探开发化学消油剂使用规定》	2015 年修改
1992	《疏浚物海洋倾倒分类标准和评价程序》	
2001	《中华人民共和国海域使用管理法》	
2006	《防治海洋工程建设项目污染损害海洋环境管理条例》	分别于 2017 年和 2018 年进行修订
2009	《中华人民共和国海岛保护法》	
2016	《中华人民共和国深海海底区域资源勘探开发法》	

除中央层面外,东海沿岸各级地方政府也不断出台海洋生态环境保护类相关法律法规。如上海出台《上海市金山三岛海洋生态自然保护区管理办法》(1997)、《上海市海域使用管理办法》(2005);浙江出台《浙江省海洋环境保护条例》(2004)、《浙江省海域使用管理条例》(2012);福建出台《福建省海洋环境保护条例》(2002)、《福建省海域使用管理条例》(2006)法规等。

(三)制度建设

党的十八大后出台《全国生态保护与建设规划(2013—2020年)》,该规划的出台标志着海洋区被纳入国家生态保护与建设总体格局。该规划还规定近海生态区是保护建设的重点区域,同时还确定了"一带四海十二区"的海洋生态保护的总体格局。完善海洋生态保护制度,已经成为时代赋予全面建成小康社会与建设海洋强国的新要求与新任务。

1.海洋渔业资源管理制度

海洋渔业资源管理制度主要包括海洋渔船"双控"制度、海洋伏季休渔制度和海洋渔业资源总量管理制度。

第一,海洋渔船"双控"制度。1987年年初,我国开始在局部海域实施"控制渔场总马力数"的"单控"政策。1987年4月1日,国务院批转农牧渔业部《关于近海捕捞机动渔船控制指标的意见》,该意见规定由国家来同时确定全国海洋捕捞渔船数量和主机功率总量,而后各省(区、市)再对其进行分解,最终下达到各县(市、区)贯彻执行。同时明确规定各地的海洋捕捞渔船总数和总马力必须严格控制在下达的指标范围内,该意见的出台标志着海洋捕捞渔船"双控"制度正式确立。在1992年、1996年和2003年,经国务院批准,农业部下达了"八五"期间、"九五"期间和"2003—2010年"关于控制海洋捕捞强度的目标。2011年,农业部又明确提出在"十二五"期间,海洋捕捞渔船数量和功率总量控制制度将继续实施,而且各地的海洋捕捞渔船数量和功率总量在"十二五"末不能突破 2003—2010 年确定的实际控制数量。2013 年,国务院又进一步强调"控制近海"的生产方针将继续进行下去,同时明确提出全国各地海洋捕捞强度不仅需要严格控制,更需要逐步减轻,该意见为现阶段我国近海捕捞业的健康发展指明了方向。[①]

第二,海洋伏季休渔制度。1995 年,《关于修改〈东、黄、渤海主要渔场渔汛生产安排和管理的规定〉的通知》正式出台,规定北纬 27 度至北纬 35 度海域,每年 7 月 1 日至 8 月 31 日禁止拖网渔船作业(桁杆拖虾作业除外)和帆张网渔船作业。这一通知的出台标志着海洋伏季休渔制度正式确定。1998 年,在《关于在东海、黄海实施新伏季休渔制度的通知》中,农业部将实行海洋伏季休渔制度的海域扩展到北纬 35 度以北海域、北纬 26 度至北纬 35 度海域和北纬 24 度 30 分至北纬 26 度海域。1999 年,在《关于在南海海域实行伏季休渔制度的通知》中,农业部又将南海纳入海洋伏季休渔的范围内,主要包括北纬 12 度以北的南海海域(含北部湾)。[②] 这标志着海洋伏季休渔制度在我国全面实施,覆盖海域包括黄海、渤海、东海和南海所有四个海区。

海洋伏季休渔制度实施以来,为满足海洋渔业生产的实际需求,同时综合考虑海洋渔业资源的动态变化,海洋伏季休渔的时间和休渔的作业类型不断进行调整。最近两次大的调整分别是在 2013 年和 2017 年。表 7-4 列出了 2013 年东海海域伏季休渔制度调整情况。而 2017 年又制定了新伏季休渔制度,一方面统一了休渔的开始时间,另一方面统一并扩大了休渔类型,此外还延长了休渔时间。

---

① 孙吉亭、卢昆:《中国海洋捕捞渔船"双控"制度效果评价及其实施调整》,《福建论坛(人文社会科学版)》2016 年第 11 期。

② 潘澎、李卫东:《我国伏季休渔制度的现状与发展研究》,《中国水产》2016 年第 10 期。

表7-4　2013年东海海域伏季休渔制度调整情况

休渔海域	休渔时间	休渔作业类型
北纬35度至26度30分的黄海和东海海域	6月1日12时至9月16日12时	除钓具外的所有作业类型
	5月1日12时至7月1日12时	灯光围(敷)网
	6月1日12时至8月1日12时	桁杆拖虾、笼壶类和刺网
北纬26度30分至"闽粤海域交界线"的东海海域	5月16日12时至8月1日12时	除钓具外的所有作业类型
	5月1日12时至7月1日12时	灯光围(敷)网
	6月1日12时至8月1日12时	桁杆拖虾、笼壶类和刺网

资料来源:作者整理而得。

第三,海洋渔业资源总量管理制度。海洋渔业资源总量管理是指在综合评估海洋渔业资源现状的基础上,规定海洋年捕捞产量的限额,对海洋渔业资源实施限额管理。2017年,农业部颁布《关于进一步加强国内渔船管控　实施海洋渔业资源总量管理的通知》,决定对国内海洋捕捞实行负增长政策,并且确定了到2020年国内海洋捕捞总产量减少到1000万吨以内,与2015年相比减少309万吨以上的总体目标。[1]

2.海洋保护区制度

海洋保护区的建立被认为是保护海洋生物多样性的最有效手段。如表7-5所示,中国的海洋保护区主要分为两大类:海洋自然保护区和海洋特别保护区。海洋自然保护区是保护海洋自然环境和资源。海洋特别保护区是指区域的特殊地理条件,生态系统,生物与非生物资源及海洋开发利用特殊要求,需要有效的保护措施和特殊的管理科学的管理方法。表7-6同时还列出了东海现有的国家级海洋保护区清单。[2]

---

[1]　本刊讯:《农业部就海洋渔业资源管理制度改革情况举行发布会》,《中国水产》2017年第2期。

[2]　曾江宁、陈全震、黄伟等:《中国海洋生态保护制度的转型发展——从海洋保护区走向海洋生态红线区》,《生态学报》2016年第1期。

表 7-5　我国海洋保护区分类体系

类别	主要类型	具体内容
海洋自然保护区	海洋和海岸自然生态系统	河口生态系统、潮间带生态系统、盐沼(咸水、半咸水)生态系统、红树林生态系统、海湾生态系统、海草床生态系统、珊瑚礁生态系统、上升流生态系统、大陆架生态系统、岛屿生态系统。
	海洋生物物种	海洋珍稀、濒危生物物种,海洋经济生物物种。
	海洋自然遗迹和非生物资源	海洋地质遗迹、海洋古生物遗迹、海洋自然景观、海洋非生物资源。
海洋特别保护区	海洋特殊地理条件保护区	具有重要海洋权益价值、特殊海洋水文动力条件的海域和海岛。
	海洋生态保护区	珍稀濒危物种自然分布区、典型生态系统集中分布区及其他生态敏感脆弱区或生态修复区,保护海洋生物多样性和生态系统服务功能。
	海洋公园	特殊海洋生态景观、历史文化遗迹、独特地质地貌景观及其周边海域,保护海洋生态与历史文化价值,发挥其生态旅游功能。
	海洋资源保护区	重要海洋生物资源、矿产资源、油气资源及海洋能等资源开发预留区域、海洋生态产业区及各类海洋资源开发协调区,促进海洋资源可持续利用。

资料来源:曾江宁:《中国海洋保护区》,海洋出版社 2013 年版。

表 7-6　东海现有的国家级海洋保护区清单

类别	名称
海洋自然保护区	上海:崇明东滩国家级自然保护区、上海九段沙国家级自然保护区。 浙江:南麂列岛国家级海洋自然保护区、象山韭山列岛国家级自然保护区。 福建:深沪湾海底古森林遗迹国家级自然保护区、厦门海洋珍稀生物国家级自然保护区、漳江口红树林国家级自然保护区。
海洋特别保护区	浙江:乐清西门岛海洋特别保护区、嵊泗马鞍列岛海洋特别保护区、普陀中街山列岛海洋生态特别保护区、渔山列岛国家级海洋生态特别保护区暨国家级海洋公园、洞头国家级海洋公园。 福建:厦门国家级海洋公园、福瑶列岛国家级海洋公园、长乐国家级海洋公园、湄洲岛国家级海洋公园、城洲岛国家级海洋公园。

资料来源:作者通过网络资料整理所得。

3.海洋生态红线制度

海洋生态红线是指依法在海洋生态脆弱区、海洋生态敏感区和重要海洋生态功能区划定的边界线以及管理指标控制线,是海洋生态安全的底线。海洋生态红线区是指为维护海洋生态健康与生态安全,以海洋生态脆弱区、海洋生态敏感区和重要海洋生态功能区为保护重点而划定的实施严格管控、强制性保护的区域,包括重要河口、重要滨海湿地、特别保护海岛、海洋保护区、自然景观及历史文化遗迹、珍稀濒危物种集中分布区、重要滨海旅游区、重要砂质岸线及邻近海域、沙源保护海域、重要渔业水域、红树林、珊瑚礁及海草床等。

2015 年,国务院颁布《中共中央　国务院关于加快推进生态文明建设的意见》,明确提出要"严守资源环境生态红线,科学划定森林、草原、湿地、海洋等领域生态红线"。同年,国家海洋局发布《国家海洋局关于全面建立实施海洋生态红线制度的若干意见》和《海洋生态保护红线划定技术指南》。就东海海区而言,海洋生态红线控制指标和海洋生态红线具体划定情况如表 7-7 和表 7-8 所示。

表 7-7　东海海域海洋生态红线控制指标

控制指标	东海海区		
	上海	浙江	福建
海洋生态红线区面积(%)	≥15	≥30	≥35
大陆自然岸线保有率(%)	≥12	≥35	≥37
海岛自然岸线保有率(%)	≥20	≥78	≥75

资料来源:《海洋生态红线划定技术指南》(国家海洋局官网,2016)。

表 7-8　东海海区海洋生态红线具体划定情况

地区	具体划定情况	备注
上海	计划到"十三五"末,海洋生态红线区面积占本市海域面积的比例不低于15%,大陆自然岸线和岛屿岸线保有率分别不低于12%和20%,近岸海域海水水质稳中趋好。	未公布具体划定方案

地区	具体划定情况	备注
浙江	海洋生态红线区共 105 片,总面积约 14084 平方千米,占管理海域面积的 31.72%,其中禁止类共 20 片,限制类共 85 片;划入生态红线管理的全省大陆自然岸线总长约 748 千米,全省大陆自然岸线保有率为 35.03%;划入生态红线管理的全省海岛自然岸线总长约 3509 千米,全省海岛自然岸线保有率为 78.05%。	已公布《浙江省海洋生态红线划定方案》(2017)
福建	划定 10 种类型的海洋生态保护红线区 188 个,总面积 14303.20 平方千米,占全省海域总选划面积(37640 平方千米)的 38%。其中,禁止类红线区 51 个;限制类红线区 137 个。全省纳入红线管理的大陆自然岸线 1405.24 千米,占全省大陆岸线的 37.45%;纳入红线管理的海岛自然岸线 1712.42 千米,占全省海岛岸线的 75.27%;近岸海域水质优良(一、二类)预期比例达 81%。	省政府已批复《福建省海洋生态保护红线划定成果》(2018)

4. 海洋功能区划制度

海洋功能区划是我国政府于 1988 年首次提出并组织开展的一项海洋管理的基础性工作。国家海洋局分别于 1989—1993 年和 1998—2001 年进行了两次大规模的海洋功能区划工作。这两次工作均由国家海洋局牵头,沿海 11 个省(直辖市)的海洋管理部门共同参与,同时邀请了部分高等院校和科研机构的专家。1999 年 12 月 25 日,第九届全国人大常委会第十三次会议修订并通过《中华人民共和国海洋环境保护法》,该法律的颁布明确了海洋环境功能区划制度的法律地位。2001 年,《中华人民共和国海域使用管理法》制定并实施,该部法律第二章对海洋功能区划进行了专章规定。2002 年,根据《国务院关于全国海洋功能区划的批复》的要求,国家海洋局发布《全国海洋功能区划》。该区划是在《海洋环境保护法》和《海域使用管理法》的规定基础上制定的,是中国出台的第一部全国性海洋功能区划,它的出台标志着海洋功能区划制度正式形成。

《全国海洋功能区划》在客观分析了我国管辖的内水、领海、毗连区、专属经济区、大陆架及其他海域的资源状况、开发利用与保护现状及存在问题之后,将我国管辖海域划定了十种主要海洋功能区,包括港口航运区、渔业资源利用与养护区、旅游区、海水资源利用区、工程用海区、海洋保护区、特殊利用区和保留区。此外,《全国海洋功能区划》还明确指出了每种海洋功能区的开发保护重点以及在管理过程中的具体要求。依据《全国海洋功能区划(2011—2020 年)》的规定,本章列出了东海海区各海域的主要功能区划,如表7-9 所示。

表 7-9　东海海区海洋功能区划(2011—2020 年)

海域	主要功能
长江三角洲及舟山群岛海域(包括长江口、杭州湾和舟山群岛毗邻海域)	港口航运、渔业、海洋保护和旅游休闲娱乐
浙中南海域(包括台州、温州毗邻海域)	渔业、港口航运、工业与城镇用海
闽东海域(包括闽浙交界至福州黄岐半岛的毗邻海域)	海洋保护、工业与城镇用海和渔业
闽中海域(包括福州黄岐半岛至湄洲湾南岸毗邻海域)	工业与城镇用海、渔业和海洋保护
闽南海域(包括湄洲湾南岸至闽粤海域分界的毗邻海域)	港口航运、旅游休闲娱乐、渔业、工业与城镇用海
东海陆架海域(包括上海、浙江、福建以东专属经济区和大陆架海域)	海洋矿产与能源利用和海洋渔业资源利用区域

资料来源:《全国海洋功能区划(2011—2020 年)》。

（四）制度演变特征

在组织机构设置上,东海海洋环境管理体制依然沿用陆地的行政管理体制,其特点是“条块结合、分散管理”。中央层面的“条条”状管理模式体现了海洋环境管理上的综合性和职能性的统筹,其中原国家海洋局主要负责统筹协调海洋各大事项,而海洋环境管理的职能并非海洋局一家独有,而是分散在环保部门、国土资源部门、农业管理部门、交通运输部门等多个职能机构中。地方层面的“块块”状管理模式使得在海洋环境实际管理过程中,东海沿岸各地方政府(包括省市县)是管理的核心主体,同时也促使了“双权威领导”局面的形成,即海洋环境管理的地方机构会同时受沿海地方政府和上级(中央)主管部门的双重领导。即便在 2018 年开始实行的国务院机构改革方案中将分散于原环境保护部、原国家海洋局、水利部、原国土资源部、原农业部、国家林业局等部门的海洋生态环境保护职能整合进新组建的生态环境部中,这种"双权威领导"的现状仍未有实质性的改变。

在法律法规制定上,自1982年我国第一部海洋环境保护法的出台到后来的两次修订,到各个具体部门法的制定,再到各地地方法规的制定,可以看出三个基本趋势:第一,从综合性的海洋环境保护法到各具体的海洋污染类型,如船舶污染、海岸工程建设污染、陆源污染等,再到海洋资源开发、海域使用和海岛保护,我国海洋生态环境保护法律法规涉及的层面越来越细。第二,从中央层面的海洋生态保护立法到地方层面的海洋生态保护实施条例与管理办法的制定,我国海洋生态保护法律法规在具体实践和落实上越来越实。第三,从标准性的暂行规定到强制性的法律法规,我国海洋生态保护法律法规在各项规定上越来越严。正因如此,我国海洋环境保护才有现在的基础。

在海洋环境管理制度建立上,已有制度主要围绕海洋资源的开发利用和海洋生态环境的保护两方面展开。在海洋资源开发利用上,主要以海洋功能区划制度为基础,以海洋渔业资源管理为核心。其中海洋功能区划制度经过多次调整与修订,其内容也愈加细致与合理。同时,经过不断发展,海洋渔业资源管理方法也形成了投入控制型(如海洋渔船"双控"制度)、产出控制型(如海洋渔业资源总量管理制度)和技术措施型(如海洋伏季休渔制度)"三位一体"的综合管理局面。在海洋环境保护上,则经历了从海洋保护区走向海洋生态红线区的转化之路,其中海洋保护区制度实施时间长,实施经验丰富,已经较为成熟;而海洋生态红线区作为我国在区域海洋生态保护和管理中的一项创新之举,其主要借鉴陆域生态红线制度实施的成功经验,但由于陆海生态系统存在很大的差异,其在标准的制定、实施的细则、主体的划分等诸多方面仍然存在着较大争议。

二、东海生态保护制度实施的缺陷

(一)东海生态保护组织机构行政壁垒过高

由于海洋生态环境问题涉及陆域和海域两个空间,再加上传统的经济、政治体制及"重陆轻海"等文化的影响,现有的海洋生态环境监管体制仍存在诸多问题,其中以陆海分割导致的行政壁垒问题最为突出。传统的海洋生态环境监管体制是政府单一主体模式,但由于受观念意识、信息平台、利益纷争等影响,各层级、各区域地方政府间往往存在不协作的问题。政府单一主导下的海洋生态环境监管体制本身存在结构性缺陷,"碎片化"现象严重,导致海洋生态环境治理效率低下,海洋生态环境治理"公地悲剧"问题日趋严峻。陆域环境保护部门与其他相关部门之间属于支配与被支配的关系,而单一主体实施治理的过程及结果缺乏社会监督,导致治理的主动性和积极性不足。监管体制内部的协调统筹能力不足,部门间缺乏联动机制,进一步加剧了海洋生态环境监管体制的低效运行。

(二)东海生态保护法律责任规定存在局限性

我国的一系列海洋生态保护法律法规虽然规定了民事责任、行政责任和刑事责任,但这些法律责任的规定和实施都不能达到有效保护海洋生态环境的目的。一方面,民事赔偿责任无法补救海洋生态损害;另一方面,刑事法律责任不能够保护海洋生态环境;此外,惩罚性行政法律责任的威慑性不足导致难以预防海洋生态损害的发生。[1]

(三)东海生态保护事前补偿制度缺失

就已有研究和实践成果来看,海洋生态损害赔偿的理论与实践研究比海

---

① 　戈华清:《构建我国海洋生态补偿法律机制的实然性分析》,《生态经济》2010 年第 4 期。

洋生态损害补偿研究更为全面和完善。从研究的内容和背景来看,前者重在对不法责任人的追责,后者则意在对海洋生态的修复。但从现有的制度实施来看,这种事前补偿面临着一种无章可循、无规可依的局面。现阶段海洋生态损害补偿在国家层面未形成统一和规范的法律体系,这使得海洋生态损害补偿制度的功能作用不能完全发挥。海洋生态损害补偿制度立法的必要性在诸多研究中已得到广泛认可,但是关于具体的海洋生态损害补偿的法律问题研究却较少,缺乏对法理基础、法律地位、立法程序、制度体系等具体内容的分析。

三、东海生态保护应有的制度及实施

(一)东海生态保护组织机构构想

在机构设置上,可以尝试组建东海管理局,独立承担东海沿岸两省一市海陆一体化的海洋环境污染治理职责,实现对各省、市、县海洋生态环境保护事务的垂直管理和对各级环保部门和海洋部门间的横向协调。一是定位必要的行政级别,将保护机构纳入政府行政执法保障序列,确保其绝对独立的海洋环境污染监管权,赋予全权督导各省、市、县环保、海洋部门的管理权以及直接协调省级环保厅和海洋与渔业局的制衡权,打破海陆间的行政壁垒。二是明确机构职责,赋予保护机构组织编制海洋生态环境治理制度和措施的权力,负责制定东海海域统一的海洋生态环境污染治理目标、监测规范与标准,并监督地方政府及部门的污染治理执行情况,确保各市县地区协同推进。三是建立高效运行机制,按照环保垂直管理制度改革要求,健全纵向贯通、海陆一体、区域统管的环保、海洋部门及地方政府海洋环境污染防治的协调指导、监督管理治理机制,形成以东海管理局为核心,以各地方党委、政府为责任主体,以市县环保、海洋部门为执行主体的职责清晰、运行高效的东海环境污染联防联控机制。

(二)东海生态保护法律法规建设

在法治建设上,要做到科学立法,严格执法,公正司法,全民守法。在立法上,一方面,要提升海洋生态保护的法律地位;另一方面,要增强海洋生态保护法律法规的系统性,为《海洋环境保护法》制度配套行政法规和规章制度,使得其能够顺利实施并达到良好的效果。在执法上,要做到有执法规范、执法必严。一方面,要加强海洋生态环境执法能力建设,提高执法人员的业务水平,建立高素质、高水平的海洋生态环境执法队伍,规范执法程序;另一方面,要加大对海洋生态违法行为的处罚力度,提高海洋生态环境的违法成本,同时落实海洋生态环境执法过程中不作为的问责制度,保障执法效果。在司法上,要做到司法客观,判决公正,防止出现冤假错案,树立良好的海洋生态司法环境。在守法上,要做到有法必依,全民守法。一方面,通过宣传教育等手段提升全社会海洋生态环境保护的法治意识;另一方面,对举报海洋环境违法事件的公众和严格遵守海洋生态环境保护法律法规的涉海企业予以表彰,提升守法的荣誉感。

(三)东海生态保护的制度建设构想

海洋生态保护制度建设上应当厘清两个重点方向:一方面是完善现有制度,对已经实施的一些海洋生态保护制度,诸如海洋保护区制度、海洋功能区划制度、海洋生态红线制度和海洋渔业资源管理制度等,应总结成功经验,提炼所遇到的问题,进一步完善和改进制度中存在的不足。另一方面是创新缺失制度,发现海洋生态保护过程中存在的制度缺位并加以弥补,如在海洋生态保护制度建设中存在的事前补偿制度缺失和不尽完善的问题,在对东海生态损害评估及损益主体分析的基础上,可以尝试构建海洋生态损害补偿制度。

无论是完善现有制度还是创新缺失制度,都需要廓清中央与地方在海洋生态保护制度上的界限与关系,以中央制定的制度为基础,各地方政府结合地方海洋生态的具体实际,构建满足地方需要的海洋生态保护制度具体实施方案,防止出现制度交叉、权责不一、相互推诿等现象。

第二节　东海生态保护制度绩效评估建模

一、东海生态保护制度绩效评估及分析框架

海洋产权边界难以清晰界定的特点使得海洋生态保护制度所涵盖的范围存在不确定性。并且,海洋生态问题不仅涉及海域生态系统,还涉及陆域生态系统。再加之缺乏比较成熟的海洋生态保护制度绩效考核技术方法和有质量的统计数据,现有对海洋生态保护制度的研究仍然停留于制度的构建与完善,如海洋保护区制度①、海洋生态红线制度②、海洋排污权交易制度③和海洋生态补偿制度④等,直接对海洋生态保护制度的绩效进行评估的研究十分鲜见。该部分将尝试采用与海洋生态保护制度联系密切且可操作性较高的指标——海洋环境治理效率值来间接表征海洋生态环境保护制度绩效以期为海洋生态保护制度绩效研究提供创新思路与评价方法。

为了考察海洋生态保护制度绩效的影响因素,该部分构建了"制度环境—制度绩效"的分析框架。该框架是由蔡长昆在借鉴倪志伟(Nee)的制度分层思想基础上提出的。这一框架将制度环境、制度安排与制度绩效纳入一个模型之中,分析制度环境通过制度安排对制度绩效产生的影响。⑤ 如图7-1所示,从左往右看,东海生态保护制度绩效主要受处于中间层次的东海生

① 张晓:《国际海洋生态环境保护新视角:海洋保护区空间规划的功效》,《国外社会科学》2016年第5期。

② 曾江宁、陈全震、黄伟等:《中国海洋生态保护制度的转型发展——从海洋保护区走向海洋生态红线区》,《生态学报》2016年第1期。

③ 涂正革、谌仁俊:《排污权交易机制在中国能否实现波特效应?》,《经济研究》2015年第7期。

④ 李晓璇、刘大海、刘芳明:《海洋生态补偿概念内涵研究与制度设计》,《海洋环境科学》2016年第6期。

⑤ 蔡长昆:《制度环境、制度绩效与公共服务市场化:一个分析框架》,《管理世界》2016年第4期。

态保护制度安排的影响,这包括从制度的准备到订立再到执行整个管理过程。但是,中间层次的东海生态保护制度安排是嵌入在东海生态保护制度环境之中的。政治制度环境主要是指围绕市场制度安排的正式制度结构,可以理解为是否具有权力制衡的东海生态保护政治制度安排和广泛的东海生态保护权力共享与参与机制,即权力结构的完备性。另外,作为东海生态保护制度环境总体的另一维度,社会制度环境对于理解东海生态保护制度绩效的差异也有非常重要的作用。但是,由于社会制度环境本身很难清晰界定,从而难以操作,蔡长昆在参考李文钊①等观点基础上,利用社会资本这一概念对社会制度环境进行可操作化。

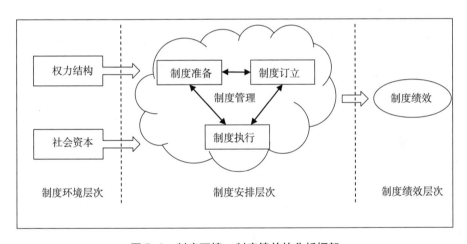

图 7-1　制度环境—制度绩效的分析框架

二、东海生态保护制度绩效评估方法

(一)Super-SBM 模型

本章主要运用 Super-SBM 模型对东海环境治理效率值进行定量测度。

---

①　李文钊等指出社会资本作为社会制度结构的基本组成要素,其丰富程度在很大程度上决定了所嵌入的制度环境,从而影响制度安排,进而影响制度绩效。李文钊、蔡长昆:《政治制度结构、社会资本与公共治理制度选择》,《管理世界》2012 年第 8 期。

161

Super-SBM 模型是由传统的数据包络分析法(DEA)发展而来。DEA 模型是由运筹学家查恩斯(Charnes)和库珀(Cooper)等提出的基于投入—产出数据的相对有效性评价方法,[1]已广泛应用于环境治理效率评价中。但传统的 DEA 模型只能从单一的投入导向或产出导向评价效率值,不能同时考虑投入和产出两方面的变化,这一缺陷使得最后的效率测度结果会与实际结果出现偏差。童(Tong)提出了一种基于松弛变量(Slacks-based Measure, SBM)评价 DMU(即决策单元)的方法。[2] 与传统的 DEA 方法不同,SBM 模型能同时考虑投入和产出松弛变量,且投入与产出不需要严格按比例变化,其结果能够更真实地反映各生产要素的实际情况,更准确衡量各决策单元的效率,但当多个决策单元同时处于前沿面时(即效率值同为 1),SBM 模型不能进一步比较其效率值的大小。基于此,童在修正松弛变量的基础上,提出了 Super-SBM(超效率 SBM)模型,该模型可以对 SBM 模型的有效单元继续进行评价和排序,进一步区分同为 SBM 有效的决策单元之间的效率差异。[3]

设有 n 个决策单元,$x \in R^m$,$y \in R^s$ 分别为其投入和产出要素,定义矩阵 $X = [x_1, x_2, \cdots, x_n] \in R^{m \times n}$,$Y = [y_1, y_2, \cdots, y_n] \in R^{q \times n}$,假定 $X > 0$,$Y > 0$,$\bar{X}$,$\bar{Y}$ 分别表示将 (x_0, y_0) 排除在 (x, y) 之外的投入和产出矩阵,定义新的生产可能性集合 $P \backslash (x_0, y_0) = \left\{ (\bar{x}, \bar{y}) \mid \bar{x} \geqslant \sum_{j=1}^{n} \lambda_j x_j, \bar{y} \leqslant \sum_{j=1}^{n} \lambda_j y_j, \bar{y} \geqslant 0, \lambda \geqslant 0 \right\} P \backslash (x_0, y_0)$,$\lambda$ 为权重向量,则 Super-SBM 模型可定义为:

---

① Charnes, A., Cooper, W. W., Rhodes, E., "Measuring the Efficiency of Decision Making U-nits", *European Journal of Operational Research*, Vol.2, No.6, 1978.

② Tone, K., "A Slacks-based Measure of Efficiency in Data Envelopment Analysis", *European Journal of Operational Research*, Vol.130, No.3, 2001.

③ Tone, K., "A Slacks-based Measure of Super-efficiency in Data Envelopment Analysis", *European Journal of Operational Research*, Vol.141, No.1, 2002.

$$\theta = \min \dfrac{\dfrac{1}{m}\sum_{i=1}^{m} \bar{x}_i / x_{i0}}{\dfrac{1}{q}\sum_{r=1}^{q} \bar{y}_r / y_{r0}}$$

$$\mathrm{s.t.} \bar{x} \geq \sum_{j=1}^{n} \lambda_j x_j$$

$$\bar{y} \leq \sum_{j=1}^{n} \lambda_j y_j$$

$$\sum_{j=1}^{n} \lambda_j = 1$$

$$\bar{x} \geq x_0, \bar{y} \leq y_0, \bar{y} \geq 0, \bar{\lambda} \geq 0 \tag{7-1}$$

（二）VAR 模型

本章主要运用向量自回归（VAR）模型研究制度环境所包含的权力结构与社会资本对制度绩效所产生的影响，模拟东海生态保护制度绩效的变化趋势。VAR 模型主要用来估计相互联系的时间序列系统以及分析随机扰动对变量系统的动态关系，主要通过把系统中每一个内生变量作为系统中所有内生变量的滞后值的函数来构造模型，主要做法是用所有当期内生变量对其若干滞后期内生变量进行回归，其优点是回避了结构化模型的需要，同时不需要提前设定任何约束条件。一个 VAR(p) 模型的基本形式为式(7.2)：[1]

$$y_t = \alpha_1 y_{t-1} + \cdots + \alpha_P y_{t-p} + \beta x_t + \varepsilon_t$$

$$t = 1, 2, \cdots, T \tag{7-2}$$

式(7.2)中，y_t 是 k 维内生变量向量，x_t 是 k 维外生变量向量，p 是滞后阶数，T 是样本个数，$k \times k$ 维矩阵 $\alpha_1, \cdots, \alpha_p$ 和 $k \times d$ 维矩阵 β 是要被估计的系数矩阵，ε_t 是 k 维扰动向量。

---

[1]　张振龙、孙慧:《新疆区域水资源对产业生态系统与经济增长的动态关联——基于 VAR 模型》,《生态学报》2017 年第 16 期。

三、东海生态保护制度绩效评估指标

(一)东海环境治理效率评价指标体系构建

海洋环境治理效率是从投入—产出的角度出发,以海洋环境污染治理的效果来衡量海洋环境投资的有效利用情况。这与数据包络法运用中需将数据划分为输入和输出两大类的要求一致。与此同时,数据包络法在运用过程中指标个数不得超出决策单元个数的两倍,因此在指标选取上需仔细斟酌,选取具有代表性的指标。参考郭国峰等[①]在环境治理效率研究中的成果,本章将东海环境治理效率评价指标划分为投入和产出两大类(见表7-10)。投入类指标是指在海洋环境治理过程中所耗费的各类资源,主要包括在东海环境治理过程中所投入的人力资源、设施设备、治理投资。除此之外,对受人为活动干扰和破坏的海洋生态系统进行生态恢复和重建,即生态建设,也是东海环境治理过程中的一大投入。产出类指标反映海洋环境治理的成效,主要通过污染控制能力和海洋环境中海水水质的变化两方面来反映。对于具体指标的选取本章有以下几点说明:第一,我国并未有专门针对海洋环境治理投资和人力投入的统计,参考在海洋生态环境问题上已有研究成果,在人力和资金投入方面的数据选用沿海地区所有环保系统数据。第二,研究表明,我国近岸海域污染物近80%来自陆源排污,[②]其中污水排放是陆源污染最重要组成部分。据统计,在所有沿海地区直排海污染源中,浙江和福建两省污水排放量均位居全国前列,并且东海污染主要超标因子为无机氮和活性磷酸盐,这两类污染因子的主要来源为污水排放,因此在设施投入与污染控制上主要选用水环境相关数据。

---

① 郭国峰、郑召锋:《基于 DEA 模型的环境治理效率评价——以河南为例》,《经济问题》2009 年第 1 期。
② 戈华清:《陆源污染对公众健康的危害及法律对策分析》,《生态经济》2011 年第 5 期。

表7-10　东海环境治理效率评价指标体系

系统层	准则层	指标层
投入类	人力资源	沿海地区环保系统人员总数(人)
	设施设备	沿海地区废水治理设施数(套)
	治理投资	沿海地区环境污染治理投资额(亿元)
	生态建设	已建海洋类型自然保护区数量(个)
产出类	污染控制	废水治理设施治理能力(万吨/日)
	海洋环境	一、二类海水海域面积占比(%)

东海海区各指标数据中,除一、二类海水海域面积占比数据为上海、浙江、福建两省一市数据取平均值外,其余均为三地区数据相加。其中,沿海地区环保系统人员总数数据来源于历年《中国环境年鉴》;沿海地区废水治理设施数和废水治理设施治理能力数据来源于历年《中国环境统计年鉴》;已建海洋类型自然保护区数量来源于历年《中国海洋统计年鉴》;一、二类海水海域面积占比数据来源于历年《中国近岸海域环境质量公报》;沿海地区环境污染治理投资额通过查询历年《中国统计年鉴》和《中国环境统计年鉴》数据计算所得。

(二)VAR 模型变量选择

1. 制度环境

根据制度环境—制度绩效的分析框架,制度环境主要包含权利结构与社会资本两大要素。一方面,开放的权利结构需拥有权力共享的体制安排和广泛的参与机制,而权力的运作和参与的实现需要有一系列规则体系,从根本上来说需要设置权力机构来实现不同职能的划分,进而开展制度安排。基于此,本章主要选用沿海地区年末环境治理机构总数这一变量来反映权利结构这一要素。另一方面,根据阿普霍夫(Uphoff)的观点,社会资本主要包括结构性社会资本和认知性社会资本,结构性社会资本主要指一系列的社会组织、社会网络以及约束不同主体关系的非正式制度安排,认知性社会资本是指一系列的社会准则、社会信任以及社会文化。① 不论是结构性社会资本抑或是认知性社会资本,其参与主体与构成要素均是公民,正如普特南(Putnam)所说:"社会资本是指对生产力有影响的人之间构成的一系列横向联系。"②社会资本的量化较为复杂,本章主要借鉴祁毓等的研究成果,选用社会组织就业人数这一指标反映社会资本变量。③

2. 制度绩效

本章基于环境治理与生态保护制度之间的内在联系,利用海洋环境治理效率对海洋生态保护制度绩效进行量化。环境治理研究领域中存在三大制度经济学学派,其中环境干预主义学派强调从法律层面进行环境治理,基于所有权的市场环境主义学派强调从产权入手,自主治理学派则强调从协议入手。三大学派在环境治理方式上侧重虽有所不同,但均从外部性出发,强调了生态保护制度与环境治理之间的密切联系。④ 从制度经济学角度看,如图 7-2 所示,在环境治理过程中,生态保护制度作为社会资本的重要组成部分,⑤可以通过共享信息、协调行动和集体决策三种机制影响到环境治理行为的交易成本,进而决定着环境治理的成败。⑥ 在共享信息上,环境治理过程中信息的丰裕程度和对称程度决定着环境集体行动能否实施和成功完成。⑦

---

① Uphoff, N., "Understanding Social Capital: Learning from the Analysis and Experience of Participation", *Social Capital A Multifaceted Perspective*, 2000.

② Putnam, R. D., Leonardi, R., Nonetti, R. Y., *Making Democracy Work: Civic Traditions in Modern Italy*, Princeton University Press, 1994.

③ 祁毓等运用中国 186 个地级及以上城市 2004—2011 年的数据,得到"社会资本 = 0.7673×全球化−0.0249×收入差距−0.1941×失业率+7.7629×社会组织"这一估计结果。从结果不难看出,社会组织这一变量对社会资本的影响最大,且远远高于其他变量。祁毓、卢洪友、吕翅怡:《社会资本、制度环境与环境治理绩效——来自中国地级及以上城市的经验证据》,《中国人口·资源与环境》2015 年第 12 期。

④ 罗小芳、卢现祥:《环境治理中的三大制度经济学学派:理论与实践》,《国外社会科学》2011 年第 6 期。

⑤ 陆铭、李爽:《社会资本、非正式制度与经济发展》,《管理世界》2008 年第 9 期。

⑥ 祁毓、卢洪友、吕翅怡:《社会资本、制度环境与环境治理绩效——来自中国地级及以上城市的经验证据》,《中国人口·资源与环境》2015 年第 12 期。

⑦ Tsai, T.H., "The Impact of Social Capital on Regional Waste Recycling", *Sustainable Development*, Vol.16, No.1, 2010.

在协调行动上,拥有较强的信任关系、互惠机制以及公平有效的生态保护制度可以使得环境治理活动参与者之间的冲突减少和解决。在集体决策上,环境治理作为一个不断集体决策的过程,会受到决策规则、决策主体信任、互惠等因素的影响。从法学角度分析,占据不同利益的个人、组织与群体的相应地位以及他们之间的相互作用会显著影响环境治理的成效。① 与此同时,生态保护制度实施的最终目的是保护生态环境,而环境治理作为环境保护的重要组成部分,生态保护制度能否发挥效用,直接体现为这些生态保护制度能否约束生态环境污染行为,并且激励不同主体的生态环境治理和保护行为。②

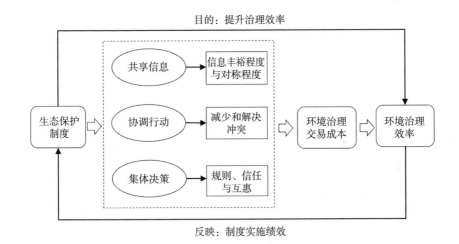

图7-2　生态保护制度与环境治理效率的关系

　　综上所述,一方面,环境治理需要通过建立有效的生态保护制度来实现,有效的生态保护制度能大大降低环境治理的成本,从而提升环境治理效率。另一方面,环境治理效率是生态保护制度绩效的现实反映,环境治理效率的高低能够客观真实地反映生态保护制度的实施效果。

---

① 杜辉:《论制度逻辑框架下环境治理模式之转换》,《法商研究》2013年第1期。
② 夏光:《再论生态文明建设的制度创新》,《环境保护》2012年第23期。

第三节　东海生态保护制度绩效评估分析

一、东海生态保护制度绩效动态评价

将各指标数据代入 Super-SBM[①] 模型中,得到如表 7-11 所示的 2001—2016 年东海环境治理效率测度结果。

表 7-11　2001—2016 年东海环境治理效率测度结果

时间	2001	2002	2003	2004	2005	2006	2007	2008
θ值	0.772	0.712	0.850	0.834	0.882	1.124	1.022	1.002
时间	2009	2010	2011	2012	2013	2014	2015	2016
θ值	1.057	1.078	0.907	1.045	0.754	0.721	0.722	0.718

根据表 7-11 所示的东海环境治理效率测度结果,以东海环境治理效率值来反映东海生态保护制度绩效变化情况,可以得到如图 7-3 所示的 2001—2016 年东海生态保护制度绩效变化趋势。采用有序样本的最优分类方法[②]对 2001—2016 年东海环境治理效率值进行分类,结果发现,东海环境治理效率也即东海生态保护制度绩效的动态变化明显表现出 2001—2006 年、2006—2010 年、2010—2016 年三个时序的阶段性特征,呈现低—高—低的倒"U"形发展趋势。

第一,上升期(2001—2016 年)。这一时期,出于以经济建设为中心的政策导向,中国的经济发展方式主要以资源消耗型、粗放型为主。据统计,2001—2006 年,东海沿岸地区单位 GDP 能耗均高于生态建设标准要求的 0.9

---

① 本章主要采用 DEA-solver pro5.0 软件进行运算,选取软件中基于规模效益不变(CRS)的 Super-SBM-I-C 模型。
② 白人朴、田志宏:《我国各地农机化发展水平的一种有序样本分类法》,《中国农业大学学报》1994 年第 6 期。

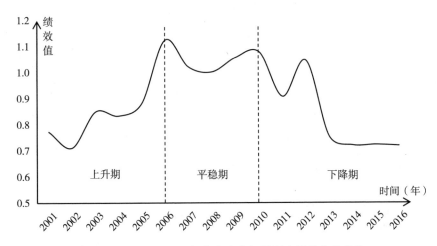

图7-3　2001—2016年东海生态保护制度绩效变化趋势

吨标煤/万元,①经济的快速增长是通过资源的过度消耗换取的,总体上东海生态保护制度绩效较低。但同时东海沿岸地区对海洋环境保护逐步重视,海洋环境保护方面的人力、物力、财力投入也不断加大,海洋污染控制能力不断增强,原始数据显示这一时期东海废水治理设施治理能力从1320万吨/日增长到2530万吨/日,翻了将近一番。此外这一时期东海颁布了各项海洋生态保护相关法律法规,②加强了对海洋环境污染、海域使用管理等方面的执法力度,东海生态环境不断改善,东海生态保护制度绩效不断提高。据统计,2006年东海近岸海域一、二类海水比例为41.5%,比2001年增长了22.5%,增长率高达118%。③　第二,平稳期(2006—2010年)。这一时期,东海生态治理工作稳步开展,各项海洋生态保护制度步入正轨,海洋污染控制能力处于较高水平,近岸海水水质情况较为稳定,东海生态保护制度绩效持续稳定在较高水平

---

①　中国能源数据库:《生态县、生态市、生态省建设指标(修订稿)》,2007年。

②　2001—2006年,东海颁布实施了诸多地方性海洋生态保护法律法规,如《福建省海洋环境保护条例》(2002)、《浙江省海洋环境保护条例》(2004)、《上海市海域使用管理办法》(2006)、《福建省海域使用管理条例》(2006)。

③　生态环境部(原环保部):2001年、2006年《中国近岸海域环境质量公报》,见 http://www.mee.gov.cn/hjzl/shj/jagb/。

（θ 值均大于 1）。第三，下降期（2010—2016 年）。这一时期，随着海洋生态治理的投入不断加大，海洋生态治理所带来的产出却不断减少，东海生态保护制度绩效由高变低。一方面海洋污染控制能力不断减弱，原始数据显示2010—2016 年东海废水治理设施治理能力平均为 2509 万吨/日，低于 2006—2010 年的 2685 万吨/日。另一方面，由于环境污染的累积效应，东海近岸海域海水水质转差，海洋生态环境逐步恶化，这一时期东海一、二类海水占比平均较 2006—2010 年减少了 3 个百分点。

二、东海生态保护制度绩效趋势模拟

（一）序列平稳性检验

在时间序列分析中，包括协整检验与因果检验在内的诸多统计检验结果对序列的平稳性十分敏感，因此在分析变量之前需要检验各变量的平稳性，常用的方法为 ADF 检验方法。本章运用 Eviews 9.0 软件对各变量进行了 ADF 检验（见表 7-12），表中报告的结果表明三个变量在 5% 的显著水平下均为一阶单整序列，为防止伪回归的出现，在构建 VAR 模型后，需对各变量进行协整检验。

表 7-12　ADF 检验结果

序列	T 统计量	P 值
LMGE	-1.2268	0.1909
ΔLMGE	-4.8695	0.0001
LEON	1.2075	0.9327
ΔLEON	-3.0662	0.0052
LSIP	-1.1284	0.6727
ΔLSIP	-4.1891	0.0090

注：Δ 表示一阶差分后的序列。

（二）VAR 模型构建

在构建 VAR 模型前需对时间序列变量的滞后阶数进行确定。表 7-13 给

出了运用 Eviews 9.0 软件进行滞后阶数选取的结果,从表 7-13 中可以看出,5
种准则下有 4 种选取了滞后 2 期,表明构建 VAR(2)模型最为理想。

表 7-13　VAR 模型滞后阶数选取结果

滞后期	LR	FPE	AIC	SC	HQ
0	NA	4.32E-06	-3.83842	-3.70804	-3.86521
1	49.89069*	7.18E-08	-7.99721	-7.47572	-8.1044
2	16.24579	2.63e-08*	-9.320227*	-8.407617*	-9.507810*

注:* 表示该准则下选取的滞后期。

(三)结果分析

VAR 模型所包含的脉冲响应分析和方差分解可以用来分析模型结果。
其中脉冲响应分析主要用来刻画模型受到某种冲击时对系统的动态影响,具
体做法是描述一个内生变量对来自另一内生变量的一个单位变动冲击所产生
的响应。方差分解则可以进一步反映每一个结构冲击对内生变量变化的贡
献度。

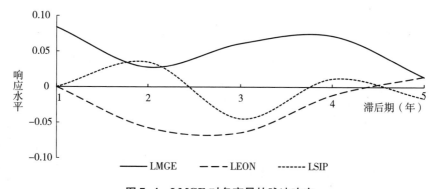

图 7-4　LMGE 对各变量的脉冲响应

图 7-4 反映的是东海生态保护制度绩效对来自制度环境与自身变量变
动冲击所产生的响应。从图中不难看出,期初 LMGE 对来自自身的变量冲击
立刻正向响应,到第 2 期急剧下降,而后缓慢回升,到第 5 期冲击响应几乎消

失。而 LMGE 对来自制度环境的冲击在期初无任何响应,而后开始显现,到第 3 期出现峰值,到第 5 期冲击响应几乎消失。其中 LMGE 受 LSIP 的冲击在第 2 期立刻呈现正向响应,而后处于周期波动状态,但波动幅度在逐渐减小,而 LEON 的变动冲击会使得 LMGE 长期呈现负向响应,冲击响应程度处于先增强后减弱的变动趋势。

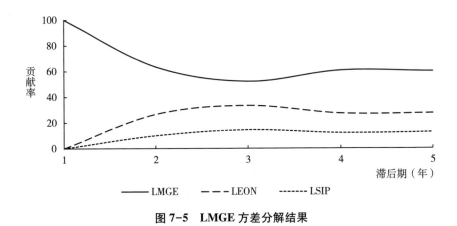

图 7-5　LMGE 方差分解结果

图 7-5 则反映了 LMGE 的方差分解结果。从图中可以看出,期初 LMGE 的变动主要来自自身的贡献,之后不断下降,而制度环境对 LMGE 变动的贡献率呈现稳定上升的趋势,其中 LEON 的贡献率更高,而 LSIP 的贡献率较低。

脉冲响应分析和方差分解的结果表明:一方面,制度环境的变化对海洋生态保护制度绩效的影响虽然存在滞后性,但影响将长期存在且程度不断加强,与社会资本相比,权利结构的变动对海洋生态保护制度绩效的影响程度较强;另一方面,沿海地区社会资本存量的增加会提高海洋生态保护制度绩效,而海洋生态保护机构的过多设置不但不会提升海洋生态保护制度绩效,而且这种机构冗余现象会使得制度出现拥挤,造成海洋生态保护制度绩效低下。

从现实情况来看,海洋生态保护机构设置问题究其根源在于海水的流动性特征导致其产权难以清晰界定,使得海洋生态治理过程中制度实施与监管的部门和区域难以明确划分。这也是中国海洋管理体制呈现出"中央条状、地方块状"的格局的重要原因,即中央层面上海洋环境管理的职能分散于环保部门、海洋部门、海事部门等多个职能机构中,地方层面上单纯通过将海洋环境管理职能赋予沿岸地方政府,但是在具体的机构设置和权责划分中又没有与中央层面的海洋环境管理的"条状"职能分管体制完全对接。

将海洋生态治理的这些现实情况与制度环境—制度绩效的分析框架相结合进行分析,海洋生态保护机构的过多设置造成的制度拥挤现象会通过共享信息、协调行动和集体决策三方面对海洋生态保护制度绩效产生影响,具体来说:共享信息方面,制度的过分拥挤会在海洋生态治理过程中产生"九龙治海,各自为阵"的行政壁垒,难以在海洋生态治理过程中形成有效的信息共享机制,造成严重的信息不对称,使得各主体参与海洋生态治理集体行动的概率大大降低,进而影响海洋生态保护制度绩效。协调行动方面,制度的过分拥挤会使得各项制度存在交叉重叠,甚至出现规定不一致的情况。这直接导致海洋生态治理过程中难以有统一的标准和规划去遵循,使得决策者难以发挥其协调作用,无法调解在海洋生态治理过程中存在的各方利益冲突,使得海洋生态保护制度绩效低下。集体决策方面,海洋环境作为一种公共物品,在供给和外部性管理过程中需要进行不断的集体决策。而制度的过分拥挤不仅会造成无法形成统一的决策规则,还会影响决策主体之间的相互信任与互惠机制建立,使得在海洋生态治理集体决策的过程中难以达成一致的意见,极大提高海洋生态治理的交易成本,造成海洋生态保护制度绩效低下。

（四）趋势预测

在不考虑存在重大改革举措的前提下,若按照现有的制度环境变化趋势,东海生态治理效率未来将如何变化? VAR(2)模型给出了这一预测结果。从图7-6中不难看出,按照现有的制度环境变化趋势看,东海生态治理效率在短期内不会有较大的改善,仍将继续处于不断下降的趋势。

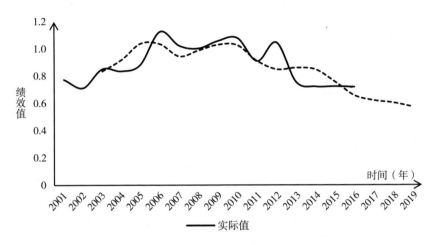

图7-6 2001—2019年东海生态保护制度绩效趋势拟合图

这种通过数理模型预测的结果并不一定会真实反映东海生态治理效率的实际变化情况,因为其并未考虑到现实中与海洋生态治理息息相关的重大改革举措,最典型的就是中国于2018年开始实行的国务院机构改革方案。该方案基于统筹治理思想新组建的生态环境部,整合了分散于环境保护部、国家海洋局、水利部、国土资源部、农业部、国家林业局等部门的生态环境保护职能,打通了陆地与海洋的行政壁垒。这种权利机构的变动正是针对海洋生态保护中的多头治理、机构冗余问题,必然会对东海生态治理效率产生影响。但是,新组建的生态环境部和自然资源部横向边界模糊、治理机构重叠、职责交叉、权责脱节等治理问题依然突出,职责缺位和效能不高问题依然存在,再加之国务院机构改革方案还处于逐步推进过程中,在机构设置、职能分配等方面仍面临着诸多问题,生态环境部的组建并不能在短时间内解决由"机制调整"不到位造成的海洋生态治理领域存在的政府部门职能分割问题,东海生态治理效率是否会显著提升犹未可知,海洋生态保护工作任重而道远。

第八章　海洋生态保护制度改革

制度供给不足是我国海洋生态损害频发的重要原因,其中海洋生态损害补偿制度缺失是造成海洋生态保护低效运行的关键制约。我国海洋生态保护制度大致经历了初步建立、稳步推进和改革转型三个阶段,在内部和外部多重因素的驱动下,监管机构、管理方式和政策体系均发生了较大转变。但是,基于制度互补性理论,我国海洋生态保护制度在保护主体、保护手段和保护过程方面依然存在较大的制度性互补需求,其中如何将海洋生态损害补偿制度嵌入到海洋生态保护制度之中,是构建和完善系统的海洋生态保护制度体系的关键。本章在对我国海洋生态保护制度开展演进分析的基础上,着力分析东海生态损害补偿制度与现有东海生态保护制度之间的互补、替代和关联的复杂关系,探究东海生态损害补偿制度的嵌入现有体制的可行性,进而明确未来海洋生态损害补偿制度的创新重点,为海洋生态保护制度改革提供理论指导。

第一节　海洋生态保护制度演进分析

一、海洋生态保护制度演进逻辑

（一）海洋生态保护制度演进的阶段划分

从国家、东海地区以及辖区内各省市历年颁布的海洋生态保护政策法规

(见表 8-1、表 8-2)来看,东海生态保护制度的演进经历了以下三个阶段:

1.海洋生态保护制度初步建立阶段:1973—1987 年

20 世纪 70 年代以来,随着我国环境污染问题日趋严重,政府对环境保护工作的重视程度不断加大。1973 年第一次全国环境保护会议颁布了《关于保护和改善环境的若干规定(试行草案)》,成为我国第一个由国务院批转的环境保护文件。进入 20 世纪七八十年代后,日趋严峻的海洋环境污染问题开始得到政府的重视,其中针对海上溢油污染的《中华人民共和国防止沿海水域污染暂行规定》于 1974 年颁布。随后,1980 年由国家计委、科委等五部委针对全国海岸带和滩涂资源开展了综合调查工作,拉开了我国海洋环境保护管理的序幕。① 与此同时,浙江、上海、福建等海洋沿海省市也相继成立了专门从事海洋环境监管的厅(局)机构。1982 年专门针对海洋领域的《中华人民共和国海洋环境保护法》正式出台,以该法律为核心,一系列涉及海洋环境保护的政策、法规在此后 5 年间相继制定,从而在法律层面初步确定了我国海洋环境保护制度综合为导向、行业为基础的基本格局。②

2.海洋生态保护制度稳步推进阶段:1988—2005 年

1988 年《关于国务院机构改革方案的决定》正式赋予了国家海洋局以海洋综合管理的职能,包括国家海洋局海洋分局在内的各地方海洋部门明确了全国海洋环境保护和监管的基本职责。此后,随着一系列海洋环境保护的法规颁布和机构建立,我国海洋环境管理体系得以不断完善,其中具有代表性的行政法规有《中华人民共和国海洋倾废管理条例实施办法》《防治海岸工程建设项目污染损害海洋环境管理条例》《防治陆源污染物污染损害海洋环境管理条例》等。在此期间,各沿海省市也相继颁布了地方性的海洋环境保护法规,如上海市在 1997 年出台了《上海市金山三岛海洋生态自然保护区管理办

---

① 仲雯雯:《我国海洋管理体制的演进分析(1949—2009)》,《理论月刊》2013 年第 2 期。

② 王刚、宋锴业:《中国海洋环境管理体制:变迁、困境及其改革》,《中国海洋大学学报(社会科学版)》2017 年第 2 期。

法》、福建省于 2002 年出台了《福建省海洋环境保护条例》、浙江省于 2004 年出台了《浙江省海洋环境保护条例》等。而且,2001 年第九届全国人民代表大会常务委员会第二十四次会议通过了《中华人民共和国海域使用管理法》,制定了海洋功能区划制度、海域使用权登记制度、海域使用统计制度等项重要法律规定,同时上海、福建等海洋沿海省市地区相继颁布了地方性的海域使用管理条例,标志着海洋海域使用法律规范化管理的开始。综上,1988—2005 年期间是海洋生态保护制度在前期《海洋环境保护法》基础上进一步稳步发展的阶段,在此期间政府针对陆源污染、近岸工程、废弃物倾倒等具体生态损害类型出台了多个具体的行政法规,另外海洋各沿海省市也开始了地方性海洋生态保护制度的建设工作。

3.海洋生态保护制度改革转型阶段:2006 年至今

20 世纪 90 年代到 21 世纪初始是我国海洋经济红利凸显的时期,海洋经济成为一个重要的经济增长点。2006 年,我国海洋生产总值占全国生产总值的比重达到历史最高点 10.01%,此后比重保持在 9.5%左右,海洋经济进入了平稳增长期。与此同时,海洋经济长期的高速发展对海洋环境造成了严重影响,先前较为粗略的海洋环境保护政策已经难以适应日趋复杂的海洋生态损害和环境污染形势。在此背景下,中央及地方政府围绕海洋环境监测、生态损害赔偿、环境保护区建设、污染应急管理等具体领域开展了广泛、深入的制度建设工作,海洋环境保护成为新时期下海洋工作的重中之重。在 2006 年"十一五"规划中,首次将海洋以专章形式列入,明确了保护海洋生态的总要求。此后,2008 年国务院颁布的《国家海洋事业发展规划纲要》中对海洋生态环境保护的目标和任务作出了具体要求和工作部署。进入 2014 年以后,由国家海洋局专门出台了一系列针对海洋环境的有关保护、赔偿、监测等方面的政策文件,包括《国家级海洋保护区规范化建设与管理指南》《海洋生态损害国家损失索赔办法》《国家海洋局海洋石油勘探开发溢油应急预案》《中华人民共和国海岛保护法》《海岸线保护与利用管理办法》《海洋督察方案》等,海洋环境保护迎来政策制定的高峰期。此外,自生态保护红线制度提出以来,浙江、福建和上海等海洋沿海省市地区先后开展了有关海洋生态红线制度的设计和实施工作,进一步丰富和完善了海洋生态保护制度体系。

表 8-1 海洋生态保护主要政策法规梳理

阶段划分	中央出台的政策法规	沿海省市自治区出台的政策法规
初步建立阶段 (1973—1987 年)	《中华人民共和国防止沿海水域污染暂行规定》 《中华人民共和国海洋石油勘探开发环境保护条例》 《中华人民共和国海洋环境保护法》	—
稳步推进阶段 (1988—2005 年)	《中华人民共和国海洋倾废管理条例实施办法》 《防治海岸工程建设项目污染损害海洋环境管理条例》 《防治陆源污染物污染损害海洋环境管理条例》 《中华人民共和国海域使用管理法》 《全国海洋功能区划》	《上海市金山三岛海洋生态自然保护区管理办法》 《福建省海洋环境保护条例》 《浙江省海洋环境保护条例》 《上海市海域使用管理条例》
改革转型阶段 (2006 年至今)	《国家级海洋保护区规范化建设与管理指南》 《海洋生态损害国家损失索赔办法》 《国家海洋局海洋石油勘探开发溢油应急预案》 《中华人民共和国海岛保护法》 《海岸线保护与利用办法》 《海洋督察方案》	《福建省海域使用管理条例》 《浙江省海域使用管理条例》 《福建省海洋生态红线划定工作方案》 《浙江省海洋生态红线划定方案》

针对海洋环境管理机构的改革也在不断深化。2013 年,第十二届全国人大一次会议审议通过了《国务院机构改革和职能转变方案》,将原有的国家海洋局及其中国海监、公安部边防海警、农业部中国渔政、海关总署海上缉私警察等原有的海洋执法队伍进行了整合,统一以中国海警局和海事局名义开展环境监管工作。2018 年,第十三届全国人大一次会议表决通过了关于国务院机构改革方案的决定,将国家海洋局职责划归到新成立的自然资源部和生态环境部,其中原有的海洋环境保护工作主要由生态环境部承担,标志着我国海洋环境管理进入陆海一体化的新时期。依据改革方案的设计,未来的海洋环境污染将由生态环境部进行统一治理,在机构职能层面实现了海洋环境的海陆统筹治理,有助于解决过去长期存在的海洋环境"多头管理、无人负责"问题。

表 8-2　东海区出台的海洋生态保护法律法规

地区	出台时间	名称
上海	1996 年	《上海市滩涂管理条例》
	1997 年	《上海市金山三岛海洋生态自然保护区管理办法》
	1998 年	《上海市海塘管理办法》
	2006 年	《上海市海域使用管理办法》
	2009 年	《上海市海域使用金征收管理办法》
浙江	1996 年	《浙江省滩涂围垦管理条例》《浙江省海塘建设管理条例》《浙江省南麂列岛国家级海洋自然保护区管理条例》
	2004 年	《浙江省海洋环境保护条例》
	2009 年	《浙江省渔业捕捞许可办法》
	2010 年	《浙江省港口岸线管理办法》
	2013 年	《浙江省海域使用管理条例》《浙江省无居民海岛开发利用管理办法》
	2018 年	《浙江省水产养殖污染防治管理规范(试行)》
福建	2000 年	《福建省浅海滩涂水产增养殖管理条例》
	2002 年	《福建省海洋环境保护条例》
	2004 年	《福建省渔港和渔业船舶管理条例》
	2006 年	《福建省海域使用管理条例》
	2007 年	《福建省海域使用金征收配套管理办法》
	2009 年	《福建省海域采砂临时用海管理办法》
	2010 年	《福建省渔业捕捞许可申请与审批暂行办法》《福建省填海项目海域使用权证书换发国有土地使用证实施办法(试行)》

注:资料来源于各地区海洋与渔业局官网,结果为不完全统计。

(二)海洋生态保护制度演进的规律解析

通过综合审视我国海洋生态保护制度的发展历史,可以发现总体呈现出以下三个特征:一是监管机构由陆海分割向陆海一体化转变;二是管理方式由政府行政手段为主向政府、市场和社会多主体协同治理转变;三是政策体系由过去的标准规范性文件向强制性的法律规章制度转变。

1. 从陆海分割到陆海一体化治理

海洋环境问题主要涉及陆源污染、围填海、海上溢油等多种生态损害类型,其中以陆源污染最为突出。然而,长期以来海洋陆源污染治理分别由负责河流排污监管的环保部门和负责入海排污口、海洋倾倒监管的海洋部门共同承担。这种两部门、两段式的监管模式导致污染防治责任主体不明确,海陆边界交错区域极易形成监管真空。同时,环保与海洋部门间本身存在明显的行政壁垒,缺乏有效的信息流动与共享机制,导致陆源污染治理效果大打折扣。在此背景下,包括海洋在内的我国海洋环境治理长期存在"多头管理、无人负责"问题。鉴于此,2013年第十二届全国人民代表大会、2018年第十三届全国人民代表大会先后针对海洋环境监管部门进行改革,最终将海洋环境保护职能划归到生态环境部,为未来实现陆海环境一体化治理奠定了基础。综上,从监管机构层面,海洋生态保护制度的演变整体表现出由陆海分割向陆海统筹治理转变的规律特征。

2. 从政府行政手段到多主体协同治理

自1982年《海洋环境保护法》正式出台以来,一系列强制性的政策手段开始在中央及各地方层面广泛实施。通过制定严格的用海许可审批、标准限定措施,政府对用海主体的行为进行了严格的规制,对可能造成的海洋环境污染的开发行为作出了具体的行政限制,同时对于部分违法违规行为开展了处罚整治。政府的强制性行政手段对于遏制我国海洋环境污染趋势起到了重要的作用,但同时由于行政手段过分依赖于政府的单一主导作用,存在社会参与程度不足、监管成本过大等突出问题,导致海洋生态损害问题未能得到根本解决。基于此,自2014年原国家海洋局颁布《海洋生态损害国家损失索赔办法》以来,以生态损害赔偿为核心的市场激励手段开始得到越来越多的重视。同时,环境税费、补贴和排污权交易等其他市场手段开始在海洋生态保护领域广泛应用,有效提高了企业在海洋环境保护中的参与程度。此外,政府越来越重视海洋环境的监测、评价及信息公开,确保环境信息能够自上而下地有效传递,积极鼓励社会公众参与到海洋环境保护工作之中。2016 年,原国家海洋局颁布了《全民海洋意识宣传教育和文化建设"十三五"规划》,提出建立海洋舆情常态化监测、预警、紧急应对和决策参考的一体化机制,为社会公众搭建参与海洋治理的平台,提升全民的海洋责任意识。

3. 从标准规范到法律保障

20 世纪五六十年代,我国针对海洋事业方面制定了部分行政规范,但多属于对陆域经济活动的延伸管理,并未考虑海洋生态保护问题。进入 20 世纪 70 年代以后,海上溢油污染成为影响我国海洋环境的突出问题,1974 年国务院为此颁布了《中华人民共和国防止沿海水域污染暂行规定》,是我国涉及海洋环境保护方面的首部法律规定。1982 年《海洋环境保护法》正式颁布,推动了我国海洋生态环境保护法律体系的形成。进入 21 世纪以来,各项海洋工程用海项目对海洋生态的损害程度不断加大,为此,2001 年第九届全国人大常委会第二十四次会议通过《中华人民共和国海域使用管理法》,对海洋工程项目的用海活动作出具体规范。此后,2009 年和 2016 年,全国人民代表大会常务委员会又相继审议通过了《中华人民共和国海岛保护法》和《中华人民共和国深海海底区域资源勘探开发法》,海洋生态保护法律体系得以进一步完善。与此同时,上海、浙江、福建等海洋沿海省份颁布了地方性的海洋保护法律法规,成为海洋生态保护法律体系的重要组成部分。综上,自 20 世纪 80 年代以来,海洋生态保护制度呈现出显著的法律化发展趋势,特别是进入 21 世纪以来,围绕用海项目、海洋开发工程等具体海洋生态损害类型,中央及涉海部门制定了一系列法律规范,同时各省市自治区也相继颁布了地方性的海洋环境保护法规,为海洋生态保护工作的顺利开展提供了有力的法律保障。

二、海洋生态保护制度演进动力

(一)海洋生态保护制度演进的内部动力

1. 制度需求引致与制度供给滞后

需求引致和供给滞后是促进海洋生态保护制度演进的重要内在动因。纵览我国海洋生态保护制度演变历史可以发现,在 20 世纪 80 年代以前,受"重陆轻海"的传统思维影响,我国经济社会发展的重心一直在陆域,对海洋的开发程度十分有限,因此没有对海洋生态环境进行保护的客观需求,在此期间针对海洋领域的生态环境保护制度也基本属于空白。然而,进入 20 世纪 90 年代后,国家对陆域资源的开发趋于饱和,开发利用海洋成为确保经济高速稳定发展的一项必然战略选择,由此有关海洋生态环境保护的议题才开始引起政府管理者和学者的关注。随着海洋开发进程的不断加快,海洋环境保护的客观需求与海洋生态保护制度供给不足的矛盾变得日益突出,现实中对陆源污染、各项海洋工程、填海造地项目、海上溢油事故等多种生态损害的监管迫切需要有标准化、强制性的规范制度作支撑,因而大量海洋生态保护政策及法律规范在这一时期集中涌现。综上所述,制度需求引致和制度供给滞后是驱动海洋生态保护制度演进的内在根源性动力。

2. 制度成本制约与制度收益驱动

任何一项制度的变迁都涉及成本和收益两个层面,而制度的演进过程可被视为成本制约和收益驱动共同作用的结果。当制度变迁的潜在收益刺激大于预期成本带来的阻碍作用时,制度变革就会发生。[1] 因此,海洋生态保护制度的演进过程实质上是成本—收益驱动下利益相关者之间相互博弈的过程。20 世纪七八十年代是我国开发利用海洋资源的初始阶段,着力从海洋这一新

---

① [美]道格拉斯·C.诺斯:《制度、制度变迁与经济绩效》,上海三联书店 2008 年版,第 45—47 页。

领域中开拓经济利益是该时期国家和社会的首要任务,而海洋环境问题尚未被提上议程,因而海洋环境保护制度严重滞后于陆域。进入20世纪90年代以后,海洋开发的负外部性逐步凸显,由于环保制度缺失,海洋粗放式开发所带来的大量环境成本只能由整个社会来承担。在此背景下,制定完善的海洋生态保护制度所带来的预期社会收益不断增加,中央及地方政府逐步改变过去片面追求海洋经济高速增长的目标导向,而开始重视海洋生态保护问题。尤其是21世纪以来,绿色发展成为指导国家发展的重要方针,保护优先、节约优先已经深入经济社会发展的各个环节。海洋生态保护中存在的陆海分割监管、市场化手段缺乏、社会参与不足等突出问题进一步刺激了海洋生态保护制度改革的预期,由此海洋生态保护制度迎来了从机构职能到法律规范一系列的变革。

(二)海洋生态保护制度演进的外部动力

1. 资源环境压力

持续增加的海洋资源环境压力是推动海洋生态保护制度演进的首要外部动力,而生态保护制度建立的根本目的在于实现海洋资源环境的可持续利用。20世纪70年代,我国海洋开发活动相对简单,海上的船舶溢油事故是造成海洋生态损害的最主要原因。为解决海上污染问题,国务院于1974年颁布的海洋环保领域的首部法规《中华人民共和国防止沿海水域污染暂行规定》。随着20世纪八九十年代工业不断向沿海地区转移,各类用海工程项目大幅增加,陆源污染、填海造地成为损害海洋生态环境的重要原因,政府在1990年颁布了《防治陆源污染物污染损害海洋环境管理条例》《防治海岸工程建设项目污染损害海洋环境管理条例》等多部行政法规,实现了对各类海洋生态损害的全面规范管制。

进入21世纪以来,随着国家对围填海及海洋工程项目的限制程度不断加深,各类海洋生态点源污染得到有效遏制,但陆源污染这一突出问题一直未得到有效解决。长期以来,我国海洋陆源污染治理是由负责河流排污监管的环保部和负责入海排污口、海洋倾倒监管的海洋局两个部门共同承担,导致"多头管理、无人负责"的现象十分突出。为此,我国先后对环境监管部门进行机构调整,将海洋环境监管职能统一至新成立的生态环境部,从而在机构层面初步实现了海洋环境陆海统筹的统一治理。

2. 经济转型发展

随着资源环境约束压力的不断增加,我国已经进入了增速放缓、结构优化、追求质量的经济发展新常态。在此背景下,加快经济转型,走绿色经济发展道路成为实现可持续发展的必然选择。新常态下的经济转型发展成为海洋生态保护制度不断优化演进的重要经济性外部动力。20 世纪 90 年代到 21 世纪初是我国海洋经济红利凸显的时期,在此期间一系列涉海工程在海洋迅速推行,海洋经济成为海洋各沿海省市地区重要的经济增长点。然而,进入 21 世纪以后,海洋资源环境压力持续加大,各地开始转变以往粗放式的海洋开发模式,保护海洋生态环境、促进海洋经济可持续发展成为重中之重,中央和地方政府由此出台了海岛保护法、海岸线保护和利用管理办法以及海洋生态红线制度等一系列海洋生态保护举措。另外,海洋产业的经济转型发展对海洋生态保护市场激励政策的完善起到了一定的倒逼作用。传统的海洋生态保护行政手段虽然能够在短期内及时遏制生态损害行为,但难以与海洋产业的绿色转型升级形成紧密的互动机制,经济的转型发展需要有市场化的生态保护手段加以配合。因此,打造资源节约、环境友好的生态化循环生产方式,促进海洋开发利用与海洋资源环境承载能力协调发展,在一定程度上推动了排污权交易、海洋生态补偿等一系列海洋生态保护市场激励政策的完善。

3. 政府职能变化

随着经济社会的不断发展,上层建筑也要适应新的要求进行改革,这是人类社会发展的普遍规律。2003 年党的十六届三中全会《中共中央关于完善社会主义市场经济体制若干问题的决定》鲜明提出了要增强政府服务职能,促进政府职能从"全能型"向"服务型"转变,至此拉开了政府管理模式改革的序幕。长期以来,我国海洋生态保护主要依赖于自上而下式的政府强制性的行政手段,政府不仅承担了宏观层面的政策规划制定,而且还要负责具体运作过程中的实施、监督、沟通和反馈,在此情形下,政府负担繁重且效率低下。党中央对政府职能改革的不断深化推动了海洋生态保护制度的改革创新。国务院2003年公布的《全国海洋经济发展规划纲要》首次提出鼓励国内外投资者参与海洋环境保护,此后2006年颁布的"十一五"计划强调了发挥税收手段调节海洋生态保护和海洋经济发展的关系,积极利用经济手段促进海洋产业向绿色可持续转型发展。进入2014年以后,原国家海洋局对部分用海审批权进行下放,进一步明确了各地方涉海行政部门的岗位职责,适度降低了行政干预,更多地使用市场机制和信息手段规范监督企业用海行为。综上,在改革政府职能、建设服务型政府的大背景下,海洋生态保护制度也发生了较大变革,激发了排污权交易、生态补偿等一系列市场化制度的产生,而政府在生态保护制度中的角色也从单一的监管者向监管服务者转变。

4. 社会角色转型

随着人民物质生活水平的不断提高,社会公众的生态环境保护意识和参与治理意愿都有了显著提升,环境问题已经成为公众关注的一项重要民生问题。与此同时,政府也在积极鼓励、引导社会公众参与公共事务的治理中。党的十七大明确提出:"科学化、推进决策民主化,完善决策信息和智力支持系统,增强决策透明度和公众参与度,制定与群众利益密切相关的法律法规和公共政策,原则上要公开听取意见。"①此后,党的十八大、十九大均把提高社会参与程度作为政府改革的一项重点任务,而作为与民生息息相关的环保领域,公众参与则显得尤为重要。2006年,国家环保总局出台了《环境影响评价公众参与暂行办法》,分别就公开环境信息、征求公众意见以及公众参与的组织

---

① 《十七大报告辅导读本》编写组:《十七大报告辅导读本》,人民出版社2007年版,第29页。

形式等问题作出了全面规定,至此社会公众不再是环境保护中的被动接受者而逐步成为不可忽视的重要参与者。社会公众环保意识的觉醒和角色转型对海洋生态保护制度的丰富和完善起到了积极促进作用,推动了海洋生态保护从以往政府单中心管理向多中心治理转变。《中国海洋 21 世纪议程》和《中国海洋事业的发展》就社会公众参与海洋生态保护提出了具体构想,此后原国家海洋局于 2017 年制定了有关海洋工程建设项目环境影响评价公众参与的具体办法,进一步落实了公众参与的主体责任。同时,海洋沿海省市地区也相继出台了具体行政规范,积极引导社会公众参与海洋生态保护。

5. 国际环境保护压力

生态环境资源为全球配置,成本为全球共担,收益为全球共享。一个国家或地区对生态环境资源的使用往往会影响各国民众的福祉。生态环境的这一突出特质决定了世界各国同属一个命运共同体,必须共同参与到全球生态环境治理之中。由于长期粗放式的发展,我国资源环境问题面临的国际压力持续增加,国际上要求我国加强环境保护的呼声不断增多,尤其是在流动性较强、公共资源特征明显的海洋领域尤为突出。外部的国际压力在一定程度上对海洋生态保护制度的发展起到了助推作用。另外,20 世纪 90 年代以来连续出台的多项国际海洋环境保护公约对海洋生态保护法律制度提出了新的要求,促使海洋生态保护制度不断向国际化、标准化方向发展,同时欧美发达国家的海洋生态保护模式和措施也为我国提供了重要的经验借鉴。

三、海洋生态保护制度互补性需求

制度互补性理论认为,制度往往不是孤立和单独发生作用的,而是相互耦合与匹配,通过组合为"制度系统"而产生最大功效。[①] 海洋生态保护问题涉及陆域和海域两个空间,受环保部门、海洋部门和地方政府等多个行政机构管

---

① Milgrom, P., Roberts, J., "Complementarities and Systems: Understanding Japanese Economic Organization", *Estudios Económicos*, 1994.

理,长期面临陆海分割、多头监管的现实困境。因此,海洋生态保护的客观复杂性决定了不同生态保护制度之间的互补尤为重要,这种互补性需求主要包括参与主体、手段和过程三个层面。

(一)海洋生态保护主体的互补性需求

政府在海洋生态监管体制中扮演着核心引导作用。由于我国传统的机构职能设置,海洋环境问题以往一直分属环保部门和海洋部门共同承担,造成现实中的污染监管责任主体不明确,各部门之间"各扫门前雪"现象十分突出。同时,中央和地方政府之间存在政策目标导向差异,尤其在传统的"唯 GDP 论英雄"的政绩观影响下,地方政府往往纵容部分企业的污染行为,缺乏执行海洋环境保护的激励。因此,自党的十八大以来,一系列围绕海洋环境管理体制的改革举措首要目标就是要解决陆海管理部门之间、中央与地方政府之间的矛盾关系,明晰各部门间的职责,破除陆海分割下的行政壁垒,打造不同行政主体之间的良性互补关系。另外,政府自上而下式的传统环境监管模式存在"政府失灵"和信息不对称问题,而且监管成本巨大,因而鼓励企业、社会公众参与海洋环境保护已经成为制度改革的重要方向。研究表明,通过促进企业、公众等社会力量参与海洋生态保护,能够有效降低政府管理成本,提高政府环境决策的公共理性,降低海洋环境风险,减少在重大环境决策过程中引起的环境抗争和社会不稳定风险。[①] 因此,海洋生态保护各主体之间存在重要的互补性需求,有必要充分调动、协调多方主体共同参与到海洋生态保护工作中。

(二)海洋生态保护手段的互补性需求

纵览海洋生态保护制度的演变过程,可将生态保护手段分为命令—控制型、市场激励型、信息公开型和社会参与型四个类别。其中,命令—控制型手

---

① 许阳:《中国海洋环境治理的政策工具选择与应用——基于 1982—2016 年政策文本的量化分析》,《太平洋学报》2017 年第 10 期。

段一直以来都是海洋生态保护的核心模式,但海洋环境问题愈演愈烈的现实已经证明单凭政府一己之力难以实现海洋生态的高效治理。海洋生态保护的市场激励型手段主要是通过向市场行为主体征收排污费而减少其污染行为,同时对于为海洋环境保护作出贡献的企业和个人给予资金补偿和支持。市场激励手段在一定程度上能够缓解政府所面临的监管压力,具有低成本、高刺激、灵活性强等优点,但同时也有间接性、无法清晰界定产权的缺陷。信息公开型手段主要包括科学技术研究和环境信息公开两种形式。一方面,海洋环境影响报告和环境监测数据统计能够为政府提供完备的决策依据;另一方面,及时公开海洋环境信息,维护社会公众的知情权,也是确保社会参与型手段顺利实施的重要基础。最后,社会公众参与海洋环境保护能够提高政府环境决策的公共理性,降低海洋环境风险,是传统政府环境规制手段的重要补充,但同时也面临所需信息和经济成本高的不足。因此,不同的生态保护手段既相互独立,各具优势,同时又存在着显著的互补性需求。依据具体情景进行政策工具的选择搭配,推进政府机制、市场机制和社会机制的相互协调和相互制衡,实现优势互补,从而有效提升生态保护效率,是未来海洋生态保护制度完善的重要方向。

(三)海洋生态保护过程的互补性需求

海洋生态保护的过程可分为事前控制、事中控制和事后控制三个阶段(见图8-1),其中事前控制主要是对海洋污染的事前预防,包括排污许可证的审批和登记、排污标准制定、环境影响评价、环保宣传等手段。海洋生态保护的事前控制能够有效降低污染的治理成本,是最直接、最经济的环境治理方式,然而由于企业行为的不可控性以及管理信息的不对称,事前控制往往实际执行的效果较低。事中控制主要是对围填海、近岸工程等海洋开发活动进行的监督、指导,以及时纠正、调整可能的生态损害行为。事中控制过程相对而言较为灵活,能够依据环境信息及时对环境污染行为进行有效控制。事后控制是在海洋生态受损害之后,对生态损害程度进行综合评估,开展责任认定和生态损害赔偿,并采取措施加以修复。在海洋污染物中,除少数的近岸固定点源排污外,大量的污染物是以区域或流域的形式进入海洋,属于面源污染。因此,现实中针对面源污染的事后控制面临责任主体不清晰的突出困境,相比较而言,事前和事中控制往往更有效果。不同阶段的海洋生态保护控制过程各有优势和不足,在实践应用中通常需要交叉配合使用才能达到最优的治理效果。

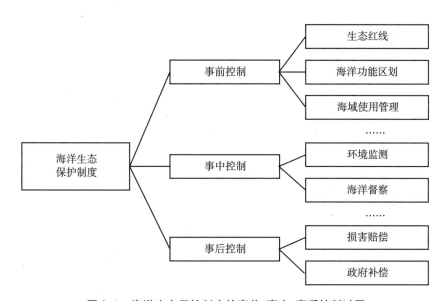

图8-1　海洋生态保护制度的事前、事中、事后控制过程

综上所述,海洋生态保护制度在保护主体、保护手段和保护过程中都存在较大的互补性制度需求。从海洋生态保护制度历史演变趋势来看,虽然整体上保护主体、手段和过程呈现出了多元化的发展趋势,但仍存在社会参与程度不高、市场激励不足及政策间协调度不够等突出问题,而生态损害补偿制度的缺失是造成这些现象的重要原因。将海洋生态损害补偿制度嵌入到现有生态保护制度中,能够有效激励企业、公众参与海洋生态保护的积极性,同时借助市场补偿手段在损益主体间建立经济利益关系,对于实现海洋生态环境事前、事中和事后一体化治理具有重要意义。

四、海洋生态保护制度改革方向

(一)强化顶层设计,完善生态用海制度

海洋生态损害发生的根源在于未能处理好海洋经济发展与海洋环境保护的关系。在长期重陆轻海的传统思想下,海洋一直被视为陆域经济社会发展的缓冲区,承载了来自陆海的双重污染和开发压力。无论是填海造地还是陆源性排海污染,均是由于顶层规划设计的缺失导致的"无序"用海。因此,未来需要在源头加强用海顶层设计,摒弃传统片面追求经济增长为目标的用海方式,立足生态理念完善海岸带利用和保护制度。一是深入推进海洋生态文明建设,制定海洋生态修复的长期目标和主要任务,谋划海洋生态文明顶层设计。二是优化布局海洋空间规划,维护开发秩序,根据不同海域的资源环境承载力变化调整海洋功能区规划,实现集约化、绿色化利用。三是推动实施海洋生态红线制度、"湾长制"等新型海洋管理制度,从法律制度层面构建标准化的、有约束力的制度框架,做好与陆域生态红线、陆域"河长制"的制度衔接。

(二)明晰政府职责,建立绿色考核机制

海洋生态损害发生与政府的非理性决策行为密切相关。以往我国地方官员的政绩考核主要以经济增长为主,造成地方政府竞相加大海洋开发力度而忽视海洋生态保护问题。因此,海洋生态保护制度改革的一个重点领域是转变传统的地方政府政绩考核模式,基于绿色发展理念建立以绿色低碳循环发展为导向的考核机制,明晰地方政府和各管理部门的海洋生态保护职责。一是加强海洋自然资源管理,制定海洋自然资源资产离任审计方法,以海洋生态红线制度为基准,将自然岸线保有率、海水质量、滩涂湿地保护等纳入地方政府考核指标,建立责任追究机制。二是转变官员晋升考核评价体系,建立海洋

绿色循环发展的激励机制,引导各地方积极开展海洋生态治理,建立有效约束无序开发行为的监督机制。三是完善海洋督察工作机制,针对填海造地开展专项督察,加强对地方政府围填海审批的监管力度,避免无序开发。

(三)引入市场机制,创新生态补偿方式

我国海洋生态损害治理主要依靠行政手段,不仅治理效率低下而且成本极高。海洋生态损害补偿制度作为一种运用市场和政府的综合性手段,有助于推动生态保护工作从行政手段为主向综合运用法律、经济、技术和行政手段转变。但是,我国现行实施的海洋生态损害补偿依然局限于以政府为主的"命令—控制"模式,市场机制的作用未能得以发挥。为此,一要探索建立海洋生态补偿交易市场,健全企业环境损害赔偿基金和环境修复保证金制度,积极引入第三方开展生态修复。二要加强海洋生态补偿金使用和治理成效的公开透明性,建立政府、市场和社会多元参与的生态补偿监督机制,提升监管效率。三要建立海洋生态损害补偿基金制度,对责任人不明的生态损害,或对生态环境损害承保的保险人无法完成生态损害补偿时,由补偿基金提供资金予以修复。四要以探索开展从流域到海域的跨行政区海洋生态转移支付试点工作,建立考核奖惩制度,让排污严重、考核未达标的地区通过财政转移支付方式向达标地区进行补偿,提高地方海洋生态保护积极性。

(四)坚持陆海统筹,完善环境监管体制

受陆海二元格局影响,我国海洋生态环境管理长期面临"环保部门不下海,海洋部门不上岸"的困境。第十三届全国人大批准了政府机构和行政体制改革方案,将陆源生态环境保护和海洋生态环境保护职能统一划归到生态环境部。这对于打破长期的陆海分割治理、落实陆海统筹具有重要意义。然而,由于部制改革刚刚起步,从中央到地方生态环境监管部门仍处于梳理、整合阶段,未来海洋生态环境监管如何有效运行依然面临诸多挑战。为落实陆

海统筹基本理念,实现从山顶到海洋的一体化治理,未来应从以下几个方面着力完善海洋生态环境的监管:一是探索建立以各地方党委、政府为责任主体,以地方生态环境保护机构为执行主体的陆海污染联防联控管理体系,强化质量考核、责任追责。二是完善近岸海域水质状况考核,重点海域开展陆源污染入海总量控制的试点工作,逐步建立完整的排污总量控制制度,明确排污监管和水质状况责任主体。三是系统开展陆源入海污染源的排查和监管工作,加大溯源倒查力度,建立网络化、动态化的长效监测机制。

综上,实施以生态系统为基础的海洋综合管理,坚持源头护海、生态管海和陆海统筹是我国海洋生态保护制度改革的重点方向,而其中建立和完善海洋生态损害补偿制度将是改革成败的关键所在。

第二节 海洋生态损害补偿制度嵌入现有保护制度的可行性

海洋生态损害补偿是在海洋生态损害赔偿和海洋生态保护补偿制度建立的背景下提出的一种针对海洋生态环境的补偿制度。不同于生态保护补偿的激励机制,海洋生态损害补偿强调的是海洋资源使用者对产生的环境负外部性"买单",从这一角度它是一种海洋使用者的"赔偿"机制。海洋生态损害补偿也不同于生态损害赔偿的违法追责机制,它强调的是对受损海洋生态环境的建设和修复,从这一角度它是一种对海洋的"保护"机制。总体而言,海洋生态损害补偿制度与现有海洋生态保护制度之间存在互补、替代和关联的复杂关系,海洋生态损害补偿制度的嵌入将极大地完善现有的保护制度体系。

一、海洋生态损害补偿制度与海洋保护制度的互补性

通过梳理海洋生态保护制度的演变历史可知,现行的海洋生态保护依然

过度依赖于政府行政手段,命令—控制式的政策工具占到了政策工具总量的一半以上。虽然短期内强制性的命令控制手段能够及时遏制生态损害行为,但就长期而言存在着生态治理效率低下及监督成本过高等突出问题,而海洋生态损害补偿制度可以有效弥补这一缺陷。一方面,海洋生态损害补偿制度为打破海洋生态治理中的陆海行政分割问题提供了一条可行路径。由于我国传统的行政职能设置,有关海洋生态保护工作一直是由陆域环保部门和海洋部门共同承担,这就造成了在实际监管过程中的部门分割现象,从而严重影响生态治理效果。而借鉴流域生态补偿制度,建立陆海横向的海洋生态损害补偿转移支付制度,就能够借助市场手段搭建起陆域排污地区和海域污染区域的生态—经济利益共同体关系,从而实现陆海一体化治理,提升海洋生态治理效率。另一方面,现有海洋生态保护的经济手段主要以环境税为主,但这种市场手段依然是以政府为单一的参与主体,企业和社会公众是被动的接受者。海洋生态损害补偿制度则能够通过将资源环境资本化,来充分调动企业和社会公众参与保护海洋环境的积极性,从而降低政府的监管成本,最终建立起多中心参与的海洋生态治理机制。综上,在海洋生态保护制度中,政府命令—控制式的行政手段属于强制性的"硬管理",而生态损害补偿制度则属于市场化的"软管理"手段,通过软硬兼施,综合协调配合,做到不同保护手段的优势互补,才能有效提升海洋生态治理效果。

从生态保护过程来看,海洋生态损害补偿既可以是事前预见性的生态损害补偿,也可以是实际生态损害事后的补偿。一方面,作为事前的生态损害补偿能够与现有的事前、事中控制制度形成优势互补;另一方面,作为事后的生态损害补偿也能够弥补以违法追责赔偿为主的传统事后控制模式的不足。梳理海洋生态保护政策发现,总体而言对海洋生态的保护治理主要以海域使用权审批、排污许可证审批、排污标准制定、环保宣传教育等事前控制为主,而事中、事后控制相对较为薄弱。虽然现有生态损害的事前控制能够起到防患未然的作用,但实际操作中由于政策执行不当及监督成本过高,往往出现治理低效问题。相较而言,针对可预见生态损害科学的补偿制度,将市场调节作用引入到生态保护中,借助资源环境的资本化重新树立企业和社会正确的海洋观念,能够大幅提高企业、社会公众自发保护海洋生态环境的积极性。因此,事前的海洋生态损害补偿制度能够对海域使用审批、排污许可审批及环保宣传等事前控制制度起到非常积极的补充作用,提升海洋生态保护的事前控制效率。

二、海洋生态损害补偿制度与海洋保护制度的替代性

与违法追责处罚等传统的海洋生态损害赔偿制度相比,海洋生态损补偿制度具有更深刻的内涵,其强调的是对受损海洋生态环境的建设和修复,更加符合重视对生态损害进行对等补偿、修复的国际趋势。从制度目标角度,海洋生态损害补偿制度和现有的生态损害违法追责制度具有一致性,所针对的主要对象也是以用海或排污企业为主。因此,未来一旦建立了海洋生态损害补偿制度,就应当对原有的行政罚款、企业赔偿等违法追责制度进行替代处理,避免新旧制度之间发生冲突。

由于浙江、上海、福建等海洋沿海省市地区尚未建立起海洋生态补偿制度,因此有关环境污染、生态损害的补偿实践相对匮乏。针对部分违法违规企业,政府多采取行政罚款的方式对企业的海洋生态损害行为进行规范限制,但这种行政处罚与造成的生态损害之间并不存在对等关系,处罚金额往往严重低于生态损害造成的价值损失。虽然原国家海洋局于2014年颁布了《海洋生态损害国家损失索赔办法》,但各地方在实际执行生态损害赔偿中往往依据可量化的渔业资源损失价值作为赔偿标准,而事实上渔业资源损失价值仅是海洋生态损害价值的一部分,因此实际执行的赔偿标准可能难以弥补生态损害所造成的总价值损失。进入20世纪90年代以来,越来越多的生态学家认为生态保护的目标在于保持生态功能的基准水平而不是人们福利水平的不变,进而提出使用生态修复的方案取代货币化评估作为自然资源损害赔偿的

首选原则。① 与传统的追责处罚制度相比,海洋生态损害补偿的方式则具有灵活性和多样性,既可以采用传统的货币补偿方式,也可以借鉴发达国家的经验采用基于生态修复的补偿形式。在实际执行过程中,针对不同的海洋生态损害类型,可以选择最适宜的补偿形式以确保造成的生态损害真正得以恢复,因此,未来通过建立更为科学、灵活的海洋生态损害补偿制度,可以与以罚款为主的违法追责制度形成互补效应,对于实现环境负外部性内部化、加快海洋生态修复等都将起到十分积极的促进作用。

三、海洋生态损害补偿制度与海洋保护制度的关联性

在整个海洋生态保护制度体系中,生态损害补偿制度不是孤立存在的,而是与其他多项制度存在密切的关联关系。

海洋生态损害补偿制度与现行的海洋生态保护红线制度、海洋功能区划制度、海域使用管理制度等事前控制手段具有重要关联性。自 2015 年中共中央、国务院颁布《关于加快推进生态文明建设的意见》以来,"红线+补偿"的生态保护模式已经成为我国生态环境保护制度改革的重要方向,浙江和福建专门出台了针对本省的海洋生态红线管理方案。一方面,生态红线、海洋功能区划等事前预防性制度能够为科学制定海洋生态补偿标准提供参考依据,例如对于禁止开发的海洋红线保护区的生态损害补偿标准应高于限制开发和重点开发区,而对于优先开发海域则可以指定相对较低的补偿标准系数。另一方面,海洋生态损害补偿制度是落实海洋生态红线制度的重要保障。如果仅仅采取行政监督手段,限制开发、禁止开发等区域难免会出现"限、禁"失效的情况。而借助于市场化的补偿机制,让生态损害者赔偿、保护者得到合理补偿,就能够促进生态保护者和受益者良性互动,调动社会保护生态环境的积极性,从而减少政府的监督成本,确保生态红线等事前预防制度的执行效果。

---

① 李京梅、苏红岩:《海洋生态损害补偿标准的关键问题探讨》,《海洋开发与管理》2018 年第 9 期。

在海洋生态损害补偿制度中,准确评估海洋生态损害价值、科学制定生态补偿标准是最为核心的问题,而这主要依赖于及时、准确的环境监测评估。随着政府对海洋环境监测的重视程度不断提高,为便于及时指导、监督各项用海工程项目,2011 年原国家海洋局正式颁布实施了海洋督察制度。2017 年 8月,第一批海洋督察组开展了以围填海为重点的海洋督察,对围填海的海洋生态损害进行全面排查。与此同时,有关海洋督察的信息数据系统也在不断完善。这些环境督察和监测活动能够为海洋生态损害补偿标准的制定提供重要的技术和数据支撑。当然,海洋生态损害补偿制度也可以看作是海洋督察、环境监测等生态保护事中控制制度的有效延续,因为环境审查、评估工作的最终目的都是为了明确海洋生态损害责任,让破坏生态者支付生态价值损失或承担生态修复成本。综上,将海洋生态损害补偿制度嵌入到现有的海洋生态保护制度中,使其与海洋生态红线制度、海洋功能区划制度、海洋环境监测制度、海洋环境督察制度等形成互联互通,能够有效沟通、盘活海洋生态治理的事前、事中和事后全过程,进而提升整个海洋生态保护制度的运行效率。

海洋生态损害补偿制度与海洋环境损害赔偿等具有替代性,与入海污染总量控制制度等具有互补性。因此,在具有替代性的情况下,可以优化选择海洋生态损害补偿制度;在具有互补性的情况下,可以协同推进海洋生态损害补偿制度建设。可见,海洋生态损害补偿制度嵌入海洋保护制度体系是可能的。

第三节　海洋生态损害补偿制度创新重点

一、海洋生态损害补偿制度的创新思路

(一)明确损益主体责任

海洋生态损害涉及损害主体和受损主体,海洋生态损害补偿涉及补偿主

体和受偿主体。无论是损害主体还是受损主体、无论是补偿主体还是受偿主体,都不可能是单一的,可能是多个甚至是众多的,这就大大增加了责任主体的识别难度。因此,海洋生态损害补偿制度建立,首先,要明确各个主体的责任权利,建立长效的责任承担机制。考虑到海洋生态损害涉及利益相关者关系的复杂性,未来需探索引进第三方的责任识别和评估机制,充分确保海洋生态损害损益主体责任界定的客观性和科学性。其次,由于海洋生态损害类型的多样性,不仅包括海洋工程、围填海工程、突发污染事故等点源性损害,也包括难以清晰界定施害主体的陆源面源性的排污损害。为此,需要对不同类型的海洋生态损害进行分类解析。在涉海工程建设、突发性海洋污染等施害主体和受损主体能够明晰的情况下,采用“谁损害,谁补偿;谁受损,谁受偿”的基本原则界定补偿和受偿主体。对于陆源污染等施害主体和受损主体难以明晰的情况下,则主要以代表公共利益的政府作为补偿和受偿主体。再次,为避免“运动员”和“裁判员”合一的制度缺陷,受偿主体也可以选择海洋生态保护基金等社会中介组织,由它们负责补偿金额管理以及开展后续的生态修复工作。

(二)政府和市场手段并重

我国海洋生态补偿主要是以政府的财政补贴、行政处罚等手段为主,缺乏市场化的运行机制,导致现实中补偿效率低下、补偿资金不足等问题。为此,未来应着力打破传统的政府为主的“命令—控制”式补偿政策设计,需要充分借鉴欧美发达国家的资源和环境补偿机制,将市场化运作模式引入补偿政策的设计之中,这也是《生态文明体制改革总体方案》的要求之一。具体而言,可以从生态修复补偿交易市场建立、企业海洋生态损害赔偿基金与海洋生态损害修复保证金制度构建、高风险行业环境责任信托基金与强制环境责任保险制度构建等核心层面着手,探索设计海洋生态损害补偿的市场化运作机制。市场化运作机制的设计需要充分考虑我国海洋生态损害修复和救济的现实需求,避免对国外管理模式的生搬硬套,充分确保法律和配套政策措施设计的现实可操作性。此外,在制定实施生态损害补偿市场化运行机制的过程中,应注意与其他现行制度特别是排污许可证制度、环境税费制度等行政手段的联系与区别,着力发挥政府手段与市场手段的互补、协同作用。

(三)促进多元主体参与

海洋生态损害问题涉及政府、企业和社会公众等多个利益相关者,而且存在损益关系复杂、补偿受偿主体不清晰的突出问题。因此,传统的政府单一主体下的生态补偿制度往往难以协调不同利益相关者之间的复杂关系,导致制度失效。未来的海洋生态损害补偿制度设计中,应重点关注两个方面:一是有效的制度实施必须是"运动员"和"裁判员"分离的,而不是结合的。只要"运动员"和"裁判员"结合的体制必然导致制度失效。传统政府主导下的海洋生态补偿模式中,当施害、受损主体难以清晰界定时,政府往往既是受偿主体,也是补偿标准的制定者,这就导致生态补偿实际执行效果无法得到保障。二是有效的制度实际上是政府、市场和社会的治理结构,而不是简单的"管理者"与"被管理者"之间的主动和被动的关系。为此,海洋生态损害补偿制度的设计应当着力探讨企业、社会公众、社会组织等多元主体的参与机制,实现多主体间的良性互动和制衡,以确保生态补偿的高效运行。具体而言,以政府、企业、第三方机构、保险公司为重点参与主体,从命令控制管理与经济激励约束两个层面,设计海洋生态损害补偿的市场化运作机制与管理方案,让多元主体参与到生态损害主体识别、补偿标准评估、补偿方案实施、补偿效果评估等全过程中。

(四)兼顾效率与公平

无论是政府补偿还是市场补偿都需要设置相应的监督机制,确保所有程序、决策的公开透明,兼顾效率和公平。为此,需要发挥行政监管机关、法律监督机关、公众等多元主体的作用,设计多元主体融合的监督参与法律政策,探索建立海洋生态损害补偿公众参与模式、海洋生态损害补偿公益诉讼制度和海洋生态损害补偿监督机制等。虽然监督规则的缺失会加大权力滥用的机会,但与此同时过于细致的审查流程也会造成弹性不足、成本上升、交易受限等不良影响。因此,在生态损害补偿的监督规则与市场顺畅运行之间需要寻求一种平衡关系。为此,必须建立完善的海洋生态损害补偿信息公开体系,提高生态补偿的透明度,缓解信息不对称导致的负面后果,避免政府补偿中的寻租行为,有效降低市场化补偿运行机制的交易成本,同时也有助于对弱势主体的保护,确保交易公平。为保障生态补偿信息的有效公开,可以借鉴国外模式探索设置可供公众公开获取的登记记录来追踪政府补偿和市场交易的实施情况。① 同时,借助于生态环境监测、报告及政府审阅等形式,定期开展海洋生态损害补偿的绩效评估,及时调整、优化各参与主体在环境管理中的行为准则。

二、海洋生态损害补偿制度的创新目标

海洋生态损害补偿制度的创新目标是:以生态文明建设及生态文明体制改革的顶层设计为指导,以海洋生态损害问题及制度缺陷为问题导向,以实现海洋经济增长和海洋环境保护的协调发展为最终目的,推动海洋生态环境的陆海一体化治理,创建海洋生态损害的市场化补偿机制,加快推进海洋生态损害补偿的法制化建设。

(一)推动海洋生态环境的陆海一体化治理

海洋生态损害的类型主要包括填海造地、陆源污染、海上溢油及各类海岸

---

① Glicksman,R.L.,Thoko,K.,"A Comparative Analysis of Accountability Mechanisms for Eco-system Services Markets in the United States and the European Union,2020", *Transnational Environmental Law*,Vol.2,No.2,2013.

工程等,其中除海上溢油外,其他生态损害均可看作是陆域生产活动向海洋延伸所致。因此,基于陆海统筹视角,海洋生态损害补偿制度的根本目标在于解决陆域生产活动对海洋造成的外部性问题。受过去重陆轻海思想的影响,海洋长期被简单地看作是陆域经济社会发展的缓冲区域,尤其是随着人口和工业不断向沿海地区集聚,海洋甚至变成了一个自然的"纳污池"。在这一背景下,海洋生态损害补偿制度事实上就成为陆海区域之间资源、福利重新分配的重要机制,是搭建陆海生命共同体的重要桥梁,将在整个海洋生态陆海统筹治理中发挥关键性的作用。

(二)创建海洋生态损害的市场化补偿机制

党的十九大报告明确提出,要推进市场化生态补偿机制的建设。长期以来,我国的海洋生态补偿存在过度依赖政府的突出问题,主要由政府确定补偿对象和范围,借助财政补贴、行政处罚等手段开展生态补偿,而缺乏企业和社会公众的参与。鉴于此,未来应探索多元化的市场手段,借助保险、基金等多种金融形式推动社会主体的参与,逐步打造政府命令控制与市场激励引导相结合的海洋生态损害补偿制度。

(三)加快推进海洋生态损害补偿的法制化建设

相较于陆地生态损害补偿制度,海洋生态损害补偿制度的建立更加复杂。在错综复杂的损益关系面前,必须以法律的形式确定谁是施害主体、谁是受损主体、谁是补偿主体、谁是受偿主体、应该补偿多少、实际补偿多少、如何实施补偿等。在法律制度建立的情况下,还需要充分考虑法律制度的实施问题,建立必要的法律制度实施条件。为此,应当鼓励浙江、上海和福建等沿海省市制定、出台相关的法律或规范性文件,不断推进海洋生态损害补偿制度化和法制化,从而保障生态补偿工作的执行效力。

三、海洋生态损害补偿制度的创新举措

针对现有海洋生态保护制度存在的市场失灵、政府失灵和社会失灵突出问题,未来应立足损益主体识别、补偿方式创新、多元主体参与及法律制度保障等多个层面着手探索具体可行路径。

(一)界定海洋生态损害损益主体关系,建立责任追究机制

界定生态损害损益主体关系,明确补偿和受偿责任主体,既是建立海洋生态损害补偿制度的关键前提,也是确保补偿政策实施绩效的重要保障。为此,要加快建立海洋生态损害责任追究的长效机制,确保海洋生态损害的法律责任、行政责任和经济责任"三重落实",坚决制裁环境违法行为,维护公众环境权益。考虑到海洋生态损害类型的多样性,未来应依据损益原则在污染者、攫取者和管理者等生态损害损益主体中寻找不同情形下的有效补偿者和合理受偿者,形成"河海统筹""陆海统筹"与"河陆海统筹"三类海洋生态损害主体关系。同时,为避免政府主导下的寻租行为,应进一步探索引入第三方海洋生态损害鉴定评估机构和专业技术队伍,科学开展海洋生态损害程度及其责任界定工作,形成"追偿—评估—诉讼—赔偿—修复"的生态损害补偿完整链条。最后,对接现行的《党政领导干部生态环境损害责任追究办法》《海洋督察方案》等生态损害责任监管制度,探索构建从中央到地方政府再到企业社会的层级"网络"式责任结构体系,促进政府和其他利益相关者对各自角色和责任的统一认知,打造责任共同体、利益共同体和命运共同体。

(二)创新海洋生态损害补偿方式,开展多元化补偿试点工作

在现有命令控制型海洋生态损害补偿制度基础上,健全货币补偿和基于生态修复补偿两种基本形式,通过引入生态损害补偿市场化运作机制,推动责任主体自愿选择多元的补偿方式。在坚持新环保法所确立的"损害担责"原

则基础上,采取损害补偿的社会化市场化分担,对生态损害的市场化运作进行顶层设计,重点是设计经济性的约束制度,让生态损害者在给定的条件下自行选择对自己最适宜的行动,以实现既定政策目标。为此,可从以下几个方面开展创新补偿试点工作:一是借鉴美国湿地补偿银行制度,建立海洋生态损害修复补偿交易市场,由生态损害责任方购买修复信用,委托第三方进行实际修复。二是健全企业环境损害赔偿基金与环境修复保证金制度,推行生态环境责任保险和生态环境连带责任制度,解决大量资源开发企业的自有资金普遍薄弱、抗风险能力弱、执行污染者付费原则不足的问题。三是建立海洋生态损害补偿基金制度,对责任人不明的生态损害,或对生态环境损害承保的保险人无法完成生态损害补偿时,由基金提供资金予以修复。此外,考虑到我国实际情况,为确保市场化运行机制的有效实施,政府依然需要在其中发挥引领作用,同时鼓励中间人、独立第三方机构积极参与以确保客观性和专业性。

(三)建立海洋生态损害补偿监督机制,引导多元主体参与

生态补偿的绩效评估和监督是我国生态补偿制度建设的薄弱环节,受偿主体及生态修复方往往只关注补偿标准的高低,而对于补偿资金的使用、生态修复的效果问题重视不够,缺乏对生态补偿实施全过程的监督和系统性的绩效评价。为此,一要充分发挥生态环境监测网络在海洋生态损害补偿中的作用,做好生态补偿政策周期内生态环境质量变化的监测工作,为生态补偿绩效评估提供数据支持。二要健全海洋生态损害补偿绩效考核评价体系,基金培育和引入独立的第三方海洋生态评估机构,科学、客观开展生态补偿效率测度。三要将海洋生态损害补偿工作与地方党政领导干部生态环境损害责任追究机制相挂钩,将生态补偿实施效果考核目标纳入领导干部考评体系,督促各地方政府积极推动生态补偿工作。四要引入网络化管理、大数据技术及时对外公布海洋生态环境监测数据和生态补偿信息,健全环境投诉、网络舆情和监控数据等公众参与渠道,便于公众追踪政府补偿和市场交易的实施情况,从而

避免出现政府寻租和腐败现象。

(四)健全海洋生态损害补偿法律体系,保障政策执行效力

完整、科学的海洋生态损害补偿法律体系,是保障海洋生态补偿依法、合理开展的重要约束机制。我国海洋生态补偿制度建设严重滞后于陆域生态补偿。截至 2016 年,尚未有专门针对海洋的生态补偿单行法,仅有山东省于 2016 年颁布了《山东省海洋生态补偿管理办法》,系国内首个政府出台的海洋生态补偿管理规范性文件。为此,一是鼓励浙江、上海及福建等海洋沿海省市地区借鉴山东省做法,尽快研究制定立足本省的海洋生态补偿管理办法,从行政规范层面对海洋生态补偿的概念、范围、评估标准、核算方式及征缴使用等基本问题加以明确,从而为后续更高层的法律规范制定奠定基础。二是海洋生态损害补偿法律制度的构建应做好与生态税收、生态红线等其他现行海洋生态保护法律规范的互补和联系,避免出现法律规范上的冲突。三是加快海洋生态损害补偿程序法的配套跟进,使海洋生态损害补偿工作能够在现实中做到"有法可依,有章可循,执法必严,违法必究"。

第三篇

主体篇——海洋生态损害的损益主体关系及补偿机理研究

随着工业化和城镇化的加速，我国海洋生态平衡破坏严重、海洋环境污染形势严峻、生物多样性不断减少，我国沿海地区的可持续发展进程面临极大挑战。党的十八大报告明确提出，要全力遏制海洋生态环境不断恶化的趋势，加快建立海洋生态损害赔偿和补偿制度。明确补偿主体、补偿标准、补偿方式是建立和完善海洋生态损害补偿制度的重要内容，其中补偿主体的确定是海洋生态损害补偿制度的前提。通过海洋生态损害补偿制度安排以明确或调整损益主体关系是海洋生态损害补偿制度建设的关键。

本篇包括四部分内容，分别为海洋生态损害补偿的宏观主体关系、微观主体关系、补偿主体关系的确立与调整、补偿主体的支付意愿与方式。

本篇的主要创新性观点有：

第一，海洋生态损害补偿的宏观主体关系包括政府间共同出资和政府间财政转移两种模式。以东海为例，在政府间共同出资模式中，中央政府和浙江、福建两个省级政府不直接补偿相应的沿海城市，而是建立由第三方机构管理的共同基金。这种模式的生态损害补偿的手段以资金补偿为主。在政府间财政转移模式中，中央政府和浙江、福建两个省级政府直接对沿海城市进行补偿，由沿海城市进行海洋环境治理。此时，中央政府和省级政府的补偿手段更为多样，既可以有资金补偿，也可以有技术补偿和政策补偿。

第二，海洋生态损害补偿的微观主体关系研究主要关注权利主体和责任主体两类，其中权利主体又包括私益主体和公益主体，他们之间补偿关系的确立与调整表面上取决于司法条件，但经济条件更能体现其本质。个人、单位法人构成了私益主体;除了个人无法提起公益诉讼,单位法人、行政机关、司法机关和公益组织均可以作为公益主体行使权利。责任主体一般包括个人、单位法人与行政机关。此类微观主体之间海洋生态损害补偿关系的确立需要满足合法条件、事实条件、因果条件和经济条件;前三者均为司法条件,经济条件的关键在于侵权成本是否能有效触发补偿响应。

第三,司法途径往往只能解决海上财产损害、水域打捞合同纠纷、共同海损纠纷、船舶触碰损害、通海水域人身损害、海上工程合同纠纷等损益主体比较明确的情形。对于更具有一般性和外部性的海洋生态损害而言,微观补偿主体的界定以及补偿方式的实现需要司法机制以外的经济机制来实现。"出钱"或"出力"是最为常见的也是最容易实现的两种补偿方式。当使用条件价值法进行支付意愿评估时,受访游客视角下中国滨海地区城市层面海洋垃圾的社会成本以额外的一次性门票附加费形式定价为7.29—9.47元;当使用选择实验法进行支付意愿评估时,受访游客视角下中国滨海地区城市层面海洋垃圾的社会成本以额外的一次性门票附加费形式定价为6.75—7.22元。

第四,海洋生态损害补偿的参与主体可以包括消费者、生产者和政府三类市场主体。三类市场主体在构成海洋生态损害补偿关系时可以包括政府—消费者、政府—生产者和政府—政府三类政府主导的补偿主体关系,也可以形成包括生产者—消费者、生产者—生产者和生产者—政府三类企业主导的补偿主体关系,当然也可以以消费者为核心形成补偿关系。在一般均衡分析框架下,政府、生产者和消费者所构造的基础模型可以揭示政府—生产者和生产者—生产者这两对重要的补偿主体关系。只有当海洋生态损害的参与主体相对明确、污染者和被污染者的权责相对清晰时,市场化的企业—企业补偿关系才有可能较优,否则政府主导的补偿制度设计依然是海洋生态损害补偿制度设计的重点。

第九章　海洋生态损害补偿的
宏观主体关系

　　海洋生态损害补偿主体有微观和宏观之分。在政府主导的生态补偿中，宏观主体最为直观。在对海洋生态损害补偿的宏观主体进行分类的基础上讨论城市层面海洋生态损害补偿的政府主体关系是海洋生态损害补偿主体关系研究的核心。在共同出资模式和政府转移模式下进一步区分沿海城市、海洋入海口上游的陆地城市和沿海省份内的陆地城市的补偿行为有助于厘清海洋生态损害补偿的宏观主体关系，进而有利于推进海洋生态损害补偿制度建设和改善海洋生态环境质量。

第一节　海洋生态损害补偿的
宏观主体及其关系

一、海洋生态损害补偿的宏观主体类型

　　海洋生态损害补偿的本质是通过行政、法律等手段将环境污染的负外部性内生化，它的根本目的是为了修复受损的海洋环境。明确补偿主体、补偿标准、补偿方式是海洋生态损害补偿制度建设的重要内容，其中主体关系的确定

是前提。一般来说,主体关系的确定需要遵从"谁损害,谁补偿;谁受损,谁受偿"的原则。从法学角度来看,海洋生态损害的补偿主体和受偿主体都必须具有相应的法人资格,否则就无法提起法律诉讼。

但海洋生态损害涉及的利益相关者十分复杂,在现实中,往往无法完全界定清楚主体间的关系。而且,海洋污染的来源多且易扩散,许多海洋生态损害的事件发生在政府和环保部门监管不到的地方,补偿主体和受偿主体无法确定。即使可以通过技术手段进行排查,但相应的人力、物力和时间成本也要远远超过相应的收益。因此,若仅从法学视角来理解补偿关系很容易使海洋生态损害补偿制度陷入困局,从而违背修复海洋生态环境的初衷。在无法明确法学视角下海洋生态损害的微观主体时,从宏观角度来思考其内部关系十分必要且更为可行。

海洋生态损害主要有两种方式:一种是"人—海"损害,这种形式最常见的有船舶碰撞导致的油污污染和海洋石油开发造成的溢油事故。但这些事故的发生往往没有明确的受损主体,一般认为其只对海洋生态造成了破坏。由于海洋的损害具有传递性,这种形式的损害也可以进一步拓展为"人—海—海"。另一种是"人—海—人",即人类在利用海洋的过程中,破坏海洋环境的同时,对他人的财产造成了损害。这种形式最为常见,比如厦门杏林跨海大桥的建设、山东胶州湾围填海项目等。因此,从广义视角来看,海洋生态损害补偿关系的主体可以归纳为两大类:人和海。在宏观视角下,"人"即为各地的政府,"海"则指海洋。海洋成为受偿主体无可争议,因为海洋生态损害补偿制度的最终目的是为了治理海洋环境,修复生态系统。无论在哪种情况下,海洋都应该成为受偿主体。下面着重讨论政府成为宏观主体的理论基础。

海洋资源的所有权属于国家。《生态环境损害赔偿制度改革方案》规定,国务院明确授权省级、市地级政府(包括直辖市所辖的区县级政府)为本行政区域内生态环境损害赔偿权利人。这里强调政府为海洋生态损害的受偿主体。政府之所以会成为受偿主体的根本原因在于现实中有大量的受偿主体无法明确。对于无法明确受偿主体的海洋环境污染行为,生态损害关系的受偿主体需要由政府来补位。与此同时,在补偿主体缺失的情况下,政府应该承担对应的责任。之所以如此有如下三个原因:一是政府相比其他主体有经济、行政等一系列优势,对于海洋生态环境这类公共物品或准公共物品,政府的干预不可缺失。二是国家授予各级政府海洋资源的管理权,一些无明确受偿主体的损害行为,政府是索赔主体。那么在无法明确补偿主体情况下,政府应该承担相应义务。三是政府的相关机构本身就有保护海洋的义务。根据《中华人民共和国海洋环境保护法》,海洋行政主管部门、海事行政主管部门、渔业行政主管部门、县级及以上地方人民政府有监管和保护海洋环境的职责。海洋环境受到污染就是政府失职行为。如果海洋污染严重,地区公民和相关公益组织可以就政府的不作为提起诉讼。

因此,海洋生态损害涉及的主体包括政府和海洋两个方面。海洋在任何情况下都应该是受偿主体,而政府既有可能是补偿主体,也有可能是受偿主体。在现实中,政府部门还需要进一步细分。首先,从上至下,各级政府可以分为中央政府、省级政府、市级政府等层级。市级政府是海洋生态损害的直接负责人,省级政府负责协调市级政府的关系,而中央政府则负责协调省级政府间的关系。另外,除了最直接关联的各级政府,流域管理机构等政府部门可能也是重要的主体。他们的职责是监督各级政府补偿资金的缴纳和使用。

需要强调的是,海洋生态损害补偿的政府并不仅限于沿海地区,还包括陆地地区,因为陆源污染是海洋环境损害的主要来源。根据2016年的《中国近岸海域环境质量公报》,全国192个入海河流监测断面中,无Ⅰ类水质断面;Ⅱ类水质断面26个,占13.5%;Ⅲ类水质断面64个,占33.3%;Ⅳ类水质断面49个,占25.5%;Ⅴ类水质断面20个,占10.4%;劣Ⅴ类水质断面33个,占17.2%。而且公报还显示,辽宁、河北、天津、山东、江苏、上海、浙江、福建、广东、广西和海南所有沿海地区的入海河流监测断面水质均未达到一类。几乎所有的入海河流都对海水水质产生负面影响。这些入海河流中,除了沿海省份自身外,很大一部分来自入海口的上游地区。因此,陆地省市也可以而且应该是海洋生态损害的补偿主体。

二、海洋生态损害补偿宏观主体关系

海洋生态损害补偿主体关系的确立需要遵循"谁损害,谁补偿;谁受损,谁受偿"的原则。宏观主体关系可以从三个角度分类。

(一)按宏观主体是否靠海分

海洋生态系统与陆地生态系统本质上是相互关联的。除了与海洋直接相关的沿海城市,陆地城市的污染同样会通过入海河流影响海洋的生态环境。宏观主体根据相对海洋的距离远近被区分为陆地城市和沿海城市。由于地理位置的差异,每一类主体与海洋生态环境之间的关系不同,自身的经济体量、排污量以及海洋生态治理目标均有区别。根据不同的组合方式,可以形成三种补偿模式:沿海城市间补偿;陆地城市与沿海城市间补偿;陆地城市间补偿。首先是沿海城市之间的补偿。沿海城市是海洋系统最直接的受益者,同时也是海洋生态损害的重要污染源,他们需要直接承担海洋环境治理的责任。其次是陆海城市间的补偿。这类补偿可以分为两种类型:一是沿海省份的内陆城市,二是入海口上游的内陆城市。之所以需要对这两者进行划分,是因为在相同排污量的情况下,他们最终对海洋的污染程度并不一样。最后,陆地城市之间也会存在补偿关系,因为入海河流经过的上下游城市,也存在损益关系。

(二)按宏观主体上下等级分

按照上下等级划分,宏观主体间的补偿关系可以分为纵向和横向两种模式。纵向补偿指的是上下级补偿,也是我国最常用的生态补偿模式。它指的是中央政府或省级政府对地级市乃至县一级地区的补偿,粤赣东江流域生态补偿就属于这种典型模式。① 上级政府之所以要对下级政府进行补偿通常有两个原因:一是支持地区的绿色发展。尤其对于海洋而言,环境治理的成本几乎无法单独靠地级市的财政来负担。二是因为环境治理具有显著的外溢效应。海洋环境的修复影响的并不仅仅是沿海地区,全省乃至全国都会因为海洋的生态服务功能得益。根据我国水生态补偿模式的经验来看,单一的纵向补偿模式对资金要求较大,持续性并不强,必须叠加横向补偿模式。② 横向补偿指的是地区之间的同级补偿,它既可以是省级之间的横向转移,也可以指城市间的横向转移。横向补偿是我国生态补偿模式的重要方向,应归类于科斯范式,属于半市场化的补偿方式。

(三)按宏观主体补偿手段分

与一般意义的生态补偿一致,海洋生态损害补偿的手段也应该是多元化的,具体可以概括为资金、实物、政策和智力等四大类补偿。资金补偿是最常见的补偿手段,一般是指财政转移支付,可以分为专项转移支付和一般性转移支付。专项转移支付只能用于类似于退耕还林、生态公益林等特定项目,一般性转移支付并不规定具体用途。实物补偿一般是针对特定受害人的补偿,比如对渔民鱼苗、网具的补偿,在政府间较少应用。政策补偿的方式包括税收政策和补贴政策等,比如对海洋清洁型、海洋环保技术等产业进行补贴和减税。智力补偿主要是向受损地区提供海洋环境治理的人才或技术援助。这四类补偿手段中,资金补偿是最常见的,无论是纵向补偿模式还是横向补偿模式都适用。实物补偿、政策补偿和智力补偿国内实践较少。资金补偿根据其出资方式或资金使用方式的不同往往可以重塑不同宏观主体的关系,尤其是政府关系。

---

① 王军锋、侯超波:《中国流域生态补偿机制实施框架与补偿模式研究——基于补偿资金来源的视角》,《中国人口·资源与环境》2013 年第 2 期。

② 谢慧明、俞梦绮、沈满洪:《国内水生态补偿财政资金运作模式研究:资金流向与补偿要素视角》,《中国地质大学学报(社会科学版)》2016 年第 5 期。

三、海洋生态损害补偿宏观主体关系的可能组合

结合已有宏观主体关系框架和我国生态补偿的经验,海洋生态损害补偿的主体关系大致可以形成两类组合:一类为政府间纵横结合的财政转移模式,另一类为政府间共同出资模式。

(一)政府间纵横结合的财政转移模式

政府间纵横结合的财政转移模式强调的是政府之间的补偿,所有资金最终都流向沿海城市,由沿海城市来治理海洋环境。沿海城市补偿资金主要来自四个方面:入海口上游的内陆城市、省内陆地城市、省政府和中央政府。其中,中央政府对沿海城市既可以通过省政府来间接补偿,也可以直接补偿。当沿海城市较多时,间接补偿的方式更为简便。另外,除了陆地城市需要补偿沿海城市外,沿海城市间可能也有补偿关系,但这种关系在现实中很难确定。东海主要的入海河流有长江、钱塘江、瓯江、闽江。这种四通八达的水系很难确定沿海城市间的污染与被污染关系。以两个省份沿海为例,图 9-1 展示了这类模式的宏观主体补偿关系。

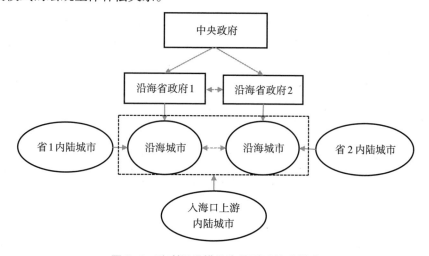

图 9-1　政府间纵横结合的财政转移模式

（二）政府间共同出资模式

政府间共同出资模式强调的是对海洋的补偿,所有的资金最终流向第三方机构。这种模式下,中央政府和省政府不再直接对沿海城市进行补偿,而是建立共同基金。共同基金一般由第三方机构进行管理。比如,福建省闽江、九龙江和晋江流域的生态补偿就是典型的上下游政府间共同出资的流域生态补偿模式,共同资金就由财政和环保部门共同组成的生态补偿小组管理。第三方机构需要确定资金使用原则及管理办法,建立资金使用考核机制,评估资金使用效率等。在这种模式下,根据"谁损害,谁补偿"的原则,陆地城市对沿海城市的横向补偿仍然需要存在,唯一不同的是上级政府不再直接补偿下级政府。这种模式虽然在海洋生态损害补偿的实践不多见,但在流域补偿中已经取得成功经验。具体的宏观主体关系如图9-2所示。

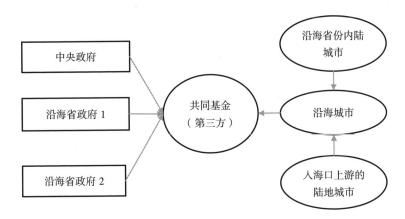

图9-2　政府间共同出资模式

需要强调的是,政府间纵横结合的财政转移模式和政府间共同出资模式在补偿手段的选择上有很大差异。在政府间纵横结合的财政转移模式中,四种主要的补偿手段可以结合使用。虽然同级政府间的横向补偿多是以资金补偿为主,但中央政府和省政府间的补偿却可以通过政策补偿、技术补偿等方式推进。政府间共同出资模式一般只适用于资金补偿方式。虽然政府间共同出资模式淡化了纵向补偿,但这种模式仍可以从广义上看作是纵向补偿,只是改变了受偿主体。因此,东海生态损害补偿关系的实证研究仍以横向和纵向为基准进行讨论。具体地,将入海口上游陆地城市、沿海城市、沿海省份内陆城市的补偿都看作横向补偿,将中央政府和省政府的补偿看作纵向补偿。

第二节　东海生态损害横向补偿主体关系的实证研究

一、东海生态损害横向补偿宏观主体的框架性关系

横向补偿的宏观主体主要包括三类:沿海城市、东海入海口上游的陆地城市和沿海省份内的陆地城市。这里需要注意的是,虽然浙江省和福建省理论上也存在横向补偿,但由于现实中难以确定污染关系,故不再讨论。与此同时,由于上海下辖各区数据缺失,且上海与浙江和福建两省之间的污染关系亦难以确定,故上海市暂不纳入横向补偿宏观主体的实证研究中。

浙江的沿海城市包括台州、温州、嘉兴、宁波和舟山五个城市。福建的沿海城市包括福州、莆田、泉州、漳州、厦门和宁德六个城市。陆地城市考虑两种类型:一是长江沿线城市。它们是除了福建和浙江城市外对东海影响最大的陆地城市。整个长江经济带的城市总共有 48 个,但考虑数据的可得性,南京、苏州、无锡、合肥、武汉、咸宁、宜昌、南昌、重庆、成都等 10 个长江经济带城市作为样本城市参与横向补偿的实证分析。这些城市涉及江苏、湖北、江西、四川和重庆等 5 个省和直辖市,覆盖长江干流自西向东主要地区。二是福建和浙江省内与沿海城市毗邻的城市。浙江省主要考虑杭州、湖州、绍兴、丽水四个城市。福建省主要考虑三明、南平、莆田在内的闽江沿线城市。具体如表9-1所示。

表 9-1　东海生态损害横向补偿实证研究的主体

城市类型	城市
沿海城市	台州、温州、嘉兴、宁波和舟山 福州、莆田、泉州、漳州、厦门和宁德
东海入海口上游陆地城市	南京、苏州、无锡、合肥、武汉、咸宁、宜昌、南昌、重庆、成都
沿海省份陆地城市	杭州湾(杭州、湖州、绍兴) 闽江口(丽水、三明、南平、莆田)

　　这些城市间的实际补偿关系如图 9-3 所示。图 9-3 中南京等东海入海口上游的 10 个城市需要对东海沿海的所有城市进行补偿,而杭州湾和闽江口的城市只需要分别对浙江省和福建省的沿海城市进行补偿。另外,这三类城市内部也可能存在补偿关系,但由于很难界定,在实证中不再讨论。值得指出的是,图 9-3 所给出的补偿关系只是一种理论关系,或者是说框架性的;各城市之间是否需要存在补偿关系或存在多大程度上的补偿关系需要进一步用精准的原则和精确的数据来确定。在图 9-3 中,共同出资模式需要进一步讨论沿海城市之间的补偿关系,而财政转移模式一般不再讨论沿海城市的补偿。

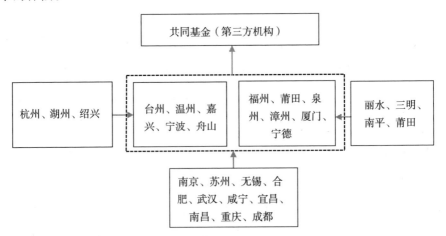

图 9-3　东海生态损害横向补偿主体的框架性关系

二、东海生态损害宏观主体横向补偿关系确立的基本方法与具体指标

(一)东海生态损害补偿关系确立的基本方法

补偿资金和补偿主体理论上应该相互独立,但实际情况中却高度关联。补偿关系能否确立与补偿资金的高低和补偿资金到位的速度密切相关。在宏观主体层面,一系列影响补偿资金的因素也会影响到补偿主体关系的确立。补偿资金是生态损害补偿中多方利益主体关注的核心。[①] 文献中补偿资金的确定方法是多样的。谭秋成(2014)指出生态补偿的最低标准是资源用于经济活动产生的边际收益。[②] 饶欢欢等(2015)建立了海洋工程生态损害评估框架和生态损害补偿标准估算模型,并成功运用于厦门杏林跨海大桥的案例研究。[③] 程艳军(2006)列举了支付意愿法、机会成本法、费用分析法、水资源价值法等若干种确定补偿标准的方法。[④] 沈满洪等(2019)则利用机会成本法、污染权价格法和水权交易法测算千岛湖的生态补偿标准。[⑤] 虽然方法是多变的但原理是相同的,海洋生态损害补偿资金应该根据损失的大小确定。

因为海洋的广阔与河流污染的复杂性,各个城市最终排放到海洋的污染量很难确定,几乎不可能完全精确算出损失的大小。在实际操作中,补偿标准的确定应该因事制宜、因地制宜。[⑥] 鉴于各城市最终排入海洋的污染数据不

---

① 谢慧明、俞梦绮、沈满洪:《国内水生态补偿财政资金运作模式研究:资金流向与补偿要素视角》,《中国地质大学学报(社会科学版)》2016 年第 5 期。

② 谭秋成:《资源的价值及生态补偿标准和方式:资兴东江湖案例》,《中国人口·资源与环境》2014 年第 12 期。

③ 饶欢欢、彭本荣、刘岩等:《海洋工程生态损害评估与补偿——以厦门杏林跨海大桥为例》,《生态学报》2015 年第 16 期。

④ 程艳军:《中国流域生态服务补偿模式研究》,中国农业科学院硕士学位论文,2006 年。

⑤ 沈满洪、谢慧明等:《绿水青山的价值实现》,中国财政经济出版社 2019 年版。

⑥ 周梓萱:《生态文明视阈下构建我国海洋生态补偿机制的探讨》,《广州航海学院学报》2016 年第 2 期。

可得,对于城市补偿资金的确定,工业污染排放量的多寡等是较易获取且好执行的标准。理论上,水污染排放得越多,最终污染海洋的程度就越大。当然,单位排放的最终污染程度与城市和海洋的距离是密切相关的。沿海城市单位排放的影响程度要大于沿海省份陆地城市,要大于入海口上游的陆地城市。因此,这三类城市的补偿分类应分开讨论。

根据 2017 年《中国近岸海域环境质量公报》,海洋环境最常见的污染源为废水、石油类、化学需氧量、氨氮、悬浮物等。相应地,可选择工业废水排放量、工业化学需氧量和工业氨氮排放量三种污染物作为城市排放量的衡量指标。同时,考虑到地区的经济发展水平会影响污染排放量和主体的补偿能力,在确定补偿资金大小时还兼顾了 GDP。具体地,本书采用聚类分析法对GDP、工业废水排放量、工业化学需氧量和工业氨氮排放量四个指标进行聚类处理,从而明确补偿力度的大小。系统聚类法一般分为四个步骤:

第一步是将各个指标进行标准化。因为不同的指标具有量级差异,因此为了各个指标可加,需要进行标准化处理。最常见的标准化处理方法有 min-max 标准化和 z-score 标准化(也叫作标准差标准化)。本章选择的是最常用的 z-score 标准化,公式为:

$$x_{ij} = \frac{X_{ij} - \overline{X_j}}{S_j} , i = 1,2,\cdots,m; \quad j = 1,2,\cdots,n \qquad (9-1)$$

$$\overline{X_j} = \frac{1}{m} \sum X_{ij} \qquad (9-2)$$

式中,m 为地区个数;n 为聚类指标个数;X_{ij} 为第 i 个地区、第 j 个指标的数据;$\overline{X_j}$ 为第 j 个指标的平均值;S_j 为第 j 个因子的标准差;x_{ij} 为标准化后的数据。

第二步是对指标的权重赋值。因不同指标对各地区的风险层次有着不同的影响,权重也会有所不同。在权重赋值时,一般采用主观判断,重要的指标赋予较高的权重,次要的指标赋予较低的权重。均值赋权是一种简易处理办法。

第三步是计算相似统计量。系统聚类法多是以距离为相似统计量,确定新类与其他各类之间距离的方法也有很多,包括欧式距离、偏差距离、相关系数、明氏距离等。其中,欧式距离的平方作为相似统计量的计算公式为:

$$r_{ij}^{2} = \frac{1}{n} \sum_{k=1}^{n} (x_{ik} - x_{jk})^2 \tag{9-3}$$

式(9-3)中 x_{ik} 为第 i 个点第 k 个指标的值, x_{jk} 为第 j 个点第 k 个指标的值。

第四步是完成聚类。首先将每个样本都看作一类,其次是通过欧氏距离将距离最近的两类合并为层次更高的一类。不断重复这个过程就可以将所有的点并入一个大类。

(二)东海生态损害补偿关系确立的基础数据

分类指标主要有四个:工业废水排放量(废水,万吨)、国内生产总值(GDP,亿元)、工业化学需氧量排放量(COD,吨)、工业氨氮排放量(氨氮,吨)。其中废水、COD 和氨氮排放量刻画了城市的水污染程度,GDP 表示该城市经济状况。数据来源于 2016 年和 2017 年《中国统计年鉴》《中国城市统计年鉴》《浙江自然资源与环境统计年鉴》以及长江经济带、杭州湾和闽江流域的部分城市统计年鉴。基础数据见表9-2。根据面板数据聚类分析的处理办法,本书先将 2016 年和 2017 年的各项指标取平均值后再进行聚类分析。

表 9-2　2016 年和 2017 年各城市工业污染排放与经济总量指标

城市	2016 年				2017 年				平均值			
	GDP	废水	COD	氨氮	GDP	废水	COD	氨氮	GDP	废水	COD	氨氮
南京	10503	21624	9036	539	11715	14922	5309	286	11109	18273	7173	413
苏州	15475	46067	31005	2115	17320	42380	25987	1730	16398	44224	28496	1923
无锡	9210	20935	9800	456	10512	20783	9200	406	9861	20859	9500	431
杭州	11314	28382	17571	765	12603	24559	12639	507	11959	26471	15105	636
绍兴	4789	24383	18961	1142	5078	25057	18799	518	4934	24720	18880	830
宁波	8686	15760	8805	540	9842	14426	8030	396	9264	15093	8418	468

续表

城市	2016 年				2017 年				平均值			
	GDP	废水	COD	氨氮	GDP	废水	COD	氨氮	GDP	废水	COD	氨氮
舟山	1241	1439	1252	130	1220	1249	910	79	1231	1344	1081	105
湖州	2284	8532	7571	381	2476	8469	5048	280	2380	8501	6310	331
嘉兴	3862	19763	10616	879	4380	19695	9143	225	4121	19729	9880	552
合肥	6274	5130	2689	252	7003	4389	1583	161	6639	4760	2136	207
武汉	11913	12623	5632	561	13410	11931	3219	249	12662	12277	4426	405
咸宁	1108	1421	2452	66	1235	1561	1717	66	1172	1491	2085	66
宜昌	3709	5919	4159	337	3857	5692	2511	172	3783	5806	3335	255
南昌	4355	10258	5022	380	5003	3861	4162	373	4679	7060	4592	377
重庆	17741	25875	18316	1169	19425	19304	15606	1111	18583	22590	16961	1140
成都	19425	9262	6479	368	13889	8319	3992	265	16657	8791	5236	317
上海	28179	36599	14388	1525	32680	31586	12890	889	30430	34093	13639	1207
丽水	1210	3757	3759	263	1298	3013	2085	163	1254	3385	2922	213
福州	6198	3696	2433	151	7086	4390	2229	91	6642	4043	2331	121
台州	3899	5725	5374	672	4388	5125	4103	400	4144	5425	4739	536
三明	1861	6566	4556	318	2103	5073	3407	216	1982	5820	3982	267
泉州	6647	5315	7750	406	7548	3143	5392	317	7098	4229	6571	362
漳州	3125	15387	4843	227	3528	19051	4373	205	3327	17219	4609	216
温州	5102	5012	4994	447	5412	4249	2669	263	5257	4631	3832	355
厦门	3784	18259	1680	100	4351	21465	1408	94	4068	19862	1544	97
莆田	1823	2503	3612	319	2045	2169	1356	88	1923	2336	2484	204
宁德	1623	1303	2688	156	1756	2389	2214	149	1690	1846	2451	153

三、基于可能出资比例的东海生态损害横向补偿主体关系

（一）由东海入海口上游城市组成的横向生态损害补偿主体

内陆城市虽然从地理位置上看与东海相距甚远,但是中国西高东低的海拔特点决定了内陆河流最终必然汇入汪洋。海洋生态损害问题追根溯源脱不开陆源污染的影响,内陆城市的排污现象表面上对海洋环境不造成危害,但是

其潜在的破坏性已经随着河流的传递悄无声息地蔓延到海洋。[①] 从实现海洋生态损害补偿的目的出发,内陆城市与沿海城市和东海环境之间的关系是补偿与被补偿的关系。为确定东海入海口上游的陆地城市的补偿力度,采用系统聚类法,这 10 个城市的相似矩阵见表 9-3。

表 9-3　东海入海口上游城市的相似矩阵

城市	欧式距离的平方									
	苏州	重庆	成都	武汉	南京	无锡	合肥	南昌	宜昌	咸宁
苏州	0.000	6.946	23.922	22.509	18.849	16.937	31.849	28.363	31.708	38.989
重庆	6.946	0.000	5.446	5.636	4.745	4.549	11.918	10.963	13.047	18.113
成都	23.922	5.446	0.000	0.555	1.504	2.502	3.074	4.032	4.736	7.356
武汉	22.509	5.636	0.555	0.000	0.401	1.053	1.565	1.948	2.547	4.852
南京	18.849	4.745	1.504	0.401	0.000	0.164	2.202	2.039	2.761	5.273
无锡	16.937	4.549	2.502	1.053	0.164	0.000	2.855	2.297	3.095	5.672
合肥	31.849	11.918	3.074	1.565	2.202	2.855	0.000	0.320	0.262	0.963
南昌	28.363	10.963	4.032	1.948	2.039	2.297	0.320	0.000	0.103	0.937
宜昌	31.708	13.047	4.736	2.547	2.761	3.095	0.262	0.103	0.000	0.443
咸宁	38.989	18.113	7.356	4.852	5.273	5.672	0.963	0.937	0.443	0.000

根据表 9-4 的聚类分析结果,可以将东海入海口上游城市组成的海洋生态损害横向补偿主体分为四类:第一类的经济发展水平和工业污染程度都处于末端,包括宜昌、南昌、合肥和咸宁四个城市。这些城市经济发展水平相对落后,对环境造成的污染也较少。这类城市对海洋造成的污染较少,自身补偿能力也较低级。第二类的经济水平和工业污染程度均处于中上游,主要有南京、无锡、武汉和成都这几个城市。它们的经济水平排序基本与环境污染程度排序持平。第三类的城市经济最发达,同时工业污染排放程度也较高,代表城市为重庆市。第四类是经济状况良好但污染严重的苏州市,该市单位 GDP 的

---

① 沈满洪、余璇:《习近平建设海洋强国重要论述研究》,《浙江大学学报(人文社会科学版)》2018 年第 6 期。

污染物排放量明显高于其他城市,故将其补偿力度划分为第一等级。根据不同的等级,不同补偿主体之间的关系可以由不同出资等级确定。一般而言,补偿资金的大小排序应为第一等级>第二等级>第三等级>第四等级。具体来说,苏州在东海入海口上游的 10 个城市中应承担最大的补偿责任。

表 9-4 东海入海口上游城市聚类结果

补偿力度	城市	GDP	排名	废水	排名	COD	排名	氨氮	排名
第一等级	苏州	16398	3	44224	1	28496	1	1923	1
第二等级	重庆	18583	1	22590	2	16961	2	1140	2
第三等级	成都	16657	2	8791	6	5236	5	317	7
	武汉	12662	4	12277	5	4426	7	405	5
	南京	11109	5	18273	4	7173	4	413	4
	无锡	9861	6	20859	3	9500	3	431	3
第四等级	合肥	6639	7	4760	9	2136	9	207	9
	南昌	4679	8	7060	7	4592	6	377	6
	宜昌	3783	9	5806	8	3335	8	255	8
	咸宁	1172	10	1491	10	2085	10	66	10

(二)由杭州湾和闽江口陆地城市组成的横向生态损害补偿主体

杭州湾和闽江口的陆地城市分别属于浙江省和福建省陆地城市。它们虽然没有直接与东海相邻,但是,这些城市所排放的污染总量及与海洋的距离远远小于入海口上游的陆地城市。上游城市所排放的污染物在达到海洋之前,流域沿线各个城市的水环境治理一定能够减少污染物的影响,而杭州湾和闽江沿线的路径较短,其单位污染物排放对海洋环境的影响较大。杭州湾和闽江口陆地城市包括浙江省杭州、湖州、绍兴、丽水和福建省三明、南平、莆田。由于南平市和莆田市工业废水排放等指标缺失,故只对其余五个城市进行聚类分析,相似矩阵见表 9-5。

根据表9-6的聚类分析结果,这类城市根据其经济发展状况和工业污水排放情况,可以被分成三类。由丽水、湖州和三明市共同组成一类补偿主体,它们的基本特征是经济水平与污染排放低。这些城市受到地理位置和自然条件的限制,工业开发程度比较低,污染排放量也相对较少。绍兴和杭州分别是第二与第三类补偿主体,其中绍兴经济水平处于陆海城市的中上水平,但是其废水排放程度却与经济最为发达的杭州地区相当。由于杭州的经济发展水平超过绍兴,因此将其补偿力度划分为第一等级,而将绍兴划分为第二等级。

表 9-5　杭州湾和闽江口陆地城市的相似矩阵

城市	欧式距离的平方				
	杭州	绍兴	湖州	三明	丽水
杭州	0.000	3.395	10.292	13.071	15.829
绍兴	3.395	0.000	9.174	12.277	14.888
湖州	10.292	9.174	0.000	0.231	0.703
三明	13.071	12.277	0.231	0.000	0.140
丽水	15.829	14.888	0.703	0.140	0.000

表 9-6　杭州湾和闽江口陆地城市聚类结果

补偿力度	城市	GDP	排名	废水	排名	COD	排名	氨氮	排名
第一等级	杭州	11959	1	26471	1	15105	2	636	2
第二等级	绍兴	4934	2	24720	2	18880	1	830	1
第三等级	湖州	2380	3	8501	3	6310	3	331	3
	三明	1982	4	5820	4	3982	4	267	4
	丽水	1254	5	3385	5	2922	5	213	5

(三)由沿海城市组成的横向生态损害补偿主体

沿海城市与东海海域的生态环境最为密切。这些城市对海洋的开发利用程度最高,沿海城市优质的先天条件滋养了海洋渔业、滨海旅游业、海洋交通运输业以及海洋工程建筑业等产业的蓬勃发展,但海洋产业在推动海洋经济增长的同时也加剧了海洋生态环境保护的压力。沿海城市相较于陆地城市,其在海洋生态损害补偿上所需要承担的责任是最直接的,补偿力度也应是最大的。与此同时,沿海城市承担着治理海洋环境最紧迫的任务,它们是建设海洋自然保护区、推进海洋修复工程的冲锋队。在整个海洋生态损害横向补偿链中,沿海城市是最下游的受偿主体,理论上应获得陆地城市的排污补偿。假设浙江的台州、温州、嘉兴、宁波、舟山五市以及福建的福州、泉州、漳州、厦门、宁德五市可以共同组成横向生态补偿资金池。由于宁德市和厦门市数据不完整,故聚类分析不包括它们。其余城市的聚类相似矩阵见表9-7。

表9-7 浙江省和福建省沿海城市的相似矩阵

城市	欧式距离的平方							
	宁波	嘉兴	泉州	温州	台州	漳州	福州	舟山
宁波	0.000	5.125	3.808	7.506	7.710	9.407	11.539	24.347
嘉兴	5.125	0.000	8.517	10.055	7.009	6.981	18.230	23.115
泉州	3.808	8.517	0.000	1.398	2.774	6.698	3.928	11.203
温州	7.506	10.055	1.398	0.000	1.351	4.384	2.319	5.663
台州	7.710	7.009	2.774	1.351	0.000	6.105	7.198	9.139
漳州	9.407	6.981	6.698	4.384	6.105	0.000	6.035	7.441
福州	11.539	18.230	3.928	2.319	7.198	6.035	0.000	5.017
舟山	24.347	23.115	11.203	5.663	9.139	7.441	5.017	0.000

表9-8的聚类分析结果显示在由沿海城市组成的横向补偿资金池中,温州、台州和泉州三个城市经济发展水平相似,均位于所有城市的中段位置,工业废弃物的排放情况也处于中游水平;福州和舟山由于环境污染程度极少,被

归为一类,但值得注意的是福州的经济水平远高于舟山;嘉兴和宁波因污染物排放量大而被分成一类,宁波的 GDP 却是嘉兴的两倍有余;漳州的经济状况和主要水污染物排放量均在中位数之下。

表 9-8　沿海城市环境污染和经济发展程度排序表

补偿力度	城市	GDP	排名	废水	排名	COD	排名	氨氮	排名
第一等级	宁波	9264	1	15093	4	8418	2	468	3
	嘉兴	4121	6	19729	2	9880	1	552	1
第二等级	泉州	7098	2	4229	7	6571	3	362	4
	温州	5257	4	4631	6	3832	6	355	5
	台州	4144	5	5425	5	4739	4	536	2
第三等级	漳州	3327	8	17219	3	4609	5	216	6
	厦门	4068	7	19862	1	1544	10	97	11
第四等级	福州	6642	3	4043	8	2331	9	121	9
	舟山	1231	11	1344	11	1081	11	105	10
	莆田	1934	9	2336	9	2484	7	204	7
	宁德	1690	10	1846	10	2451	8	153	8

四、东海生态损害横向补偿主体的比较

东海生态损害横向补偿主体根据与东海的相对位置可以分为内陆城市、陆海城市和沿海城市。每一大类中的城市按照经济水平与排污情况又被细分成若干小类。这些城市因为不同程度的排污行为都要承担相应的补偿责任,而每一类主体理论上应该实现的出资规模或出资比例并不是等同的,这需要由它们自身对环境造成的损害程度决定。表 9-9 对实证研究结果进行了汇总归纳,依次比较了东海入海口上游城市、福建省和浙江省内部城市、沿海城市的经济和环境基本特征以及它们成为补偿主体、受偿主体和应该承担的补偿责任等情况。

表 9-9　海洋生态损害横向补偿主体的分类比较

城市分类	东海入海口上游				杭州湾和闽江口			沿海城市			
	一类	二类	三类	四类	一类	二类	三类	一类	二类	三类	四类
	咸宁、宜昌、南昌、合肥	武汉、南京、无锡、成都	重庆	苏州	丽水、湖州、三明	杭州	绍兴	温州、泉州、台州	福州、舟山	漳州	宁波、嘉兴
靠海距离	最远				居中			最近			
污染情况	4	3	2	1	3	2	1	2	4	3	1
经济水平	4	3	1	2	3	1	2	2	3	4	1
补偿主体	是				是			是			
补偿对象	沿海城市、东海				沿海城市、东海			东海			
受偿主体	否				否			是			
补偿力度	4	3	2	1	3	1	2	2	4	3	1

在东海入海口上游城市中,污染情况分别是四类>三类>二类>一类,经济水平是三类>四类>二类>一类,理论的出资规模根据污染情况也认为是四类>三类>二类>一类。苏州市在经济发展的过程中对环境造成的污染是长江干流沿线主要城市中相对最大的。因此,从补偿主体角度看,苏州应该承担最大的补偿责任。重庆虽然污染程度位居第二,但经济发展水平较高,补偿能力强,补偿力度也应该较大。在杭州湾和闽江口城市中,污染情况分别是二类>三类>一类,经济水平是二类>三类>一类,理论的出资规模根据污染情况也认为是二类>三类>一类。杭州和绍兴虽然因为经济发展水平的差异在聚类分析时呈现了单独成为一类的结果,但是它们污染物的排放量并未存在显著区别,杭州和绍兴在横向补偿资金池中的出资规模都应放在第一梯队。在沿海城市中,各类别污染程度依次为四类>一类>三类>二类,经济发展水平比较明确的是四类>一类>二类>三类。因为一类中温州、泉州、台州经济状况均位于沿海城市的中上水平,出资规模为四类>一类>三类>二类。另外,相对海洋的位置会影响三类主体污染物排放对海洋环境的最终影响程度,距离海洋最近

的影响最大。因此,单位污染物排放的补偿力度应该为沿海城市>杭州湾和闽江口城市>东海入海口上游城市。

第三节　东海生态损害纵横结合补偿 主体关系的实证研究

一、嵌套省政府的补偿主体关系

东海直接涉及的省级政府有浙江省和福建省(上海市由于数据缺失暂不考虑)。省级政府的补偿有两种方式:一种是直接补偿共同基金,另一种是补偿各自的沿海城市。这两种模式对于省政府的生态损害补偿资金具有不同的影响,需要分类讨论。

(一)嵌套省政府的共同出资模式

政府间共同出资模式的补偿关系很简单,浙江省政府和福建省政府分别出资,由第三方机构共同保管。这种补偿框架如图9-4所示。

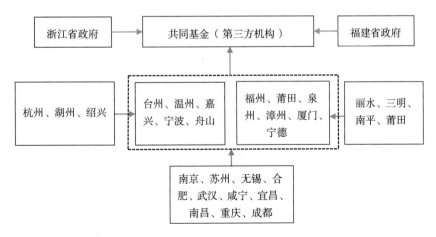

图9-4　嵌套省政府的共同出资模式

由于省政府本身是无排污行为的,所以省政府的补偿水平不再由地区排污量决定,而应由海水质量决定,因为省政府财政转移的目的就在于治理海洋环境。经济发展水平越高,污染程度越严重,补偿力度应该越大。根据中国近岸海域环境质量公报的表述,考虑将海水水质状况等级分为优、良好、一般、差和极差五个等级,具体如表9-10所示。

表9-10　海水水质状况等级

水质等级	分级标准
优	一类海水 ≥ 60%,且一、二类海水 ≥ 90%
良好	一、二类海水 ≥ 80%
一般	一、二类 ≥ 60%且劣四类 ≤ 30%;或一、二类<60%且一至三类 ≥ 90%
差	一、二类<60%且劣四类 ≤ 30%;或30%<劣四类 ≤ 40%;或一、二类<60%且一至四类 ≥ 90%
极差	劣四类>40%

注:根据中国近岸海域环境质量公报内容整理。

表9-11展示了2016年和2017年浙江省和福建省的近岸海域水质和经济发展水平。可以发现,浙江省海水质量虽然2017年比2016年有所改善,但还是相对较差。相对而言,福建省的海水质量要优于浙江,2017年已经由一般变为良好。从GDP水平来看,浙江省的GDP水平是福建省的1.6倍左右。因此,如果按照政府间共同出资的模式进行补偿,浙江省的出资金额是福建省的2倍以上。

表9-11　2016年和2017年浙江省和福建省近岸海域
水质占比(%)和GDP(万亿元)

年份	省份	GDP	水质	一类	二类	三类	四类	劣四	污染因子
2016	浙江	4.73	极差	8.9	19.6	12.5	5.4	53.6	无机氮、活性磷酸盐
	福建	2.88	一般	19.1	53.2	14.9	2.1	10.6	无机氮、活性磷酸盐

续表

年份	省份	GDP	水质	一类	二类	三类	四类	劣四	污染因子
2017	浙江	5.18	极差	10.7	12.5	17.9	14.3	44.6	无机氮、活性磷酸盐
	福建	3.22	良好	25.5	57.4	4.3	6.4	6.4	无机氮、活性磷酸盐

注:数据来源于 2016 年和 2017 年中国近岸海域环境质量公报。

(二)嵌套省政府的财政转移模式

若采用政府间财政转移模式,浙江省和福建省则需分别对各自的沿海城市进行补偿,这时的宏观主体关系如图 9-5 所示。

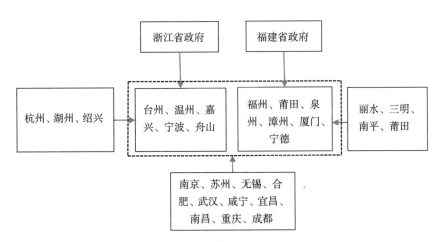

图 9-5　嵌套省政府的财政转移模式

因为不同沿海城市的经济发展水平和海洋环境污染程度存在显著差异,因此省级政府在补偿不同的沿海城市时其力度应有所差异。沿海城市的经济发展水平越低,海水污染越严重,省政府对其的补偿力度应该越大。福建省和浙江省各城市的 GDP 和海水质量如表 9-12 所示。可以发现,福建省六个沿海城市的海水质量要远远好于浙江省。

表 9-12　2016 年和 2017 年浙江省和福建省沿海城市 GDP 和近岸海域海水质量

年份		2016 年		2017 年	
省份	城市	GDP（亿元）	海水质量	GDP（亿元）	海水质量
福建	福州	6198	一般	7086	良好
福建	莆田	1823	良好	2045	良好
福建	泉州	6647	一般	7548	良好
福建	漳州	3125	一般	3528	良好
福建	厦门	3784	一般	4351	一般
福建	宁德	1623	差	1756	差
浙江	台州	3899	差	4388	差
浙江	温州	5102	极差	5412	差
浙江	嘉兴	3862	极差	4380	极差
浙江	宁波	8686	极差	9842	极差
浙江	舟山	1241	极差	1220	极差

　　同样根据系统聚类方法,分别对浙江省和福建省沿海城市的受偿力度进行分析。在聚类分析时,为量化海水质量,将优秀赋值为 5,良好为 4,一般为 3,差为 2,极差为 1。取 2016 年和 2017 年的平均值进行聚类,结果如表 9-13 所示。在福建省内,宁德市应该被补偿最多,它的经济发展水平在 6 个沿海城市中倒数第一,且海水污染最为严重。福州因为经济发展水平最高,而且海水污染并不大,因此受偿力度应该最小,而莆田、泉州、漳州和厦门的受偿力度应该相当,处于中间水平。在浙江省内,舟山和嘉兴的经济发展水平处于末尾,且海水质量为极差,治污成本较高,受偿力度应该最大。宁波虽然海水质量也是极差,但其自身的经济发展水平较高,承受力更强,因此受偿力度应该最小。台州和温州受偿金额处于中间水平。值得指出的是,嵌套省政府的财政转移模式是一个备选方案,各城市应立足于自身的污染减排来治理海水环境,省政府可以在起步阶段作试点性或激励性制度安排。

表 9-13　福建省和浙江省沿海城市的相似矩阵

城市	欧式距离的平方					
	福州	莆田	泉州	漳州	厦门	宁德
福州	0.000	7.103	4.408	5.941	6.154	11.418
莆田	7.103	0.000	0.743	.542	2.142	8.421
泉州	4.408	0.743	0.000	0.114	0.601	4.972
漳州	5.941	0.542	0.114	0.000	0.531	4.759
厦门	6.154	2.142	0.601	0.531	0.000	2.150
宁德	11.418	8.421	4.972	4.759	2.150	0.000

城市	欧式距离的平方				
	台州	温州	嘉兴	宁波	舟山
台州	0.000	1.404	5.000	8.097	6.004
温州	1.404	0.000	1.420	3.118	3.196
嘉兴	5.000	1.420	0.000	3.168	0.964
宁波	8.097	3.118	3.168	0.000	7.628
舟山	6.004	3.196	0.964	7.628	0.000

表 9-14　福建省和浙江省沿海城市的聚类分析结果

城市	福建省		
	GDP 均值（亿元）	海水质量平均得分	受偿力度
福州	6642	3.5	第三等级
莆田	1934	4	第二等级
泉州	7098	3.5	第二等级
漳州	3327	3.5	第二等级
厦门	4068	3	第二等级
宁德	1690	2	第一等级

城市	浙江省		
	GDP 均值（亿元）	海水质量平均得分	受偿力度
台州	4144	2	第二等级
温州	5257	1.5	第二等级
嘉兴	4121	1	等一等级
宁波	9264	1	第三等级
舟山	1231	1	第一等级

二、嵌套中央政府的补偿主体关系

(一)嵌套中央政府的共同出资模式

与嵌套省政府的补偿模式相似,嵌套中央政府的补偿模式同样有共同出资和财政转移两种。在政府间共同出资的模式下,东海生态损害补偿的宏观主体关系如图9-6所示。这种情况下,中央政府的补偿标准需要依据东海的污染情况而定。表9-15给出了东海与其他海域海水质量的比较。与2016年相比,东海的海水质量持平,都是差,但一类和二类海水的质量却在减少。与渤海、黄海和南海相比,东海海水质量处于末尾。因此,在单位海域的治理成本上,东海要远远高于渤海、黄海与南海。如果中央政府要对四大海区进行补偿,那么东海的补偿力度应大于其他三大海区。当然,中央政府的补偿力度还需要考虑自身的财政预算和沿海省份自身的财力水平,既不能让沿海地区承受过高的治理成本,但也不能过度转移沿海地区的成本。

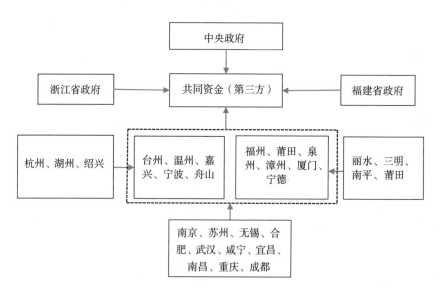

图9-6　嵌套中央政府和省政府的东海生态损害补偿的共同出资模式

表 9-15 2016 年和 2017 年中国近岸海域四大海区的海水质量

海区	2016 年						2017 年				
	质量	一类	二类	三类	四类	劣四	质量	一类	二类	三类	四类	劣四
渤海	一般	28.4	44.4	17.3	4.9	4.9	一般	19.8	48.1	14.8	7.4	9.9
黄海	良好	38.5	50.5	4.4	5.5	1.1	良好	37.4	45.1	9.9	5.5	2.2
东海	差	12.4	31.9	15.0	3.5	37.2	差	15.9	31.0	12.4	9.7	31.0
南海	良好	47.7	40.2	6.1	0	6.1	一般	57.6	18.2	5.3	3.8	15.2

（二）嵌套中央政府的财政转移模式

在政府间财政转移模式下,嵌套中央政府东海生态损害补偿的宏观主体
关系如图 9-7 所示。这种补偿模式下,中央政府除了要根据整个东海的海水
质量确定补偿资金大小外,还需要根据浙江和福建两省的经济发展水平和海
水质量来确定受偿比例。浙江省和福建省的经济发展水平和海水质量在嵌套
省级政府的共同出资模式下已有所讨论,见表 9-11。浙江省虽然海水质量比
福建省差,但地区生产总值却是福建省的 1.5 倍左右。因此,中央政府对浙江
省和福建省单位海域的补偿力度应该是相当的。

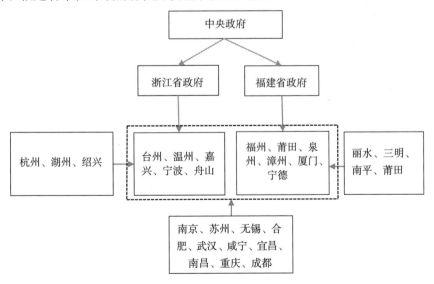

图 9-7 嵌套中央政府和省政府的东海生态损害补偿的财政转移模式

总之,东海生态损害补偿的宏观主体相对明确,但各主体之间的关系依出资比例以及补偿原则等而异。宏观主体关系主要由政府间共同出资模式和政府间财政转移模式决定。在政府间共同出资模式中,中央政府和浙江、福建省政府不再直接补偿相应的沿海城市,而是建立由第三方机构管理的共同基金。这种模式的生态损害补偿的手段以资金补偿为主。在政府间财政转移模式中,中央政府和浙江、福建两个省级政府直接对沿海城市进行补偿,由沿海城市进行海洋环境的治理。此时,中央政府和省级政府的补偿手段更为多样,既可以有资金补偿,也可以有技术补偿和政策补偿。在补偿标准问题上,依据"谁损害,谁补偿"的原则,东海入海口上游城市、杭州湾和闽江口城市及其沿海城市需要根据自身的排污量和经济发展水平确定。中央政府和省级政府因为本身无排污行为,可以从海水质量角度推进保障性补偿。当然,纵向补偿可以采取倒推和顺推两种模式。顺推是指中央政府和省级政府根据自身的财政情况来确定补偿金额,倒推是根据沿海城市自身的出资水平和治理目标来填补一定的资金缺口。

第十章　海洋生态损害补偿的
微观主体关系

绝大部分海洋生态损害补偿实践中的主体均为市场的微观主体,包括政府、企业和居民。明确界定海洋生态损害补偿主体的内涵与外延,探究海洋生态损害微观主体之间的补偿关系以及梳理中国海洋生态损害补偿实践中已有的各类补偿案例,对于进一步完善海洋生态损害补偿制度具有重要的经验借鉴意义。海洋生态损害情形多样,补偿主体多元,通过多样本的研究可以把握现实情形下补偿主体的特征,有利于进一步拓宽海洋生态损害制度的研究视野,为政府制定有效的海洋生态损害补偿政策提供指导意义。

第一节　海洋生态损害补偿微观主体的内涵与类型

海洋生态损害补偿微观主体的内涵可以从基本要素和基本类型两个维度进行分析。海洋生态补偿包括生态损害赔偿和生态保护补偿,海洋生态补偿微观主体包括公益主体和私益主体等。

一、海洋生态损害补偿微观主体的基本要素

海洋生态损害补偿微观主体并没有统一的内涵界定。立足于生态学、经

济学和法学等不同学科进行的研究也各有侧重。

生态学和经济学将生态补偿的研究要素落脚在其对生态系统服务价值、自然资源的配置效率或者成本和收益的影响上,如从海洋生态系统服务功能的变化来看,海洋生态损害补偿主体是指因海洋生态系统服务功能的变化而受益的一方或损害海洋生态系统服务功能的一方,而为提高海洋生态系统服务功能作出贡献者或海洋生态系统服务功能损害的受害者一般是受偿主体。①

法学视角下的生态补偿核心要素是相对具体的主体特征、主体间的权利义务关系。② 李爱年等(2006)指出在补偿法律关系中涉及权利和义务两个法律主体,分为补偿接收主体和补偿实施主体,它们分别对应的是补偿主体和受偿主体。③ 法学上的生态补偿应该以环境正外部性矫正为目标,体现出“使用者的功能性修复”;此时,生态补偿的主体是基于由环境正外部性引起的环境功能性价值的补偿主体和受偿主体。④

总之,海洋生态补偿包括“增益”和“抑损”两个方面,即生态损害赔偿和生态保护补偿。只不过,工业化和城镇化过程中的中国沿海地区海洋生态损害事实更为突出,从省市层面海洋渔业和滨海旅游业的损失值就可以得到验证,因为所有的沿海省市都面临着损失。因此,海洋生态损害补偿微观主体研究将主要关注在开发或使用过程中对海洋生态造成的损害,即产生负外部性时的补偿。⑤

---

① 郑苗壮、刘岩、彭本荣等:《海洋生态补偿的理论及内涵解析》,《生态环境学报》2012 年第 11 期。张婉清:《中国海洋生态损害损益主体关系的理论框架研究》,《特区经济》2018 年第 10 期。

② 汪劲:《论生态补偿的概念——以〈生态补偿条例〉草案的立法解释为背景》,《中国地质大学学报(社会科学版)》2014 年第 1 期。

③ 李爱年、刘旭芳:《对我国生态补偿的立法构想》,《生态环境》2006 年第 1 期。

④ 李永宁:《论生态补偿的法学涵义及其法律制度完善——以经济学的分析为视角》,《法律科学(西北政法大学学报)》2011 年第 2 期。

⑤ 金高洁、方凤满、高超:《构建生态补偿机制的关键问题探讨》,《环境保护》2008 年第 2 期。

二、海洋生态损害补偿微观主体的基本类型

海洋生态环境的损害源头可以分为陆源污染物、海岸工程建设项目、海洋工程建设项目、倾倒废弃物、船舶及相关作业活动等五类。[①] 大量海洋损害司法诉讼涉及最常见的损害方式就是船舶碰撞导致的油污污染和海洋石油开发造成的溢油事故;它们产生了诸如渔业养殖损失、生态环境损害、人身健康受损等后果。

海洋生态损害补偿的司法诉讼可以分为私权诉讼和公权诉讼,私法只对民事主体的人身或者财产所遭受的损害提供救济,而不包括对生态损害作出的补偿,[②]国家利益和公共利益从大的方面讲都是代表了海洋生态环境的公众利益,国家或者环保公益组织等可以代表公共利益提起诉讼,[③]因此在讨论海洋生态损害损益主体的时候可以广义地将其概括为私益主体和公益主体。

根据传统的"直接利害关系"当事人原则,私益主体的确定方法成熟且清晰。而公益主体由于具有多元性、不确定性、无关联性等特点,认定的原则和理论更为复杂,认定难度更大。[④] 海洋生态损害往往会导致一定区域内生态环境整体的受损,是对自然资源和公共利益的危害。国家(国家行政机关)、社会(公民、法人和其他社会组织)和司法机关(检察机关)可以作为索赔主体提起诉讼。[⑤] 国务院可以授权相应的管理部门拥有索赔权,代表国家行使索赔权利[⑥],

---

①　宫晴晴:《海洋生态环境损害国家索赔制度初探》,华东政法大学硕士学位论文,2012年。

②　刘家沂:《论油污环境损害法律制度框架中的海洋生态公共利益诉求》,《中国软科学》2011年第5期。

③　郭玉坤:《海洋油污染纯粹经济损失求偿主体探究》,《苏州大学学报(哲学社会科学版)》2015年第3期。

④　戚道孟:《论海洋环境污染损害赔偿纠纷中的诉讼原告》,《中国海洋大学学报(社会科学版)》2004年第1期。

⑤　唐宏伟:《船舶油污损害赔偿制度研究》,烟台大学硕士学位论文,2017年。

⑥　张小龙:《科学发展观视角下的海洋环境污染损害赔偿法律制度研究》,西南石油大学硕士学位论文,2013年。

如国家海洋部门、渔政部门、环保部门等①；各类环保组织、社会组织可以代表公众行使索赔权②；还有检察机关可以代表国家司法机关作为索赔主体③。

第二节　海洋生态损害补偿微观主体的分析框架

海洋生态损害补偿微观主体的分析框架存在理论与经验之分。理论分析框架从权利主体出发重点关注具体的私益和公益主体；经验分析框架从人类社会活动出发，讨论经济行为可能带来的海洋生态改善或恶化。

一、海洋生态损害补偿微观主体的理论分析框架

海洋生态损害损益主体包括权利主体和责任主体两类，其中权利主体又包括私益主体和公益主体，具体如图 10-1 所示。

具体来说，在法学分析范式下，根据法律关系中权利和义务的指向，海洋生态损害损益主体被分为责任主体与权利主体。权利主体是指在享用海洋生态系统服务时，自身利益遭受损害的一方，在海洋生态损害案件中享有依法提起司法诉讼保障自身或公共利益的权利，也可以理解为索赔主体或受偿主体；责任主体是指在享用海洋生态系统服务时，需要承担损害责任的一方，需要承担对海洋生态环境造成损害后的赔偿、修复等义务，是赔偿主体。权利主体从利益的属性来看可以分为私益主体和公益主体，私益主体提起的诉讼称为私益讼诉，在个人或者少数人利益直接受到侵害时请求的司法保护；而公益主体一般是出于保护公共利益的目的提起诉讼。损益主体按照性质区分具有个

---

① 李娜：《海洋油污生态损害赔偿法律制度研究》，哈尔滨工程大学硕士学位论文，2013 年。

② 李硕：《论海洋环境污染损害的求偿主体及其救济路径》，吉林大学硕士学位论文，2013 年。

③ 段厚省：《海洋环境公益诉讼四题初探——从浦东环保局诉密斯姆公司等船舶污染损害赔偿案谈起》，《东方法学》2016 年第 5 期。

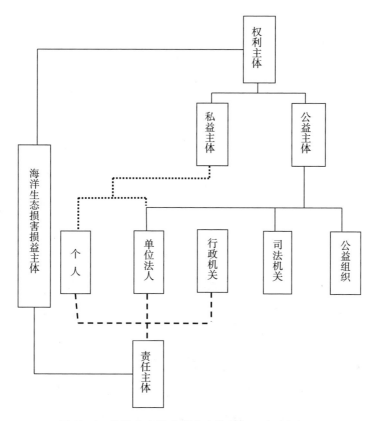

图 10-1　海洋生态损害损益主体关系理论分析框架

人、单位法人、行政机关、司法机关和公益组织几种不同的类型。个人、单位法人构成了私益主体;除了个人无法提起公益诉讼,单位法人、行政机关、司法机关和公益组织均可以作为公益主体行使权利。责任主体一般包括个人、单位法人与行政机关。[①]

二、海洋生态损害补偿微观主体的经验分析框架

就主体性质而言,海洋生态损益主体关系可以直观地理解为"一方受损、

---

①　张婉清:《海洋生态损害补偿关系的确立及影响因素研究》,浙江理工大学硕士学位论文,2019 年。

一方获益""一方索赔、一方补偿"的结果。但是,在实际的具体案件中,站在司法天平两端的主体,存在双方利益皆受损害的情况。因此,从明晰海洋生态损害主体的目的出发——为了更精准地进行补偿,在单纯地基于经济视角考虑损失之外,还应从权责的归属分析案件以更好地实现效率和公平兼顾的补偿。依据我国《民法通则》对公民和法人的定义,公民包括具有民事权利能力的自然人、个体工商户、农村承包经营户和个人合伙形式的经营团体;法人通常指具有民事权利能力和民事行为能力的组织,具有法人资格的各类企业等。① 海洋生态损害损益主体的性质可以分为如下三种:自然人(个体公民)、企业、政府机关或其他社会组织(机关、事业单位和社会团体法人)。

就主体行为而言,海洋生态损害的行为具有复杂性、潜伏性等特点。② 从海洋生态损害的定义出发,海洋生态损害行为是指因自然变化或人类活动而引起或可能引起的海洋生态系统失衡和生态环境恶化,以及因此给人类和整个海洋生物界的生存和发展带来不利影响的行为。这意味着,海洋生态损害行为可能是自然力作用的结果,也可能是人为作用的结果。

就主体关系而言,人类社会活动对海洋生态系统的响应是在明确主体性质和主体行为后进行的。时间和空间响应能够直接刻画人类对海洋生态环境的影响效果,包括海洋生态损害发生的阶段性和区域性。基于主体性质和主体行为所构成的补偿关系可以更具体地揭示人类系统对海洋系统的响应机制。人类系统内部结构的多元化和差异性会引发海洋系统不同形式和不同程度的响应。响应表示人类社会活动和海洋生态系统之间的影响形式,图 10-2 揭示了人类与海洋环境的相互作用效果。

海洋生态系统有其自身的承载容量和自净能力,亿万年来稳定地存在于

---

① 参见我国《民法通则》第二章第一节第九条、第二章第四节第二十六条、第二章第四节第二十七条、第二章第五节第三十条、第三章第一节第三十六条、第三章第二节第四十一条、第三章第三节第五十条。

② 牟丽环、杜永平:《海洋生态损害的侵权行为分析》,《重庆与世界(学术版)》2013 年第5 期。

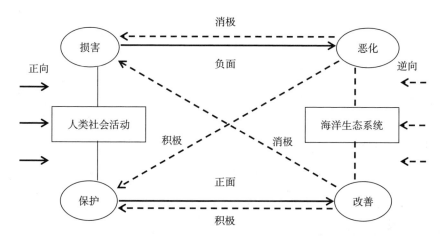

图 10-2　人类社会活动与海洋生态系统响应机制示意图

地球之上。在不受到任何人类社会活动干预时,自然因素的影响一般不会破坏海洋生态系统的平衡。一旦人类的行为作用于海洋时,海洋生态系统便会对此作出响应。人类社会活动可以有损害和保护两种行为,呈现为恶化或改善两种不同的结果。这个过程可视为海洋生态系统对人类社会活动的正向响应。反之,人类需要面对海洋生态系统的变化并可以据此调整其自身行为。这是人类社会活动对海洋生态系统的逆向响应,也是一种反馈。

　　开采海洋矿产、围填海、捕食海洋生物、海上航运、排海工程等一系列开发利用海洋的活动是人类社会发展中不可避免的。过度的开发利用行为会对海洋生态环境带来许多负面的影响。海洋生态系统在人类开发利用过程中会碰到诸如海水水质恶化、海洋生物多样性减少、海洋资源耗竭等可见或可预期的负面结果。这些结果又会反作用到人类身上,影响人类的生存与发展,人类需要为此调整其行为方式,包括选择利于海洋生态保护的行为或继续过度开发利用的损害行为。同理,人类保护海洋的行为会使海洋生态系统产生改善的响应结果,逆向响应也会存在积极和消极的行为。

　　当人类开发利用海洋时,海洋生态环境或人类的人身、财产等利益在此过程中会遭受损害,补偿是人类应对海洋生态损害作出的补救行为。补偿响应是当海洋生态损害发生后人们根据后果的类型和程度不同利用经济、法律等手段调整主体关系并将负外部性成本内部化。它遵循"损害—恶化—保护—改善"的 Z 型系统响应机制。

综上所述,"性质—行为—响应"三位一体的主体分析框架如图 10-3 所示。图 10-3 主要是在丰富性质属性的基础上增加了"行为"和"响应"两个维度对主体关系进行解构。"行为"是指损益主体采取何种方式对海洋生态产生影响,包括积极影响和消极影响,海洋生态损害反映了主体行为的消极影响;"响应"是指经济活动等人类系统如何对海洋生态系统作出响应,包括空间响应、时间响应和系统响应等多种形式。

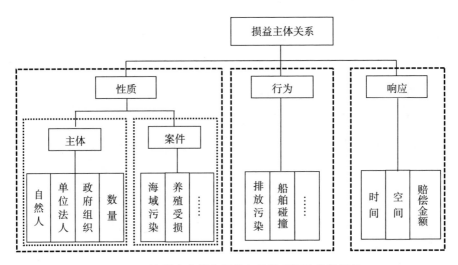

图 10-3　海洋生态损害损益主体关系经验分析框架

第三节　海洋生态损害补偿微观主体的主要特征

参考原国家海洋局于 2014 年 10 月 21 日印发的《海洋生态损害国家损失索赔办法》,以"导致海洋环境污染或生态破坏"的一系列行为作为检索依据,剔除了不符合条件和重复案件后,中国裁判文书网上共有 195 份海洋环境相

关的司法判决书(检索截止时间:2017 年 12 月)。其中对海洋生态系统本身
造成损害的案件为 80 个,称为"直接损害"案件;在海域使用过程中发生的其
他损害案件为 115 个,称为"间接损害"案件。① 假设海洋生态损害的损益主
体分为受偿主体(权利主体)与补偿主体(责任主体),那么判决书中的主体即
为原告和被告。

一、海洋生态损害补偿微观主体的性质特征

(一)"一对一"的补偿关系占据主导地位

海洋生态损害发生时,多方受损或者多方肇事的现象并不罕见,因此损益
主体并不总是单个的。针对原告与被告的数量进行统计可以得到几种不同的
数量对应关系,如图 10-4 所示。

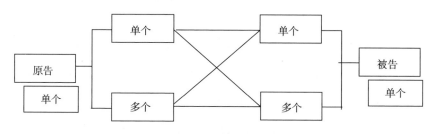

图 10-4 原告与被告数量对应关系

原告与被告具体数量的统计如表 10-1 所示。在样本中,单个原告对应
单个被告的案件共 87 起;单个原告对应多个被告共 50 起;多个原告对应单个
被告 25 起;原告与被告均是多个的一共 19 起。直接案件中,单个原告对应单

---

① 海洋生态系统本身的损害包括海洋生物群落或海洋环境受损,在案件中表现为海水水
质污染、海洋渔业受损等。海域使用过程中的损害指的是在案件中损益双方并不直接代表海洋
生态环境的利益,但是由于海洋航运、海上工程以及其他海域使用行为依然存在对海洋生态系
统造成损害的可能,因此同样纳入研究范围。案件包括胜诉和败诉两类。此外,2017 年一共检
索到 175 份判决书,其中仅个人与康菲石油公司的诉讼案件就占到了 150 起;为了使统计结果更
科学,本书将按损害事故计数而不以判决书数量统计。

个被告的案件为44起,间接案件中达到43起。总的来说,发生频率最高的补偿关系依然是"一对一"的情况。

表 10-1 原告与被告数量统计

数量(起)			被告					
			全部		直接		间接	
			单	多	单	多	单	多
原告	全部	单	87	50				
		多	25	19				
	直接	单			44	26		
		多			14	10		
	间接	单					43	24
		多					11	9

(二)大部分案件主体的构成性质单一

统计分析195份司法判决书的主体性质,原告和被告除了表现为单一的自然人、企业、政府机关或其他组织,也存在多个原告或被告性质不同的情况,表述为"其他混合"。全部海洋生态损害的案件中,原告是混合性质的共6起,均为自然人和企业联合提起上诉,约占全部案件数量的3%;被告为混合性质的案件数量达到21起,占比10.8%,其中企业和政府同时作为被告的共有1起,其余20起案件均为自然人和企业同时作为被告。

图10-5表明,无论是直接对海洋生态系统造成损害的直接案件还是在使用海域过程中发生间接损害的案件,原告与被告为混合性质的出现比例并不高,大部分案件仍旧是由单一性质的主体构成。

(三)政府机关和社会组织参与到诉讼中的比例尚低

直接案件中原告是自然人的比例最高,被告是企业的比例在直接案件和

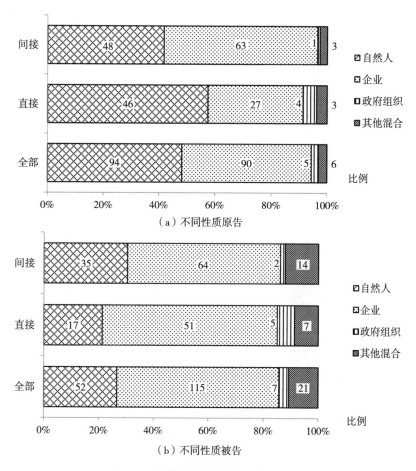

（a）不同性质原告

（b）不同性质被告

图 10-5　不同性质主体在案件中的数量占比

间接案件中均是最高。从原告的性质来看，直接案件中原告为自然人的占比
超过了 60%，企业的占比接近 30%，而政府组织的比例不足 10%。间接案件
中，大约一半的原告是企业，自然人比例达到四成以上，政府组织的数量依旧
不到十分之一。从被告的性质来看，无论是直接案件还是间接案件，均有超过
50% 的被告性质为企业。此时，直接案件中被告是自然人的案件数量超过
20%，比间接案件大约低 10%；直接案件中政府机关或其他社会组织作为被告
的案件数量达到 10 起，而间接案件中仅有 1 起。

（四）索赔诉讼自然人年龄和性别特征明显

原告和被告为单一性质时，超过半数提起海洋损害索赔诉讼的自然人为"50后"和"60后"，男性比例接近九成。为了进一步提取损益主体的性质特征，重点分析原告和被告为单一性质时的情况。对海洋生态损害诉讼案件中所有涉及自然人的原告进行统计可知，"50后"36人，"60后"42人，如图10-6所示；已知性别的176人中，男性所占比例达到88.64%；所有已知民族的161人均为汉族。

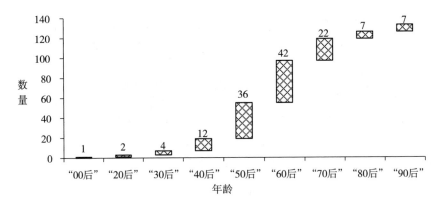

图10-6 自然人作为原告的年龄结构

（五）有限责任公司和非国有企业造成损害的占比高

原告和被告为单一性质时，对海洋生态环境造成损害的企业类型主要是有限责任公司和非国有企业，船舶行业、建筑行业和化工业对海洋环境的损害最多。由于超过一半的被告性质为企业，因此很有必要对这些产生侵害行为的企业信息做更详细的分析。研究发现，有限责任公司和非国有企业在可以搜集到的85家企业中，均占了91.8%的极高比例，而这些企业基本上属于船舶行业、建筑行业与化工业，如图10-7所示。与船舶相关的行业达到了50%以上，碰撞是主要的损害行为；建筑行业中施工建设对海域产生了诸如破坏养殖、非法占用海域等影响;化工行业最突出的影响是污染物排放,很多有毒有害物质通过排海工程进入海洋。

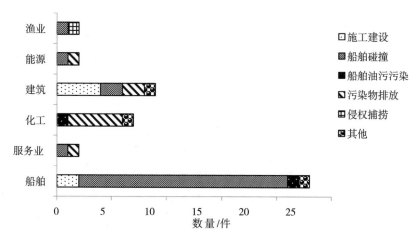

图 10-7　企业作为被告的所属行业和侵害行为分布图

(六)"企业—企业""自然人—企业""自然人—自然人"是三对最为突出的主体关系

从不同性质的原告—被告数量对应关系中可以找到"企业—企业""自然人—企业""自然人—自然人"这三对最为突出的主体关系。在直接损害案件中,"企业—企业""自然人—企业"两对关系占了很大比重;间接损害案件涉及的主体关系主要是"企业—企业"和"自然人—自然人"。

二、海洋生态损害补偿微观主体的行为特征

直接损害案件能明显地找到损害源以及受损对象,可以根据直观的因果关系从直接损害行为和直接受损结果两方面考虑。直接损害行为包括船舶油污污染、船舶碰撞、施工建设(填海工程、挖采等)、污染物排放、侵权捕捞、其他;直接受损结果包括海域污染、养殖受损、航道阻塞、非法占用海域、海域破坏等,其中一些案件数量极少,故统计中仅将受损结果分为海域污染、养殖受

损和其他。间接损害行为是指发生在海域上的损害,包括对人身的损害、对个人财产损害或者海上工程等劳务合同的纠纷,损益双方并不都是海洋生态系统直接的利益代表者,损害源和损害结果的统计并不能最直观地反映海洋生态损害的行为。因此,只根据案件发生的基本类型进行区分,将判决书分为海上财产损害、水域打捞合同纠纷、共同海损纠纷、船舶碰撞损害、通海水域人身损害、海上工程合同纠纷和其他七类。

(一)船舶碰撞是直接损害海洋生态环境的主要行为

直接损害案件中损益主体的损害行为和受损结果分布相对集中,如图10-8所示。船舶碰撞涉及的案件达到40起,约占全部案件的45%。船舶碰撞是极为常见的海上事故,它导致的危害形式广、程度深。船舶一旦发生燃油泄漏,会对海洋造成极大的损害;还有装载化学品或者其他有毒物质的货船,发生碰撞后泄漏的问题也会对海洋生态环境带来严峻考验,同样会造成渔业、养殖业的经济损失。

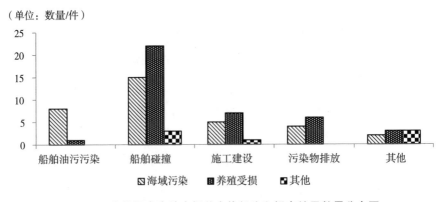

图 10-8　直接损害案件中损益主体行为和损害结果数量分布图

(二)海域污染和养殖受损是最为显著的损害行为

在各种不同类型的海洋损害行为中,海域污染和养殖受损是发生数量最多的两种行为。养殖受损本质上也是由于海水水质的污染而导致的渔业资源遭受毒害或死亡。海域污染和养殖受损的案件数量分别达到 34 起和 39 起。从公私权益诉讼的角度分析,养殖受损一般都是养殖户的私权遭受侵害,提出索赔的主动性和高于公共利益受损时的索赔意愿是显而易见的。因此,养殖受损所占比例如此之高很容易被理解。

(三)位居前三位的损害纠纷占比基本持平

间接损害案件中,通海水域人身损害纠纷、共同海损纠纷、海上工程合同纠纷占据了纠纷类型的前三位,其比例依次为 25%、21% 和 18%,如图 10-9 所示。相对而言,水域打捞合同纠纷、海上财产损害纠纷等类型数量较少。①

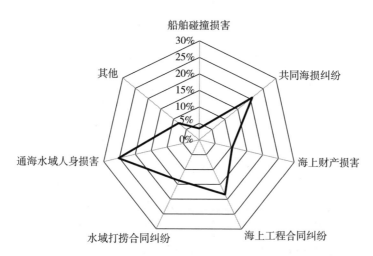

图 10-9　间接损害案件中损害行为类型比重图

---

①　《中华人民共和国海商法》第一百九十三条规定:共同海损是指在同一海上航程中,船舶、货物和其他财产遭遇共同危险,为了共同安全,有意地合理地采取措施所直接造成的特殊牺牲、支付的特殊费用。

三、海洋生态损害补偿微观主体关系的响应

(一)时间响应

判决书涉及年份从 2004—2017 年,横跨度 13 年。除了 2004 年的 2 份和 2008 年的 1 份判决书外,2011—2017 年进入司法途径的与海洋生态损害相关的纠纷事故发生数量依次为 1 起、4 起、17 起、52 起、62 起、34 起和 23 起,如图 10-10 所示。海洋损害纠纷案件的发生量在 2014 年和 2015 年达到最高;2004 年和 2008 年仅检索到两份判决书,2009 年和 2010 年数据空缺。尽管案件库中无法检索到 2012 年前的相关案件,但是不可否认的是问题从来不曾消失,而且愈演愈烈。2015 年原国家海洋局印发《国家海洋局海洋生态文明建设实施方案》(2015—2020 年),生态文明制度化和法制化建设取得重要进展,相关判例数量呈现下降趋势。

(单位:数量/件)

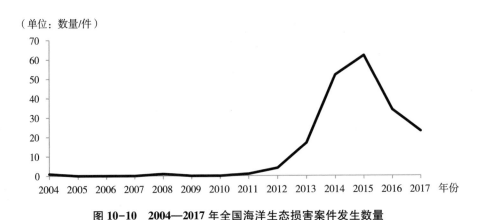

图 10-10　2004—2017 年全国海洋生态损害案件发生数量

(二)空间响应

大连、青岛、上海、广州、宁波、天津是海洋生态损害事件的主要发生城市。

大连、青岛、广州、宁波、上海等主要沿海城市的直接海洋生态损害案件数量相对接近;宁波的间接损害案件数量明显高于其他城市。根据 2011 年以来

原环境保护部发布的《中国近岸海域环境质量公报》，我国主要沿海城市近岸海域水质状况如表 10-2 所示。① 大连和青岛的近岸海域海水质量相对良好；天津的近岸海域海水质量小有波动，但是整体较差；上海和宁波近岸海域海水质量一直处于极差水平。海水的水质情况与城市海洋生态损害司法案件的数量之间并无明显的关系可循。这一方面与城市对海洋生态文明制度化和规范化建设程度的差异有关；另一方面也是由于人类污染海洋的活动对整个海洋生态系统的损害响应不充分，污染以外的其他形式海洋生态损害占据了很高比例。

表 10-2　主要沿海城市近岸海域水质状况

年份 城市	2011	2012	2013	2014	2015	2016
天津	差	极差	差	差	差	一般
大连	一般	优	良好	优	良好	良好
青岛	良好	良好	良好	良好	良好	良好
上海	极差	极差	极差	极差	极差	极差
宁波	极差	极差	极差	极差	极差	极差

注：水质状况等级由好至坏依次为：优、良好、一般、差、极差；广州未在《公报》的统计范围内。

（三）系统响应

损益主体的数量和性质等会影响主体行为并对海洋系统产生不同的损害结果。这是性质作用于行为进而发生响应的典型机制。在直接损害案件中，（1）责任主体是自然人时，无论主体数量如何，责任方的船舶碰撞损害了其他自然人的养殖区，同时也污染了周围海域，而这些养殖区大部分都只选出了单个权利主体作为代表提起司法诉讼。（2）企业作为主要责任主体时，船舶碰

---

① 截至 2018 年 4 月，《中国近岸海域环境质量公报 2017》尚未公布，因此数据统计到 2016 年。

撞和污染物排放是他们最常见的损害方式。这些行为对于海洋生态系统所带
来的最大的危害也是污染海洋环境、损害海产养殖。接近一半的船舶碰撞发
生在企业与企业间,此时系统响应结果主要为海域的污染。

　　海洋生态损害补偿主体的微观响应以进入司法诉讼程序的海洋生态损害
补偿案件为样本进行研究,现实中仍有很多补偿案件并未进入司法诉讼程序。
这部分案件,一方面,可能是因为损益主体的关系比较明确,补偿纠纷相对不
复杂,主体双方采用协商调解等方式解决,无须进入司法诉讼程序。另一方
面,可能是损益主体关系不明确,往往发生在涉及公共利益的案件中,主体难
以清晰地界定,尚未提起诉讼。当然,样本的代表性和广泛性有待深入。

第十一章　海洋生态损害补偿主体
关系的确立与调整

从海洋生态损害判例来看,海洋生态损害补偿的确立需要满足合法条件、事实条件、因果条件和经济条件。在一些条件无法满足时,海洋生态损害的补偿关系可能被中止;当一些条件满足时,海洋生态损害的补偿关系可能被确立,但又可能是暂时的,只有更严苛的条件满足时,稳定的海洋生态损害补偿关系才被确立。康菲溢油事故的索赔案例研究表明,经济条件和司法条件是决定补偿结果的关键要素,其中司法条件包括合法条件、事实条件与因果条件三种。与此同时,不同实体性因素和程序性因素与海洋生态损害补偿能否实现以及补偿力度之间关系密切。

第一节　海洋生态损害补偿关系的确立条件

海洋生态损害补偿关系的确立条件包括合法条件、事实条件、因果条件和经济条件,其中前三者均为司法条件。当四个条件均满足时,海洋生态损害补偿关系能够确立;只要一个或多个条件不满足,海洋生态损害补偿关系就可能破裂。

一、合法条件

从字面上理解,合法是符合法律的规定,指海洋生态损害损益主体在诉讼中的资格、提起补偿请求的材料、补偿的判决程序等要件均以法律规范为立足点,①程序性和实体性要件都不能超越法律所限定的内容。② 过程上要求司法程序正当,结果上要求裁判结论确定,主体上要求法官形象端正,③司法公正的这些评判标准本质上就是对合法性的极致追求。根据《民事诉讼法》《行政诉讼法》等法律条文的规定,损益主体作为原告与被告时应符合当事人适格原则,在特定案件中,具体地、个别地对某人的资格进行讨论;如果此人能成为该案件的诉讼当事人,则他满足当事人适格。④ 这说明该主体与海洋生态损害的案件直接相关,具有要求法院作出"是否应该补偿"的判决资格。《民法通则》《物权法》《水法》《草原法》《渔业法》《森林法》《海域法》等多部基本法和单行法规定,允许全民所有制单位依法使用我国的自然资源,根据资源类型可将自然资源使用权分为森林资源使用权、水权、矿业权、草原使用权、海域使用权⑤、野生动物使用权⑥、水域滩涂养殖权⑦等多种具体的权种,集体所有制单位也可以依法使用。对于海洋资源的使用,《海域法》中有详细的规定,只有按照法律规定的要求取得相关的使用证书,使用海域的行为才被认可为

---

① 常鹏翱:《合法行为与违法行为的区分及其意义——以民法学为考察领域》,《法学家》2014 年第 5 期。

② 邵明、周文:《论民事之诉的合法要件》,《中国人民大学学报》2014 年第 4 期。

③ 王晨:《司法公正的内涵及其实现路径选择》,《中国法学》2013 年第 3 期。

④ 李少波:《环境维权"民告官"的困境与出路——以行政诉讼原告适格规则为分析对象》,《法学论坛》2015 年第 4 期。

⑤ 谭柏平:《〈海域使用管理法〉的修订与海域使用权制度的完善》,《政法论丛》2011 年第 6 期。

⑥ 金海统:《自然资源使用权:一个反思性的检讨》,《法律科学(西北政法大学学报)》2009 年第 2 期。

⑦ 阮荣平、徐一鸣、郑凤田:《水域滩涂养殖使用权确权与渔业生产投资——基于湖北、江西、山东和河北四省渔户调查数据的实证分析》,《中国农村经济》2016 年第 5 期。

合法。此外,对于管辖、证据、期限等合法性要求,《民事诉讼法》均作了规定。

二、事实条件

事实条件必须具备因与果两个方面,当真实的损害行为发生,同时造成了危害事实,补偿响应才能得以触发。海洋生态损害行为是"因",海洋生态受损是"果"。这种结果的恶化所带来的负效用以及治理成本需要依靠行为人以外的主体承担,因此可以通过补偿来消除海洋生态损害行为所带来的负外部性。本条件强调了补偿是基于事实的原则,损害行为与造成的危害都必须真实地存在。《侵权责任法》第八章第一条规定"因污染环境造成损害的,污染者应当承担侵权责任";《民法通则》第一百二十四条规定"违反国家保护环境防止污染的规定,污染环境造成他人损害的,应当依法承担民事责任"。其中,"污染环境"明确了对环境的侵害行为,"造成损害"强调了危害结果。《海洋环境保护法》第八十九条也对侵权行为和侵害的事实性作了明确的规定。

广义的海洋生态损害侵权行为可以包括污染海洋生态环境和破坏海洋生态环境两方面[1];环境侵权结果可以有两种理解:一是通过受污染或破坏的环境媒介作用间接损害对生活在该环境中的人或物[2](如图 11-1 路径 Ⅱ),二是直接对生态环境造成破坏或污染[3](如图 11-1 路径 Ⅰ)。当涉及海洋环境的司法案件被分为直接案件和间接案件两类时,直接案件是指与海洋生态环境损害直接相关的主体提起的诉讼,包括涉及海洋生态环境的公益诉讼和人身财产损害的私益诉讼;间接案件是指海域使用过程中发生的人身与财产等私益纠纷,损益双方并不直接代表海洋生态环境的利益,但是这些案件依然会对海洋环境造成损害。

---

[1]　罗丽:《环境侵权民事责任概念定位》,《政治与法律》2009 年第 12 期。

[2]　曾祥生、方昀:《环境侵权行为的特征及其类型化研究》,《武汉大学学报(哲学社会科学版)》2013 年第 1 期。

[3]　徐祥民、邓一峰:《环境侵权与环境侵害——兼论环境法的使命》,《法学论坛》2006 年第 2 期。

三、因果条件

因与果,即事实条件中已经提及的侵权行为与危害结果。不同于事实条件关注的是因与果两个要件发生的客观真实性,因果条件强调的是两者的关联性,在它们之间存在的因引起果、果被因所引起的客观联系。[1] 在司法领域里因果条件是关系到原告与被告举证责任分配的重要部分,如海洋生态环境的污染行为与损害的后果之间是否存在因果关系,是判断司法补偿能否得以实现的必要依据。[2]

一般情况下的举证责任遵循"谁主张,谁举证"的原则,《民事诉讼法》第六十四条规定,"当事人对自己提出的主张,有责任提供证据。"这就是说当事人在诉讼中需要对自己所主张的案件事实提供证据或证明;如果该案件事实在诉讼结束时仍处于不明状态,那么当事人应当承担败诉或不利后果的责任。而环境侵权案件由于具有间接性、潜伏性、复杂性和多元性等特征,因果关系的实际证明难度很大,因此为了减轻受害人的举证负担,举证责任倒置的原则在这些案件中广泛应用。[3]

四、经济条件

海洋生态环境损害行为对海洋环境造成的污染和破坏会对社会上其他人的福利带来危害,但是行为主体本身却不必支付足够的成本来抵偿这种危害所产生的影响,由此产生了外部不经济。[4] 假设海洋生态损害主体即补偿主体的行为产生的私人成本和社会成本依次为 C_p 和 C_s,分别对应该主体为了预防损害行为发生所付出的成本和海洋生态损害带来危害产生的外部成

---

[1] 邹雄:《论环境侵权的因果关系》,《中国法学》2004 年第 5 期。

[2] 胡学军:《环境侵权中的因果关系及其证明问题评析》,《中国法学》2013 年第 5 期。

[3] 刘超:《环境侵权责任的行为责任性质之论证及其规范意义》,《中国地质大学学报(社会科学版)》2012 年第 6 期。

[4] 杨天、沈满洪:《生态补偿机制的三大理论基石》,《中国环境报》2004 年第 3 期。

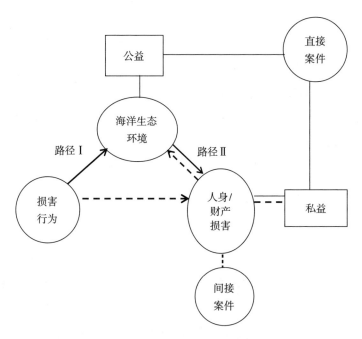

图 11-1　海洋生态损害案件分类

本;通过该行为获得的私人利益为 V_p;受害主体拟定为受补偿对象,其实际损失水平为 L;法院判决损害主体支付的赔偿金额,即损害主体的侵权成本为 C。

利用法经济学原理分析,收益大于成本是个体行为驱动的本质,因此海洋生态损害主体的行为必然有 $V_p>C_p$。而存在外部不经济时,主体的私人危害预防成本小于私人利益,小于社会成本,$C_p<V_p<C_s$;尽管损害海洋生态环境的行为,诸如排污、围填海、开采油气等会对自然系统和人类共同的利益造成危害,但依然有企业或者个人选择这种方式,帕累托最优状态无法实现。倘若要完全解决这种外部性问题,通过法院介入作出补偿判决,必须满足损害主体的侵权成本 $C=L+C_s$。显然外部成本不可能为零,则会有 $C>L$,此时表现为惩罚性赔偿方式,法庭所作出的赔偿数额超出原告实际损害数额的赔偿,可以弥补法律在维持公共利益上的缺漏。[①] 为了避免海洋生态损害行为的发生,损害主体的侵权行为成本 C 应大于其私人收益 V_p,也大于其预防成本 C_p,则有 $C=L+C_s>V_p$,且 $C=L+C_s>C_p$。侵权成本 C 即法院判决补偿金额的多少关系到补偿响应是否能有效触发。

补偿金额涉及补偿标准确立的问题。它是实现生态补偿的依据,制定补偿标准需要得到主体,以实现外部成本的内部化,调整利益相关者的环境、经济和社会利益的目的。[②] 结合海洋生态损害实际案情,通过成本(费用)分析法[③]、海洋生态服务价值核算等方法[④],计算损失和治理成本,确定司法判决的补偿金额,判决结果最终需要原告与被告共同接受。

第二节 海洋生态损害补偿关系的确立路径

海洋生态损害补偿关系的确立受到司法条件与经济条件的共同作用,其中司法条件包括合法条件、事实条件、因果条件。其作用的机制可以被反映成一条相对简洁且具有普适性的路径。

一、补偿关系确立的路径模型图

我国司法审判程序规范缜密,现行《民事诉讼法》《行政诉讼法》《刑事诉讼法》等均对审判程序作出了细致的规定,一般包括第一审、第二审和审判监

---

① 田圣庭:《环境侵权惩罚性赔偿的经济学分析》,《咸宁学院学报》2009 年第 S1 期。季林云、韩梅:《环境损害惩罚性赔偿制度探析》,《环境保护》2017 年第 20 期。朱广新:《惩罚性赔偿制度的演进与适用》,《中国社会科学》2014 年第 3 期。

② 郑苗壮、刘岩、彭本荣等:《海洋生态补偿的理论及内涵解析》,《生态环境学报》2012 年第 11 期。

③ 李国平、李潇、萧代基:《生态补偿的理论标准与测算方法探讨》,《经济学家》2013 年第 2 期。

④ 安然:《海洋生态补偿标准核算体系研究》,《合作经济与科技》2018 年第 7 期。

督程序。① 不过在实践中,鉴于案情的差异,审判监督程序的适用情况烦杂多变;观察现有的海洋生态损害司法案件样本,再审、重审等程序的案件比例极低。出于简化模型,增强其普适性,便于分析的目的,补偿实现的一般化路径忽略审判监督程序的影响,只考虑第一审程序和第二审程序。同时,本模型为了探讨进入司法诉讼后的四个条件对补偿响应的触发效果,因此假设诉前程序以及诉讼过程中其他的因素对补偿不产生影响,在模型中不加以讨论。

二、司法条件的作用路径

由图 11-2 可知,合法、事实、因果和经济四大条件与补偿响应的关系可以理解为:前三者分别是补偿响应触发的必要不充分条件。当补偿响应触发时,案件必然满足合法条件;但满足合法条件的案件,并不一定能触发补偿响应。事实条件和因果条件同理。合法、事实和因果三个条件实为平行并列关系,判断的顺序可以自由调整,判决书中陈述顺序通常为合法、事实、因果。依据经验法则,相应顺序如图 11-2 所示。补偿路径从案件一审开始,i 代表审判的次数,先对损益主体双方提供的合法性证据予以判断,如果存在主体不适格和进行证据鉴定的第三方机构没有合法执照等情况,合法条件无法满足,则中断补偿。反之,继续进行事实性的判断。若存在受损方对损害行为或危害结果举证不力等情况,事实条件无法满足,则中断补偿。反之,进一步判断因果条件是否满足。当损害方对其损害行为与危害结果作出无因果关系证明,或受损方无法证明损害行为和其自身遭受的损害有因果关联时,因果条件不能满足,中断补偿。只有当以上三个条件全部符合时,补偿才得以实现。

---

① 《民事诉讼法》第二编"审判程序"、《行政诉讼法》第七章"审理和判决"、《刑事诉讼法》第三编"审判"。

三、经济条件的作用路径

经济条件与补偿响应触发的关系更为复杂。基于法院作出一次判决即触发一次补偿响应的假设,案件一审时,经济条件是补偿响应触发的既不充分也不必要条件。经济条件的满足并不能实现补偿;同时,一审法院作出补偿判决也不能确定判决金额(补偿标准)得到了损益主体双方的认可。简言之,在案件一审程序中,经济条件并不是触发补偿响应的先决条件,只要满足合法、事实和因果三个条件,即可实现补偿。环境诉讼中当事人不服地方人民法院一审判决和裁定的,有权向上一级人民法院提起上诉。[1] 因此一审判决后,若涉事的损益主体双方对于补偿金额有异议,视为经济条件得不到满足,则进入案件二审程序。在我国,二审程序是补救一审人民法院未确定的裁判瑕疵的救济程序。以经济条件为例,二审程序可以纠正一审裁判的错误,若对补偿标准的估算存在偏差,导致作出过高或者过低的判决金额,可以通过二审程序纠偏,以此维护海洋生态损害损益主体双方的利益,保证法律的统一适用,实现法制的统一。[2] 一审程序之后,经济条件是触发二审程序的充分必要条件。如果满足经济条件,则不触发二审程序;反之,则触发二审程序。

假使不满足经济条件,进入二审程序后,根据二审审判结果可继续判断经济条件的满足性。若此时补偿金额得到当事人双方认可,则满足经济条件实现补偿;若经济条件依然无法满足,根据路径图 11-2 中所示,这个时候 i 为 3,重新回到补偿实现的状态,判决循环终止。考虑到诉讼效率和诉讼经济的原则,我国实行两审终审制的审级制度,《民事诉讼法》《刑事诉讼法》等均有类似"第二审判、决裁定是终审判决、裁定"的规定,二审审判后当事人不得再次

---

[1] 吕忠梅:《环境法原理》,复旦大学出版社 2017 年版。

[2] 刘敏:《论我国民事诉讼二审程序的完善》,《法商研究(中南政法学院学报)》2001 年第 6 期。

提起上诉,是以实际不存在 i 为 3 的情况。[①] 需要指出的是,现实案件中当事人不服一审判决而提起上诉的原因不只局限于认为判决金额的不合理,涉及其他三个条件的因素同样会成为上诉的理由,在二审程序中重新认定相应证据的现象屡见不鲜。[②] 单独研究经济条件在补偿响应触发过程的作用效果需要其他三个条件率先得到满足。

总之,无论是一审程序还是二审程序,实现补偿必须同时满足合法、事实与因果条件。在此基础上,倘若经济条件不满足,一审确立的补偿关系脆弱,需进入二审程序重新评估补偿标准。二审结束无论经济条件是否被损益双方认可,皆不可再提起上诉。

第三节　海洋生态损害补偿关系的动态调整

海洋生态损害补偿结果的状态是否稳定受补偿条件的影响? 在明确海洋生态损害补偿响应的实现路径后,可以运用相关机制判断司法判决中补偿的稳定性,即补偿响应的动态调整。

一、海洋生态损害补偿结果的几种状态

如图 11-3 所示,海洋生态损害补偿的状态可以分为稳态、暂态和中断三种。案件的判决结果有判决和驳回两种,判罚即法院对补偿请求的支持,驳回指补偿失败。受偿主体即案件当事人对于一审的判决结果可以作出上诉与不

---

① 杨荣、新乔欣:《重构我国民事诉讼审级制度的探讨》,《中国法学》2001 年第 5 期。邢克波、房锦东:《论对我国两审终审制度的坚持和完善——兼论司法体制改革》,《当代法学》2002 年第 8 期。赵旭东:《民事诉讼第一审的功能审视与价值体现》,《中国法学》2011 年第 3 期。《民事诉讼法》第二编第十四章第一百七十五条规定:"第二审人民法院的判决、裁定,是终审的判决、裁定。"《刑事诉讼法》第三编第三章第二百三十三条规定:"第二审的判决、裁定和最高人民法院的判决、裁定,都是终审的判决、裁定。"

② 傅郁林:《审级制度的建构原理——从民事程序视角的比较分析》,《中国社会科学》2002 年第 4 期。

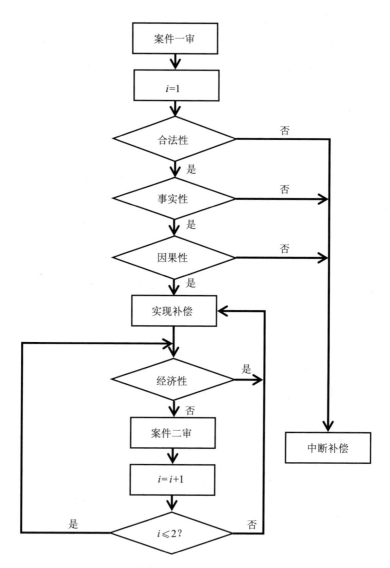

图 11-2　海洋生态损害补偿响应的实现路径

上诉两种选择,当选择上诉时,则从一审程序进入二审程序。第Ⅳ、Ⅴ象限是稳态时的补偿结果,损益主体双方对一审或者二审的补偿判决结果认可,形成稳定的补偿关系;第Ⅳ、Ⅴ象限的稳态可以根据补偿标准的满足情况作进一步的区分:第Ⅳ象限的稳态补偿主体与受偿主体双方就补偿标准的意见达成一致,而第Ⅴ象限的稳态补偿标准未必得到双方统一的认可,即便受偿主体认为补偿金额过少或者补偿主体认为金额过大,都无法继续上诉改变补偿结果。第Ⅲ、Ⅵ象限是补偿中断的状态,第Ⅰ、Ⅱ象限是一种暂时的状态,一审程序结束后,主体对法院的判决若有异议,可申请进入二审程序"纠偏"。稳态和中断的状态都是稳定的状态,而暂时是过渡态,最终会走向稳态或中断,因此可认为补偿结果具有稳定性。

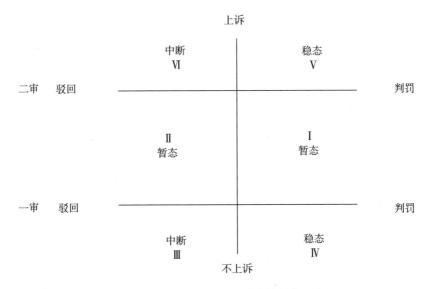

图 11-3　海洋生态损害补偿响应的状态示意图

二、补偿关系的动态调整过程

如果说把第Ⅰ、Ⅱ象限的补偿状态看成一汪波澜不惊的水面,那么四个条件都可能是打破平静的石子。只要有一颗石子惊起水面的涟漪,补偿关系就会获得重新审判的机会。各个条件得到确认后,它的最终去向会是第Ⅳ、Ⅴ象限中的一个。这整个过程揭示的就是补偿响应的动态调整机制(见图11-4)。

总之,合法条件是指整个补偿过程必须符合我国法律的规定;事实条件强调补偿必须基于事实进行,存在客观的侵权行为和危害结果;因果条件要求损

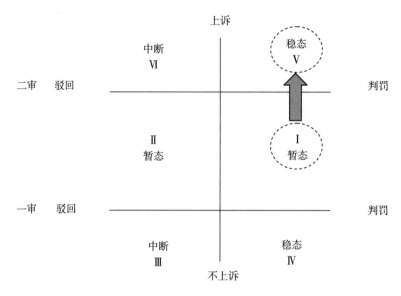

图 11-4 海洋生态损害补偿响应的动态调整过程示意图

益主体双方侵权行为与受损结果之间必须具备关联性和因果性;经济条件可以理解为损害方的侵权成本,用以弥补受害方的损失和带给公共环境的负外部性。四个条件的前三者是补偿响应的必要不充分条件,而经济条件需要就一审和二审两个程序分别进行讨论。在一审程序中,经济条件不是触发补偿响应的必要条件,但是它会对是否进入二审程序产生影响。当经济条件不满足时,会进行二审判决。二审即终审,二审判决结束后,当事人不得再以任何理由提起上诉。补偿响应的触发机制为司法实践提供了一个可供参考的补偿思路,但在实际与海洋环境相关的司法案件中,四个条件的现实表征十分复杂,审判监督程序也不可忽略。

第十二章　海洋生态损害补偿主体的
支付意愿与方式

对能明显找到损害源以及受损对象的情况,人们可以通过司法途径就直接损害行为和直接受损结果实现货币化定量补偿。然而,司法途径往往只能解决海上财产损害、水域打捞合同纠纷、共同海损纠纷、船舶触碰损害、通海水域人身损害、海上工程合同纠纷等相对特殊的、损益主体比较明确的生态损害补偿案例。根据原环境保护部公布的《2017 中国近岸海域生态环境质量公报》,四大海区近岸海域水质状况表现不佳,其中只有黄海近岸海域水质状况达到良好,渤海、南海近岸海域水质状况一般,东海近岸海域水质状况为差,其中上海市和浙江省辖近岸海域水质状况为极差。鉴于全国主要沿海城市近岸海域水质状况表现不佳,对于更具有一般性的沿海地区海洋垃圾的产生、微观补偿主体的界定以及补偿方式的实现显然需要司法判例外的机制来实现。

第一节　问卷设计和生态损害估算方法

实地调研使用的问卷主要由五个部分组成。在一些相对简单的热身问题确定受访者是研究需要的滨海风景区游客后,问卷的第一部分主要考察了受访游客的旅游信息和社会人口特征。旅游信息主要包括受访者来海滩地区旅游的次数、具体的旅游支出项目情况、受访游客在海滩区域游玩的时长、受访游客来当地滨海风景区旅游过程中选择的交通方式情况等。社会人口特征主要包括受访游客的年龄情况、日常居住地、受教育水平状况、税后可支配收入水平等信息。

问卷的第二部分则着重于询问游客视角下海洋垃圾的具体特征和游客对这些海洋垃圾特征的看法。首先,是一系列海洋垃圾在游客视角下出现的数量和类型相关的问题设置,以及这些海洋垃圾出现对滨海景区游客旅游体验的实际影响程度。其次,游客会被询问他们对于海洋垃圾志愿清理项目的实际参与意愿。具体来说,受访游客将会被问及他们是否愿意参加海洋垃圾志愿清理项目,以及如果愿意,他们每月愿意投入多少时间参与这样的志愿公益活动等。

问卷的第三部分主要考察了游客对他们所游玩海滩实地情况的一些主观感受。例如,受访游客会被问及他们在旅游过程中所见的环卫工人数量、滨海风景区塑料袋的销售价格、滨海风景区游客拥挤的程度等。

问卷第四部分介绍了条件价值法和选择实验法两种显示偏好法用以评估许多不同的环境属性改善组合的经济价值。在条件价值法下,最核心的问题是受访游客对海洋垃圾清理最大的支付意愿。[①] 由于使用不同的污染物图片辅助展示同一问题能更好地得到稳健的结果,研究中问卷使用了三种不同的垃圾状况图片用以环境状况的描述指示,问卷设计中分别设置了三种描述类型的支付问题。货币支付属性的投标值被分为五档:0—1.99 元;2—3.99 元;4—5.99 元;6—7.99 元;8 元及以上。在选择实验法中,受访者将面对不同的环境改善属性和货币支付意愿属性(研究中使用一次性门票附加费设置)的组合场景作出偏好选择,可选择的场景由表 12-1 中所示的环境属性和支付意愿属性组合创建。

---

① 当运用不同的引导技术评估支付意愿的均值时,结果将会是有差异的。因为受访游客的年龄、受教育水平等社会人口特征差异较大,选择的支付意愿引导技术应该具有通俗易懂性、数据结果直接可得、受众面积较为广泛等特点。因此,简单易被理解的支付卡式设问被应用于问卷设计的条件价值法支付意愿评估部分。条件价值法和选择实验法也在之后的研究中被运用以分析不同海洋垃圾属性改善状况下支付意愿值的结果一致性。

表 12-1　选择实验法的设计

属性	水平
清理的垃圾种类	塑料—易拉罐—烟头
剩余垃圾数量	没有—少于现状—现状
垃圾的来源	游客—非游客(包括海洋冲上岸;沿海地区生产和生活活动等)
海滩的拥挤程度	少量游客—大量游客
门票附加费	0元—3元—6元—9元—12元

　　不同环境属性和支付意愿属性水平的组合产生了480种不同的潜在组合选项。研究中进一步通过预试验离散设问剔除低频组合并使用正交实验设计排除不合理的组合选项,将可供选择的选项组合数量精减至65种。额外的门票附加费投标值被设定为:0元;3元;6元;9元;12元。这一货币支付属性水平的边际变化是按照人均旅游消费支出的1%假设设置的,并且随后经过预实验结果分析确认有效。图12-1为一个使用的选项卡示例。根据观察示例选项卡可以发现每张选项卡中包括有三个假设的场景,其中第一个场景为基期场景即其中每种属性都设置为最差的情况(现状)并且货币支付属性设置为零,后两个场景为存在不同的环境属性改善的场景。问卷最后一部分由实地调查人员填写,涉及统计调研时所处滨海风景区海浪高度、水质状况、天气状况和大气能见度等气候信息。

　　条件价值法和选择实验法都是通过考察受访者对假设环境场景的选择以测算环境属性的经济价值评估值。条件价值法是一种被广泛使用的非市场价值评估方法,主要用于受访者支付意愿的评估。[1] 选择实验法在20世纪90

　　[1]　Venkatachalam, L., "The Contingent Valuation Method: A Review", *Environmental Impact Assessment Review*, Vol.24, 2004. Freeman, A.M., Herriges, J.A., Kling, C.L., *The Measurement of Environmental and Resource Values: Theory and Methods*, Resources for the Future Press: Washington, 2003. Han, F., Yang, Z., Xu, X., "Estimating Willingness to Pay for Environment Conservation: A Contingent Valuation Study of Kanas Nature Reserve, Xinjiang, China", *Environmental Monitoring and Assessment*, Vol.180, 2011. Guo X.R., Liu H.F., Mao X.Q., et al., "Willingness to Pay for Renewable Electricity: A Contingent Valuation Study in Beijing, China", *Energy Policy*, Vol.68, 2014.

	基期场景	场景 1	场景 2
塑料垃圾	 未清理	清理	 未清理
易拉罐垃圾	 未清理	清理	 未清理
烟头垃圾	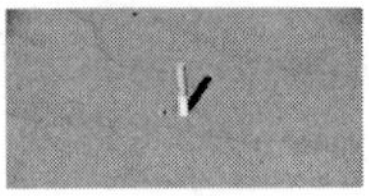 未清理	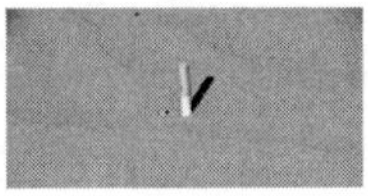 未清理	清理
垃圾来源	游客	非游客	游客
剩余垃圾量	现状	没有	少于现状
海滩游客数量	大量游客	少量游客	大量游客
额外门票费	0 元	12 元	6 元
选择	☐	☐	☐

图 12-1　选项卡示例

年代首次被引入环境价值评估中并且被应用越来越广泛。[①] 考虑到被解释变量是截断数据,研究中使用 Tobit 回归模型分析条件价值法设问得到的受访游客支付意愿值。当考察支付意愿的潜在影响因素时,不仅需要考虑受访游客来海滩地区旅游的次数、是否为城镇居民、性别、年龄、受教育水平和个人税后月均可支配收入等社会人口特征变量的潜在影响,还需要考虑如海滩剩余垃圾量、海洋垃圾来源、滨海风景区游客密度等环境属性变量的影响。具体

---

① Adamowicz, W., Boxall, P., Williams, M., et al., "Stated Preference Approaches for Measuring Passive Use Values: Choice Experiments and Contingent Valuation", *American Journal of Agricultural Economics*, Vol.80, 1998. Olesom, K.L.L., Barnes, M., Brander, L.M., et al., "Cultural Bequest Values for Ecosystem Service Flows among Indigenous Fishers: A Discrete Choice Experiment Validated with Mixed Methods", *Ecological Economics*, Vol.114, 2015.

如下：

$$WTP_j = \sum_{i=1}^{n} b_{ij}/n \tag{12-1}$$

$$WTP^* = \beta_0 + \beta_1 X_{ij} + \varepsilon_{ij} \tag{12-2}$$

$$WTP^* = \begin{cases} X_{ij}; 如果 WTP_{ij} \in [1,9] \\ 9; 如果 WTP_{ij} \in (9, +\infty) \end{cases} \tag{12-3}$$

公式（12-1）中 $i(1,2,\cdots,n)$ 为受访游客，WTP_j 是清理受访游客所处滨海风景区海洋垃圾 j 的平均支付意愿，b_{ij} 为受访游客 i 对清理受访游客所处滨海风景区海洋垃圾 j 的最大支付意愿投标值。公式（12-2）中 X_{ij} 是受访游客 i 对清理海洋垃圾 j 最大支付意愿的影响因素，ε 是回归方程的扰动项。β_0 和 β_1 分别是常数项和解释变量的参数估计量。这里将采用 Probit 模型解释了受访游客是否愿意参与海洋垃圾清理活动，并采用多元 Tobit 回归模型来解释受访游客志愿投入海洋垃圾清理活动的时间情况。[1]

选择实验法是基于随机效用理论衍生出的一种价值评估方法，它假设每位受访者在效用最大化框架中作出的选择。[2] 假设改善环境方案给受访者增加的效用价值大于他支付改善环境方案的货币成本，受访者支付改善环境的货币成本后效用增加，他就会对支付费用改善环境质量的方案持肯定态度，反之如果支付货币成本太大以至于改善环境方案所获得的效用得不偿失，受访者就不会同意该项改善环境的计划。如果一个人可被观测到的效用函数 V 被认为取决于环境属性变量 Z 和这个人的社会人口学特征变量 V，那么效用

① Greene,W.H.,"On the Asymptotic Bias of the Ordinary Least Squares Estimator of the Tobit model", *Econometrica*, Vol.49,1981. Tobin,J.,"Estimation of Relationships for Limited Dependent Variables", *Econometrica*, Vol.26,1958.

② Li,C.Z.,Kuuluvainen,J.,Pouta,E.,et al.,"Using Choice Experiments to Value the Natura 2000 Nature Conservation Programs in Finland", *Environmental and Resource Economics*, Vol.29, 2004. Lancaster,K.J.,"A New Approach to Consumer Theory", *Journal of Political Economy*, Vol.74, 1966. McFadden,D.,"Conditional Logit Analysis of Qualitative Choice Behavior", in Zarembka,P. (Eds.), *Frontiers in Econometrics*, Academic Press,New York,1974,pp.105-142.

函数就可以被分割为确定的(可观察的)组成部分和随机的(不可观察的)组成部分两部分构成。也就是说:

$$U_{in} = V_{in} + \varepsilon_{in} = ASC_i + \sum_{l=1}^{k} \beta_l Z_{ln} + \beta_r Z_{rn} + \sum_{t=1}^{m} \gamma_t S_{ti} ASC_i + \varepsilon_{in} \quad (12-4)$$

公式(12-4)中,U_{in}是受访游客i选择方案选项n获得的总效用;V_{in}是受访游客i选择方案选项n获得的可观察到的效用;ε_{in}是受访游客i选择方案选项n获得的不可观察到的效用;ASC_i是受访游客i的选择性特定常数;Z_{ln}是方案选项n中环境属性l的水平;Z_{rn}是方案选项n中支付属性r的水平;S_{ri}是受访游客i的社会人口特征属性t的水平;β_l、β_r和γ_t分别是对应属性的参数估计量。环境属性改善的边际价值可以由环境属性的参数估计量和货币支付属性的参数估计量比值计算得出,这一结果可以认为是受访游客对相应环境改善属性的边际支付意愿。具体如下:

$$WTP_{attribute} = -\frac{\beta_{attribute}}{\beta_{payment}} \quad (12-5)$$

公式(12-5)中,$\beta_{attribute}$指的是环境属性或社会人口特征属性的参数估计量(如β_l),$\beta_{payment}$指的是支付属性的参数估计量(如β_r)。

第二节　研究区域和问卷调查过程说明

浙江省辖城市中只有舟山市、宁波市、台州市和温州市四个城市拥有国家AAAAA级或AAAA级旅游景区且在景区中有海滩景点的滨海风景区,所有的样本滨海风景区中的海滩都位于中国东海沿岸。① 图12-2展示了研究中所选择的舟山市的五个样本滨海风景区,宁波市的一个样本滨海风景区,台州市的两个样本滨海风景区和温州市的两个样本滨海风景区的具体地理位置分

① 国家AAAAA级旅游景区,指的是国家旅游局依据中华人民共和国旅游景区质量等级划分的景区级别,这一标准共划分为五级。AAAAA级为中国旅游景区最高等级,AAAA为中国旅游景区次高等级。截至2017年9月,中国境内共有249个AAAAA级景区。

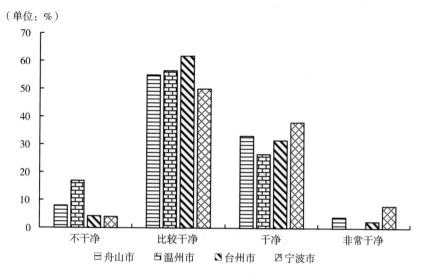

（单位：%）

图 12-2　游客视角下海滩的清洁程度

布情况。在实际的问卷调研中,各个样本滨海风景区游客调研数量权重的设置取决于这十个滨海风景区的年度游客人数。具体受访游客分布如表 12-2 所示,本次调研总共获得有 805 名受访游客数据。

表 12-2　研究区域及问卷数量

样本地点	问卷数量	样本地点	问卷数量
十里金沙	74	桃花岛	37
大青山	82	塔湾金沙	48
普陀山	164	大鹿岛	50
南麂列岛	82	蛇蟠岛	123
洞头列岛	95	中国渔村	50

研究中选择的十个滨海风景区均在日常对外开放运营中对本地游客和外地游客收取无差别的一次性门票费用。因此,研究认为使用额外的一次性门票附加费是相对增加地方个人税收而言更好的支付方式选择。与此同时,尽管本次问卷调查仅在浙江省内的滨海风景区展开,但由于受访游客来自全国

各地,所以研究中的样本受访游客具有差异性较大的社会人口特征,因而可以认为是全国游客情况较好的代表性样本。除此之外,问卷实地调研时是以随机的"遇人即访"原则开展的,期冀可以得到男女受访游客比例较为接近、不同个人可支配收入水平和受教育水平权重分布比例较为平均、不同年龄段的受访游客权重分布比例也较为均衡的受访游客样本。

第三节　主体特征及垃圾治理支付意愿

一、滨海风景区受访游客的基本特征

由于获得的问卷调研数据中有 11 位受访游客的支付意愿属性值出现缺失或回答方式不符合标准要求,最终有效的样本数量为 794 位受访游客。滨海风景区游客的基本特征见表 12-3,可以发现大部分游客并不是第一次游览滨海风景区,受访游客截至接受访问时平均游览过滨海风景区 3.2 次。具体到受访游客的旅游行程安排上来看,大部门受访游客在旅程选择上以短途游为主,平均行程安排为 2.6 天,同时,受访游客与海滩有充分的时间接触了解,平均在海滩上停留时长达到 3.9 小时,因此可以认为大部分受访游客回答的海滩情况是真实有效的。大约 74.1% 的受访游客愿意参加环境保护项目以清理海滩上的垃圾,可见受访游客的环境保护意识较为强烈。通过对受访游客的社会人口特征进行描述统计发现,受访游客女性人数占比达到 58.1%,略多于男性游客人数;平均年龄为 33.4 岁,相对比较年轻;个人税后月收入平均值达到每月 5901.3 元,相对高于 2017 年的全国平均水平;大约 42.7% 的受访游客接受过大学及以上教育,考虑到部分受访游客尚未达到大学毕业年龄,平均受教育水平可以认为是相对比较高的;游客来自城市地区的比例约为 64.9%,接近一倍于来自农村地区的游客人数占比。这一情况与国家统计局统计的截至 2016 年年底 57.35% 的城市化率一致。受访游客日常生活中会使用环保袋的受访游客比例达到约77.7%,可见受访游客的环保行为意识普遍较强,大部分受访游客都具有规避使用不可降解塑料袋的环保行为意识。

表 12-3　受访游客基本特征

海滩旅游信息	
第一次游览海滩地区的游客比例(%)	12.5
平均来海滩地区游玩的次数(次)	3.2
受访游客本次旅游的计划时长(天)	2.6
受访游客平均在海滩上停留游玩的时间(小时)	3.9
志愿参加海洋垃圾清理项目的受访游客比例(%)	74.1
社会人口特征	
女性受访者的比例(%)	58.1
平均年龄(岁)	33.4
初中毕业受访者比例(%)	23.9
高中毕业受访者比例(%)	28.7
大学毕业受访者比例(%)	42.7
个人税后平均月收入(元)	5901.3
本地游客的比例(%)	14.7
受访游客中城镇居民比例(%)	64.9
受访游客中个人游的比例(%)	27.7
受访游客中团体游的比例(>1 人)(%)	66.4
日常生活中会使用环保袋的受访游客比例(%)	77.7

二、受访游客对海洋垃圾情况的看法

图 12-2 显示了浙江省辖的四个城市受访游客对他们所游览的滨海风景区清洁程度的看法。总的来看,只有一小部分(4%—17%)游客认为他们游览的海滩根本就不干净,形成鲜明对比的是,超过一半(50%—62%)的游客认为

他们游览的海滩是比较干净的,超过四分之一(27%—38%)的游客认为他们游览的海滩是干净的。从城市层面上来看,游客视角下宁波市的海滩清洁情况相对最好,温州市相对较差一些。图12-3展示了游客视角下五种主要的垃圾污染物类型,烟头、塑料制品和易拉罐依次是游客视角下被观察到最多的三种污染物,其次是玻璃制品和渔网。在垃圾类型选项的选择频率上,烟头被受访游客勾选的频率最高,占受访游客比重达到60.83%,其次是塑料制品和易拉罐占受访游客比重分别为42.82%和42.7%,紧随其后的玻璃制品和渔网占受访游客比重也分别达到34.63%和31.61%。通过区分不同海洋垃圾类型清理的重要性有助于使海滩环境治理更具有效率。图12-4展示了游客视角下三种主要垃圾污染物出现的频率。从图12-4中游客视角下海滩垃圾出现的频率上来看,三种主要的垃圾污染物出现的频率还是比较接近的,很少有受访游客认为他们在旅行中总能看到三种常见的垃圾,绝大多数游客认为海滩垃圾出现的频率并不频繁。总的来看,游客视角下浙江省东海沿岸滨海风景区的环境状况较为良好,受到海洋垃圾污染的影响比较有限。

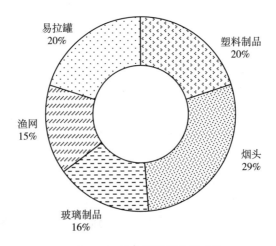

图 12-3 五种主要垃圾类型占比

（单位：%）

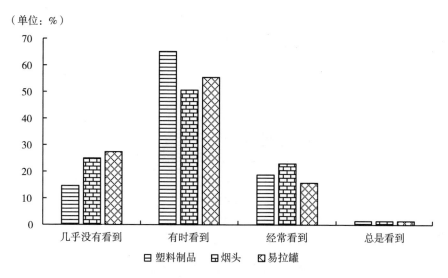

图 12-4　三种主要垃圾污染物出现的频率

在讨论了受访游客视角下滨海风景区海滩的认识情况和主要的垃圾类型后,图 12-5 进一步展示了受访游客视角下海洋垃圾的主要来源情况。受访游客在这里可以多项选择他们实地所见的海洋垃圾来源自何处,可以发现受访游客并不认为海洋垃圾只是单纯来自游客所制造,描述统计结果显示受访游客认为来自游客、海洋漂浮(例如海浪冲上岸边等)和周边生产经营活动(例如滨海餐饮业等)的海洋垃圾均占有了相当可观的权重,中国东海沿岸海洋垃圾的污染源是非常多样化的。

紧接着图 12-6 展示了受访游客视角下旅游体验受到海洋垃圾污染的影响程度,可以发现相对而言"有一点困扰"和"完全未受困扰"是被选择频率最高的两个选项。与此相对应的是,绝大多数游客的旅游体验不会被海洋垃圾问题严重困扰(大约只有 0.56%—2% 的游客旅游体验非常受到海洋垃圾的困扰),但也有相当一部分的受访游客认为他们的旅游体验在一定程度上受到了海洋垃圾影响。这也许是因为中国游客日常生活在垃圾污染更为严重的环境中,或者样本滨海风景区确实环境状况良好,使得受访游客较为享受眼下的

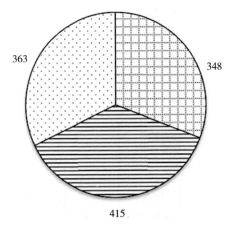

363

348

415

□游客　日海洋　□周边生产/经营活动

图 12-5　游客视角下海洋垃圾的来源（人次）

滨海旅游。所以,中国游客对于海洋垃圾清理展现出相对较低的货币支付意愿和劳动支付意愿也是合理、可被接受的。从城市层面上来看,宁波市的受访游客旅游体验受海洋垃圾问题影响相对最轻,舟山市的受访游客旅游体验相对最受海洋垃圾问题困扰。

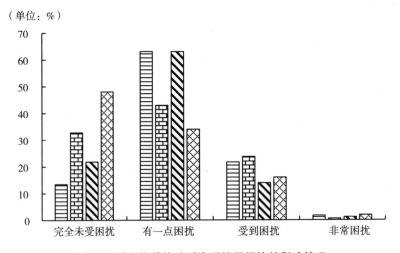

（单位：%）

图 12-6　游客旅游体验受海洋垃圾污染的影响情况

三、游客自愿参与海洋垃圾清理项目的情况

当受访游客谈到关于志愿参与海洋垃圾清理活动的意愿时,大约有74.1%的受访者愿意参加,仅有25.9%的受访者拒绝参与海洋垃圾清理项目,同一问题设置在荷兰问卷调研的拒绝率为72%,在希腊问卷调研的拒绝率为45%,在保加利亚问卷调研的拒绝率为28%。[①] 可以发现,中国游客对于参与海洋垃圾清理活动表现出了更积极的意愿。当进一步询问拒绝参与海洋垃圾清理项目的受访游客促使他们拒绝参与的原因时,其中过半的受访游客(53.2%)认为周边的商店或其他排污企业应该首先对海洋垃圾的清理负责,超过三成的受访游客(32.2%)认为地方政府应该首先对海洋垃圾的清理负责。可见,仍有一定比例的受访游客不认同把游客作为支付海洋垃圾清理费用的补偿主体,他们认为海洋垃圾污染引致的生态损害补偿问题应该由周边的企业、地方政府、非政府组织等其他主体负责。对于愿意参加海洋垃圾清理活动的受访游客,他们平均每个月愿意投入1.5天的时间。为了探讨中国游客参与海洋垃圾清理项目实际意愿的潜在影响因素,研究中以受访者志愿参与海洋垃圾清理活动与否以及志愿投入环境保护项目的时间为被解释变量分别使用 Probit 模型和 Tobit 模型进行了估计。模型回归分析的结果见表12-4。

研究中分别以游客参与海洋垃圾清理项目的意愿与否和游客愿意在海洋垃圾清理项目上投入的时间作为被解释变量进行了分析,根据表12-4可以得到旅游体验受海洋垃圾困扰程度、个人税后平均月收入和年龄三个均表现显著的解释变量。具体来说,年轻且受教育水平更高的女性更愿意投入到海洋垃圾志愿清理活动中。与此同时,个人税后平均月收入水平更高的受访游客投入时间参与海洋垃圾清理的意愿反而较低。这可能是由于高收入受访游客更倾向于为清理海洋垃圾支付额外的费用而不是贡献自己的时间来清理海

---

① Brouwer,R.,Hadzhiyska,D.,Ioakeimidis,C.,et al.,"The Social Costs of Marine Litter along European Coasts",*Ocean & Coastal Management*,Vol.138,2017.

洋垃圾。此外,受访游客的旅游体验受到海洋垃圾的困扰程度本身也对他们的志愿投入时间参与海洋垃圾清理的意愿有显著影响,当游客游览的滨海风景区较为清洁或他们的旅游体验受到海洋垃圾困扰较为严重时,他们更愿意投入时间参与到海洋垃圾清理活动中以改善滨海风景区的生态环境状况。

表 12-4　游客志愿投入时间参与海洋垃圾清理项目的影响因素

序号	变量	Probit 模型(志愿参与海洋垃圾清理活动:愿意=1,不愿意=0)		Tobit 模型(每月志愿参与海洋垃圾清理活动的时间/天)	
		参数估计量	标准差	参数估计量	标准差
1	常数项	0.516	0.335	0.340	0.309
2	来海滩地区游玩的次数	−0.007	0.035	0.010	0.032
3	是否城镇居民(1=城镇居民)	−0.112	0.106	0.067	0.096
4	是否女性受访者(1=女性受访者)	0.255 ***	0.100	0.133	0.092
5	年龄	−0.008 *	0.005	−0.011 ***	0.004
6	教育水平(0—4)	0.067	0.049	0.086 *	0.045
7	个人税后平均月收入(1000 元/月)	−0.038 *	0.019	−0.042 **	0.018
8	沙滩清洁程度(0—4)	0.052	0.071	0.182 ***	0.066
9	旅游体验受海洋垃圾困扰程度(0—4)	0.163 **	0.066	0.250 ***	0.062
10	LR CHI2	25.90 ***	44.63 ***	—	—
11	观测值	789	789	—	—

注:*** p<0.01;** p<0.05;* p<0.1。

四、基于条件价值法的补偿主体支付意愿评估

基于条件价值法统计的受访游客海洋垃圾清理支付意愿评估值结果见表12-5。考虑到城市层面上的环境状况异质性存在,受访游客对清理海洋垃圾的支付意愿以额外的一次性门票附加费形式定价于每张门票附加 3.47—4.81 元。从结果看,当分别使用三种主要类型的海滩垃圾图片来展示海洋垃圾的整体清理情况时,受访游客的支付意愿值表现稳定,数值在 3.47—4.81元之间小幅波动。与此同时,考虑到海滩的拥挤程度被认为是滨海风景区游

客旅游选择的重要干扰因素,滨海风景区游客密集程度往往被认为对海洋垃圾的产生有显著的正向影响。① 因此,可将拥挤成本计入额外的一次性门票附加费中,将其视为海洋垃圾的社会成本部分指示值。在加总游客视角下海洋垃圾清理的支付意愿与平均的拥挤成本后,游客视角下海洋垃圾的社会成本评估值以一次性门票附加费的形式定价在 7.29—9.47 元,其中平均的拥挤成本以额外的一次性附加费形式大约定价在每张门票附加 3.82—4.66 元。根据本次实地问卷调研数据,十个样本滨海风景区的平均门票费约为 70.2元,海洋垃圾清理的支付意愿评估值占原始门票价格的比例不超过 6%,如果滨海风景区的拥挤成本被计入,则定价占样本景区平均门票价格的比例大约为 12%[=(7.29+9.47)/2/70.2]。这一补偿定价较之样本滨海风景区门票价格和受访游客的收入水平,无论从绝对值还是相对值上来说都是比较容易被接受的,具有很强的可实现性。

表 12-5　基于条件价值法以三种主要垃圾污染物清理为例评估所得支付意愿

（单位:元/人/次）

	海洋垃圾的清理			平均拥挤成本	总额外支付意愿	样本
	以塑料制品为指示	以易拉罐为指示	以烟头为指示			
平均支付意愿（标准差）	4.00 (1.92)	4.14 (2.02)	4.37 (2.14)	4.16 (1.98)	8.16—8.53	四座城市平均水平
	3.53 (2.08)	3.53 (2.08)	3.47 (2.06)	3.82 (1.82)	7.29—7.35	宁波市
	3.93 (2.03)	3.88 (2.11)	4.16 (2.20)	3.92 (2.13)	7.80—8.08	舟山市
	4.17 (1.95)	4.48 (1.92)	4.57 (2.21)	4.30 (1.91)	8.47—8.87	台州市
	4.12 (1.55)	4.55 (1.73)	4.81 (1.82)	4.66 (1.57)	8.78—9.47	温州市

① Santos, I.R., Friedrich, A.C., Kersanach, M.W., et al., "Influence of Socio-economic Characteristics of Beach Users on Litter Generation", *Ocean & Coastal Management*, Vol.48, 2005.

表 12-6 接着讨论了基于条件价值法评估所得支付意愿的潜在影响因素;相较表 12-4 中的分析,可以看到更多显著的解释变量。它们是剩余垃圾量、游客的数量、个人税后平均月收入和旅游体验受海洋垃圾困扰程度等。与前文关于志愿参与海滩垃圾清理项目意愿的影响因素相比,个人可支配收入水平和旅游体验受海洋垃圾困扰的程度均表现显著,它们对中国游客在清理海洋垃圾问题上"出钱"的意愿和"出力"的意愿都产生很大影响。

海洋垃圾清理程度和滨海风景区游客拥挤程度与受访游客的支付意愿均显著正相关。这表明当海滩更为拥挤时游客会感受到更糟糕的旅游体验,游客会进一步认识到投入资源改善滨海风景区环境状况的重要性和必要性,然后游客可能会为改善海滩环境质量而支付更多的费用。高收入且并不参加环保志愿活动的受访游客往往有更高的支付意愿,充分体现了出钱或出力两种补偿资源投入形式的高度替代性。如何丰富公众参与海洋垃圾社会治理的形式,这里提供了一个很好的视角,通过多元化的治理模式供给,可以得到更好的海洋垃圾治理绩效。与此同时,当受访游客的旅游体验受到海洋垃圾困扰较为严重时,他们也会有更显著的支付意愿用于清理眼下的海洋垃圾。而研究发现海洋垃圾的实际来源和游客的支付意愿选择之间并没有相关性。一种可能的解释是,游客们并不关心这些垃圾是否是因自己的行为产生的,只要能保持滨海风景区的清洁就愿意支付海洋垃圾清理费用。具体到计算支付意愿的边际贡献度时,每当中国游客个人税后平均月收入增加 1000 元时,使用塑料制品图片指示的海洋垃圾清理支付意愿以额外费用的形式定于门票内的价格增加 0.142 元;使用易拉罐图片指示的海洋垃圾清理支付意愿以额外费用的形式定于门票内的价格增加 0.181 元;使用烟头图片指示的海洋垃圾清理支付意愿以额外费用的形式定于门票内的价格增加 0.183 元。由此可见,清理海洋垃圾的支付意愿之于每千元税后平均月收入的弹性大约在 14.2%—18.3% 区间。

此外,中国游客的年龄大小和是否参与过环境保护组织的项目也被认为是对受访游客支付意愿来说相对重要的影响因素。年长的游客仍然愿意在海洋垃圾清理项目中支付更多的钱,而参与环保组织志愿活动项目则会对支付意愿产生负面影响。这大概是因为受访游客认为他们已经投入时间参与环保志愿活动项目后不应该再进一步投入资金用于改善环境。当然,比较令人遗憾的结果是,游客视角下海滩上环卫工人的数量和受访游客游历滨海风景区的次数对受访游客的支付意愿并没有显著的影响。这里可能的解释是,受访游客认为环卫工人的雇佣费用支出是一种应该由政府财政负担的公共物品,不应该涉及个人的额外补偿资金投入。

表 12-6　条件价值法评估所得支付意愿的潜在影响因素分析

序号	变量	塑料污染物		易拉罐污染物		烟头污染物	
		参数估计量	标准差	参数估计量	标准差	参数估计量	标准差
1	常数项	3.512***	0.849	4.967***	0.881	4.704***	0.952
2	剩余垃圾量	1.086***	0.419	1.230***	0.440	0.975*	0.501
3	海洋垃圾的来源(1=来自游客)	-0.014	0.228	0.071	0.236	0.019	0.253
4	游客的数量	1.491***	0.462	0.934**	0.477	1.334***	0.515
5	环卫工人数量	0.366**	0.143	0.212	0.147	0.175	0.157
6	受访者来滨海地区游玩的次数	-0.014	0.077	0.061	0.079	0.054	0.085
7	性别(1=女性)	0.033	0.219	-0.020	0.223	-0.014	0.240
8	年龄	0.020*	0.010	0.018*	0.011	0.014	0.011
9	受教育水平(0—4)	0.018	0.106	-0.113	0.109	-0.017	0.116
10	个人税后平均月收入(1000元/月)	0.142***	0.044	0.181***	0.045	0.183***	0.049
11	是否参与过环保组织志愿活动(1=是)	0.061	0.246	-0.619**	0.255	-0.498*	0.273
12	海滩干净程度(0—4)	0.104	0.157	-0.022	0.161	0.124	0.172
13	旅游体验受海洋垃圾困扰程度(0—4)	0.429***	0.148	0.365**	0.151	0.331***	0.952

序号	变量	塑料污染物		易拉罐污染物		烟头污染物	
		参数估计量	标准差	参数估计量	标准差	参数估计量	标准差
14	回归模型情况	—	—	—	—	—	—
15	LR chi square	52.86***	56.92***	45.86***	—	—	—
16	Log Likelihood	−1433.045	−1421.572	−1387.841	—	—	—
17	观测值	770	770	770	—	—	—

注: *** $p < 0.01$; ** $p < 0.05$; * $p < 0.1$。

五、基于选择实验法的补偿主体支付意愿评估

运用多项 logit 模型处理了选择实验法得到的数据,并使用 bootstrap 程序重复了 500 次,结果如表 12-7 所示。表 12-7 中左边部分只分析了选择属性对受访游客在选项卡中选择的影响,右边部分引入了受访游客自身的社会人口特征变量进一步展开分析。可以看到,除了海洋垃圾的来源以外,其他的选择属性都是非常重要的。这一点与之前的分析是一致的。可能是受访者在考虑清理海滩垃圾问题时,更关心的是清理后海滩的清洁情况而不是垃圾来自哪里。此外,海洋垃圾的来源对游客来说并不重要的原因也有另一种解释,即这可能是因为海洋垃圾的确切数量和漂浮轨迹对游客来说是很难清晰知悉的,①所以游客视角下他们会更关心眼下在滨海风景区的旅游体验而不是这些海洋垃圾到底是怎么产生的。研究中进一步引入了受访游客的社会人口特征和城市层面的虚拟变量后发现,城市虚拟变量随着不同城市滨海风景区环境状况的异质性表现而都是显著的。城市层面异质性的分析对海洋垃圾的治理模式制定有很重要的借鉴意义,在海洋垃圾治理实践中因地制宜地投入各项资源是非常有必要的。从游客的社会人口特征上来看,年长的女性受访游

---

① Löhr, A., Savelli, H., Beunen, R., et al., "Solutions for Global Marine Litter Pollution", *Current Opinion in Environmental Sustainability*, Vol.28, 2017.

客会更愿意选择环境改善方案。与此同时,游客视角下所游览海滩的清洁程度、受访游客旅游体验受海洋垃圾污染影响的程度也对具体环境改善方案的选择有显著影响。

表 12-7　选择实验法中的多项 logit 模型(以宁波市为例)

变量	参数估计量	标准差	参数估计量	标准差
常数项	−2.134***	0.085	−3.790***	0.118
选择属性				
清理垃圾类型:塑料制品	0.528***	0.147	0.257*	0.142
清理垃圾类型:易拉罐	0.513***	0.143	0.404***	0.144
清理垃圾类型:烟头	0.553***	0.143	0.440***	0.147
剩余垃圾量:没有	2.376***	0.265	3.667***	0.320
剩余垃圾量:好于现状	2.004***	0.173	2.109***	0.193
海洋垃圾的来源(1=来自游客)	0.096	0.126	−0.109	0.134
游客数量(1=较少)	0.539***	0.163	1.216***	0.174
额外的附加费(元)	−0.067***	0.021	−0.326***	0.031
社会人口特征变量				
舟山地区(1=是)	—	—	1.320***	0.254
台州地区(1=是)	—	—	1.511***	0.267
温州地区(1=是)	—	—	1.806***	0.272
受访者来滨海地区游玩的次数			0.054	0.042
性别(1=女性)	—	—	0.208*	0.119
年龄	—	—	0.165***	0.056
个人税后平均月收入(1000元/月)			0.007	0.025
受教育水平(0—4)			0.075	0.058
是否参与过环保组织志愿活动(1=是)			0.026	0.206
海滩干净程度(0—4)	—	—	0.308***	0.080
旅游体验受海洋垃圾困扰程度(0—4)	—	—	0.159**	0.076

续表

变量	参数估计量	标准差	参数估计量	标准差
回归模型情况				
Wald chi square	596. 18 ***	1041. 26 ***	——	——
Log Likelihood	−1183. 316	−1028. 395	——	——
Pseudo R²	0. 220	0. 322	——	——
观测值	2382	2382	——	——

注: *** p<0. 01; ** p<0. 05; * p<0. 1。

　　根据表 12-7 中运用多项 logit 模型处理得到的结果和前文提出的公式（12-5），受访游客对三种主要海洋垃圾污染物清理的边际支付意愿评估结果如表 12-8。从城市层面上来看，宁波市海洋垃圾的社会成本基于受访游客的支付意愿值以一次性门票附加费的形式定价在 7. 11 元，其中包括 3. 73 元的拥挤成本。当考虑到城市层面的异质性时，舟山受访游客的支付意愿定价相较于宁波市受访游客会高出 0. 11 元，台州受访游客的支付意愿则低于宁波市 0. 36 元，温州的定价相较于宁波市受访游客高出 0. 06 元。与图 12-2 相对应的是，游客视角下舟山市和宁波市辖的海滩清洁状况并不干净的比例要小于舟山市和温州市辖海滩，因此，在舟山市和温州市滨海风景区旅游的游客也表现出了更高的支付意愿。根据受访游客主观回答的景区票价数据的描述统计，受访游客在宁波市辖滨海风景区支付的平均票价为 53. 89 元，在舟山市辖滨海风景区支付的平均票价为 92. 35 元，在台州市辖滨海风景区支付的平均票价为 49. 89 元，在温州市辖滨海风景区支付的平均票价为 56. 37 元。宁波市海洋垃圾社会成本的转移补偿定价大约为受访游客支付当地门票均价的 13. 19%，舟山市为 7. 82%，台州市为 13. 53%，温州市为 12. 72%。由于舟山市海洋垃圾的社会成本评估值占门票价格比重相对较低，这也许意味着以额外的一次性门票附加费形式补偿解决海洋垃圾的社会成本问题可以在舟山市的滨海风景区率先实施。

表 12-8　选择实验法中海洋垃圾清理的支付意愿(元/人/每张门票)

	海洋垃圾的清理			平均拥挤成本	总额外支付意愿	样本
	清理塑料	清理易拉罐	清理烟头			
平均支付意愿(标准差)	0.87 (0.46)	1.02 (0.45)	1.21 (0.47)	3.92 (0.57)	7.02	四座城市平均水平
	0.79 (0.44)	1.24 (0.44)	1.35 (0.45)	3.73 (0.53)	7.11	宁波市
	0.83 (0.46)	1.27 (0.45)	1.37 (0.47)	3.75 (0.57)	7.22	舟山市
	0.78 (0.45)	1.17 (0.45)	1.26 (0.47)	3.54 (0.59)	6.75	台州市
	0.90 (0.47)	1.10 (0.46)	1.28 (0.48)	3.89 (0.58)	7.17	温州市

注:此处额外的总支付意愿是通过加总对三种主要海洋垃圾污染物(塑料制品、易拉罐和烟头)清理的支付意愿得到的。在选择实验法中,针对每一种海洋垃圾清理的支付意愿被分离出单独询问受访者的选择。在条件价值法中,图 12-4 展示的支付意愿针对的是整体海洋垃圾的清理情况而不是某一种海洋垃圾的清理情况。从描述统计结果上来看,表 12-8 中展示的基于选择实验法的加总支付意愿与表 12-5 中展示的基于条件价值法的加总支付意愿是非常接近的。

六、海洋生态损害补偿主体的利他主义行为分析

由于现有研究已经证实了滨海风景区游客的行为活动与海洋垃圾的产生存在显著的正相关,根据"谁损害,谁赔偿"和"谁受益,谁补偿"的原则,滨海风景区游客理应对海洋垃圾出现引致的部分社会成本进行损害补偿。研究表明,大部分游客对于清理海洋垃圾均愿意投入时间与金钱意图改善滨海风景区的环境质量,但实证研究也发现海洋垃圾的来源却与受访者投入资源改善环境的选择并没有相关性。这也就意味着中国游客在以额外支付改善环境质量这一选择上,具有很强的利他主义行为倾向。他们或许并不关心自己作为生态损害补偿主体投入的时间与金钱是否完全是自己责任范围内合理的投入量,只要能改善滨海风景区环境质量,他们就愿意支付额外的费用。

这里可以进一步讨论这一话题衍生出的一个新命题,即"滨海风景区游

客作为生态损害补偿的主体,其支付行为是否真的存在利他主义倾向"。因此,在问卷调研中还进一步以支付卡式设问:"为清理游客自身所制造的垃圾,您愿意支付给清理部门的费用";"为清理宾馆、酒店等的生产生活垃圾,您愿意支付给清理部门的费用";"为清理海上漂浮的垃圾,您愿意支付给清理部门的费用"。研究中将"宾馆、酒店等的生产生活垃圾"和"海上漂浮的垃圾"均认为是非游客自身制造的垃圾,根据问卷结果的描述统计表明,游客对清理他们自身所制造的海洋垃圾愿意支付的清理费用均值与对清理非游客自身制造的海洋垃圾愿意支付的清理费用均值几乎一致。这一结论进一步证实了之前实证分析中提出的假设,即在中国游客的视角下他们会更关心眼下滨海风景区给他们带来的旅游体验而不是滨海风景区内的海洋垃圾到底是怎么产生的。中国游客们作为生态损害补偿主体方实际上确实并不会关心支付费用清理的海洋垃圾是否是因自己的行为产生的,只要能减少他们游览的滨海风景区所受海洋垃圾污染的影响,受访游客就愿意支付海洋垃圾清理费用。可以认为,滨海风景区游客作为生态损害补偿的主体,无论其选择"出钱"还是"出力"作为补偿行为均存在利他主义倾向。

联合国环境规划署(UNEP)强调了建立国家海洋垃圾监测项目和海洋垃圾清理计划的重要性和必要性,[①]有关海洋垃圾情况的实证信息为这些项目的推动提供了有价值的信息。迄今为止,评估海洋垃圾问题对滨海旅游业或滨海地区地方经济冲击影响的研究相对较多。已经有许多研究定量分析了海洋垃圾出现对地方经济的总体冲击影响,特别是对旅游经济的影响。而关于应该作为补偿主体之一的游客的行为分析,即游客视角下海洋垃圾的生态损害社会成本及其转移问题定量评估的研究相对较少。在英国,海洋垃圾引致的社会成本基于滨海旅游业损失评估的指示值在 550 万英镑到 1650 万英镑

---

① UNEP, *Marine Litter: A Global Challenge*, UNEP, Nairobi, 2009, p.232.

之间,并且垃圾清理的收益成本比可以达到大约180%。① 这说明投入资源清理海洋垃圾是一项非常具有经济效率和环境效率的环境治理措施。在比利时和荷兰,每年清除海滩垃圾的总成本达到1040万美元。② 如此高额的费用如果完全由政府财政负担并不是一个可持续的治理机制,提倡推动补偿主体和补偿方式多元化势在必行。

表12-9介绍了一些典型的海洋垃圾清理的支付意愿评估案例。相关的实证调研地分布较为分散,具体来说,涉及美国、波多黎各、希腊、保加利亚、荷兰、英国等地的样本,条件价值法和选择实验法是这些研究中主要使用的价值评估方法,支付方式主要以地方市政税和额外的附加费形式为主。在美国新泽西州和北卡罗来纳州,受访者用于清理海洋垃圾的支付意愿以一次性缴纳年度所得税的形式定价在每人每年21.38美元到72.18美元之间。③ 在美属波多黎各自治邦,通过对5个海滩的427位游客问卷调研数据进行分析,清理海洋垃圾的平均支付意愿以额外的旅行费用形式定价在98—103美元。④ 通过对希腊地区的200位游客、保加利亚地区的301位游客和荷兰地区的149位游客的实地问卷调研数据进行比较,发现这三个国家受访者清理海洋垃圾的支付意愿差异较大。受访者视角下塑料垃圾清理的平均支付意愿在希腊是每年0.67欧元,在保加利亚是每年8.25欧元,在荷兰是每年2.05欧元;烟头垃圾清理的平均支付意愿在希腊是每年0.42欧元,在保加利亚是每年7.06欧元,在荷兰是每年2.57欧元。在研究中进一步通过三个国家的社会人口特

① Lee,J.,"Economic Valuation of Marine Litter and Microplastic Pollution in the Marine Environment:An Initial Assessment of the Case of The United Kingdom",*London:SOAS-CeFiMS*,2015.

② Mouat,J.,Lozano,R.L.,Bateson,H.,"Economic Impacts of Marine Litter",*KIMO International*,2010,pp.41-44.

③ Smith,V.K.,Zhang,X.L.,Palmquist,R.B.,"Marine Debris,Beach Quality,and Non-Market Values",*Environmental and Resource Economics*,Vol.10,1997.

④ Loomis,J.,Santiago,L.,"Economic Valuation of Beach Quality Improvements:Comparing Incremental Attribute Values Estimated from Two Stated Preference Valuation Methods",*Coastal Management*,Vol.41,2013.

征、海滩环境状况和公众偏好等方面的异质,对支付意愿表现出的显著地域差异进行了解释。在荷兰海牙和英国的研究表明,海洋垃圾清理的费用分别被定价为每年 2.64 欧元/人和 0.85 欧元/人。可以发现,不同研究得到的支付意愿评估结果无论从绝对值还是从相对值来看,都不能得到一个跨区域的一致定价结果,补偿主体对海洋垃圾治理的补偿定价需要根据实际情况因地制宜地进行评估。

表 12-9 海洋垃圾清理的支付意愿评估研究概况

作者(年份)	样本位置	评估方法	受访者数量	支付方式	支付意愿
Smith(1997)	新泽西州,北卡罗来纳州	条件价值法	693	地方市政税/门票附加费	$ 21.38—72.18
Loomis 和 Santiago(2013)	波多黎各	条件价值法/选择实验法	214/213	游客额外的旅行支出	$ 98—103
Brouwer 等 (2017)	希腊	选择实验法	200	地方市政税	€ 0.42—0.67
	保加利亚	选择实验法	301	地方市政税	€ 7.06—8.25
	荷兰	选择实验法	149	门票附加费	€ 2.05—2.57
Mouat(2010)	海牙	其他	12(城市)	年度额外支出	€ 2.64
Mouat(2010)	英国	其他	58(城市)	年度额外支出	€ 0.85
Zhai 和 Suzuki (2008)	天津	选择实验法	898	年度额外支付	¥ 24.6
本研究 (2018)	浙江省	条件价值法/选择实验法	805	门票附加费 (CV)	¥ 7.29—9.47
				门票附加费 (CE)	¥ 6.75—7.22
				时间的机会成本	每天 ¥ 7.29

文献回顾发现,迄今为止关于海洋垃圾的社会成本评估只有一项位于中国地区的研究。在天津地区,受访者对每年清理 10% 的海洋垃圾和油污的支付意愿被定价为约 24.6 元/人,但这一研究对海洋垃圾清理和油污清理的支付意愿并没有分离讨论。若忽略地理跨度、时间跨度等方面的差异,与前人的研究进行比较可以发现,除了希腊的评估案例,大部分国家地区受访者的支付

意愿均较高或由于支付方式单位不一致不能直接比较。其中,翟国方等对天津案例的研究,以年均额外支付费用的形式将海洋垃圾和油污清理定价为24.6元/人,[①]考虑到天津的实际情况,在单独估计海洋垃圾问题的支付意愿时,受访者视角下分离的支付意愿将大大低于上述估计值。因此,较低支付意愿评估值亦可能是科学合理的。

当游客作为生态损害补偿中的补偿主体时,"出钱"或"出力"是最为常见的也是最容易实现的两种补偿方式。当使用条件价值法进行支付意愿评估时,基于受访游客视角下中国滨海地区城市层面海洋垃圾的社会成本以额外的一次性门票附加费形式定价为7.29—9.47元;当使用选择实验法进行支付意愿评估时,基于受访游客视角下中国滨海地区城市层面海洋垃圾的社会成本以额外的一次性门票附加费形式定价为6.75—7.22元。当观察到城市虚拟变量时,不同城市会表现出差异化的支付意愿评估值。根据表12-8可知,宁波市海洋垃圾的社会成本指示值约为7.11元,舟山市约为7.22元,台州市约为6.75元,温州市约为7.17元。与货币化支付意愿"出钱"不同的是,人们"出力"清理海洋垃圾的意愿在海洋垃圾治理中也扮演着十分重要的角色。具体来说,通过表12-3数据描述统计可知受访游客平均税后可支配收入为每月5901.3元,且大约74.1%的受访游客愿意平均每月投入1.5天无偿参与海洋垃圾清理项目。那么可以认为中国游客愿意为清理海洋垃圾付出的时间所隐含的机会成本约为每月218.6元(=5901.3×74.1%/30×1.5),即每天约7.29元。可以发现,游客愿意为清理海洋垃圾投入的时间的机会成本远远高于愿意支付的额外门票附加费,中国游客愿意平均每天投入的时间的机会成本才大致与愿意支付的额外门票附加费持平。当然,许多承诺愿意参与海洋垃圾清理项目的游客可能只是搭便车者,也许只有很少部分的游客会付出实

① Zhai,G.F.,Suzuki,T.,"Public Willingness to Pay for Environmental Management,Risk Reduction and Economic Development:Evidence from Tianjin,China",*China Economic Review*,Vol.19,2008.

际行动参与海洋垃圾治理。因此,也有一些研究认为志愿者劳动力市场的缺失也许是人们更愿意"出力"而不是"出钱"的一个重要潜在影响因素。[①] 如果海洋垃圾清理活动的劳动付出能够被完全市场化定价,游客作为补偿主体清理海洋垃圾付出的时间与金钱之间巨大的价值差异问题或许可得到解决。

---

① Gibson, J. M., Rigby, D., Polya, D. A., et al., "Discrete Choice Experiments in Developing Countries: Willingness to Pay versus Willingness to Work", *Environmental and Resource Economics*, Vol.65, 2016.

第四篇

评估篇——海洋生态损害补偿标准测算研究

4

识别海洋生态损害服务类型、鉴定海洋生态服务损害程度、评估海洋生态损害价值及实施海洋生态补偿是促进海洋科学、高效、可持续发展的必然选择,也是应对海洋生态环境恶化、提升海洋生态系统安全性的有力举措。

本篇在分析海洋生态系统分类体系及海洋生态系统服务价值构成的基础上,通过对海洋生态损害事件类型的划分,构建其相应的海洋生态损害因果认定程序,形成不同类型海洋生态损害程度判别的方法。在海洋生态损害评估方法适用性分析的基础上,探讨了海洋生态损害评估方法同海洋生态损害补偿标准两者之间的关系,建立基于博弈论的海洋生态损害补偿框架及实施过程。在分析海洋生态损害补偿成本构成的基础上,构建包括发展机会成本、生态损害成本及生态修复成本在内的海洋生态损害补偿成本核算体系,并探讨了基于生态恢复力与影响周期的海洋生态损害补偿标准,分析不同海洋生态损害事件对海洋生态系统生物因素与环境因素的破坏与干扰程度,综合考虑生态系统的自我恢复能力,研究自然状态下生态恢复所需的时间与恢复程度。在此基础上定量分析生态损害程度,并构建相应的补偿标准成本核算体系,确定生态损害补偿标准。

本篇针对生态系统服务价值评估的不同尺度要求,形成了基于全球尺度、专家知识和单位面积价值当量因子及单项服务的海洋生态服务价值评估方法体系,可应用于海洋生态服务价值的专项评估,避免用单一方法评价不同尺度海洋生态损害可能带来的误差。由于识别海洋生态损害因果关系对于判定海洋生态损害程度、选择海洋生态损害评估方法至关重要,本书在进行海洋生态损害事件分类的基础上,提出通过编制海洋生态损害调查及生态损害目录,运用海洋生态损害因果判别标准,探讨用海行为或突发事件对受损海洋生态系统的作用机制,判别用海行为或突发事件与海洋生态损害之间的因果关系,根据海洋生态损害程度评估原则,运用不同的海洋生态损害程度评估方法进行海洋生态损害评估,提高生态损害评估的精度与实际应用价值。

在综合考虑海洋生态损害补偿成本构成的基础上,构建一套包括发展机会成本、生态损害成本及生态修复成本等在内的海洋生态损害补偿成本综合核算体系,指出不同类型的海洋生态损害事件补偿标准的制定需根据实际情况采用不同的方法。

第十三章 海洋生态系统服务的
构成及价值评估

通过对海洋生态资本、海洋生态系统服务价值概念的分析,提出海洋生态系统服务价值分类系统。在梳理前人已有生态服务价值评估方法的基础上,讨论不同类型生态服务价值的合适评估方法,并分析各种方法的优劣,以寻找最精确评价结果。

第一节 海洋生态系统服务构成分析

一、海洋生态资本与海洋生态系统服务识别

海洋拥有丰富的资源,海洋面积的多少直接关系到一个国家或地区海洋经济发展水平。从某种程度上讲,海洋资源可以看作海洋产业的投入要素,是一种资本。因此,海洋生态资本是指在一定条件下,于现在和未来,能有自主地或者同其他资本存量一起提供产品流和服务流,以增进人类福利和服务于社会、经济及自然环境的海洋生态资源,海洋生态资源可以看作一种"资本",即海洋生态资本。[1]

———————————

[1] 任大川:《海洋生态资本评估及可持续利用研究》,中国海洋大学硕士学位论文,2011年。

海洋生态系统服务和海洋生态资本密切相关。海洋生态系统为人类提供的效益称为"海洋生态系统服务"。海洋生态资本是海洋生态资源货币化价值的存量形式,海洋生态资本价值是指海洋生态资本存量价值及其产生的收益价值流,包括各类海洋生态资源的现存量价值及其组成海洋生态系统整体而产生的生态系统服务价值。而海洋生态系统服务是一个流量的概念,各项服务由海洋生态系统产生,以产品流和服务流的形式作用于社会经济系统,增进人类福利,从而形成服务价值,即海洋生态资本为人类带来的效益和价值是通过海洋生态系统服务来实现的。[1]

海洋生态资本评估是指评估一定海域的海洋生态资源存量和生态系统服务,包括物质量和价值量评估。海洋生态系统服务价值是海洋生态资本价值的重要组分,两者在价值上的内在联系并不代表本质上的关系,海洋生态系统服务并不是海洋生态资本的组分,而只是海洋生态资本产生的一种收益流。[2]

二、海洋生态系统服务价值分类

随着沿海地区经济的快速发展,海洋生态系统面临着人类开发活动导致的生态损害的挑战。国家海洋管理部门开始重视通过海洋生态系统服务进行海洋管理。[3] 海洋生态系统服务的研究也可以为海洋污染事故赔偿和海洋工程补偿提供依据。首先,对海洋生态系统服务价值进行分类是进行服务价值评估的基础。人类对海洋调节自然界的功能认识不足就易形成资源无限、资源无价等错误想法,因此正确认识海洋生态系统服务价值尤其重要。海洋生态服务价值是指人类从海洋生态系统提供的服务中获得的一定效用,由于海洋生态系统服务的多价值性,对其分类也呈现出多样化的趋势。1993 年,联

---

① 陈尚、任大川、李京梅等:《海洋生态资本概念与属性界定》,《生态学报》2010 年第23 期。

② 陈尚、任大川、李京梅等:《海洋生态资本概念与属性界定》,《生态学报》2010 年第23 期。

③ 夏章英、卢伙胜、冯波等:《海洋环境管理》,海洋出版社 2014 年版,第 68—69 页。

合国规划署从生物多样性角度将生态系统服务价值分为直接价值、间接价值、选择价值和消极价值等四种类型,其中直接价值包括显著实物形式和无显著实物形式价值。① 1994 年,经济学家 D.皮尔斯等基于同样的角度将生态服务价值分为使用价值和非使用价值。② 麦克尼利等人认为生物资源的价值分为直接价值和间接价值。③ 基于以上学者的分类,结合海洋生态系统的特点,可以将海洋生态系统服务的价值分为以下四类。

（一）海洋生态系统的直接利用价值

海洋生态系统的直接利用价值是指海洋生态系统提供的可以供人类直接使用或消费的产品价值,包括海洋渔业产品、原材料等直接价值,通常海洋生态系统提供的这些资源可在市场上进行交易,以市场价格体现出来,如鱼虾贝等海洋产品均具有一定的价格。海洋提供的水能、潮汐能等新能源也可为人类带来巨大利益。

（二）海洋生态系统的间接使用价值

海洋生态系统的间接使用价值是指无法商品化的海洋生态系统服务,如海洋调节全球气候、维持全球物质循环、污染物处理、科研教育等方面的功能价值,这种功能可能一时无法形成商品进行交易,但其价值可能远高于海洋生态系统直接生产可消费生物资源的价值。

（三）海洋生态系统的选择价值

海洋生态系统的选择价值是指人们为了其后代能直接或间接利用海洋某

---

① 联合国环境规划署:《生物多样性国情研究指南》,1993 年。

② Perce,D.W.,Markandya,A.,Barbier,E.,"Blueprint for a Green Economy",*Earthscan*,p.21.

③ McNeely,J.A.,et al.,*Conserving the Word's Biological Diversity*,Island Press,1990,p.29.

种生态系统服务而愿意支付的意愿，①海洋生态系统服务的选择价值将随着人类科学技术的发展而不断提高。如何选择价值最终为人们自身所用或都将其留给后辈使用，则又被叫作"遗产价值"；如果为其他人未来所用，则可以称之为"替代消费"。

（四）海洋生态系统的存在价值

海洋生态系统的存在价值是指人们为确保海洋生态系统服务继续存在而愿意支付的价值，是生态系统本身具有的价值，②是一种几乎无法计量的价值。海洋生态系统的存在价值通过保存海洋生物基因、物种的完整性等典型的海洋生态系统服务而体现，在海洋生态系统服务价值中具有重要的地位。海洋保护区就是为了保护海洋物种多样性、防治海洋环境恶化而人为划定的一定范围的保护区域，意义在于保持原始的海洋自然资源环境与生态系统。海洋生态系统的存在价值是生态系统本身存在的价值，与人类没有直接关系。

三、海洋生态系统服务构成

海洋生态系统服务是指海洋生态系统及其物种所提供的能满足和维持人类生活需要的条件和过程，是指通过海洋生态系统直接或间接产生的产品和服务。③海洋生态系统服务很大程度上满足了人类的物质资源需求、环境容量需求、精神需求和基本生存需求，是地球生命支持系统的重要组成部分，也是沿海地区社会、经济与环境可持续发展的基本要素。④由于海洋环境的复杂性以及人

---

① 袁栋:《海洋渔业资源性资产流失测度方法及应用研究》,中国海洋大学博士学位论文,2008年。

② 袁栋:《海洋渔业资源性资产流失测度方法及应用研究》,中国海洋大学博士学位论文,2008年。

③ 张华、康旭、王利等:《辽宁近海生态系统服务及其价值测评》,《资源科学》2010年第1期。

④ 张华、康旭、王利等:《辽宁近海生态系统服务及其价值测评》,《资源科学》2010年第1期。

类对海洋生态过程及海洋生物种类研究的有限性,学术界对海洋生态系统服务没有统一公认的分类标准。学术界主要有柯斯坦扎等、张朝晖等、陈尚等提出的分类体系。① 尽管各有侧重,但他们的分类系统均可进一步归纳为四大类,分别对应着人类对海洋生态系统的四个用途,即提供物质资源、提供环境容量、满足精神需求和满足基本生存需求。参考以上分类,将海洋生态系统服务分为以下几种。

(一)供给功能

海洋能为人类提供产品和空间资源,产品包括鱼类、虾类、蟹类、贝类、海藻等海产品,以及可供加工的原材料,空间资源则指可供休憩旅游、航行运输等的海洋空间资源。海洋生态系统的供给服务可细分为食品生产、原材料供给、生物基因资源。②

海洋食品生产是指海洋生态系统为人类提供可食用产品的服务,包括从海洋植物、动物及微生物中获得的各种食物产品,如鱼类、虾类、蟹类、贝类及可食用海藻等。③

海洋原材料供给是指海洋生态系统为人类间接提供的食物、日用品、装饰品、燃料、药物等生产性原材料及生物化学物质,如利用部分不可食用的海洋鱼类生产鱼肝油、深海鱼油、鱼粉等。④

海洋生物基因资源是由海洋生物自身所携带的基因和基因信息组成,与

---

① Costanza,R.D.,Arge,R.,De,Groot,R.,et al.,"The Value of The World's Ecosystem Services and Natural Capital",*Nature*,No.387,1997. 张朝晖、吕吉斌、丁德文:《海洋生态系统服务的分类与计量》,《海岸工程》2007年第1期。陈尚、张朝晖、马艳等:《我国海洋生态系统服务及其价值评估研究计划》,《地球科学进展》2006年第11期。

② 张华、康旭、王利等:《辽宁近海生态系统服务及其价值测评》,《资源科学》2010年第1期。

③ 张朝晖、吕吉斌、丁德文:《海洋生态系统服务的分类与计量》,《海岸工程》2007年第1期。

④ 张朝晖、吕吉斌、丁德文:《海洋生态系统服务的分类与计量》,《海岸工程》2007年第1期。

区域内的海洋生物物种数量直接相关。①

（二）调节功能

海洋生态系统内的各种生理生态调节过程对人类生活带来影响,可细分为气候调节、水质净化、干扰调节。

海洋生态系统的气候调节服务主要是指海洋通过对大气中存在的包括二氧化碳在内的各种温室气体的吸收来调节空气中的湿度、温度,从而起到对地球气候的影响与调节作用。海洋生态系统对大气中的组成成分进行调节,保护空气的质量,以确保人类及其他生物不受一定程度内空气污染的影响。

海洋生态系统的水质净化调节即对海水中存在的有害物质进行处理分解的能力。海洋生态系统的水质净化调节通过海洋中存在的各种生态系统对海水中存在的各种有害物质进行分解、转化与降解,从而使得水质重新趋向好转的状态。②

海洋生态系统的干扰调节是指海洋生态系统抵御并减少各类自然灾害的能力。海洋生态系统可以对各种环境波动进行衰减及综合,并降低其危害程度。在海水富营养化区域,浮游动物和养殖贝类可抑制赤潮生物的生长。

（三）文化功能

人类通过认识、开发、利用海洋生态系统,通过自身的感受获取精神上的享受和满足。海洋生态系统的文化功能是指海洋生态系统为人类提供的精神文化、知识扩展和休闲娱乐服务。

---

① 张朝晖、吕吉斌、丁德文:《海洋生态系统服务的分类与计量》,《海岸工程》2007年第1期。

② 张朝晖、吕吉斌、丁德文:《海洋生态系统服务的分类与计量》,《海岸工程》2007年第1期。

海洋生态系统的精神文化服务是指为人类提供精神愉悦、艺术启迪和思想教育等未进入市场的服务与贡献。

海洋生态系统的知识扩展服务是指由于海洋生态系统作为生命起源地所特有的生态环境、生物多样性而形成的科学研究价值等贡献。

海洋生态系统的休闲娱乐服务是指滨海城市和海洋形成的独特的自然与人文景观,该地区可供人类进行观光、钓鱼、游泳、冲浪等活动。

(四)支持服务功能

海洋生态系统支持服务功能是指生态系统所具有的为其他各种类型的生态系统服务形成提供的基础支持,是其他三类基础服务的基础,对人类的影响常常具有长期性和间接性。支持服务功能并不能被人类社会直接利用。可以认为,它的作用与影响包含在其他三类服务功能之中。海洋生态系统的支持服务可细分为初级生产服务、物质循环服务和生物多样性。

海洋生态系统的初级生产服务是指海洋中的各种生物通过吸收太阳能和海洋中存在的养分,为自身生态过程提供基础能量积累,并以生物体的形式储存,比如不同营养级的生命。

海洋生态系统的物质循环服务是指海洋中存在的各种类型的营养元素与营养物质形成转化的过程,比如氮、磷、钾等各种营养物质的循环转化。海洋生物、水体以及沉积物中的氮、磷、硅等营养元素相互循环,同时全球物质循环中海洋通过水产品可以补充陆地流失的营养物质。

海洋生态系统的生物多样性是指海洋作为海洋生物群落的产卵场、避难所,产生并维持海洋的遗传多样性、物种多样性与系统多样性。[1] 生物多样性对于维持生态系统的结构稳定与服务可持续供应具有重要意义。海洋大型底栖植物所形成的海藻森林、盐沼群落、红树林以及底栖动物形成的珊瑚礁等,

---

[1] 张朝晖、吕吉斌、丁德文:《海洋生态系统服务的分类与计量》,《海岸工程》2007 年第 1 期。

可为其他生物提供生存生活空间和庇护场所。[①]

第二节 海洋生态系统服务价值评估方法

一、全球尺度的海洋生态服务价值评价方法

为了估计全球尺度的生态系统与自然资产的生态服务价值,以柯斯坦扎为首的13位科学家于1997年建立了全球尺度的生态系统服务价值评估框架,[②]对全球生态系统服务价值进行了首次估算。在该评估框架中,海洋生态系统包括远洋生态系统和海岸生态系统,海岸生态系统又进一步被划分为港湾、海苔/海藻床、珊瑚礁和大陆架等生态系统。该研究采用了多种方法来估算生态系统服务价值的市场成分和非市场成分,运用供应需求曲线估算其总经济价值(见图13-1)。图13-1是生态系统服务供给(=边际成本)和需求(=边际收益)曲线,是在典型的市场商品供给需求曲线上进化而来,其中价格和供需曲线之间的面积pbqc是某种资源的纯租金。市场价格和需求曲线之间的面积abp是消费者剩余。生态服务总的经济价值是消费者盈余和纯地租之和。当某种服务供给量趋近于零时,需求接近无限大,消费者盈余以及生态系统经济价值也趋于无限大。[③] 以生态系统服务供给曲线为一条垂直直线作为假定条件,通过消费者剩余和纯租金之和乘以数量得出了每一种生态系统的单位面积上的服务价值,加和所有生态系统服务面积与对应单位面积生态

---

① 张朝晖、吕吉斌、丁德文:《海洋生态系统服务的分类与计量》,《海岸工程》2007年第1期。

② Costanza, R.D., Arge, R., De, Groot, R., et al., "The Value of the World's Ecosystem Services and Natural Capital", *Nature*, No.387, 1997.

③ 郑伟:《海洋生态系统服务及其价值评估应用研究》,中国海洋大学博士学位论文,2008年。

系统服务价值的乘积得到全球海洋生态系统服务价值。

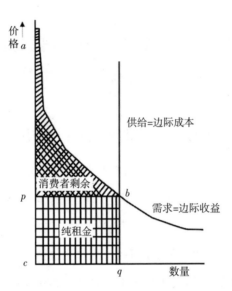

图13-1 生态系统服务需求供给曲线

二、中尺度海洋生态服务价值评估方法

对于中尺度的区域海洋生态系统,其生态系统服务价值核算主要分为两类:一类是基于单位面积生态系统服务价格的核算方法,另一类是基于单位面积价值当量因子的方法。基于单位面积生态系统服务价格的方法由于需要的参数较多,每种服务的评价方法和参数标准也不统一,实际使用时可能有一定难度。因此,当量因子法是进行海洋生态服务价值评估的常用方法。当量因子法是在区分不同种类生态系统服务的基础上,计算各种不同类型生态系统不同服务价值的当量,然后再乘上生态系统所占的面积进行计算。

由于生态系统服务类型以及社会经济水平的空间差异性,柯斯坦扎等提出的全球生态服务价值评价方法在地区应用时可能会存在较大误差。因此,针对中国幅员辽阔,地貌跨度大,南北经济发展不平衡等现状,谢高地等努力寻找一个合适的价格体系来建立符合中国基本国情的单位价值量。① 谢高地等 2002 年和 2006 年对中国 700 多位具有生态学背景专家进行长达 5 年的问卷调查,采用意愿调查价值评估法,形成一个基于专家知识的生态系统服务价值单元体系。② 采用该方法对中国生态系统服务价值进行评估。该方法利用已知土地利用面积的生态系统服务价值估算,可在较短时间内获得较为准确的结果。进行问卷调查时,设定农田食物生产的生态服务价值当量为 1,其他生态系统提供的其他生态服务价值相对于农田生产粮食的生产价值的相对重要性。谢高地等人将单位面积农田生态系统粮食生产的净利润作为 1 个标准当量因子的生态系统服务价值量,农田系统包括稻谷、小麦、玉米三大粮食主产物。③ 具体计算见式(13-1):

$$D = S_r \times F_r + S_w \times F_w + S_c \times F_c \tag{13-1}$$

式(13-1)中,D 表示 1 个标准当量因子的生态系统服务价值量(元/公顷);S_r、S_w 和 S_c 分别表示稻谷、小麦和玉米的播种面积占三种作为播种面积的百分比(%),F_r、F_w 和 F_c 分别表示稻谷、小麦和玉米的单位面积平均净利润(元/公顷)④。以上方法是静态的评估方法,对生态系统的时空差异欠缺考虑。因此,谢高地等又对此方法进行了修改,形成了基于单位面积价值当量因子法的中国陆地生态系统服务价值的动态评估方法。⑤ 该方法首先依据遥感数据和气象数据计算净初级生产力,构建不同生态系统服务价值当量表。其次,确定净初级生产力、降水和土壤保持调节的时空动态因子,构建生态服务

① 谢高地、甄霖、鲁春霞等:《一个基于专家知识的生态系统服务价值化方法》,《自然资源学报》2008 年第 5 期。

② 谢高地、张彩霞、张昌顺等:《中国生态系统服务的价值》,《资源科学》2015 年第 9 期。

③ 谢高地、张彩霞、张雷明等:《基于单位面积价值当量因子的生态系统服务价值化方法改进》,《自然资源学报》2015 年第 8 期。

④ 谢高地、张彩霞、张雷明等:《基于单位面积价值当量因子的生态系统服务价值化方法改进》,《自然资源学报》2015 年第 8 期。

⑤ 谢高地、张彩霞、张雷明等:《基于单位面积价值当量因子的生态系统服务价值化方法改进》,《自然资源学报》2015 年第 8 期。

时空动态变化价值当量表,见式(13-2):

$$F_{nij} = P_{ij} \times F_{n_1} \text{ 或 } F_{nij} = R_{ij} \times F_{n_2} \text{ 或 } F_{nij} = S_{ij} \times F_{n_3} \qquad (13-2)$$

式(13-2)中,F_{nij}指某种生态系统在第i地区第j月第n类生态服务的单位面积价值当量因子;F_n指该类生态系统的第n种生态服务价值当量因子;P_{ij}指该类生态系统第i地区第j月的净初级生产力(Net Primary Productivity,简称NPP)时空调节因子;R_{ij}指该类生态系统第i地区第j月的降水时空调节因子;S_{ij}指该类生态系统第i地区第j月的土壤保持时空调节因子;n_1表示食物生产、原材料生产、气体调节、气候调节、净化环境、维持养分循环、维持生物多样性和提供美学景观等服务;n_2表示生态服务是水资源供给或者水文调节服务;n_3表示土壤保持服务。[①]

三、小尺度海洋生态服务价值评估方法

海洋生态系统服务具有典型的异地实现性、时空尺度和局地依赖性,这些造成了海洋生态系统服务的评估困难。海洋生态系统评估的精度是一个逐步提高的过程,主要是源于价值评估方法的局限性、评估参数选择的可靠性、研究者对海洋生态系统的认识差异等。对于中小尺度的海洋生态系统而言,基于单项服务的生态服务价值评估方法具有较好的适用性。在进行单项服务价值估算时,首先选择市场价值法,再选择替代市场法,当市场条件无法满足时,最后采用假想市场法。海洋生态系统单项服务价值的评估方法如下所示。

(一)食品供给

海洋食品供给主要包括海洋生态系统中的水产品捕捞和水产品养殖。根据鱼、虾、贝、藻等海产品的产量和价格,采用市场价格法衡量,常规市场评估方法是以直接市场价格计算生态系统服务及其变化,见式(13-3)。

---

① 谢高地、张彩霞、张雷明等:《基于单位面积价值当量因子的生态系统服务价值化方法改进》,《自然资源学报》2015年第8期。

$$M = \sum B_i P_i + \sum Y_i Q_i \qquad (13-3)$$

式（13-3）中，M 为海洋生态系统为人类提供食品的价值；B_i 为人类捕捞的第 i 类海产品的数量，分别为贝类、鱼类、虾蟹和海藻等的产量；P_i 为第 i 类捕捞海产品的市场价格；Y_i 为人类养殖的第 i 类海产品的数量；Q_i 为养殖的第 i 海产品市场价格。① 海产品的数量通常是单产和可收获面积的乘积。市场价格指的是利润，应去掉捕捞成本和养殖成本。

市场价值法简单、实用，所需的数据量少，易于计算，因而被广泛地应用于人类海洋资源环境开发利用活动产生的对海洋生态系统服务价值影响评价，适用于有实际市场价格的海洋生态系统服务的价值评估。

（二）原材料供给

海洋生态系统的原材料供给是指海洋生态系统为人类生产生活所需要的生产性原料的功能。可通过所涉及海洋生态系统中各类物质生产量及交易量来计算，一般采用市场价格法，计算公式如式（13-4）所示：

$$M = \sum L_i P_i \qquad (13-4)$$

式（13-4）中，M 表示海洋生态系统为人类提供的各种原料的价值，包括医药原料、化工原料和装饰观赏材料等；L_i 为海洋提供的第 i 种原料的数量；P_i 为第 i 类原料的市场价格，应扣除将单位数量原材料带到市场的成本。②

（三）生物基因资源

海洋生物携带的基因和基因信息与海域内的海洋生物物种数量相关，可根据海洋生态系统中的物种数量来确定。已被利用的各种海洋生物基因资源

---

① 李晓、张锦玲、林忠：《罗源湾生态系统服务功能价值评估研究》，《海洋环境科学》2010年第 3 期。
② 李晓、张锦玲、林忠：《罗源湾生态系统服务功能价值评估研究》，《海洋环境科学》2010年第 3 期。

可以用市场价格法进行计算;而未利用的海洋生物基因资源可用支付意愿法计算,采用对相关人群的问卷调查进行。条件价值法常常被用于评估海洋生态资源的使用价值和非使用价值。① 常用的计算方式为:基因资源价值=投资费用+增养殖费用+保护区日常维护费。条件价值法是评估生物多样性非使用价值较成熟的方法。王丽等通过问卷调查计算了福建罗源湾当地居民对保护生物多样性的支付意愿。② 当然,该方法也有一定局限性:一是假象性。确定对环境服务的支付意愿是以假想数值为基础,不是实际支付。二是可能存在很多偏差。

(四)气体调节

海洋生态系统的气体调节有两个方面:一是植物光合作用释放出氧气,二是海洋生物通过生物泵等作用吸收二氧化碳。因此,可采用替代工程法,根据固碳和制氧过程的成本来计算气体调节服务价值。根据光合作用公式,每生产 1 克干物质可以吸收 1.63 克二氧化碳,释放 1.19 克氧气。③ 见式(13-5):

$$P_{ar} = (1.63C_{co_2} + 1.19C_{o_2}) X \qquad (13-5)$$

式(13-5)中,P_{ar} 为海洋生态系统气体调节服务的价值;X 为单位面积的海域每年干物质的产量,C_{co_2} 为固定二氧化碳的成本;C_{o_2} 为释放氧气的成本。④

(五)气候调节

气候调节是指海洋对全球降水、温度的调节以及各种生态过程对温室气体

---

① 王丽、陈尚、任大川等:《基于条件价值法评估罗源湾海洋生物多样性维持服务价值》,《地球科学进展》2010 年第 8 期。

② 王丽、陈尚、任大川等:《基于条件价值法评估罗源湾海洋生物多样性维持服务价值》,《地球科学进展》2010 年第 8 期。

③ 李晓、张锦玲、林忠:《罗源湾生态系统服务功能价值评估研究》,《海洋环境科学》2010 年第 3 期。

④ 李晓、张锦玲、林忠:《罗源湾生态系统服务功能价值评估研究》,《海洋环境科学》2010 年第 3 期。

的吸收,从而实现对全球某一区域气候的调节功能。[1] 主要通过滨海植物、大型藻类、浮游生物、甲壳生物等固定的二氧化碳计算。人工方法固定同样数量的温室气体费用加上人工合成同样数量的二甲硫化物费用计算,见式(13-6):

$$V_C = \sum C_i \times P_i + S \times P_s \tag{13-6}$$

式(13-6)中,V_C 为气候调节服务的价值;C_i 为第 i 种温室气体的净吸收量;P_i 为人工固定单位数量第 i 类温室气体的费用;S 为二甲硫化物的总量;P_s 为人工合成二甲硫化物的单价。[2]

(六)污染物处理

入海污染物在海洋生态系统中可通过物理、化学与生物作用转换为无毒物质。可采用影子工程法,用处理污染物需要的花费来代替废物处理服务价值。海洋生态系统的污染物处理价值相当于海洋环境价值,环境容量越大,废物处理能力越强。国务院《排污费征收使用管理条例》规定了每种污染因子的去除成本。因此,海洋生态系统的污染物处理价值可用式(13-7)表示:

$$V_w = \sum QW_i \times PW_i \tag{13-7}$$

式(13-7)中,V_w 为废弃物处理服务的价值;QW_i 为向海洋生态系统排放的第 i 类废弃物的数量;PW_i 为人工处理第 i 类废弃物的费用。[3]

(七)休闲娱乐

旅行费用法是用旅行费用作为替代物来评价旅游景点或其他娱乐物品的价值。[4] 旅行费用法可用来计算海洋生态系统提供的休闲娱乐价值,即用海

① 李晓、张锦玲、林忠:《罗源湾生态系统服务功能价值评估研究》,《海洋环境科学》2010年第3期。

② 王其翔:《黄海海洋生态系统服务评估》,中国海洋大学博士学位论文,2009年。

③ 王其翔:《黄海海洋生态系统服务评估》,中国海洋大学博士学位论文,2009年。

④ 张朝晖、吕吉斌、叶属峰等:《桑沟湾海洋生态系统的服务价值》,《应用生态学报》2007年第11期。

洋旅游收入或者根据旅游人数及人均费用支出数量进行计算。沿海旅游城市的旅游景点分布在海岸线附近,可根据研究区岸线比例和地区旅游业的收入直接计算休闲娱乐价值。[1] 然而该方法也存在一定缺陷,对于收入悬殊的地方,所得结果与实际情况可能偏差较大。

(八)知识扩展

海洋为人类提供科研场所和科研材料。可通过政府、企业投入的科研经费替代海洋生态系统为人类提供科研场所和科研材料价值,[2]也可以通过统计该区域的科研项目来间接计算。由于经费来源的广泛性,数据精确度不高。多数研究是采用成果参照法,参照已有的全球浅海文化价值来计算。[3] 采用替代成本法计算公式见式(13-8):

$$VOK = \frac{\sum SI_n}{N} \ \text{或} \ VOK = VS \times A \qquad\qquad (13\text{-}8)$$

式(13-8)中,VOK 为知识扩展服务的价值;SI_n 为 n 年内的科学研究投入费用;N 为年限数;VS 为浅海的文化科研价值基准价;A 为海域面积。

(九)初级生产力

王增焕等认为应用海洋初级生产力可以估算海域渔业资源量,估算结果与剩余产量模式的评价结果一致。[4] 相反,初级生产力的服务价值可以用渔业资源来计算,有以下三种模型:

---

① 张朝晖、吕吉斌、叶属峰等:《桑沟湾海洋生态系统的服务价值》,《应用生态学报》2007年第11期。

② 石洪华、郑伟、陈尚等:《海洋生态系统服务功能及其价值评估研究》,《生态经济(中文版)》2007年第3期。

③ Costanza, R.D., Arge, R., De, Groot, R., et al., "The Value of the World's Ecosystem Services and Natural Capital", *Nature*, No.387, 1997.

④ 王增焕、李纯厚、贾晓平:《应用初级生产力估算南海北部的渔业资源量》,《渔业科学进展》2005年第3期。

（1）营养动态模型依据食物链物质能量流动转化理论来估算海域的渔业资源量。[1] 见式（13-9）：

$$P = P_o E^n \tag{13-9}$$

式（13-9）中，P 为渔业资源生产量；P_0 为初级营养级的生产量，即初级生产力；E 为生态效率；n 为营养级的转换级数。[2]

（2）库欣（Cushing）模型。库欣研究表明，海洋渔业资源的年产碳量等于1%的年初级产碳量与10%的年次级产碳量之和的一半。[3] 见式（13-10）：

$$G = (0.01P + 0.1S)/2 \tag{13-10}$$

式（13-10）中，G 为渔业资源年产碳量；P 为年初级产碳量；S 为年次级产碳。[4]

（3）泰特（Tait）模型。泰特对沿岸生态学进行能量分析时认为海域生态系统能量规律是初级生产力有10%转化为滤食性动物，而初级生产力转化渔业资源的效率为0.015。模型表达见式（13-11）：

$$P_{hr} = \frac{P_o E}{\vartheta} P_s \tag{13-11}$$

式（13-11）中，P_{hr} 为初级生产力的价值；P_0 为单位面积海域的初级生产力（以碳计）；E 为生态转化效率，即初级生产力转化为渔获物的效率；ϑ 为渔获物平均含碳率；P_s 为渔获物平均市场价格。[5]

---

① 李晓、张锦玲、林忠：《罗源湾生态系统服务功能价值评估研究》，《海洋环境科学》2010年第3期。

② 李晓、张锦玲、林忠：《罗源湾生态系统服务功能价值评估研究》，《海洋环境科学》2010年第3期。

③ 李晓、张锦玲、林忠：《罗源湾生态系统服务功能价值评估研究》，《海洋环境科学》2010年第3期。

④ 李晓、张锦玲、林忠：《罗源湾生态系统服务功能价值评估研究》，《海洋环境科学》2010年第3期。

⑤ 李晓、张锦玲、林忠：《罗源湾生态系统服务功能价值评估研究》，《海洋环境科学》2010年第3期。

(十)栖息环境

栖息环境是指由海洋大型底栖植物所形成的海藻床、盐沼群落、红树林以及底栖动物形成的珊瑚礁等。[①] 生境的大小决定了该生境内的生物多样性的大小,并由此确定产生的服务大小。海洋生态系统提供繁殖与栖息地服务是海洋鱼类与贝类生存的条件,其最终价值也体现在海洋捕捞量和质量上,该方法只能量化一部分能被市场化的价值,剩余的非使用价值可通过支付意愿法来估算。也可通过各种索饵场、栖息地、产卵场生物避难所等面积的大小好坏来衡量此项价值。

(十一)物质循环

海洋环境中的各种物质不断进行形式转化,包括氮、磷等营养物质和水循环等。一方面提供海洋生物所需要的营养物质。另一方面接收陆地营养物质及净化有害物质。如海洋生态系统吸收氮、磷等营养元素,从而减少了氮、磷在水体中的浓度。因此,通常用替代成本法来计算海洋生态系统的物质循环价值。即用海洋生态系统去除含氮、磷等营养盐的污水成本来替代物质循环服务价值。见式(13-12):

$$P_{nr} = QC \tag{13-12}$$

式(13-12)中,P_{nr} 为营养循环服务的价值;Q 为海域中含氮磷的污水量;C 为单位体积污水去除氮磷的成本。[②]

替代成本法用于浅海或海湾生态系统物质循环功能经济价值核算具有较好的适用性,但对于整个海洋生态系统而言,由于海水本身的流动性可造成的营养元素含量的稀释,因此计算价值可能会偏大。

---

① 张朝晖:《桑沟湾海洋生态系统服务价值评估》,中国海洋大学博士学位论文,2007年。

② 李晓、张锦玲、林忠:《罗源湾生态系统服务功能价值评估研究》,《海洋环境科学》2010年第3期。

（十二）干扰调节

海洋生态系统中包括大米草、海三棱草在内的各类草滩，以及广泛分布于热带亚热带地区的红树林和热带海域的珊瑚礁等生态系统能起到减轻相关区域的风暴、海浪对海洋造成的破坏作用，因而具有干扰调节功能。其价值可用有干扰调节区域与无干扰调节区域受自然灾害影响后的损失比较得到。红树林能抵御潮汐和洪水的冲击，抵御风暴等自然灾害。薛阳等应用影子工程法计算出海南省红树林防灾护堤生态服务价值为 1645.03 万元。① 影子工程法将本身难以用货币表示的生态系统服务价值用"影子工程"来计量。当然，由于替代工程的非唯一性，导致替代工程的造价有很大的差异，并造成价值计算的差异。

---

① 薛杨、杨众养、王小燕等：《海南省红树林湿地生态系统服务功能价值评估》，《亚热带农业研究》2014 年第 1 期。

第十四章　海洋生态损害的因果关系认定与损害程度判别

海洋生态损害补偿是对相关用海行为所造成的生态服务价值损害的补偿,对生态服务价值损害事件的因果认定是后续损害评估的前提,损害程度的判别则是确定补偿标准的重要依据。在分析用海行为对海洋生态环境的可能影响基础上,建立基于用海方式的海洋生态损害事件分类系统。通过海洋生态损害调查及生态损害目录编制,提出海洋生态损害因果识别的七个理论依据,在分析用海行为或突发事件对受损海洋生态系统的作用机制基础上,确定用海行为或突发事件与海洋生态损害之间的因果关系。在此基础上,分析海洋生态损害程度评估原则,提出海洋生态损害程度评估方法。

第一节　海洋生态损害事件及分类

一、用海行为对海洋生态环境的可能影响

(一)围海造地导致滨海湿地大规模减少

人类的围填海活动直接作用于滨海湿地和滩涂,这对世界上生产力最高的生态系统之一——滨海湿地带来严重威胁。以浙江宁波为例,1990年以来,杭州湾南岸湿地围填开发超过淤涨速度导致湿地宽度变窄、坡度变

陡,其岸线向海推进的距离达 4.93 千米。象山港湿地围垦不仅造成了湾内天然滨海湿地的丧失,而且影响纳潮量及正常的水体交换。1990 年以来纳潮面积减少了 12.4%。另外,2000 年以后,随着经济发展的加速,城镇新区、工业开发区、港口建设等也成为浙江滨海湿地面积减少的重要原因。如 2009 年成立的宁波杭州湾新区规划陆域面积达 353 平方千米,侵占了大量滨海湿地。

(二)过度捕捞导致海洋渔业资源衰减

由于海产品需求的日益增长,海洋水产品的捕捞数量远远超过了海洋渔业资源自身的恢复能力。渔民为了获得更大利益,甚至使用过密过小的违规网具捕捞鱼仔虾仔,严重影响了海洋水产生物的繁殖和生物结构的稳定,甚至导致某些水产资源的灭绝。由于海洋生态系统生物链的存在,过度的捕捞经济物种破坏了原有的生物链,也导致其他物种的灭绝。我国近海的四大渔场——渤海渔场、舟山渔场、南海沿岸渔场和北部湾渔场从 20 世纪 80 年代起已经逐渐消失了。大黄鱼作为我国四大鱼种之一,在东海已经严重枯竭,群体呈现低龄化和小型化。我国近海已经没有"渔汛",面临着"竭泽而渔"的窘状。

(三)湿地围垦造成生态失调

湿地围垦之后使得湿地转化为滩涂养殖、工业建设、港口码头等各类人工用地,导致湿地具有的碳储存等作为海洋生态系统具有的功能的损失。沿海滩涂是各种生物栖息和繁殖的场所,滩涂围垦改变了其生境,使海岸带食品生产、纳潮淘沙等生态服务功能作用消失或削弱,导致生物种群数量减少。人类活动加大了对海洋生态系统的干扰、破坏和污染强度,破坏了生态系统的结构,致使生态系统严重退化。反过来也会引发供水、地面沉降等问题。①

---

① 索安宁、张明慧、于永海等:《曹妃甸围填海工程的海洋生态服务功能损失估算》,《海洋科学》2012 年第 3 期。

（四）污染排放导致海洋环境容量降低

大规模的海岸带资源开发，占用海洋资源与空间，使沿海地区环境容量萎缩和环境功能退化。各种人类开发活动导致磷、氮及粪便大肠菌群以及其他有毒、有害物质大量进入海洋，可能导致相关有害物质严重超标，并引起海洋环境容量的减小。同时，过量的营养物质导致腐生耗氧藻类大量繁殖，甚至发生赤潮。

（五）人类开发导致海洋生物多样性降低

海洋生物多样性包括遗传基因多样性、物种多样性和生态系统多样性。随着海岸带及海洋开发活动的增加，适宜原生海洋生物生存的原生环境不断减少，珍稀濒危海洋生物濒临灭绝。海洋临时倾倒区的各种倾倒活动对海洋浮游生物、底栖生物都会产生明显影响，导致生物多样性下降，[1]围填海直接进行掩埋是造成海洋生物多样性降低的重要原因。围垦后垦区由于脱离海洋环境或形成受人工干扰显著的海洋环境，将引起底栖生物和浮游生物的灭绝或显著变化。而垦区外则由于水沙动力条件的改变，引起潮滩淤蚀动态的调整，并使得原有的经济鱼、虾、蟹、贝类等的产卵场、苗种场发生显著改变。[2]

（六）海岸人工化导致海洋自然景观破坏

海岸带是海岸线向陆海两侧扩展具有一定宽度的带状区域，包括陆域与近海。海洋自然景观指的是具有观光、休闲、旅游价值的海洋天然景观。随着人类社会经济的快速发展和新型城镇化推进，人类开发建设活动对海岸带自

---

① 徐智斌：《青岛倾倒区对海洋生态环境的影响与管理》，大连理工大学硕士学位论文，2015年。

② 陈永星：《福清东壁岛围垦对海域生态环境影响及保护对策》，《引进与咨询》2003年第4期。

然景观产生明显的改造作用,海岸带自然生态环境遭到破坏,水土流失加剧,海岸带自然景观被改造为各种类型的人工景观,改变了海岸带与海洋环境所独有的审美价值和文化娱乐价值,并导致滨海地区旅游经济效益的下降。长江口—杭州湾南岸和珠江三角洲地区是中国南方大陆海岸线变迁最显著的区域,也是海岸人工化程度最高的区域,围海造陆、港口建设和水产养殖等人类活动形成了人工化的大陆海岸,自然景观持续减少。[①] 浙江省海洋开发活动对海岸线资源的占用,导致自然海岸线保有率快速下降,造成海岸生态系统不可逆转的破坏,[②]影响着浙江海洋经济示范区的持续发展。

二、基于用海方式的海洋生态损害事件分类

根据海洋生态损害的成因,可以把海洋生态损害分为两大类:一类是海洋开发利用活动的海洋生态损害;二是突发事件造成的海洋生态损害。

(一)海洋开发活动导致的海洋生态损害

1.围填海海洋生态损害

围填海是海域的主要用海方式,通过在沿海筑堤围垦滩涂和海湾填成陆地用于工业建设、农业耕地、城镇建设等。填海造陆引起了潮滩湿地面积锐减,造成了海湾自净能力减弱、港口航道淤积、沙滩退化、海岸侵蚀、沿海景观受损、海洋渔业资源减少、生物多样性下降等一系列生态问题。在港湾围垦时,港内的海域面积减少,纳潮量下降,直接影响到海湾与外海的水体交换强度,从而制约港湾的自净能力;港湾围垦也导致相关临近围垦区域的海域潮流流速降低,容易产生泥沙淤积,并引起航道变浅、变窄,影响港口与

---

①　杨磊、李加林、袁麒翔等:《中国南方大陆海岸线时空变迁》,《海洋学研究》2014 年第 3 期。

②　李加林、郑孟状:《浙江海洋经济示范区建设亟需加强自然海岸线资源保护》,《浙江社科要报》2017 年第 4 期。

航运功能。①

2.构筑物建设海洋生态损害

海洋构筑物类型包括非透水、透水、跨海桥梁、海底隧道等多种类型。码头、防波堤、路基等占用海线,对海域水文动力和冲淤变化会产生一定的影响;施工过程悬浮泥沙入海对海域水质、沉积物和海洋生态产生一定的影响。跨海桥梁桩基础上构建的承台和桥墩等占据海域,对海域潮流和泥沙具有阻挡作用,将改变局部海域水文动力条件,对工程区附近海域水文动力环境产生一定影响,并影响附近海域的冲淤格局。

3.开放式用海海洋生态损害

开放式用海活动指非围填海或设置构筑物而直接对海域进行开发利用的用海方式。常见的有开放式养殖、浴场、游乐场、专用航道、锚地及其他开放式用海类型。海水养殖向海中排放排泄物导致网箱周围和底部环境质量的下降。浴场和游乐场都是占用海洋空间资源,并对海洋造成大量垃圾,影响了水质健康。航道疏浚和炸礁等引起的悬浮泥沙入海影响周边海域水质、沉积物等海洋环境。

4.油气矿产资源开发海洋生态损害

油气矿产资源的开发对海洋环境造成严重污染。大量污水进入海洋,破坏水体的营养盐平衡,危害生物的健康。在此过程中,只有耐污染的物种得以存活下来,开发过程严重危害生物多样性。死亡的生物在污染的环境下带有毒素,通过生物链危害人类健康。海砂开采会改变局部海域海底的地形地貌,影响沿岸输沙,从而造成海岸侵蚀;同时采砂过程产生的悬浮物对海水水质和生态环境会产生影响,从而影响周边其他海洋开发活动。

5.陆源污染排放的海洋生态损害

海洋中的污染 80% 来自于陆地,由陆上直接入海的污染物造成海洋环境

---

① 王留洋:《瓯江口大规模围海工程对周边水动力环境的影响》,大连理工大学硕士学位论文,2013 年。

损害。大量的工农业污水和生活污水排放到海中,导致局部水体富营养化,形成赤潮。这些废弃物在海洋中流动侵入其他生物的生活环境,引起生物的死亡,产生生物链的连锁反应,一些微量元素如重金属进入生物体内,不断聚集最后被人类所食用,引起了很多疾病。

(二)突发事件导致的海洋生态损害

1.港航运输污染导致的海洋生态损害

港口作为水路运输枢纽,在促进经济发展的同时也会带来环境污染。大量物资通过车、船的运送在此集散。港口运输污染主要是水域、大气和噪声三方面的污染。港口附近水域的污染源有:船舶排放的废油、废渣、被油污污染的舱水等;船舶事故或码头及水上作业造成的油泄漏和其他物散落到水中;港区排放的未经充分净化处理的生产废水和生活污水;港区及航道挖泥疏浚,使淤泥、各种腐殖质及水下沉积的有毒物质被扰动、掀起和释放出来,造成水质腐臭和浑浊;工业及城市排放的未经充分净化处理的生产废水和生活污水等。[①]远洋船舶是最大的空气污染制造者,港口的卡车、货物装卸设备都是会排出大量尾气。此外,船舶航行中产生大量的噪音,生活在海岸附近的居民严重时会引起个人听力障碍,其声音也会影响海洋中依靠声音辨识方向的海洋生物。[②]

2.海洋溢油导致的海洋生态损害

海上油气资源开采及油气资源的贸易,使得海上跑、冒、滴、漏等溢油事故和沉船事故时有发生。这是导致海洋生态损害的重要原因。溢油事故发生概率虽小,但一旦发生会对大气圈、岸滩、生物圈造成污染和破坏,甚至会危害人体健康和生存环境。较大规模的海洋溢油会造成污染区域的环境状况和生态系统在几年甚至几十年内都得不到恢复。2017年的巴拿马籍油船"桑吉号"事件是世界历史上首次油船载运"凝析油"被撞失火事件,由于发生迅猛,无

---

① 王晓春:《港口污染问题与对策》,《黑龙江环境通报》2005年第3期。
② 李强:《浅谈港口污染及防治对策》,《北方经贸》2016年第5期。

一人生还。"凝析油"易燃易挥发,所有的油漂浮在海面上不断扩散对海洋环境造成了极大的污染。海上石油勘探中钻井设施、储存设施、生产实施和海底管道运输都是发生溢油事故的起源。

3. 海洋倾废导致的海洋生态损害

海洋倾废是向海洋倾倒废物以减轻陆地环境污染的处理方法。人类利用海洋空间资源、自净能力处置陆地无法处理的废弃物和港口航道疏浚物已有百余年的历史。全球每年向海洋倾废量达 200 亿吨,倾倒的废弃物包括疏浚工程的泥沙、工业废物、污水软泥、旧建筑物破坏碎屑、炸药和放射性废物等。倾倒物引起水中悬浮物浓度增加,改变了浮游动植物和底栖生物的生存环境,其污染物携带的有毒物质通过生物链也会直接危害人类健康。疏浚物倾倒会引起水体重金属富集并存在潜在生态风险。倾倒物易引起海洋生物结构稳定性下降与海底地形的变化。近岸沉积物在倾倒过程中悬浮会形成二次污染。东海东霍山岛临时倾倒区每年接收来自宁波市各区在建工地城建地基土和舟山市航道疏浚物 400 万立方米,其地基土有害物质融入海洋、水体中悬浮物浓度增高,透明度降低,影响植物的光合作用,导致水域初级生产力下降进而影响水生生物的呼吸和代谢,引起渔业资源每年损失接近 400 万元。

第二节　海洋生态损害事件形成的
因果关系认定

由于用海行为或突发事件可以造成海洋生态损害的发生,因此需要对用海行为和突发事件对海洋生态损害影响内容、影响程度进行客观的评估。首先要对海洋生态损害事件进行预评估,根据预评估的结果确定生态损害可能产生原因,来确定是否要启动详细评估计划。其次要计算海洋生态损害事件涉及的海洋生态系统及其服务,评估每项生态系统服务的损害程度,通过计算海洋生态服务价值的损失来估算海洋生态损害事件造成的损害。

一、海洋生态损害调查及生态损害目录编制

（一）海洋生态损害预评估

当生态损害发生时,海洋行政管理部门应及时对损害区域及周边地区进行海洋环境质量的实地实时监测,获取生态损害相关数据信息,如海洋环境、生态现状分析数据、社会经济发展资料,并实地调查获取海域开发利用现状等资料。选择有代表性并且能表征损害评估的指标数据,在进行资料收集调查时应及时记录,遵循有效性和时效性原则,尽可能收集近几年的数据。

根据实测数据与已有事件经验初步分析来大致确定生态损害事件的影响程度。由于生态损害评估是个系统工程,涉及海洋环境监测的方方面面,评估程序复杂,技术要求高,只有损害达到一定程度才进行评估程序。

（二）海洋生态损害事件评估细则及主要调查内容的确定

根据预评估结果,如果确定海洋生态损害事件对海洋生态环境的影响较为显著,已对海洋生态系统及其功能产生明显的破坏,则需要建立海洋生态损害事件评估组织,着手进行海洋生态损害评估工作。一般海洋生态损害评估组织应包括评估专家小组和评估协调小组两个机构。评估专家小组由自然科学、经济学、统计学、生态学等多个学科的专家组成。评估协调小组主要负责组织协调各评估项目的过程,要安排好信息搜集、经济管理、资料保管、会议召集等事项,评估协调小组一般由专门政府机构及其负责人构成。

评估组织确立后,首先由评估专家小组在评估协调小组的组织下,开展对海洋生态损害及其发生过程的调查。调查内容主要包括海洋生态损害事件的发生地点、发生时间、发生范围、持续的时间以及事件发生区域的环境状况,如水文、气候、地貌等。在此基础上,评估专家小组通过实验或经验分析,初步确定海洋生态损害事件可能涉及的主要海洋资源与生态环境因子,如该区域海

洋提供的生态系统服务类型、海域生物资源种类、数量以及处在特殊时期的自然资源等生态因子。

（三）编制海洋生态损害目录

通过对调查内容的分析,建立海洋生态损害目录,该目录应该包括损害事件造成的所有生态系统服务损害。首先,建立每种受损海洋自然资源或环境因子的基本信息,如名称、区域、地点以及涉及的物种分布。其次,分析各种受损海洋资源所具有的生态系统服务价值,如浮游动植物参与初级生产力、对气体调节和气候调节等生态系统服务。再次,分析每种受损的海洋生态服务价值的受损程度,比如围填海工程对海洋生态系统服务的损害为100%。可以根据死亡率、边际死亡率、栖息地受损比例和污染范围计算受损程度。最后,对每种受损的海洋生态服务受损面积或者数量进行计算,完成海洋生态损害事件的损害价值评估。

二、海洋生态损害因果识别的理论依据

（一）因果关系识别的或然性标准

根据预评估资料及海洋生态损害目录,对调查区域的用海行为或突发事件与实际造成的海洋生态损害目录内容进行相关性分析,如果两者之间存在统计学上的显著相关性,则可作为该用海行为或突发事件与海洋生态损害目录内容存在因果关系的判定依据之一。当然,存在相关性并不能证明因果关系的成立,还需要其他材料佐证,但是不存在显著相关性,因果关系必定不成立。

（二）因果关系识别的时序标准

对照海洋生态损害预评估及海洋生态损害目录,分析用海行为或突发事

件与海洋生态损害目录中相关损害发生的先后时间关系,根据海洋生态损害目录中相关损害形成的时间特征,判别海洋损害是否是用海行为或突发事件发生后才开始形成,以排除其他偶发因素可能产生的误判。一般而言,海洋生态损害目录中的相关损害都是在用海行为或突发事件产生一段时间后才会出现,如果不存在这样的时间关系,则用海行为或突发事件与海洋生态损害内容就不存在因果关系。

(三)因果关系识别的紧密型标准

海洋生态损害因果判别是为了明晰海洋资源环境变化或海洋生态损害内容与相应的用海行为或突发事件之间的因果关系。海洋生态损害事件直接或间接导致海洋资源环境变化或海洋生态损害的产生,因而,损害事件与受损内容之间有非常紧密的关系。如果某一用海行为或突发事件发生前后对应的海洋资源环境发生了明显的变化,则可表明两者之间存在紧密的因果关系。如果某一用海行为或突发事件发生前后对应的海洋资源环境没有发生明显的变化,就无法确定两者之间是否存在紧密的因果关系。

(四)因果关系识别的特定性标准

海洋资源环境与用海行为或突发事件之间可能存在某些特定性的因果关系。比如,用海行为或突发事件发生前后活动区某个物种的成活率或数量发生了明显变化,则说明该物种与该用海行为或突发事件之间可能具有相关关系。如果这种变化只是活动区的下降而周围其他地区没有下降的话,则表明两者之间存在特定的因果关系。反之,则不存在这种特定的因果关系。

(五)因果关系识别的重复性标准

用海行为或突发事件对海洋资源环境或海洋生态损害的影响具有一定的定向性,即某一用海行为或突发事件对海洋资源环境或海洋生态系统的影响具有类似性,比如侵蚀型沙滩的填护可能在一定时期内导致底栖动物数量的减少,网箱养殖可能导致海水的富营养化。这些关系都是经过多次验证后的结果,具有可重复性,说明该用海行为与该海洋生态损害之间的因果关系一直存在。

（六）因果关系识别的可预测性标准

当一个相同或者相似的用海行为或突发事件产生后,往往需要对其可能产生的海洋生态损害进行预测。根据前文的因果关系识别的可重复性标准,如果预测结果与实际的观测和调查结果相同,则可证明二者之间确实存在因果关系。

（七）因果关系识别的一致性标准

用海行为或突发事件与海洋生态损害之间的因果关系是一种明确的对应关系,每一类用海行为或突发事件会导致相应的海洋生态损害的发生。其因果关系的判别必须符合已知的自然史、生物学和毒理学知识,否则就不能认定为两者之间存在因果关系。

综上所述,用海行为或突发事件与海洋生态损害之间的因果关系判别是一个科学而严谨的问题,只有当以上七个标准都能满足时才可以确定两者之间的因果关系。对用海行为或突发事件与海洋生态损害之间的因果关系无法确定时应当终止其评估。

三、海洋生态损害因果认定程序

（一）用海行为或突发事件对受损海洋生态系统的作用机制

确定用海行为或突发事件对海洋生态损害发生的作用机制,首先需要明确用海行为或突发事件对海洋生态系统中的海洋自然资源及其服务的影响途径和方式。如陆源污染引发近海海域赤潮生态损害事件中,首先需要明确赤潮是由于海域环境条件变化导致海洋浮游生物中某些单细胞微小生物(浮游藻类、原生动物或细菌)暴发性繁殖,并高度密集在一起引起的海水色变并造成灾害的现象。而工农业生产的废水和富含营养物质的生活污水大量直接排入海洋是赤潮发生的主要原因。如海水中营养盐的比值能显著影响浮游植物群落的形成,藻间关系、藻与浮游动物间的关系及藻种与细菌的关系是影响赤潮形成的主要生物作用,沿岸水体交换能力、水动力条件对赤潮生物生长、消退的影响等都是陆源污染对赤潮形成的作用机制。

实际工作中,用海行为或突发事件对受损海洋生态系统的作用机制进行分析时,首先要分析用海行为或突发事件对某种生态服务影响的途径和方式。其次,要选择合适的指标来表征用海行为或突发事件造成的生态损害程度,如围填海毗邻海岸的侵蚀或淤积,海水中悬浮泥沙含量的陡然增高等。最后,结合海洋资源及其服务方式和用海行为或突发事件造成的损害现象来分析用海行为或突发事件对海洋生态系统的作用机制。

(二)认定用海行为或突发事件与海洋生态损害之间的因果关系

只有确定海洋生态损害是由于用海行为或突发事件造成的时候才能启动海洋生态损害补偿。因此,如何认定用海行为或突发事件与海洋生态损害之间的因果关系是进行海洋生态损害补偿的前提条件。用海行为或突发事件与海洋生态损害之间的因果关系的认定程序为:首先,根据准备阶段和调查阶段的数据收集建立海洋生态损害目录,从结果现状角度确定受损海洋生态系统以及受损程度。其次,确定用海行为或突发事件对海洋生态系统服务的损害途径和方式,从用海行为或突发事件角度分析可能造成海洋生态系统服务受损的种类以及影响方式。最后,通过海洋生态损害之间的因果关系评估标准体系确定两者是否具有因果关系。

第三节 海洋生态损害程度判别

一、海洋生态损害程度评估原则

（一）损害程度评估的有效性原则

用海行为或突发事件对海洋生态损害评估需要遵循科学有效的原则。评估所需选取的背景数据都要进行充分的论证和说明，评估使用的数据应以近期调查或实测数据为主，调查监测数据以采用现代信息技术和现代监测技术手段获得为主，再通过评估专家小组的细致周密的科学分析。评估报告只有在大量科学有效的数据分析基础上才有说服力并被采用。

（二）损害程度评估的精确性原则

为确保用海行为或突发事件对海洋生态损害评估的精确性。在进行海洋生态损害评估时，需列出具有因果关系的海洋资源及其生态系统服务生态损害目录，逐个进行评估。评估方法的选择必须适用于该用海行为或突发事件，并且对于该评估方法所需要的所有数据都具有较易的获取性，再对评估结果进行其他方法的对比纠正，选择得到最高精准度的海洋生态损害结果。

（三）损害程度评估的公平公开公正原则

海洋生态损害程度评估直接关系到用海行为或突发事件对海洋生态系统的影响程度的正确判断，因此，如何实施公平公开公正的评估，对用海行为或突发事件的追责及合理的补偿金额的确定具有重要意义。海洋生态损害程度评估是对大量难以量化的生态服务损害用合理的技术方法作出的估算。整个评估过程、评估方法均需通过一定的方式向社会公开，确保用海行为或突发事件的责任方或受害方对评估过程与结果能及时了解。海洋生态损害程度评估是海洋生态损害补偿的基础,为了维护用海者和海洋生态系统之间的补偿关系,必须坚持评估的公平公开公正原则。

二、海洋生态损害程度评估方法

(一)专家打分法

专家打分法又名"德尔菲法",[1]一般是通过匿名方式征询海洋环境、海洋生态、海洋工程等方面的专家对海洋生态损害程度的判定意见,并对专家意见进行综合分析,构建各类海洋生态系统服务的权重和分值,形成海洋生态损害程度分析结果。

专家打分法的程序:选择海洋生态损害评估相关领域的合适专家——确定受损海洋生态系统服务类型;设计生态服务价值分析对象征询意见表——向专家提供海洋生态损害背景资料;以匿名方式征询专家对损害程度判别的意见——对专家意见进行分析汇总;将海洋生态损害程度统计结果反馈给专家——专家根据反馈意见修正自己对海洋生态损害程度的判别意见——经过多轮征询形成最终分析结论。山东省在制定《用海项目海洋生态损失补偿评估技术导则》(DB37/T 1448—2015)中用海项目对海洋生态系统的损害程度识别时,组织不同领域专家30人根据用海项目施工期和使用期对占用海域、邻近海域水动力、水质、沉积微、浮游动植物、游泳生物等结构要素的损害程度即权重进行打分,最终确定生态损害系数。[2] 该方法的优点是将能够定量计算的项目和不能定量计算的项目全部考虑进海洋生态损害程度评估中,增加了海洋生态损害评估的完整性。当然,由于该方法是专家主观意愿得出的结果,受专家自身专业类型及水平的限制,评估结果有一定的不确定性。

---

① 冯俊华:《企业管理概论》,化学工业出版社2006年版,第127页。
② 郝林华、陈尚、夏涛等:《用海建设项目海洋生态损失补偿评估方法及应用》,《生态学报》2017年第20期。

(二)层次分析法

层次分析法是美国著名运筹学家萨蒂(T.L.SATY)教授提出的一种定性分析与定量分析相结合的决策评价方法,是将人的主观判断用数量形式表达和处理的方法。[①] 层次分析法可用于海洋生态损害程度评估。其基本原理是把海洋生态损害程度判别分解成一系列组成因素,又将这些因素按支配关系分组形成递阶层次结构。在每一层次中按已确定的准则通过两两比较的方式对该因素进行相对重要性判别,并辅之一致性检验以保证评价人的思维判断的现实性,最后确定方案相对重要性的总排序。层次分析法的具体步骤可参见文献。[②]

(三)基于 PSR 模型的评价方法

在专家打分法与层次分析法基础上形成的 PSR 模型可应用于在海洋生态损害评估。[③] 该模型的关键要素是包含压力指标、状态指标和响应指标。压力指标表征海洋生态损害事件对海洋环境造成的破坏和扰动;状态指标表征海洋生态系统与海洋生态环境的现状特征;响应指标表征用来减轻、恢复和预防用海行为或突发事件对海洋环境与生态的负面影响的行为与对策措施。[④] 基于 PSR 模型构建海洋生态损害评估指标体系,根据压力、状态和响应子系统选择合适的评价指标,定量评价海洋生态损害影响程度。

各类用海行为或突发事件对海洋生态系统服务造成的损害程度可通过模型模拟和现场调查得到,但是该方法的成本很高,并且由于用海行为或突发事件时有发生,其影响程度也很难通过模型来正确模拟。因而专家打分法是最常用的生态损害程度评价方法。根据《关于加强海域使用金征收管理的通

---

① 许树柏:《实用决策方法:层次分析法原理》,天津大学出版社 1988 年版,第 63 页。
② 许树柏:《实用决策方法:层次分析法原理》,天津大学出版社 1988 年版,第 52 页。
③ 隋吉学:《海洋工程生态补偿探究》,海洋出版社 2016 年版,第 124 页。
④ 李春华、叶春、赵晓峰等:《太湖湖滨带生态系统健康评价》,《生态学报》2012 年第 6 期。

知》中的用海行为分类标准,依据不同海域利用方式对不同生态系服务造成的损害程度的专家打分,每一轮问卷调查以后进行统计分析和一致性检验,反复反馈给专家直到专家打分一致,综合得出不同用海行为或突发事件的海洋生态损害程度表[①](见表14-1)。该表揭示了不同用海行为与相应的海洋生态损害程度之间的关系,可应用于实际海洋生态损害程度评估。当然,在实际海洋生态损害评估中,可根据研究区的实际情况进行相应调整。

表 14-1　用海行为或突发事件的海洋生态损害程度表

用海行为	A	B	C	D	E	F	G	H	I	J	K	L
填海造地	1.0	1.0	1.0	1.0	1.0	1.0	1.0	1.0	1.0	1.0	1.0	1.0
非透水构筑物	0.95	0.95	0.74	0.88	0.94	0.94	0.93	0.93	0.93	0.91	0.78	0.88
跨海桥梁	0.45	0.27	0.27	0.26	0.25	0.26	0.24	0.22	0.21	0.17	0.31	0.18
海底隧道	0.04	0	0	0.04	0.08	0.10	0.02	0.02	0.04	0.05	0.02	0.10
透水构筑物	0.50	0.46	0.30	0.38	0.38	0.70	0.23	0.24	0.22	0.22	0.50	0.45
盐田	0.78	0.71	0.40	0.48	0.77	0.87	0.35	0.33	0.66	0.67	0.59	0.58
围海养殖	0.74	0.41	0.32	0.37	0.23	0	0.11	0.12	0.39	0.58	0.38	0.18
开放式养殖	0.12	0.09	0.02	0.21	0.14	0.02	0.04	0.05	0.09	0.21	0.11	0.11
港池/锚地	0.60	0.37	0.07	0.38	0.39	0.85	0.16	0.18	0.18	0.23	0.31	0.34
航道	0.60	0.44	0.03	0.46	0.46	0.91	0.16	0.17	0.17	0.17	0.34	0.33
海上浴场	0.60	0.36	0.09	0.39	0.43	0.82	0.16	0.16	0.12	0.37	0.07	0.17
油气开采	0.81	0.65	0.10	0.65	0.60	0.60	0.51	0.51	0.23	0.41	0.54	0.55
矿产开采	0.85	0.75	0.34	0.65	0.65	0.76	0.31	0.31	0.30	0.34	0.54	0.44
取排水口	0.48	0.30	0.13	0.30	0.33	0.54	0.19	0.19	0.23	0.43	0.25	0.21
污水达标排放	0.40	0.25	0.05	0.30	0.33	0.48	0.19	0.09	0.34	0.35	0.32	0.19
海洋倾废	0.89	0.66	0.10	0.54	0.77	0.76	0.38	0.37	0.21	0.24	0.80	0.80
临时施工	0.60	0.39	0.22	0.45	0.28	0.29	0.16	0.16	0.24	0.28	0.40	0.21

注:A.生境/繁殖地维持;B.初级生产力维持;C.稳定岸线/防洪;D.生物多样性维持;E.渔业资源;F.海水养殖;G.气候调节;H.空气质量调节;I.营养物质调节;J.污染处置与控制;K.休闲与景观;L.科研教育。

---

① 隋吉学:《海洋工程生态补偿探究》,海洋出版社 2016 年版,第 124 页。

第十五章 海洋生态损害的测量路径

——补偿标准关系分析

海洋生态损害事件发生后,及时选取适宜的评估方法,并通过各参与主体间的协商合作,制定出最终的海洋生态损害补偿标准,可提高海洋生态损害补偿的灵敏性、高效性和可实施性。本章在梳理海洋生态损害常用评估方法适用性基础上,分析海洋生态损害评估方法和海洋生态损害补偿标准制定两者间的关系。在综合考虑海洋补偿标准各影响因素的基础上,通过研究海洋生态损害补偿事件中各损益主体的博弈关系,制定基于博弈论的海洋生态损害补偿框架及实施过程。基于博弈论的海洋生态损害补偿框架建立,可充分调动各涉及主体的积极性,提高其参与度,可有力推进我国海洋生态损害补偿制度的落地实施。

第一节 海洋生态损害评估方法的适用性分析

一、生境等价分析法在海洋生态损害评估中的适用条件

不同的生态损害评估方法具有不同的适用条件,并且在实际应用时也需结合研究实际作出相应的合理调整或改进。生境等价分析法的应用需要两个

必备条件:一是采用通用的度量方法定义自然资源服务,使之既适用于原生境提供的服务,也适用于生境受损后以及替代生境提供的服务质量和数量;二是受损和替代导致的资源和服务变化足够小,且单位服务价值独立于服务水平的变化。①

此外,修复工程所需的替代生境规模计算公式的使用,需要有特定的假设条件:一是受损生境与修复工程的生境使用同样的服务水平判断标准;二是在整个过程中,受损生境的服务与价值保持恒定关系;三是修复工程的生境服务与价值关系在修复工程开始前后保持不变;四是受损生境的基线水平保持恒定;五是修复工程的生境的最大服务水平等于生境受损前的基线水平;六是修复工程的生境在使用前后单位价值相对于最大服务水平的关系保持恒定。②

生境等价分析法对海洋生态损害的评估,依据原理是"服务—服务"的估算,是对受损生境和替代生境服务或功能的价值等额估算,十分符合恢复生态学原理——以相同价值的修复生境服务或功能进行海洋生态损害的替代评估。生境等价分析法最初主要用来评估石油泄漏造成的海洋生态损害价值,而该方法应用较为灵活,在海洋溢油和围填海造地两类海洋生态损害价值评估中使用较为频繁。生境等价分析法对具有间接使用价值且无法通过市场途径计算受损资源或生态的受损额的评估具有重大意义。

在应用生境等价分析法进行海洋生态损害的评估时,最重要的步骤为识别损害事件对受损生境生态服务的损害程度。由于生境等价分析法的产生即是主要为海洋溢油造成的生态损害进行评估或补偿服务,在进行该类事件的损害评估时,由于溢油对海域生态的影响主要集中在溢油覆盖区域,故对周围

---

①　Austin, S.A., "National Oceanic and Atmospheric Administration's Proposed Rules for Natural Resource Damage Assessment Under the Oil Pollution Act", *The Harvard Environmental Law Review*, No.1, 1994.

②　杨寅、韩大雄、王海燕:《生境等价分析在溢油生态损害评估中的应用》,《应用生态学报》2011年第8期。

海域环境的影响几乎可以忽略,且可假设单位面积海洋生态服务始终相同,故一般采用生物指标法,即根据生境的特征,选取典型性的生物指标受损前后的变化进行损害程度的量化。如将大型底栖动物密度作为红树林的生态指标,[1]将短枝密度作为海草床的生态指标,[2]将浮游动植物、鱼卵仔鱼等作为海洋生物资源的生态指标等[3],将代表性生物的死亡率或变化率直接作为系统生态功能的损害程度。而在围填海事件中则由于工程造成的生态影响不仅涉及被填海域,对周边海域的生态影响更是不可忽略,故生境等价分析法在确定评估该类事件的损害程度时不仅涉及生物指标,还需增加对环境指标的考虑,如纳潮量、环境容量等,在必要时对生境等价分析法进行一定的改进,以适应不同损害事件的损害价值评估。

生境等价分析法是对损害生境的服务的代替评估,一般是对替代生境修复期所能提供的等额或最大生态服务对应的替代生境工程规模的估算,无法直接对损害生境进行价值货币化,其经济价值的估算需借助于生态服务当量因子等手段进行。此外,生境等价分析法的使用前提亦是造成其不足之处的原因:方法的使用前提较多,一旦假设条件不满足时,则会引起评估结果的不准确,并且涉及的许多参数因子需要进行专家认证,而该过程中各主观意见的差异同样会造成评估结果的不同。

二、生态系统服务价值评估法在海洋生态损害评估中的适用条件

生态系统服务价值评估法进行海洋生态损害研究时,应注意研究系统

---

[1] Viehman, S., Thur, S.M., Piniak, G.A., "Coral Reef Metrics and Habitat Equivalency Analysis", *Ocean & Coastal Management*, No.3, 2009.

[2] Strange, E., Galbraith, H., Bickel, S., et al., "Determining Ecological Equivalence in Service-to-service Scaling of Salt Marsh Restoration", *Environmental Management*, No.2, 2002.

[3] 许志华、李京梅、杨雪:《基于生境等价分析法的罗源湾填海生态损害评估》,《海洋环境科学》2016 年第 1 期。

的尺度和特征类型,由于组分结构和主导生态过程不同,不同空间、区域的海洋生态系统所提供的生态服务存在一定差异。① 原国家海洋局于2005年启动了为期5年的"海洋生态系统服务及其价值评估"研究计划,强调了由不同生态过程所主导的生态类型部分生态服务的计量方法也应有所适应与不同。此外,海洋生态系统服务除具有空间尺度,还具有时间尺度,时间尺度对于某些服务的形成和稳定有一定的影响,因此在使用时也需进行适当考虑。如谢高地等②基于专家问卷的生态服务价值当量因子评估体系,可将土地利用面积直接纳入研究,能在较短时间内获得较为精确的结果。

　　生态系统服务价值法对于海洋生态损害的评估,首先是对损害事件造成的受损生态服务进行识别,然后基于柯斯坦扎等研究基础或借助数学计量模型将各类型生态服务进行价值量化,进而估算出损害事件造成的海洋生态损害价值。生态系统服务价值法尽可能考虑涉海损害事件中各类直接使用价值和间接使用价值,并将其价值进行货币化。资金补偿虽存在弊端,但却是补偿体系中不可或缺的基础,是启动生态损害补偿工作的重要因素之一。因为生态系统服务价值法综合考虑了海洋为人类所提供的各类生态服务,因此该方法评估损害事件造成的损害价值一般较高,学者们已公认该方法评估所得价值为生态损害补偿时的最高标准。该方法评估所得的价值一般超出海洋使用者或损害者的实际支付水平,故生态系统服务价值法较多还处于理论研究层面,实践性应用尚欠缺。在应用生态系统服务价值法进行海洋生态损害价值评估时,不论是借助柯斯坦扎等的研究基础还是相关的数学计量模型,在进行价值计算时都存在一定的缺陷。以柯斯坦扎等的研究为基础时,适用于特定案例的各生态服务单位价值应因事而异,所处

---

① 相景昌:《海洋生态系统服务功能及其价值评估研究进展》,《广州化工》2015年第12期。

② 谢高地、甄霖、鲁春霞等:《一个基于专家知识的生态系统服务价值化方法》,《自然资源学报》2008年第5期。

地区不同、影响程度不同等均会使研究案例所取单位价值不同,而现有研究中多是直接借鉴其研究成果,或者将其同部分研究成果结合取平均,使得结果偏差较大。

而在使用数学计量模型进行损害价值计算时,同生境等价分析法类似,也存在着参数或系数的不统一,无法形成公认合理的参数选取体系,这也是其实践性应用欠缺的重要原因之一。此外,现今的许多评估案例中,还根据海洋生态损害事件的不同,识别并划定了相应的损害程度,构建了各类型生态损害事件的调整系数,以寻求具有可支付水平的评估价值,但因为系数的设定也是采用专家意见法,尽管在实际确定中,涉及专家都是海洋生态损害研究方面的个中翘楚,但其主观性仍不可忽视。

三、机会成本法在海洋生态损害评估中的适用条件

机会成本法是一种基于资源的稀缺性和多用性的资源配置评估方法。一般认为闲置资源是无成本的,因此资源产生成本的前提条件是其具有稀缺性。如果资源的使用方式具有单一性,则无法在各种收益中进行比较,也无所谓机会成本,因此资源的多用途性是机会成本产生的第二条件。它不同于生境等价分析法的以替代或修复生态规模为相应的损害价值的换算,也不以生态服务为基础进行价值货币化,而是从福利经济学角度出发,考虑选择某一用海方式后,其他多个可选择"机会"中的排他性最大收益或者兼容性组合的平均最大收益的放弃损失。该方法是一种间接评估手段,不涉及对研究海洋生态损害事件本身所造成价值变化的直接评估。

机会成本法评估海洋生态损害价值时,因为要在所有涉及的放弃使用的"机会"或"机会组合"中寻求最大收益,因此实际操作中工作量十分庞大,且不同的"机会"收益评估涉及的数据众多,使得数据获取难度较大。此外,现实中,使用某种"机会"后所放弃的机会数量是无限的,而人类对于客观世界

的认识是无法达到全面的,只是在一个有限的范围内尽量比较已了解和掌握的"机会",从而也会造成估算结果的非精确性。

四、条件价值法在海洋生态损害评估中的适用条件

条件价值法适用于缺乏实际市场和替代市场交换商品的价值评估,在生态服务价值的非使用价值评估方面有着巨大的优势和潜力。[①] 条件价值法是比较适合海洋生态损害事件中各利益相关者意愿的价值评估方法。该方法通过对保护者回报意愿和损害者支付意愿的询问,充分依托利益相关者意愿,综合考虑海洋资源的使用价值和非使用价值,进行损害价值的评估。

条件价值法是基于受偿者和补偿者的意愿价值调查,是充分考虑接受意愿和支付意愿的评估方法,因此其实践性较强,是损益主体间最可能接受的意愿价值。但也正是该种主观意愿的价值评估,使得结果具有主观性特征,并且条件价值法的损害价值评估主要以问卷形式展开,而问卷的设计、样本区的选取等均由人为主观控制,加之被调查者文化、经济背景等的差异,使得其评估结果缺乏一定的客观性。运用条件价值法评估所得结果中接受意愿和支付意愿标准的不一致性,使得最终的损害价值协调较为复杂。此外,条件价值法是基于个人偏好的价值评估方法,提高了公众对于规则或标准制定的参与度,使其更具可接受性。

五、能值分析法在海洋生态损害评估中的适用条件

能值分析法是在能量分析法的基础上发展而来的,在使用其评估海洋生态损害价值时首先必须明确各类海洋生态服务的能值转换率,避免确定的值与实际相比过大或过小。其次,需严格划分所研究海洋系统的能值流,避免各

---

① 陈琳、欧阳志云、王效科等:《条件价值法在非市场价值评估中的应用》,《生态学报》2006 年第 2 期。

部分交叉或重复计算。能值分析法估算海洋生态损害价值前提条件类似于生态服务价值评估法,是以海洋生态系统服务类别为基础进行的。但不同于生态服务价值评估法直接将海洋生态系统服务功能转化为货币价值,能值分析法以统一的太阳能为度量标准,通过能值转化率将海洋生态系统各服务进行生态组合,①从而估算出海洋生态系统真实的服务价值变化。② 能值分析法还可克服能量分析法无法对于不同类型的能量及不同能质等级的能量,进行加减和比较的困难,③将海洋生态环境系统与人类社会经济系统有机结合,计算得到的能值指标可很好地反映海洋生态经济效益,④更客观地评判人类活动干扰对海洋生态系统的影响。⑤ 生态系统、人类社会的任何财富都可看作一定量的能值,能值是一种客观价值。能值对海洋资源和人类社会的价值衡量,使海洋资源环境和经济活动的真实价值及相互关系能够被定量分析比较,其结果有助于海洋生态资源与经济发展的相互协调,从而促进可持续发展。但能值分析也存在一定的弊端,如各海洋生态服务功能能值转换率的准确确定,能值转换率是能质和能级的衡量尺度,它的准确性直接影响着最终的评价结果,而现实中海洋生态服务功能能值转换率的求解一般方法为产品消耗的太阳能值总量除以产品的能量,使得计算较为复杂和困难,且生产水平和效益也会对能值转换率造成一定的影响,这也使得学者们多借鉴已有的较有代表性的能值转换率进行海洋生态系统能值的直接评估。

---

① 蓝盛芳、钦佩:《生态系统的能值分析》,《应用生态学报》2001 年第 1 期。

② 孟范平、李睿倩:《基于能值分析的滨海湿地生态系统服务价值定量化研究进展》,《长江流域资源与环境》2011 年第 S1 期。

③ 杨丙山:《能值分析理论及应用》,东北师范大学硕士学位论文,2006 年。

④ Ulgiati, S., Brown, M.T., Bastianoni, S., et al., "Emergy-based Indices and Ratios to Evaluate the Sustainable Use of Resources", *Ecological Engineering*, No.4, 1995.

⑤ 李睿倩、孟范平:《填海造地导致海湾生态系统服务损失的能值评估——以套子湾为例》,《生态学报》2012 年第 18 期。

第二节　海洋生态损害评估与海洋生态
损害补偿标准关系分析

一、不同类型海洋生态损害事件评估方法的比较分析

(一)海洋开发利用活动造成的海洋生态损害评估方法

随着技术的突破和发展需求的增强,海洋开发活动类型不断增加,其造成的海洋生态损害也越来越受到政府与民众的关注。本节以围填海造地和滨海电厂温排水活动为例,进行海洋开发利用活动的海洋生态损害评估方法的论述。

1.围填海海洋生态损害评估方法

针对围填海造成的海洋生态损害事件损害价值的评估,研究方法涉及前述所有五种,但最为常用的评估手段为生态服务价值法。生态服务价值法在依据海洋生态系统服务的基础上,结合工程特点及区域生态环境特征对围填海活动造成的各项生态服务进行甄别,然后评估工程造成的各项海洋生态服务损害价值,进而得出整个围填海活动的总生态损害价值。总结来看,围填海工程造成的生态服务损害类别主要有食物生产、基因供给、气体调节、干扰调节、废弃物处理、生物控制、旅游娱乐、科研教育、初级生产、生物多样性维持等,各类服务价值损害多采用模型公式法估算。

条件价值法评估围填海活动造成的海洋生态损害也较为常见,该方法在推断围填海生态损害价值的同时,还可评估其环境成本。通常以问卷询问方式展开,问卷设计一般包括三个部分:一是被调查者的社会经济特征;二是被调查者对于围填海工程及其影响的认识和态度;三是被调查者对围填海造成

的生态环境恢复的支付意愿。①其中计算生态损害价值主要在于第三部分的支付意愿,通过对个体支付意愿的调查,运用数学期望模型计算平均支付意愿,最终结合围填海工程影响范围内意愿支付人口,得到围填海活动造成的海洋生态损害价值。

生境等价分析法是通过确定替代生境的规模来评估海洋生态损害的方法,其在评估受损生境规模及资源受损程度的前提条件下,通过确定某种替代生境,如退田还海、人工沼泽、海草床等,在考虑贴现率的水平下,对围填海工程造成的生境丧失进行相等服务价值的规模替代,替代的生境需要一定周期来提供损害的服务价值。

能值分析法评估海洋生态损害价值,主要依据海洋生态服务和能值转化率进行。与生态系统服务价值法类似,同样是首先确定围填海工程造成的海洋生态服务受损类别,然后在前人基础上,结合研究海域特征,构建能值估算模型并选取太阳能值转化率,②进而得到各项生态服务的能值,其和即为围填海活动造成的海洋生态损害能值,可通过能值货币比率将其转化为货币价值,所得结果可分析工程前后研究系统能值的流出入情况。该方法评估所得的损害价值,为考虑生态系统自身结构及能量循环的价值评估,更客观和真实,同时也更能体现人类活动对海洋资源及生态系统造成的耗损。

2.滨海电厂温排水海洋生态损害评估方法

滨海电厂通常用海水进行发电机组的冷却,使用后的加热水体又会排放到海洋中。这种温度异常的水体,可引起附近水域水动力条件、盐度、营养环境的变化,进而对温度敏感性生物如浮游动植物、鱼卵仔鱼等产生致命性的影响,同时干扰甚至破坏海洋食物链、营养物质循环、沿海景观等。

① 李京梅、刘铁鹰:《围填海造地环境成本评估:以胶州湾为例》,《海洋环境科学》2011年第6期。
② 李睿倩、孟范平:《填海造地导致海湾生态系统服务损失的能值评估——以套子湾为例》,《生态学报》2012年第18期。

　　滨海电厂温排水生态损害评估方法主要有两种:生态系统服务价值法和生境等价分析法。生态系统服务价值法,针对电厂温排水造成的生态损害评估内容主要有两个方面,分别是渔业及生物资源污染损害评估和生态系统服务污染损害评估。其中,渔业及生物资源污染损害评估包括温度升高对浮游植物、浮游动物、鱼卵仔鱼、底栖生物等造成的损害,以及由于取水造成的卷载作用对鱼卵仔鱼造成的损害;[1]生态系统服务污染损害评估则考虑食物生产、水资源供给、大气调节、干扰调节、水分调节、废物处理、生物控制、营养循环、避难所、原材料、文化娱乐等指标。[2]　上述各类损害主要计量方法为模型公式法,均相似于生态系统服务价值法。

　　生境等价分析法评估电厂温排水海洋生态损害价值,首先需要收集数据资料,分析电厂运营前后水温、水质及生物等的变化,研究温升对各生物指标浓度的影响,并依此确定受损生境面积。选取水生生态系统的稳定性指标作为受损区生境服务水平的表征。在假定受损生境初始服务条件如起止时间、恢复函数、贴现率等的基础上,选择替代生境如河口海湾生境,从而根据受损生境的服务损失与补偿生境的服务收益,得出温排水对生境影响的替代规模,结合已有的替代生态系统的单位服务价值可将其转化为货币价值,即为最终造成的损害价值。电厂温排水不同于围填海造地的损害价值评估之处在于温升、水质对各类生物的影响实验检测和模拟,可据此来更好地定量确定温排水对海洋生境造成的损害程度。

(二)突发性事件造成的海洋生态损害评估方法

　　对于海洋溢油事故的生态损害评估方法,应用较多的为生境等价分析法,

---

　　[1]　魏超、叶属峰、韩旭等:《滨海电厂温排水污染生态影响评估方法》,《海洋环境科学》2013年第5期。

　　[2]　韩旭:《滨海电厂温排水污染损害评估及生态补偿初步研究》,华东师范大学硕士学位论文,2012年。

其次为生态系统服务价值法。海洋溢油事故的发生主要会对海湾、潮滩、红树林、海草床及珊瑚礁等近岸生态系统造成较为严重的损害。通过遥感影像、GIS 斑块绘制及现场调查等方式,确定受影响的生境面积。通过分析受损生境的特征,确定各生态系统的生态指标,用生态指标在事故前后的变化率或死亡率作为生境的损害程度。确定修复生境类型,如用含有石灰石的大石头作为受损珊瑚礁的替代生境①、种植红树植物替代受损红树林生境、以人工湿地替代恢复受损的天然湿地等。最终,在针对特定生态系统生境等价分析法估算条件的基础下,通过确定受损生境损害总价值及替代生境恢复单位价值,确定替代生境规模。该方法是"对等"生境的替换,直接以生态系统来进行损害价值评估。海洋溢油事故造成的海洋生态损害评估还可用生态系统服务价值法进行,最有代表性的为由原国家海洋局北海监测中心杨振强等编制的《海洋溢油生态损害评估技术导则》,其依据即为海洋生态系统服务。使用生态系统服务价值法评估溢油事故,一般在收集事故相关资料的前提下,利用数值模拟、油污诊断等技术,对事故造成的海洋生态服务损害类型、海域受污染范围、各功能损害程度进行确定,结合生态服务价值的相关模型公式,估得溢油造成的海洋生态损害价值。

海上船舶散装化学品泄漏会造成海洋环境容量和海洋生态服务价值的损失,故此对其造成的海洋生态损害价值的评估主要方法为模型公式法和生态系统服务价值法。具体方法为:通过对发生的泄漏事故进行污染源的诊断,如泄漏化学品的物化属性(是否易挥发、有毒、易爆等)、泄漏量及扩散区域等。可采用现场调查、数值模拟及遥感监测等手段对泄漏化学品的迁移扩散及影响范围进行确定。尤其是由于海水波浪作用,泄漏污染物会随波漂流,而在人力无法全面调研及遥感影像获取不连续的条件下,数值模拟可以较好地展现污染物的扩散。进行模拟的相关参数可用样品进行实验得出。然后在泄漏化

---

① 于桂峰:《船舶溢油对海洋生态损害评估研究》,大连海事大学硕士学位论文,2007 年。

学品漂移模拟的基础上,可确定其受污面积,加之实际的受污水域深度,则可得出受到化学品污染的水体体积。海域具有自净能力,通过确定其自净周期,并同污水处理成本相结合,则可计算出危险化学品泄漏造成的海洋环境容量的损害价值。对化学品污染造成的海洋生态服务价值损害评估,通常需要先根据受污染海域的生物环境特征及污染物性质,确定受损的生态服务类型,以确定海域生态服务价值损害评价指标体系。各指标损害程度以受损前后生物量、浓度等的变化进行确定,在参照柯斯坦扎等研究中的相关生态类型单位价值的基础上,最终估算出生态服务损害价值。污染化学品造成的环境容量及生态服务损害价值总和,即为其造成的最终生态损害价值。

二、不同类型海洋生态损害补偿标准的比较分析

(一)海洋开发利用活动事件造成的海洋生态损害补偿标准

围填海是指通过人工填埋或圈围滩涂或近岸海域形成新的工业、农业和城市建设用地的海洋开发利用活动,根据其工程填埋方式的不同可分为填海和围海。其中填海是一种完全排他性的海域使用方法,它会彻底改变海洋生态环境状况,造成海洋生态服务价值完全丧失。相比其他用海方式,其对海洋造成的损害程度是最大的。部分学者针对不同用海方式对生态服务损害程度系数(0—1)的确定中,将填海系数确定为1。这也印证了其损害程度之最的论断①。围海则是在一定程度上对海洋资源和环境状况产生影响,造成的损害比填海要低。

在估算围填海造地生态损害补偿标准时,采用方法主要为生态系统服务价值法,其次为机会成本法,条件价值法也偶有使用,还有学者同时使用两种或多种方法进行综合评估或比较分析生态损害补偿标准。一般认为由机会成本法确定的补偿标准为海洋生态损害补偿的下限,由生态系统服务价值法确

① 顾奕:《围填海区海洋生态补偿标准研究》,东南大学硕士学位论文,2015年。

定的补偿标准为其上限,最终的生态损害补偿标准的确定,学者们普遍认为应在以上方法评估基础上,在上限与下限之间由各相关利益方进行博弈协商得出。随着对围填海生态损害特征及补偿标准的深入研究,学者们不再是将生态系统服务价值法评估所得的结果直接作为围填海事件的生态损害补偿标准,而是将各类别损害细化,采用用海方式生态损害补偿修正系数或生态损害补偿指标权重划分等方法来区别不同性质围填海活动造成的生态损害程度或围填海对不同生态服务的损害影响程度,①从而计算更为贴近现实的围填海生态损害补偿标准。而机会成本法作为最低生态损害补偿标准的确定,一般不单独构成补偿标准,而是与其他成本如保护建设成本、生态损害成本等相结合,确定综合的补偿标准。条件价值法通过调查围填海影响样本区域内居民对相应海洋开发利用方式造成的生态环境影响的补偿意愿,将平均最小意愿值同整个影响区域的扩展人口相乘,从而得到整个围填海工程的总生态损害补偿价值。条件价值法是基于意愿的评估,因此通过该方法评估所得的补偿标准,可进行影响要素的筛选与分析,以便于在实际执行时得到妥善的各方关系考量。

(二)突发性事件造成的海洋生态损害补偿标准

海洋溢油是指石油在海上运输或开采过程中的溢出或流失。海洋溢油对海洋生态环境造成的损害可以简单地分为两类:一种是即时损害,即在溢油事件发生的较短时间内,由于扩散导致的海域大面积严重缺氧,从而使海洋鱼虾类缺氧死亡。通常1升石油完全氧化需要消耗40万升海水溶解氧;某些易燃易爆型的油类如果清理不及时还会发生爆炸和火灾等,造成人员或更大的损害;靠近海岸或潮汐动力较强处发生的溢油事件还会对近岸沙滩景观或养殖盐田造成破坏。另一种是长期损害,溢油产生的油膜会使海洋与大气中的氧

---

① 李京梅、王颖梅:《围填海造地生态补偿指标体系的建立与应用》,《生态经济(中文版)》2016年第6期。

气大大减缓,使得海洋生产力降低,进而影响海洋营养循环,破坏海洋生态平衡。毒性油类,在海洋自净的过程中,会导致生物富集,从而影响人类健康。

海洋溢油的生态损害比围填海评估要复杂很多。首先,由于海洋自身的流动性,溢油事件发生后由于治理措施的滞后性及非彻底性,使得海上油膜不断扩散,从而导致范围广、影响深的生态环境损害;其次,溢油事件发生的不确定性会造成实际补偿中国际参与的复杂性,可能涉及两个甚至多个国家,这无疑会增加生态损害补偿标准制定和具体实施的困难程度。海洋具有公共物品属性,不同于围填海事件,在使用前国家会征收海洋使用金,且可对当地受影响的渔民进行资金等的补偿,而溢油对大众造成的生态损害是间接的,其标准的制定在一定程度上为国家与国家或国家与企业之间的博弈,群众则无法介入,条件价值法使用受到限制。确定溢油生态损害补偿标准多采用生境等价分析法,生态系统服务价值法也有部分应用。生境等价分析法通过选取溢油海区典型的生物指标变化率来确定海洋生态损害程度,并根据生物生长速度确定恢复基线水平的周期,进而计算替代生境的单位面积生态服务收益,最终得到替代生境所需的面积。[①]　生境等价分析法确定溢油生态损害补偿标准是直接以原有生态系统为修复基础,进行生态环境替代来进行补偿,此外借助市场手段还可将环境补偿换算为经济补偿。但生境等价分析法一方面是假想市场法,具体的实施性会比较低,而且只是对典型生物指标的替代补偿,过于粗糙。生态系统服务价值法的使用同围填海一致,主要基于四类服务来进行,但其补偿标准的确定又区别于围填海,在最终的生态损害补偿标准确定中还加入了生态系统修复与损害评估费用,这正是溢油涉及复杂利益相关方,补偿标准不易制定的体现,如涉及多个国家的溢油损害补偿评估可能用时较长,工作涉及多部门等。

---

　　①　林楠、冯玉杰、吴舜泽等:《基于生境等价分析法的溢油生态损害评估》,《哈尔滨商业大学学报(自然科学版)》2014年第4期。

三、海洋生态损害评估与补偿标准的关系分析

海洋生态损害评估是实施海洋生态损害补偿制度的基础和前提。海洋生态损害与补偿标准从因果关系来看,主要有两种:一种是海洋生态损害评估所得价值直接作为补偿标准;另一种则是作为生态损害补偿标准的构成部分。而随着学界对海洋生态损害补偿各相关要素的深入研究,将海洋生态损害价值同其他损害估算如发展机会成本、评估和修复成本等相结合共同制定较为完善的补偿标准已成为现代海洋生态损害补偿标准建立的趋势。

直接作为生态损害补偿标准的生态损害评估依据方法来看,有生境等价分析法、条件价值法及能值分析法。生境等价分析法评估生态损害价值是在对已受损生境考虑替代修复的前提下进行的,在评估的开始无疑就已经是考虑恢复的损害价值确定,并以其最终结果替代生境规模确定来看,更是符合补偿的目的,因此其所得的损害价值可直接作为生态损害事件的补偿标准。条件价值法在假想的市场条件下,从调查者意愿的角度直接询问其受偿或补偿标准,并通过样本到事件影响全部范围的"扩大化",最终计算损害价值,比之生境等价分析法,它也以生态损害补偿为前提条件,但不同之处在于它不是直接考虑生态环境损害的价值评估,而是从人类社会角度的间接性价值估算手段。能值分析法,是在太阳能基础上,通过考虑自然环境和人类社会直接或间接投入的能量和物质,并利用能值转换率将各种生物资源和生态服务转化为同一的度量单位,计算生态系统的真实价值,并运用能值—货币比率将生态损害转化为经济价值,其结果作为生态损害补偿标准比生态系统服务价值法更为客观真实。

生态系统服务价值法和机会成本法评估所得的损害价值,既可单独作为生态损害补偿标准的确定依据,又可两者相互结合并通过相关利益主体间的博弈确定最终的补偿标准,还可以同其他费用相结合制定生态损害补偿标准。举例来说,苗丽娟等人运用机会成本法确定庄河青堆子湾海域生态损害补偿

标准时,明确将最终评估所得的结果作为青堆子湾围海养殖工程的最低生态
损害补偿标准。① 如饶欢欢等在确定厦门杏林跨海大桥生态损害补偿标准时
采用生态系统服务价值法,并以其结果确定补偿标准,但同时也提出了要考虑
评估所需时间等成本。② 周欣莹在对围头湾围填海生态损害补偿标准确定
时,直接以生态系统服务价值法确定生态损害补偿标准。③ 刘科伟在散装化
学品泄漏对海洋环境与生态损害时,提出除考虑生态服务价值的损失外,还需
对其造成的环境容量损失进行评估。④

第三节　基于博弈论的海洋生态
损害补偿标准分析

一、海洋生态损害补偿标准制定的主要影响因素

海洋生态损害补偿标准的制定,受诸多因素的影响,但主要为海洋生态损
害补偿的评估方法、国家或地区制度、涉及利益相关者三个方面。

(一)海洋生态损害补偿的评估方法

海洋生态损害补偿标准的制定,首要影响因素为评估方法,不同方法所依
据的原理不同,评估所得的结果也不尽相同。选择适宜于不同海洋生态损害
事件的评估方法进行补偿标准制定,可使结果相对合理,也更使补偿者可接

---

① 苗丽娟、于永海、关春江等:《机会成本法在海洋生态补偿标准确定中的应用——以庄
河青堆子湾海域为例》,《海洋开发与管理》2014 年第 5 期。
② 饶欢欢、彭本荣、刘岩等:《海洋工程生态损害评估与补偿——以厦门杏林跨海大桥为
例》,《生态学报》2015 年第 16 期。
③ 周欣莹:《福建省海洋生态补偿评价指标与模型研究》,华侨大学硕士学位论文,
2016 年。
④ 刘科伟:《船载散装化学品泄漏对海洋环境与生态损害评估研究》,大连海事大学硕士
学位论文,2009 年。

受。通过上述的研究可见,生境等价分析法为国外应用最广的生态损害补偿标准确定方法,条件价值法是依据意愿评估非使用价值使用最广泛的方法,能值分析法使资源环境和经济活动的真实价值及相互关系能够被定量分析比较,这些方法的适用条件不同,因此哪怕是同一事件不同方法所得结果也不一致。海洋生态损害补偿标准的科学合理确定,不仅仅是人类生产生活活动所造成的海洋资源和环境的损害价值补偿,还必须包括保护和建设海洋生态环境、增加海洋生态服务等的生态保护建设投入成本,以及人们采取某项用海方式后丧失的其他用海方式可能带来的最大收益确定的机会成本。这三者的结合可确定较为全面合理的海洋生态损害补偿标准。考虑不同成本的海洋生态损害补偿标准的方式较为多样,有考虑保护建设成本和机会成本确定的最低海洋生态损害补偿标准,也有考虑海洋生态服务价值确定的最高海洋生态损害补偿标准,而这些生态损害补偿标准的确定或者采用一种方法直接评估,或者多种方法相结合进行最终生态损害补偿标准的确定,且最高、最低或其他生态损害补偿标准的确定,所采用的评估方法组合不同所得结果也不同。生态损害评估方法的不同,且相同方法不同参数的选取,所确定的海洋生态损害补偿标准均会有所不同。

(二)国家或地区制度

我国对于海洋生态损害补偿标准的研究较多地集中在理论方面,付诸实践的少之又少,更多的是停留在生态损害赔偿阶段。很大原因在于我国海洋生态损害补偿制度的建立不完善和不系统,尽管有部分省市的实践,但全国范围内统一的海洋生态损害补偿制度仍只是初具雏形,属于孵化开创阶段。我国自 2002 年开始实施《中华人民共和国海域使用管理法》,第三十三条明确规定我国实行海域有偿使用制度,单位和个人使用海域,应当按照国务院的规定缴纳海域使用金。2007 年财政部、国家海洋局发布《关于加强海域使用金征收管理的通知》,对海域使用金的征收标准及方法进行了更为详细的补充和完善,如明确界定了用海类型,并对各用海类型的海域使用金征收等级和方式等作了规定。这是我国从国家级制度层面展开的提高海域资源配置效率的管控方法,但是这仅仅属于事前预估,可以理解为国家为预防企业或个人在使用海域时造成的海洋生态损害,通过事前评估,根据用海类型及其可能造成的海洋生态损害程度,向海域使用者收取一定的有偿使用费用,而实际的损害在真正发生时,却远远不止于此。如饶欢欢等人在对厦门杏林跨海大桥造成的生态损害及补偿标准的研究中,得出在 2% 的贴现率下,杏林跨海大桥生态损害补偿标准为 1739 万元,远高于政府实际征收的补偿金额 600 万元。[1] 因此,制度的制定及相应补偿金征收标准等都对海洋生态损害补偿标准的确定产生着影响。

此外,地方政府在密切关注海洋生态环境损害和加强海洋资源及环境保护的基础上,提出了适宜于地方特色的海洋生态损害赔偿制度,如 2010 年山东省财政厅、海洋与渔业厅联合下发了《山东省海洋生态损害赔偿费和损失补偿费管理暂行办法》,规定在山东海域内发生导致海洋生态损害或导致海洋生态环境发生改变的海域污染、开发利用等事件,应缴纳海洋生态损害赔偿费和海洋生态损失补偿费,同时也规定了海洋生态损害的评估制度和赔偿方式。这是我国首创。无疑海洋生态损害补偿在山东省的实践为我国的先行,同时比之征收海域使用金也较为成熟和趋于合理。但是这也存在着很多问题,如海洋生态损害补偿制度的不平衡性,可能会使得山东省海洋经济强省的建设相对滞后于其他各省,较高生态损害补偿费的收取,使得海域使用需求者更倾向于选择其他征收使用金低的省份开展相关海洋经济活动。同时,在现行法律法规制度下补充进来的海洋生态损害补偿制度需要多部门的共同合作。

---

① 饶欢欢、彭本荣、刘岩等:《海洋工程生态损害评估与补偿——以厦门杏林跨海大桥为例》,《生态学报》2015 年第 16 期。

（三）涉及利益相关者

海洋生态损害补偿标准的制定还与损害补偿中涉及的各方利益主体密切相关。受损方希望尽可能得到高的补偿，而补偿方也会期待为自己的损害行为支付较低的成本，各方均在寻求自己的利益最大化，两者存在着博弈关系。国家或地区制度在一定程度上是具有强制性、监督性，可以促使补偿者进行海洋生态损害事件的补偿。适宜的评估方法，可以评估出较为科学的生态损害补偿标准，但是就其合理性和可实践性，则要切实从涉及的各利益主体入手。制度可为利益主体提供可进行协商的有益平台，而适宜评估方法可为协商提供参考标准。在此基础上通过各方博弈最终确定的补偿标准，这样，更容易为补偿、受偿各方所接受。而通过利益主体间意愿协商后的结果，在一定程度上避免了实际的补偿执行过程中可能出现的争端，是生态损害补偿实施的重要保证之一。

二、海洋生态损害补偿事件中损益主体的博弈分析

（一）损益主体

海洋生态损害的发生，首当其冲的便是拥有所有权的中央政府。中央政府的损失在于由海洋开发利用活动造成的生态环境恶化和生物资源减少，及由此造成的公众海洋享受权益的损失。其收益在于通过海洋生态资源及环境发展海洋经济获得的经济效益和确保优质海洋生态环境提供的人类福祉。可见其损益一方面在于资源经济，另一方面为全社会福祉。就国家发展来看，中央政府一直以来都是生态环境的保护者，保证资源环境的可持续发展，在自身行动和社会价值引导的基础上，不断确保甚至增加生态环境的正效益。因此在海洋生态损害事件中，中央政府的主要功能为保护海洋生态资源环境，从源头抓海洋生态损害事件的补偿，从中央财政拨款进行海洋生态损害补偿，监督

地方政府及企业的用海活动,提倡广大群众的广泛参与。

在土地资源日益稀缺的情况下,地方政府也是海洋生态损害的利益相关者之一。中央政府除直辖部分重大用海项目的实施外,大部分的海洋开发利用活动则是通过地方政府实施,以发展当地海洋经济。地方政府的用海活动,通常通过企业招标进行,为海洋的间接使用者,主要"损益"有通过用海项目实施增加的土地、经济增值及税收等收益,提高群众对于海洋旅游资源的体验感及扩大就业等;相反的用海活动必然会占用或破坏海洋资源和环境,对当地渔民、周边居民生产生活造成影响。

企业等组织作为海域的直接使用者,是海洋生态损害事件中的重要的利益主体。企业利用海洋产生经济收益,消耗着海洋资源,部分用海行为甚至对海洋生态资源产生着损害。其本身重点关注为自身收益,追求利益的最大化,不同于中央政府在开发利用的同时积极保护,其对海洋生态损害的补偿多为被动行为,是利益的伴生行为。尽管如此,由于中央政府和地方政府对于海洋生态环境的关注和资源保护,会强制性地要求其对海洋生态环境造成的破坏进行损害赔偿,因此其对海洋生态损害的补偿也是政策约束下的行为。

公众也是涉及的利益主体之一,可分为两种类型:第一种是直接利益涉及者,如当地渔民、附近居民、游客等,海洋建设项目影响甚至使其失去生产生活条件、文化享受机会等。第二种是间接利益涉及者,这类利益相关者是海洋生态服务的公共享有者,而损害的长时间扩散对其影响深远。此外,公众在环保意识和海洋使用利益等前提下也对海洋资源进行着一定程度上的爱护与保护。

(二)损益主体间的博弈分析

博弈论是事件参与者选择各自利益最大化策略组合的一门学科,1844 年冯·诺依曼和摩根斯坦共著的划时代巨著《博弈论与经济行为》是其起点。海洋生态损害补偿的具体实施离不开各相关利益主体的博弈,尤其是补偿标准的确定,需在考虑受损方接受意愿和补偿方支付意愿的前提下进行,离不开双方协商。总结来看,海洋生态损害补偿事件中主要涉及三方主体,并简化提炼各方出发点有:一是以保护和管理海洋生态环境为代表的国家或者地方政府,可对造成海洋生态损害的主体进行强制性补偿要求;二是开发利用或污染破坏海洋资源的企业;三是保护海洋或利益受损的公众。而就我国现阶段的生态损害补偿实践来看,参与的主要主体应为政府和企业,公众效应不是十分明显。主要原因有:直接型的公众主体,只出现在围填海等涉及影响直接生产活动的涉海事件中,而间接型的公众参与度非常低,也无可行的参与方式,且海洋生态损害补偿尚无立法或者政策激励,公众的参与多受利益驱动,缺乏积极性。故此处考虑政府和企业两个参与主体的博弈分析。对于政府来讲,为维持资源的可持续性、高效利用性,减少粗放的海洋利用方式,确保经济的持续高速增长,政府针对海洋生态损害事件有两种策略:一种是保护,一种是不保护;企业在自我收益最大化前提条件下,也有两种策略:一种是补偿,一种是不补偿,博弈模型见表 15-1。

表 15-1　政府与企业双方的支付矩阵

损害事件		政府	
		保护	不保护
企业	补偿	$M-C_g+C_e-R, N-C_e+R$	$Q+C_e-\alpha E-R, P-C_e+R$
	不补偿	$M-C_g, N-\beta F$	$Q-\alpha E, P-\beta F$

M 表示海洋在受积极保护情况下政府的生态收益,C_g 为政府保护海洋生态环境需投入的成本,N 是企业在政府保护海洋生态环境下的经济收益,C_e 为企业对海洋生态环境的补偿金额,R 为企业积极补偿海洋生态损害时政府的奖励,激励海洋生态损害者的补偿积极性,Q 为海洋在不保护条件下政府的生态收益,M 显然大于 Q,α 为政府不保护海洋被发现的概率,E 为政府的不保护海洋行为被发现受到的惩罚,P 为企业在政府不补偿海洋条件下的收益,

N 明显大于 P，β 为企业不补偿海洋生态损害被发现的概率，F 为企业不补偿海洋损害行为被发现后的惩罚。

当 $\alpha=\beta=0$ 时，也即对政府的不保护和企业的不补偿行为没有惩罚时，该博弈模型可以简化为表 15-2。

表 15-2 无惩罚时政府与企业双方的支付矩阵

损害事件		政府	
		保护	不保护
企业	补偿	$M-C_g+C_e-R,N-C_e+R$	$Q+C_e-R,P-C_e+R$
	不补偿	$M-C_g,N$	Q,P

①当 $M-C_g>Q$，政府选择策略为保护，而企业的选择则取决于其补偿成本和政府激励的大小，政府的激励可以是资金补助，也可以是政策优惠，还可以是涉及企业长远利益的激励。当 $C_e<R$ 时，企业选择补偿，反之则选择不补偿。

②当 $M-C_g<Q$，政府的策略为不保护，企业的选择仍取决于补偿成本和政府激励，当 $C_e<R$ 时，企业选择补偿，反之则选择不补偿。

③当 $M-C_g=Q$，政府选择保护不保护获得收益相同，均衡解来自企业的选择。假设政府采取保护策略的概率为 A，则其采取不保护策略的概率为 $(1-A)$，此时企业选择补偿的期望收益为 $A(N-C_e+R)+(1-A)(P-C_e+R)$，企业选择不补偿的期望收益为 $AN+(1-A)P$，混合纳什均衡时，二者应相等，解得 $A=\dfrac{C_e-R}{0}$，博弈无解，也即当 $M-C_g=Q$ 时，政府和企业没有最佳选择。由上述分析可知，在政府不保护和企业不补偿无惩罚措施情况下，当存在激励措施 R 时，政府的选择取决于 $M-C_g$ 与 Q 的大小，而企业的选择取决于 C_e 与 R 的大小。

当 $0<\alpha<1,0<\beta<1$ 时，即政府的不保护和企业的不补偿行为受到监督并惩

罚时,模型即为表 15-2。

①当 $M-C_g+C_e-R>Q+C_e-R, M-C_g>Q-\alpha E$ 时,即 $\dfrac{Q-M+Cg}{E}<\alpha<1$ 时,政府会选择保护策略;当 $N-C_e+R>N-\beta F, P-C_e+R>P-\beta F$ 时,即 $\dfrac{Ce-R}{F}<\beta<1$ 时,由于 $\beta>0$,则要求 $C_e-R>0$,即企业的补偿成本大于政府的激励,纳什均衡策略为(保护,补偿),模型的解为 $(M-C_g+C_e-R, N-C_e+R)$。

②同理可得,当 $\dfrac{Q-M+Cg}{E}<\alpha<1, 0<\beta<\dfrac{Ce-R}{F}, C_e-R>0$ 时,纳什均衡策略为(保护,不补偿),模型的解为 $(M-C_g, N-\beta F)$。

③当 $\alpha=\dfrac{Q-M+Cg}{E}, \beta=\dfrac{Ce-R}{F}$ $(C_e-R>0)$ 时,即政府或企业选择策略的概率分布不会使对方策略选择有所偏好时,假设政府选择保护的概率为 A,则其选择不保护的概率为 $(1-A)$,企业进行生态损害补偿的概率为 B,则其不进行补偿的概率为 $(1-B)$,此时企业选择补偿时的期望收益为 $A(N-C_e+R)+(1-A)(P-C_e+R)$,企业选择不补偿时的期望收益为 $A(N-\beta F)+(1-A)(P-\beta F)$,要想取得纳什均衡,则需二者相等,解得 $A=\dfrac{Ce-R-\beta F}{0}$,无解。同理,政府选择保护时的期望收益为 $B(M-C_g+C_e-R)+(1-B)(M-C_g)$,选择不保护时的期望收益为 $B(Q+C_e-\alpha E-R)+(1-B)(Q-\alpha E)$,解得 $B=\dfrac{Q-M+Cg-\alpha E}{0}$,无解,其他情况也类似。[①]

④当 $0<\alpha<\dfrac{Q-M+Cg}{E}, 0<\beta<\dfrac{Ce-R}{F}$ $(C_e-R>0)$ 时,纳什均衡策略为(不保护,不补偿),模型的解为 $(Q-\alpha E, P-\beta F)$。

⑤当 $0<\alpha<\dfrac{Q-M+Cg}{E}, \dfrac{Ce-R}{F}<\beta<1$ $(C_e-R>0)$ 时,纳什均衡策略为(不

---

① 宋敏:《生态补偿机制建立的博弈分析》,《学术交流》2009 年第 5 期。

保护,补偿),模型的解为$(Q+C_e-\alpha E-R, P-C_e+R)$。

上述分析说明,只要政府采取不保护策略受到惩罚的概率为$\dfrac{Q-M+Cg}{E}<$ $\alpha<1$,且受到惩罚$E>Q-M+C_g$时,政府选择保护策略,与企业的补偿与否无关。同样,只要企业采取不补偿策略受到惩罚的概率为$\dfrac{Ce-R}{F}<\beta<1(C_e-R>0)$时,且受到的惩罚$F>C_e-R$时,企业会选择补偿策略,而与政府的保护与否无关。可见,要是政府必然选择保护策略,那么企业必然选择补偿策略,必须使$\alpha>\dfrac{Q-M+Cg}{E}$,$E\geqslant Q-M+C_g$,且$\beta>\dfrac{Ce-R}{F}$,$F\geqslant C_e-R(C_e-R>0)$,即政府与企业的不保护和不补偿行为在受到一定程度的惩罚时,会促成政府与企业都采取积极的海洋生态保护与补偿措施。且在存在惩罚时,政府的激励必须要低于企业的补偿成本,即$C_e-R>0$,一方面确保政府实行海洋生态损害补偿的初衷得以达成,即抑制不合理或粗放的海洋开发利用浪潮,另一方面也是对企业进行用海生态损害补偿积极性的保持,防止过高的激励使生态损害补偿市场疲软。此外,对于政府不保护和企业不补偿等行为的监督,在后续的实践中可以充分考虑社会公众的贡献,不仅可降低相应成本,还可提高公众的参与性,增强公众对海洋保护的积极性。

三、基于博弈论的海洋生态损害补偿实施过程

(一)加强海洋生态损害补偿立法

海洋资源和生态环境具有公共物品属性,它产生的服务为全民所有,且其具有非竞争性和排他性,容易造成"公地悲剧",因此实施海洋生态损害补偿,国家的立法手段调控必不可少。国家享有领海权,是海洋主权的拥有者,兼具海洋生态损害补偿的受偿和补偿主体功能,其地位最优先,故国家在海洋生态损害补偿中应居主导地位。党的十九大报告将"建立市场化、多元化生态损

害补偿机制"列为"加快生态文明体制改革,建设美丽中国"的内容之一,①充分表明生态损害补偿立法已开始在国家层面有所行动。2014 年,国家海洋局印发《海洋生态损害国家损失索赔办法》,强调实施海洋生态损害国家损失索赔,生态补偿及海洋生态损害补偿正在展开行动。海洋生态损害补偿在我国仍无国家级法律制度的建立,但部分省级政府已有所行动,并初见成效,其中以山东为最先行和最典型,于 2012 年出台了《山东省海洋生态损害赔偿费和损失补偿费管理暂行办法》,为第一部专门针对海洋生态损害补偿的地方性法律。此外,广东、福建、江苏、浙江等地也在推进海洋生态损害补偿的立法。生态损害补偿立法根据其针对性可分为两种形式:一种是针对生态损害补偿的专项立法,即独立于其他各级法律,包括森林、流域、耕地及海洋等所有需要进行补偿的生态系统,形成"自成一家"的补偿法律体系,以规范资源使用方式,提高资源利用效率。但该种形式一般耗时较长,且人力成本庞大。另一种是针对同现存各级法律法规相衔接的海洋生态损害补偿法律体系,该种类型的海洋生态损害补偿立法,需要多部门的相互协作,需在海洋、渔业、水利、气象及监管等各部门现行法律基础上进行增设,牵一发而动全身。该种立法形式可节约立法成本,但也存在工作量大,增加工作难度等问题。比较可行的为第二种立法形式,通过不断完善与各级部门的相互衔接与渗透,与其他立法形成综合的管理治理体系,有助于加强部门间合作与共赢,提高海洋生态损害补偿的效益。

(二)开展海洋生态损害评估

当有明确的立法规定不合理或过度的海洋开发利用活动需要对其造成的生态损害进行补偿时,才会使得生态损害补偿从理论研究走向实践应用。在实际的补偿事件中,确定生态损害补偿标准最重要的环节为评估,包括损害的

---

① 《国家生态补偿发展路线图渐明晰》,《经济参考报》2017 年 11 月 20 日,见 http://www.xinhuanet.com/2017-11/20/c_1121979337.htm。

识别(受损资源类型和损害程度)和损害的估算(资源环境损害价值和发展机会损失等)。不同的海洋生态损害事件,引起的海洋生态和资源环境破坏不同,故首先要对受损的资源类型进行识别。其次同一海洋开发利用活动对不同资源类型损害程度不同,需通过所选方法,识别、确定相应的受损程度。在以上研究基础上,选择合适的生态损害评估方法进行生态损害价值的评估,制定损害的补偿标准的科学选取区间,一般以损害事件对海洋生态服务价值的损害作为最高标准,以损害事件造成的发展机会成本作为补偿标准的下限。但也可以通过意愿调查法,直接确定补偿标准,所得结果多为经济性补偿,且在调查过程中就进行了无形的各方意愿博弈,这样就具有可接受性。还可通过生境等价分析法确定修复工程规模,是从严格的生态修复角度出发的标准确定。而能值分析法可通过能值货币比率转化为经济性的补偿,且比生态系统服务价值法估算的生态系统损害更为客观。因此,选择适宜的损害评估方法对补偿标准的确定至关重要,在运用生态系统服务价值法或能值分析法制定补偿标准的上限、运用机会成本法制定补偿标准的下限的基础上,其他方法确定结果可散落于该区间,以为最终生态损害补偿标准的确定提供科学参考。

(三)进行生态损害补偿博弈

海洋生态损害的补偿与评估离不开政府、企业和公众的三方博弈,且博弈结果对各方的采取措施有着最终的指向。随着我国可持续发展、绿色发展、循环发展战略的不断实践及美丽中国建设的大力开展,政府作为海洋资源环境的所属者和最大管理者,有责任也有义务进行海洋生态环境的保护。最直接的保护措施是财政拨款,以进行海洋生态环境的保护及修复。企业为了利用海洋资源获得利益的最大化,在一定程度上会过度使用甚至破坏、污染海洋资源与环境。在政府的不保护和企业的不补偿行为均无任何惩罚措施时,政府对于海洋生态服务的保护取决于其采取保护所得收益与成本支出之差同不保护措施情况下收益的大小,虽然理论上保护情况下的收益大于不保护情况,但生态系统的收益是长期投资的结果,无法在短时间内取得,因此会使政府的保护积极性降低。而企业的补偿措施,主要取决于补偿所得激励与补偿成本的大小,尤其是激励大于成本时,企业会采取补偿措施,但政府的激励过大,一方面会造成政府本身的财政负担过重,另一方面这种企业损害海洋通过补偿行为可从中受益的情况,虽然提高了企业的补偿积极性,但会加剧海洋资源的破坏,形成恶性循环。比较理想的两者博弈结果是对政府不保护和企业不补偿行为均施以一定的惩罚,以提高两者对海洋生态服务的保护、利用积极性,而公众则可作为监督者,对政府和企业的行为进行监督,进而在节省成本的基础上,促进海洋生态环境的可持续发展。此外,对于直接涉及的利益公众,企业或政府应对其进行补偿,可通过协商进行。

（四）制定海洋生态损害补偿标准

海洋生态损害补偿标准根据评估方法不同或者评估内容的差异而有所不同。理论的研究多为全方面、广覆盖的补偿标准研究,在实际的制定过程中,可进行相应调整,但必须进行补偿的内容缺一不可。海洋生态损害补偿标准可由三部分构成:一是海洋生态服务的价值损害,这是对海洋资源环境损害的直接补偿,而针对海洋生态服务损害价值的高标准补偿,可在征求生态学、海洋学、经济学等领域专家意见的基础上,制定科学合理的各海洋生态损害事件的损害程度,进而降低过高的生态服务价值损害,使该部分的补偿更为补偿主体可接受。二是在生态损害事件发生后,政府各部门需要对其造成的海洋生态损害开展调查,并进行损害价值的评估,如海洋溢油及危险化学品泄漏,有时涉及利益主体众多或影响范围较广时,评估难度较大,利益相关方博弈过程也较为复杂,故该部分也需要进行相应的费用补偿。三是生态损害补偿实施过程的补偿,一方面进行生态环境的修复与持续保护,需要花费一定的人力、物力及财力,另一方面为保证生态损害补偿的切实实施,还应进行补偿效果的定期评估和检查验收,故也需进行补偿。此外,在以上补偿标准核算的基础上,应以相应用海方式造成的发展机会成本为最低标准,避免补偿标准过低,使补偿效果不明显或补偿行动不积极。

(五)实施海洋生态损害补偿

海洋生态损害补偿,受偿主体除海洋生态环境外,更广泛的还应包括利益受损的组织或个人,为保护和建设海洋作出贡献的组织或个人,因此在进行补偿时应该采用多种方式共行的补偿手段,综合考虑补偿权力主体的利益需求、海洋生态环境的价值需求以及海洋经济发展的整体性需求。[①] 我国常用的补偿方式主要包括五种:资金补偿、市场补偿、技术智力补偿、海洋自我修复能力补偿及优先政策激励补偿。资金补偿,经济性的补偿手段是公认的最直接和最迫切的补偿,主要为中央财政转移支付,代表性的有退耕还林工程,而由于我国海洋生态损害补偿体系的尚未完全构建,其他如地方政府和社会公众的资金支持较少。对于直接使用海域或造成海洋生态环境损害的主体,则主要以征收海域使用金的方式进行转移支付,但实际造成的损害价值远远高于海域使用金。市场补偿,通过建立海洋产权市场体系,如海洋资源使用权、排污权等权利交易,提高海洋资源使用效率。技术智力补偿,首先是对当地由于海洋开发利用丧失生产条件的渔民等进行技术上的指导,使其在新的生产领域能够获得生存技能,还可对沿海丧失居住条件的居民进行房屋等补偿。其次,提高公众海洋保护意识,尤其是沿海地区可通过试点推进环保宣传或海洋常识科普教育。最后,提高海洋生态损害补偿工作从业人员的管理、评估等技术水平,对保护环境的个人或组织提供无偿的技术指导等。海洋生态系统具有自我修复能力,可对容量范围内的海洋污染或破坏进行物理化学及生物降解,但海洋生态损害事件对海洋生态环境造成的损害多是超过其自我调节阈值的,因此人工增加海洋自我修复能力,使受损生态环境加速恢复也是十分重要

---

① 许威:《我国海洋生态补偿法律制度研究》,重庆大学硕士学位论文,2015年。

的补偿手段,如浙江温州洞头通过人工种植红树林来提高海域的自我修复能力。

(六)筹措海洋生态损害补偿资金

资金是进行海洋生态损害补偿的经济基础。海洋生态损害补偿的资金筹集主要有三个渠道:国家财政划拨、政府企业投资以及社会群众救助。在生态损害补偿起步阶段,主要以国家财政为主要资金来源,原因在于海洋生态具有公共物品属性,使得国家必须成为生态损害补偿的主要主体。海洋生态损害索赔因法律、制度等原因,仍停留在理论研究,实际的生态损害补偿金征收贡献效果微乎其微。这种单一而所需庞大的资金来源随着生态损害事件的频发和生态破坏的复杂性,加之国家财政收入的不稳定性,[①]使得海洋生态损害补偿资金缺口不断扩大。因此多渠道共同融资筹集海洋生态损害补偿金势在必行。国家除适当的财政划拨海洋生态损害补偿专项资金外,还可以征收海洋资源税或生态税以增加资金来源,让海洋开发的受益者或海洋生态的破坏者进行资金的补偿,同时可通过发行国债、彩票、保险等活动,建立国家层面的多元化融资渠道。在公众和社会组织等方面,可通过制定生态损害补偿社会捐助办法,借助国际救助,共同助力海洋生态损害补偿资金的筹集。

(七)引导公众关注海洋生态损害补偿

海洋生态保护中的公众可分为两种:一种是在海洋生态损害事件中丧失收益或收益受损的公众,如当地渔民、海洋养殖户,他们的存在本来在一定程度上维持着海洋生态环境的稳定,甚至在自身利益的驱动下进行着海洋的保护;另一种是间接性群众,这类群众的生产生活不同海洋直接相关,但他们享受着海洋生态服务,如娱乐休闲及海洋的气候调节等间接服务。上述两种类

---

① 刘慧、黄秉杰、杨坚:《山东半岛蓝色经济区海洋生态补偿机制研究》,《山东社会科学》2012年第11期。

型的大众,一种在实际的海洋生态损害补偿中是需要进行补偿的,而另一种则是"自由"的。对于利益受损的公众,应该给予其相应的补偿,并适当地提供鼓励资金,在可行的情况下加强其对海洋环境的保护,提高其爱护海洋的积极性。而对于"自由"公众而言,可加大社会教育与宣传,增强其"生态主体"意识,认识到自身生活与海洋的息息相关性,也可以通过邀请公众参与海洋生态保护活动或海洋生态保护成果欣赏和评价等方式,提高公众的参与性,增强其主人翁意识,[1]逐步开展全民海洋保护行动,协助海洋生态损害补偿的实施。

(八)强化海洋生态损害补偿监督

监督本意是通过对现场或某一特定环节、过程进行监视、督促和管理,使其结果能达到预定的目标。海洋生态损害补偿因为涉及环节较多,工作开展复杂,因此需要专门的监督部门加强其实际落实。针对海洋生态损害补偿的监督可以基于补偿涉及内容分为五种:对行政执法部门的监督,对企业损害行为的监督,对补偿科学性的监督,对资金使用合理性的监督,对治理保护结果的监督等。首先,要加强海洋生态损害补偿执法部门的执法积极性,一方面对海洋开发利用活动进行严格评审和论证,并根据造成的损害程度,严格收取生态损害补偿费用,而对于高污染、强损害的用海行为,则应进行制止。可将监督加入政府官员的政绩考核体系,增强其积极性。部分企业存在私自向海洋排放或倾倒生产废水、废弃物等海洋污染物,对这部分企业要提高要求和加强排查,要求污染物经过处理后再排放入海,确保无违法排放污染物入海的企业。为避免海洋生态损害补偿标准过高或过低,防止海洋生态损害补偿规范用海行为效率低下,可聘请高校、研究所等专业人员,参与海洋生态损害补偿标准的科学制定,使其更为合理。海洋生态损害补偿需要多部门合作,并且用时较长,而海洋生态损害补偿资金的来源又是十分不易,因此需对资金的去向

---

[1]　贺超:《广西海洋生态补偿的实践探究及立法建议》,中国海洋大学硕士学位论文,2015年。

进行监督,力争做到专款专用,真正实施海洋生态的保护与恢复。海洋生态损害补偿的最终目的是实现海洋资源的可持续利用,使海洋资源合理高效地被使用。进行海洋生态损害补偿,要求受损海洋生态环境有所恢复,海洋生态损害事件减少,海洋生态环境继续保持优良,故需对实施的海洋生态损害补偿行动进行效果监督,如定期对于海洋物种的多样性以及近海区域的生态健康进行监测,鼓励群众进行海洋生态保护的监督举报等①,促使海洋生态损害补偿产生实效,达到补偿的初衷。

---

① 许威:《我国海洋生态补偿法律制度研究》,重庆大学硕士学位论文,2015年。

第十六章　海洋生态损害补偿成本核算体系及补偿标准

　　在处置海洋生态损害补偿事件时,补偿多少是最核心、也往往是最有争议的问题。本书把狭义的补偿、有偿使用和损害赔偿均纳入补偿范畴。这就要求构建一套科学合理的海洋生态损害补偿标准体系。海洋生态损害补偿成本核算范围与内容,是制定海洋生态损害补偿标准的基础性工作。借鉴国内外生态损害补偿与环境成本核算研究成果,在分析海洋生态损害补偿成本构成的基础上,分析生态损害补偿中基于生态服务价值的成本核算、基于机会成本的核算方法的差异,在此基础上,构建一套包括发展机会成本、生态损害成本及生态修复成本等在内的海洋生态损害补偿成本综合核算体系,并探讨了基于生态恢复能力与影响周期的海洋生态损害补偿标准。

第一节　海洋生态损害补偿成本构成

　　海洋生态损害成本核算是制定海洋生态损害补偿标准的前提。因此,明晰海洋生态损害的成本构成,构建海洋生态损害补偿标准的成本核算体系是基础性的前期工作。一般认为,海洋生态损害成本由发展机会成本、生态损害成本及生态治理与修复成本三部分构成(见表16-1)。对于具体的用海行为或突发事件造成的海洋生态损害而言,其成本核算体系可能不一定全都涉及上述三类核算成本。

表 16-1   海洋生态损害补偿成本构成

海洋生态损害补偿成本	发展机会成本	选择某一类使用方式而放弃其他使用用途所造成的经济损失
		选择保护建设而放弃的其他用途造成的经济损失
	生态损害成本	海洋生态直接损害成本
		海洋生态间接损害成本
		海洋生态其他损害成本
	生态治理与修复成本	海洋生态治理成本
		海洋生态修复成本
		海洋生态损害评估成本
		海洋生态损害管理成本

一、海洋生态损害的发展机会成本

海洋生态损害的发展机会成本,一方面,是指采用某种用海行为或遭受某种突发海洋事件时所放弃的以其他方式利用海洋资源或生境可能获取的最大纯收益或放弃其他使用用途所造成的最大经济损失;[1]另一方面,海洋生态破坏的发展机会成本也指生态服务提供者为了保护海洋生态环境而放弃其他发展机会而造成的经济损失。[2] 发展机会成本是海洋生态损害补偿的重要组成部分,通常采用机会成本法核算。[3] 机会成本法以海洋资源本身的稀缺性和多样性为基础,为海洋生态环境的选择和资源的优化利用提供了重要依据。

---

① 苗丽娟、于永海、索安宁等:《确定海洋生态补偿标准的成本核算体系研究》,《海洋开发与管理》2013 年第 11 期。

② 苗丽娟、于永海、索安宁等:《确定海洋生态补偿标准的成本核算体系研究》,《海洋开发与管理》2013 年第 11 期。

③ 苗丽娟、于永海、索安宁等:《确定海洋生态补偿标准的成本核算体系研究》,《海洋开发与管理》2013 年第 11 期。

这是环境和资源经济学中一个独具特色的评估手段,也是海洋生态损害补偿标准核算常用方法。通过对海洋生态损害事件中机会成本这一概念的分析,一方面可提高人们对海洋生态损害事件所造成的海洋生态损害的认识,另一方面也有助于海洋生态损害的量化研究,对海洋生态损害的价值评估有着重要的意义。

二、海洋生态损害成本

海洋生态损害成本是指海洋生态服务损害造成的各种经济损失的成本,包括海洋生态直接损害成本、海洋生态间接损害成本和海洋生态其他损害成本。[①]

(一)海洋生态直接损害成本

海洋生态直接损害成本是指海洋生态破坏引起的海洋生态系统直接使用价值的损失成本。[②] 比如沿海围垦用港口码头建设造成原滩涂养殖、生态旅游收入的减少,这些价值的损失可以用市场价格法来核算。

(二)海洋生态间接损害成本

海洋生态间接损害成本是指海洋生态损害造成的间接使用生态服务损失的成本,可通过替代市场法间接核算。[③] 例如,围垦造成的自然滩涂生态系统服务功能的退化、风暴潮导致的潮滩湿地生态系统服务功能的退化,这些海洋生态系统间接损害成本,需要应用间接价值评估法或者替代市场法等,用消费者剩余来侧面反映。

---

① 苗丽娟、于永海、索安宁等:《确定海洋生态补偿标准的成本核算体系研究》,《海洋开发与管理》2013 年第 11 期。

② 苗丽娟、于永海、索安宁等:《确定海洋生态补偿标准的成本核算体系研究》,《海洋开发与管理》2013 年第 11 期。

③ 苗丽娟、于永海、索安宁等:《确定海洋生态补偿标准的成本核算体系研究》,《海洋开发与管理》2013 年第 11 期。

（三）海洋生态其他损害成本

海洋生态其他损害成本主要是指海洋生态受到损害而造成的生态服务选择、存在和遗产的非使用价值的损失，[①]如减少生物多样性的成本和土地复垦对生物生境的损害，一般通过虚构或模拟市场法来计算。

三、海洋生态治理与修复成本

海洋生态治理与修复成本可分为海洋生态治理成本、海洋生态修复成本、海洋生态损害评估成本、海洋生态损害管理成本等。

（一）海洋生态治理成本

用海行为或突发事件都可能造成海洋生态系统的损害，表现为海水水质污染加重、生态系统自净能力降低和海洋生物多样性减少等。此时，就要对用海行为或突发事件所造成的污染破坏进行综合整治，期间形成的各种支出成本，均为海洋生态治理成本。如在一次海洋溢油事故中，责任方需承担污染治理过程中所有的经费支出。

（二）海洋生态修复成本

在一些生态损害事件中，通常污染并不会被人为治理，如垃圾倾倒入海主要通过海洋的自净来实现，但这并不意味着倾倒方无须承担生态损害的责任。此时，可通过生态恢复的视角来进行海洋生态损害补偿成本的核算，使海洋环境恢复到事故发生前的基线状态。期间进行海洋生态环境综合整治等支出成本均为海洋生态修复成本。

---

① 苗丽娟、于永海、索安宁等：《确定海洋生态补偿标准的成本核算体系研究》，《海洋开发与管理》2013 年第 11 期。

（三）海洋生态损害评估成本

海洋生态损害评估的过程包括勘察受影响海域的损害情况、判断海洋损害事件的损害程度、确定评估调查的主要范围与方法、编制评估工作方案等诸多过程,期间产生的诸多费用也应包括在海洋生态治理与修复成本之中,并由损害事件责任方承担,其具体价格一般由评估机构定价。

（四）海洋生态损害管理成本

在海洋生态损害事件的调查、监测、治理、恢复工程执行等过程中,多方面需要政府统筹、管理,期间产生的所有费用需要责任方承担。

第二节　海洋生态损害成本核算体系构建

基于海洋生态损害的主要成本构成,构建了基于机会成本的海洋生态损害补偿成本核算、基于生态服务价值的海洋生态损害补偿成本核算、基于生态修复的海洋生态损害补偿成本核算体系。

一、基于机会成本的海洋生态损害补偿成本核算

针对海洋资源自身特性的不同,需要构建不同的机会成本核算模型。当此类海洋资源的所有其他使用用途都互相排斥时,此种用途的海洋资源的机会成本应该为所放弃的用于其他适宜、相互排斥用途时所得的最大潜在纯收益。当此类海洋资源具有可以相互兼容的使用方式时,其机会成本则等于所放弃的用于其他适宜、兼容用途时所能获得的潜在纯收益求和后的最高值。

机会成本法在海洋生态损害补偿成本核算中已经得到了有效的应用。熊萍以宁波象山港为例,探讨了机会成本法在海域资源规划管理中

的应用。① 苗丽娟从机会成本法的相关理论出发,探讨了海洋资源机会成本的基本内涵、特征和具体核算模式,并以庄河青堆子湾大型海洋养殖场为例,应用机会成本法计算水产养殖机会成本,为确定适合我国国情的海洋养殖工程生态损害补偿的最低标准,提供了可供借鉴的技术方法和研究经验。② 基于机会成本法的理论内涵,冯友坚对海洋生态破坏事件评价指标和模型进行了标准化,探讨了生态资源复垦补偿价格的评价方法。③ 当然,机会成本法也存在核算主观性较强、计算结果并非十分精确等方面的局限性。总的来说,机会成本法通过利用市场信息来衡量生态服务的价值,可用于确定海洋生态损害补偿标准最低下限,是被广泛应用的海洋生态损害成本核算方法之一。

二、基于生态服务价值的海洋生态损害补偿成本核算

海洋生态系统持续地为人类提供各种产品和服务,这些产品和服务统称为海洋生态系统服务。海洋生态系统服务因其具有稀缺性、有用性等特点,也具有资产属性,因此也具有自身的价值。但是由于人们对它的认识有限,加上量化这些服务较为困难,使得很难得到一个令所有人信服的海洋生态服务价值。

海洋生态系统服务价值评估是生态经济学的重要内容,它以传统的生态经济学为基础,以货币为标尺衡量海洋生态系统服务给人们带来的福利。由于海洋生态系统服务价值具有直观、可感、可叠加等优点,成为国内外相关的研究的热点概念,相关的研究层出不穷,其成果也在经济社会建设中得到广泛利用。基于市场理论的海洋生态系统服务价值评估方法使用最为广泛,也是最为成熟的方法之一。

---

① 熊萍、陈伟琪:《机会成本法在自然环境与资源管理决策中的应用》,《厦门大学学报(自然版)》2004年第6期。

② 苗丽娟、于永海、关春江等:《机会成本法在海洋生态补偿标准确定中的应用——以庄河青堆子湾海域为例》,《海洋开发与管理》2014年第5期。

③ 冯友建、楼颖霞:《围填海生态资源损害补偿价格评估方法探讨研究》,《海洋开发与管理》2015年第7期。

三、基于生态修复的海洋生态损害补偿成本核算

按照生态修复原理,对受损海洋资源与生态系统的修复成本可包括初级修复费用和补偿性修复费用。[①]

(一)初级修复

初级修复是指在考虑自然修复的条件下,将受损资源恢复到损害事件未发生前的基线状态。[②] 对于那些自然恢复速度比较快的自然资源如岩质岸线,其补偿性修复费用可能很小;对于自然恢复需要较长时间的受损海洋资源如潮滩湿地,其补偿修复费用可能很大。初级修复的概念如图 16-1 所示。海洋生态功能在受损前维持基线水平,损害发生后,其能带来的海洋生态服务价值骤降,由于海洋有自我调节功能,即使没有人类干扰其海洋生态服务也会慢慢恢复,但恢复速率慢、耗时长,如果人为帮助进行修复,则能加快其修复速度,这就是初级修复。

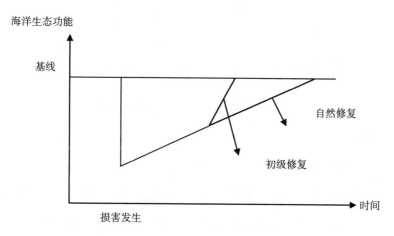

图 16-1　海洋生态损害初级修复示意图

---

① 郑冬梅:《海洋保护区生态损害的评估方法》,《中共福建省委党校学报》2009 年第 4 期。
② 郑冬梅:《海洋保护区生态损害的评估方法》,《中共福建省委党校学报》2009 年第 4 期。

（二）补偿性修复

即使进行了初级修复,海洋生态服务的恢复可能仍需要几年的时间,在恢复期间,海洋无法提供原有水平的生态服务,造成了这一时间段的功能缺失,故还需要进行补偿修复。补偿修复是指为了补偿从损害事件发生到资源完全恢复这一段时间所发生的服务的临时损失而对受损资源进行的额外修复。① 对初级修复后的生态价值损失,人为进行同等程度的补偿性修复,见图 16-2。

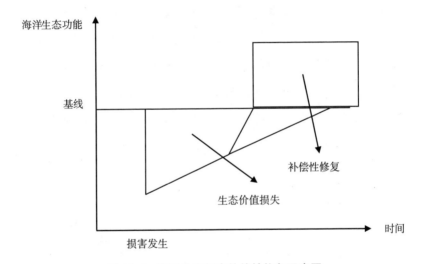

图 16-2　海洋生态损害补偿性修复示意图

（三）修复规模确定方法

如果资源的基线状态比较清楚的话,初级修复的规模比较容易确定。这时损害评估的主要任务是决定补偿性修复的适宜规模(Scale)来抵消临时损失。确定修复规模的方法包括资源—资源方法、服务—服务方法和价值评估

---

① 郑冬梅:《海洋保护区生态损害的评估方法》,《中共福建省委党校学报》2009 年第 4 期。

方法三种。①

资源—资源方法(Resource-to-Resource Scaling)是基于提供与受损资源相同的资源来补偿临时损失。② 例如,在红树林生态破坏的情况下,红树林恢复到原始区域的数量是初步恢复的规模;而对于原红树林基线区域外的种植则属于资源—资源的补偿。在这种情况下,补偿修复的规模是通过提供红树林面积等于红树林修复期间服务损失的当前值来测量的。这就是等价生境法。

服务—服务方法(Service-to-Service Scaling)的补偿修复是通过重置资源恢复期间所损失的服务。③ 通过资源—资源方法是最为显著的,但这在许多案例中无法直接实现,这时就需要服务—服务方法来帮助实现。例如,某一海滨浴场整治工程中的沙滩修复,整个过程需要较长时间,期间由于修复暂停了沙滩向游人开放,这就造成修复期间的游客损失。而这种损失是无法使沙滩恢复至原样来补偿的,而是需要通过增加其他的额外服务来达到的。

价值评估方法(Valuation Scaling)就是基于提供与污染损失价值相等的替代资源以补偿暂时损失。④ 当修复受损资源或执行昂贵的资源修复操作不可行时,替代资源可能是补偿的最佳方式。提供替代资源的优势在于,可以集中在那些人们熟知的,公众和环境都受益的行动,而不必采用那些高成本的修复行动。高成本往往最终导致行动无法实施,产生更多的损害。通过这种方式,公众可以以相对合理的成本得到补偿,最终争端可以迅速解决,避免费时费力的不利于双方当事人的诉讼,并加快修复环境的行动。价值评估方法的困难在于如何识别等价的替代资源,其估算过程比较复杂。

---

① 郑冬梅:《海洋保护区生态损害的评估方法》,《中共福建省委党校学报》2009年第4期。
② 郑冬梅:《海洋保护区生态损害的评估方法》,《中共福建省委党校学报》2009年第4期。
③ 郑冬梅:《海洋保护区生态损害的评估方法》,《中共福建省委党校学报》2009年第4期。
④ 郑冬梅:《海洋保护区生态损害的评估方法》,《中共福建省委党校学报》2009年第4期。

第三节　基于恢复能力与影响周期的
海洋生态损害补偿标准

一、海洋生态系统对生态损害的自我恢复能力

海洋生态系统还具有生态系统共有的生态系统稳定性,即维持或恢复其相对结构和功能的能力。生态系统的稳定性主要通过反馈调节来实现,不同生态系统的自我调节能力和特征也不同。海洋生态系统由两个主要部分组成:海洋生物群和海洋环境。每个部分都有自我恢复和调整环境的能力。

(一)海洋环境的自净能力与环境容量

环境自净(Environmental Self-Purification)是指在污染物进入环境的物理、化学和生物效应作用下,逐步消除污染物,达到自然净化的过程。如果海洋生态系统中的环境污染物负荷高于海洋的自净能力时,就会产生海洋污染。在不影响人类生存和自然生态的前提下,海洋生态系统中能够容纳的污染物的最大量被称为海洋环境容量。海洋环境容量对海洋环境管理和污染物浓度控制具有重要意义。海水自净能力受很多因素制约,主要有污染海区的地形、海水的运动形式、温度、盐度、pH 值、氧化还原电位和生物丰度以及污染物的性质和浓度等。海洋自净过程包括物理净化、化学净化和生物净化,三种过程相互影响,同时发生或交错进行。

(二)海洋生物净化作用

海洋生物净化是指通过海洋生物中不同类型的种群的代谢过程来减少海洋环境中的污染物总量,降低污染物浓度及毒性的过程。海洋生物在影响海

洋环境的同时也在适应海洋环境的变化,海洋生物净化作用就是海洋生物对变化的海洋环境的适应。由于海洋生境的复杂多变性,许多生物种类面临着多变、恶劣的环境考验,许多生物也发展出各种特殊的适应方式。尤其是海陆交互地带的潮间带,海洋生物的生物净化作用十分明显。

二、海洋生态损害事件对海洋生态系统的影响周期分析

因为海洋环境的自我恢复能力、海洋生物的净化能力以及人为的控制调节,所以当生态损害事件发生后,海洋生态环境能够慢慢地恢复其生态结构与功能,直至能够提供原有的生态服务,这一恢复的过程,即为损害事件对海洋生态系统的影响周期。

每一类海洋生态损害事件都有其影响周期,它以海洋生态损害事件发生为起点、海洋生态系统服务恢复至原始水平时为终点。不同海洋生态损害事件的周期截然不同,即使是同一类事件,也因受损范围、受损对象、受损程度等差异而有不同长度的影响周期。

对于不同海洋生态损害事件,影响周期确定的方法也不尽相同。如在污水排入海湾所造成的生态损害评估案例中,海湾水体在与海洋水体交换过程中,海湾内的污染物质随着交换过程浓度下降,在海湾水体完成一次水体交换时,即可视其生态服务价值恢复至原始水平,故在计算时,可以参考该海湾与海湾水体的交换周期,作为该海洋生态损害事件的影响周期。例如,浙江象山港是一个半封闭的窄港,水流弱,波浪力弱。它与公海中的水交换周期长,自净能力小。海湾顶部近80%的水需要100天才能恢复。在牛头山航道与佛都航道之间的潮汐航道,90%的水被外海水替代不到5天。对于某一海洋生态损害事件而言,其对海洋生态系统造成的不同方面的损害也可能有不同的影响周期。如杭州湾南岸淤涨型滩涂围垦造成的生态损害事件评估中,考虑围垦后滩涂的自身淤涨,其对滩涂湿地面积、滩涂底栖生物、环境容量、鱼卵、仔鱼、幼鱼等的影响周期就各不相同,分别从几年到

十几年。①

三、基于恢复能力与影响周期的海洋生态损害补偿标准

现有研究主要采用机会成本法、生态系统服务价值法、生态恢复法等对海洋生态损害补偿标准进行研究,但这些研究往往没有考虑围垦后海洋生态系统的自我恢复能力,在一定程度上导致了确定的生态损害补偿标准偏高的情况。基于影响周期的海洋生态损害补偿标准能更好地解决补偿标准偏高的问题。

20 世纪 70 年代,发达国家开始研究海洋石油损害评估技术。20 世纪 90 年代逐步形成了较为成熟的自然资源损害评价技术体系。自然资源损害评价(NRDA)是资源环境货币化程度较低的评价,评价的重点是如何重建自然资源和环境。在美国的司法诉讼中,自然资源损害评估是科学的和可执行的,因此被广泛使用。本节在自然资源损害评估程序(NRDA)的基础上,对基于恢复能力与影响周期的海洋生态损害的评估程序进行设计。

基于恢复能力与影响周期的海洋生态损害评估程序分为三个阶段:预评估损害评估和恢复规划以及恢复实施阶段。②

(一)预评估阶段

在此阶段,要调查责任方的行为影响、受托机构的管辖权、开展的海洋生态损害评估的合法性和合理性。

(二)损害评估和恢复规划阶段③

在此阶段,通过评价海洋生态服务损害程度确定恢复措施的类型和规模。

---

① 姜忆湄、李加林、龚虹波:《围填海影响下海岸带生态服务价值损益评估——以宁波杭州湾新区为例》,《经济地理》2017 年第 11 期。
② 牛坤玉、於方、张红振等:《自然资源损害评估在美国:法律、程序以及评估思路》,《中国人口·资源与环境》2014 年第 S1 期。
③ 牛坤玉、於方、张红振等:《自然资源损害评估在美国:法律、程序以及评估思路》,《中国人口·资源与环境》2014 年第 S1 期。

此时,需要规划若干恢复替代方案,以便从中优选方案作为海洋生态损害恢复的规划方案。海洋生态损害恢复规划方案应该由基本修复和补偿修复两部分组成。

（三）恢复实施阶段①

海洋生态损害评估受托单位机构根据标准提出书面请求,邀请责任方执行最终恢复计划。

将海域的自我恢复能力考虑到围填海工程造成的生态损害补偿标准的制定中,无疑是十分必要的,它可以科学合理地降低由海洋生态服务损害价值确定的补偿标准,也即被学者们普遍认为的系统补偿上限,在一定程度上有助于解决海洋生态损害补偿所面临的标准过高、补偿积极性过低等问题。这种对于人类影响和海洋自我恢复综合考虑的补偿标准制定,很大程度上会增加围海项目生态损害补偿的可实施性和可接受性。

---

① 牛坤玉、於方、张红振等:《自然资源损害评估在美国:法律、程序以及评估思路》,《中国人口·资源与环境》2014 年第 S1 期。

第五篇

治理篇——海洋生态损害补偿的公共治理机制研究

随着人类活动从"陆域"到"海洋"的不断拓展,海洋生态损害日趋严重,相关海洋生态损害补偿问题的研究也越来越受到关注,而海洋生态损害补偿的实现依赖于有效的治理。因此,探讨我国海洋生态损害补偿治理的影响因素、运作机制、理想的治理结构及其保障机制成为有效解决我国海洋生态损害补偿问题的必由之路。

从理论上看,海洋生态损害补偿治理涉及多个主体,其问题属性也涉及不同层面。在不同层面的治理中又有不同层级的政府参与其中。因此,我国海洋生态损害补偿治理研究需要在学理层面剖析以下问题:有哪些要素影响不同层面的海洋生态损害补偿治理?众多的主体如何在不同层面的海洋生态损害补偿治理问题中选择行动舞台、寻找合作伙伴并交换信息、建立信任、产生影响力,从而形成有效治理?不同层面和不同层级的海洋生态损害补偿治理如何联结以形成有序稳定的治理结构?如何确立海洋生态损害补偿治理结构建设的保障机制?

通过对这些问题的深入分析,本篇形成下列创新点:

第一,海洋生态损害补偿治理要素包括行动者、行动者之间的关系以及行动者赖以交往的行动舞台这三类,将每一类置于法律政策价值构建性的、法律政策制定性的、法律政策实施性的海洋生态损害补偿治理层面上进行分析。通过研究发现,在海洋生态损害补偿治理中,行动者会利用自己的资源与影响力,尽力拓展各种适宜行动舞台来实现自己的目标;行动舞台的类型、数量、适宜性和行动者拓展行动舞台的能力直接影响到海洋生态损害补偿治理中行动者之间的关系内容、行为规则、信任基础和权力关系的形成和发展;不同类型的行动者,行动者之间的目标和策略,拥有的资源和影响力,在补偿治理中扮演的角色,会直接影响行动者之间的利益关系、权力关系、需求关系等,以及他们之间的行为规则、信任基础和权力关系的形成。

第二,对海洋生态损害补偿治理的分析要厘清在价值构建层次、政策制定层次和政策执行层次三个层面的各类要素之间相互联结、相互嵌套,才能形成有序稳定和可持续发展的治理结构。针对现实的与理想的海洋生态损害补偿治理结构之间存在着"条块分割、综合困难""政府核心、群体分割""联结方式单一、行动舞台缺乏"等差距,提出了在海洋生态损害补偿治理中行政体制要弱化条块、强化综合,建设政府部门间的"合作伙伴型"治理结构,以及实现"政府—社会—经济"从单一联结方式向多元联结方式转变,从而将微观层面的个体行为与中观层面的治理层级和宏观层面的治理结构融合起来。

第三,实现从单一的"命令—控制"型向"合同契约"型的市场运作和"平等合作"型等多元联结的多中心治理结构转变,各级政府尤其是中央政府在建构海洋生态损害补偿的治理结构时,既要明确自身职责,也要知晓自身能力限度所在。在"命令—控制"型治理方式可退出之处,及时地让位于其他治理方式,积极构建多元治理方式并存的"政府—社会—经济"海洋生态损害补偿的多中心治理结构。在"政府—社会—经济"海洋生态损害补偿的多中心治理结构中,政府要培育社会和经济领域的自组织能力,并在各自领域形成动态发展的核心行动者,逐渐形成这三个领域相互依存、相互促进的多个中心,形成一个稳定性强且可持续发展的"政府—社会—经济"海洋生态损害补偿的治理结构。

第十七章　治理结构视野下海洋生态损害补偿治理的分类

　　海洋生态损害补偿治理是一个包含由行动者和行动舞台之间联结起来的治理网络及其运行的社会现象。其中,公共政策的行动者是多元的,不仅包括制定者,还包括执行者,及政府、市场及社会公众等参与者。而行动舞台正是指这些行动者赖以实现政策行为及活动的自由空间,是对行动者推行政策活动的质性描述。海洋生态损害补偿治理表现为由行动者、行动舞台及若干公共政策(狭义的政策网络)等构成的有机(广义的)治理网络。在海洋生态损害补偿治理的研究和实践中,首先需要对纷繁复杂的治理对象实行科学的分类,展开观察、剖析与阐释海洋生态损害补偿治理的实践活动。

第一节　治理结构视野下海洋生态损害补偿治理分类的意义

一、治理结构视野下海洋生态损害补偿治理分类的理论意义

　　在治理结构视野下,海洋生态损害补偿治理分类的意义在理论上被解释与区分为三个层次,即宏观的制度层面、中观的互动层面(策略、行动)及微观

的治理行动者层面。这样的分类有利于针对海洋生态损害补偿治理作出清晰的理论阐释。

首先,在宏观的制度层面,海洋生态损害补偿治理可以用来作制度主义分析。在这个制度主义视野中,任何的关于海洋生态损害补偿治理分析的规则体系都被视为产生相关的治理行动的总原因。海洋生态损害补偿治理必须以制度体系为行动依据,并通过海洋生态损害补偿治理行动者的主观能动性与积极创造性来有效推进。所谓制度就是赖以指导整个社会有效运行的规范资源与方式的总和。制度可以分为广义的制度和狭义的制度两种类型。广义的制度是由有形的国家法律规范和无形的社会习俗等构成,它包括整个制度体系。而狭义的制度指某一种涉及微观行动者的具体规定,[①]制度既可以作为一种政治系统运行的环境背景,也可以被当作是一种推动政治系统运行及变革的规范要素。它的基本功能是决定特定场域内参与者的身份、偏好塑造与策略选择。制度变迁理论中重要的依附理论是路径依赖(Path Dependence)[②],是指某种事物一旦进入某一路径,无论是好的还是坏的,都可能对这种路径产生依赖。在海洋生态损害补偿过程中,政策行动者与制度的行动舞台相互影响,最终会产生一定的制度变迁效应。

其次,在中观的互动层面,海洋生态损害补偿治理是一种动态化的治理行动,涉及相关制度与公共治理者之间的博弈互动。任何制度的内部都存在着完善的空间,"规则和行为人的行为之间的互动变得更容易理解"[③],制度规定着行动者应该做什么、不应该做什么,同时还明确了行动者在制度体制中的角色定位。因此,制度影响着行动者的基本偏好,并对行动者的自我身份认同产生影响。在这个互动过程中,有多少治理行动者及其不同的群体类型,加上不

---

① Bo,R.,*A New Handbook of Political Science*,Oxford,1998.

② 参见[美]道格拉斯·C.诺斯:《制度、制度变迁与经济绩效》,格致出版社、上海三联书店、上海人民出版社 2008 年版,第 2 篇"制度变迁"的第 11 章"制度变迁的路径"。

③ [美]道格拉斯·C.诺斯:《制度、制度变迁与经济绩效》,格致出版社、上海三联书店、上海人民出版社 2008 年版,第 152 页。

同类型的行动者在治理行动所可能采取的治理策略;理性选择制度主义者认为"假定行动者都有一套固定的偏好或口味,行为完全是偏好最大化的工具,并且行动者在满足偏好的过程中的行为具有通过算计而产生的高度策略性"①。这些都是针对海洋生态损害补偿治理的互动分析,极其有利于深入剖析海洋生态损害补偿治理行动本身。受到既定制度诱导的行动者的策略,可能会随着时间的改变而硬化为世界观,而受到正式组织传播的世界观,又会形塑卷入其中的行动者的自我印象和基本偏好。②

最后,在微观的治理行动者层面,需要逐个、单一地分析在海洋生态损害补偿治理过程中治理行动者的不同行动策略、行动结果及其相关规则对其的路径依赖影响等。所谓治理行动者,是指在治理过程中已经被正式制度纳入权力体系的核心成员或政治精英,他们依托正式组织,通过运用正式规则,对管辖场域内事务享有主导话语权与根本主宰权,是制度变迁的支配力量。其中行动者的经济人理性,使"奋斗所争取的一切,都同他们的利益有关"③。在市场经济条件下,地方政府可以参与中央政府的海洋生态损害补偿治理政策制定,并对之产生重要的影响,并且是一级重要的海洋生态损害治理政策制定主体。治理行动逻辑在治理行动者与制度的互动中,突出的表现是各种不同的治理风格。事实上,这些在海洋生态补偿治理过程中涉及的各类制度都有机构成了行动舞台。"行动者并不是知道所有信息的理性最大化者,而在更大程度上是遵循'满意而止'的规则"④。微观治理行动者的行动逻辑是,从制度变迁中寻求获利机会,进而诱发他们对制度变迁的需求与热情,他们希望

---

① Shepsle, K., Weingast, B., "The Institutional Foundations of Committee Power", *American Political Science Review*, No.81, 1987.

② Hattam, V.C., *Labor Visions and State Power*, *The Origins of Business Unionism in the United States*, Princeton University Press, 1993.

③ 《马克思恩格斯全集》第1卷,人民出版社1956年版,第82页。

④ Herbert, S., "Human Nature and Politics: The Dialogue of Psychology with Political Science", *American Political Science Review*, No.79, 1985.

地方政府制度变迁,并本能地企盼地方政府的支持。在我国公务员集体中起到最核心、最关键作用的是地方领导人,他们的个人意志对政策的制定与执行起到了重大影响。治理行动者对"最大化利益"的个人理解所需要的知识也是受到"内置于制度之中的各种激励的决定性影响的"①。在海洋生态损害补偿治理政策制定过程中,针对相关政策文件的文本分析会产生关于海洋生态损害补偿治理政策的元价值分析,这对海洋生态损害补偿治理政策的行动者会产生巨大的影响。

总体来看,治理结构视野下海洋生态损害补偿治理分类的理论意义在于:从宏观、中观、微观三个视野中深刻又犀利地分析了海洋生态损害补偿治理的行动体系,并从中找出相关的公共治理规律,最终更好地为类似的海洋生态损害补偿治理活动提供一定有益的启示。在人们不断充实和提高的认知水平面前,有效认识与把握规律,可以促使制度的日趋完善。海洋生态损害补偿治理是指促使海洋生态公共事务有效推行及解决的一系列公共行动规则集合,它具有行动者理性、网络化行动趋势、行动策略合作化及多元化行动者体系等特征。海洋生态损害补偿治理也就是在海洋区域内公共活动的网络行动规则化的集合。地方治理离不开海洋生态损害补偿行动者的推动和制度体系的基础条件。海洋生态损害补偿治理是在治理行动者的推动下,社会与市场配合形成的具有网络化特征的治理活动与过程。

二、治理结构视野下海洋生态损害补偿治理分类的现实意义

为了完善海洋生态损害补偿治理机制,作为生态治理第一行动者的国家与政府,应当通过法律与政策的途径,尽可能地推进海洋生态损害补偿治理的分类,确保补偿治理的有据可依。无论是从法律与政策的元价值,还是它们的制定与实施,海洋生态损害补偿治理围绕此形成了自身显著的治理结构。元

---

①　[美]道格拉斯·C.诺斯:《制度、制度变迁与经济绩效》,格致出版社、上海三联书店、上海人民出版社 2008 年版,第 107 页。

价值意义上的法律与政策是推进其自身的制定且完善实施过程的基本依据；当然，在法律与政策的制定过程中，现实中的实施过程也在修正制定偏差的同时，促使元价值意义上的丰富与更新。治理结构是国家对治域中的公共治理活动的组织性制度设计与安排。海洋生态损害补偿的实现需要一定的治理结构，从而有效推进海洋生态的修复与保护。对海洋生态损害补偿治理的分类主要是为了实施更高效率的损害补偿，实现人的海洋经济开发活动的有序性与节制性。第一，建设海洋强国必须加强海洋生态损害补偿治理。海洋强国建设需要依靠治理体系和治理能力现代化做保障。第二，海洋生态损害补偿治理需要以分类的形式来促进治理的效率与效益的提高。第三，海洋生态损害补偿治理在加强公共政策供给的同时，也需要积极发挥社会力量。

总之，不同的自然变化或人类活动可能对海洋环境及海洋生态系统造成相同的后果，而要确定生态损害的现实类型才能对损害的原因进行分类，最终完成海洋生态损害补偿的政策供给活动。然而，对于这些损害的主要原因造成的相应的现实类型，国家与政府应当作出不同的补偿政策安排，这是极大地有利于一国对海洋生态环境的保护。

第二节　海洋生态损害补偿治理的三个层面

在治理结构的视野下，海洋生态损害补偿可被视作一个完整的公共政策过程，即元政策、政策制定、政策执行三大环节。而且，在海洋生态损害补偿中，政府不仅要对海洋生态损害作出一个科学准确的认识，还要基于此认识之上进行一个相应的补偿认定，这同时涉及一系列的公共政策活动。

一、法律政策价值构建性的海洋生态损害补偿治理

元政策（政策的元价值分析）决定政策制定者在公共政策制定过程中的

价值导向,规范他们的政策意图,借此为政策执行者提供一个行动舞台的自由空间。其中,行动者的行动舞台是由元政策决定的行动空间领域,任何的政策行动者不可以跃出这个既定的行动舞台。

法律政策机制建构性的海洋生态损害补偿治理主要是指法律政策赖以实行运作的价值渊源,通过包括国际海洋法、国家的宪法及相关法律、执政党的政治纲领及政府主要领导人的政策意图,这些价值渊源将会给海洋生态损害补偿治理带来一定的路径依赖。

海洋生态损害补偿治理的法律价值建构是补偿治理的法理及现实依据所在。可以说,有什么样的法律政策价值建构就会产生什么样的海洋生态损害补偿治理活动。海洋生态损害补偿的主体、目标等都不同于一般治理。明晰治理结构视野下海洋生态损害补偿治理分类的特点需要改变传统观念,将主线聚焦在海洋生态补偿治理上。这样,就有助于进一步优化海洋生态保护效果及维护生态正义。

在元价值评判上,下列溢油案的生态损害补偿未得到真正的治理。中海油康菲中国有限公司在开发渤海石油资源时没有为渤海海洋生态环境破坏买单。长此以往,结果必然是在渤海石油资源的逐渐枯竭的同时伴随着渤海海洋生态环境的破坏,当代人正在提前消费后代子孙的宝贵资源。为此,青岛海事法院审理该案的依据是《中华人民共和国海域使用管理法》第三条、《中华人民共和国渔业法》第十一条、《中华人民共和国侵权责任法》第六十五条、《最高人民法院关于审理环境侵权责任纠纷案件适用法律若干问题的解释》第六条的规定、国家海洋局公布的《蓬莱19—3油田溢油事故联合调查组关于事故调查处理报告》及国家海洋局北海分局提供的相关鉴定报告,最终以渤海养殖户未在国家海事管理部门登记为由,认定养殖收入不受到法律保护。这一审判结论显然是在理论上违背了海洋生态正义原则,难以为世人所接受,不能因为海洋行政管理方面的缺陷而使海洋资源开发其他利益无辜相关方蒙受损失。

在这起渤海溢油案中,如果没有相关的法律、政策作为直接的依据,则国家海洋局、渔民等利益相关方将很难为国家的或私人的合法海洋权益进行有效辩护,那样也更不会产生任何的海洋生态损害补偿治理活动。

二、法律政策制定性的海洋生态损害补偿治理

海洋政策制定性的海洋生态损害补偿治理是处于中观层面的决策环节,涉及海洋生态损害补偿治理的规则体系及建构问题。围绕海洋生态损害治理的规则体系建构问题,除了以往的治理惯例、司法判例可以遵循之外,新时期的科技发展理论也应当纳入海洋政策的制定范畴之中,特别是海洋科考取得的科学成绩、海运交通技术的发展及互联网信息技术的快速发展,终将给海洋政策制定带来广阔的思维视野和坚固的技术支持。

海洋生态损害补偿治理的对象错综复杂。一般而言,按照研究对象的不同,海洋生态损害补偿治理的具体类型也不尽相同,例如以海洋为标准可分为浅海生态损害补偿、远洋生态损害补偿、岛礁生态损害补偿以及深海生态损害补偿等;若以作业种类为标准又可以分为渔业作业生态损害补偿、科研作业生态损害补偿、开发型生态损害补偿以及勘探型损害生态补偿等。而且,生态环境治理的热潮正在逐步进入上层建筑的视野,并有望借助政府力量结合大数据和众包——"互联网+生态环境"的两个主要推动力,构建一个海洋生态损害补偿治理决策新模式,以期在功能定位上更加充分地激活民意和民智、在动力机制上充分整合社会公众力量和政府力量。这种海洋生态治理决策的新模式不同于传统"海洋综合治理",它不仅突出了治理效果以及治理理念,更包含了海洋生态损害补偿的系统性、科学性。

海洋生态损害补偿治理决策新模式的关键是如何将治理方式、治理效果在生态系统相关主体间合理、公平地分配、分摊,它涉及人的生存权、发展权以及生态环境保护责任等不同方面。原环境保护部办公厅于 2016 年 3 月颁布的《生态环境大数据建设整体方案》标志着"互联网+生态环境"已逐渐纳入政

府议程。①

　　早在 2011 年 6 月发生的"渤海蓬莱油田溢油事故"是中海油与美国康菲公司的合作项目,蓬莱 19—3 油田溢油事故发生已过去多年,渤海溢油对养殖、旅游、生态等的影响已经显现,事故已经造成累计 5500 平方公里海面遭受污染,大致相当于渤海面积的 7%。这起大型海洋生态污染事件中,至少可以说明以下情况:第一,人祸甚于天灾。尽管渤海湾是地壳板块带,地震频繁,但是原国家海洋局北海分局通过已完成的四次大规模生态调查工作,基本上掌握此次溢油对水质、沉积物和生物生态的影响,并认为这是一起完全可避免的责任事故。第二,危机处理缺乏。中海油和康菲成立一个联合管理委员会,由双方成员组成,康菲为油田作业方。由于有合同限制,更看重短期价值,尚无很好的办法来规范。第三,缺乏生态补偿机制。仅河北省乐亭、昌黎两县的水产养殖户遭受的经济损失约为 13 亿元。但是,山东渤海湾溢油索赔案一审判决,养殖户诉讼请求被法院驳回。青岛海事法院认定,依据我国法律,养殖户的经济损失与渤海溢油案没有必然的因果联系。

　　总之,在 2011 年发生的另一起渤海漏油事故中,由于缺乏危机处理与生态补偿机制的规则架构,致使此起漏油案处理至少在海洋政策制定环节存在显著的漏洞与隐患。这也就意味着,法律与政策的价值建构对后续的整个海洋生态损害补偿治理活动实际上起到了极其重要的作用。

三、法律政策实施性的海洋生态损害补偿治理

　　在政策制定和政策执行方面,我国关于海洋生态损害补偿的法律还很不健全,作为政策执行的主要主体的地方政府及其公务员对海洋生态损害补偿并没有抱以很大的积极性。从功利的角度来看,在环渤海湾的地方政府眼里,中石油康菲中国有限公司的税收贡献明显高于该海域的普通养殖户的经济收

---

　　①　搜狐新闻:《环保部通过〈生态环境大数据建设总体方案〉》,2016 年 2 月 1 日,见 http://news.Sohu.com/20160201/n436542591.shtml。

益,因此也难怪他们缺乏直接保护海洋养殖户合法权益的责任意识,除非中央政府出台相关法律。正是行动舞台的缺乏,海洋生态损害补偿制度有待构建与完善,在渤海溢油案中海洋生态损害的行动者的政策行动积极性很低。这也使得渤海溢油案的政策效果极低,以致惨遭国际社会的严厉批评。

第三节 三个层面之间的关系及各自海洋生态损害补偿治理的地位和作用

海洋法律价值、海洋法律政策制定、海洋法律政策实施之间构成了一个有机联系的宏观、中观、微观三个层面的海洋生态损害治理补偿的基本活动与主要过程,各自发挥着独特的作用,彼此之间不可以取代,均对海洋生态损害补偿治理活动至关重要。

一、三个不同层面的海洋生态损害补偿治理之间的关系

在三个层面中存在"行动舞台—行动者—制度产出"的框架,理论分析者希望为治理行动中的行为发生找寻到制度缘由,同时又在充分重视参与主体的能动性和自主性的基础上,摒弃"制度决定论"的呆板、突破"行动决定论"的随意(见图17-1)。具体来讲,就在于从客观现象出发,动态、真实地解读治理行动者的努力,阐释治理"是什么""为什么""怎么样"等基本问题,并从中合理评估地方核心行动者的能动价值,力图摆脱"制度神话"或"人的神话"的窠臼,为改造现实提供理性工具,从制度空间走向制度创新。转型期,行动舞台存在于整个制度变迁过程之中。

我国的制度变迁是在政府主导下发起的。根据组织理论和集团理论,团体间的博弈力量部分取决于核心行动者的组织能力和行动策略。当下,治理行动者的最大心愿是使自己的创新活动能赢得中央或上级政府的政治认同,以从中获得持续的治理行动空间;中央政府需要地方创新的经验积累和效能

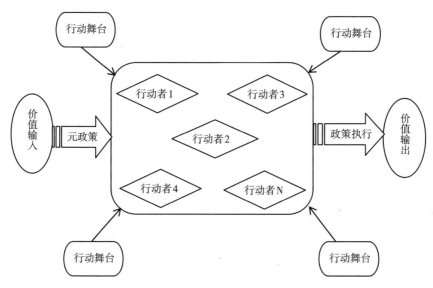

图 17-1　海洋生态损害补偿治理三个层次的联结关系

传递;微观政策行动者的积极性需要权力中心的支持,迫切需要与权力中心对话的有效渠道。真正能够承担联结中央政府制度供给和微观政策主体制度需求的媒介是地方政府,因此,地方政府是制度变迁中的核心行动者变量。

必须指出的是,由于行动者本身具有一定的能动性,所以在不跃出元政策决定的行动舞台分析框架的前提下也会输出不同的公共政策效果,以至于影响现实中的海洋生态损害补偿实施的效果。在我国现行行政体制下,行动者的能动性体现在地方领导人的个人意图之中,这又与行动者本人的政绩关注点密切相关。

从表 17-1 来看,可以得出四种类型:

A:行动者能动性高,政策行动效果高;

B:行动者能动性高,政策行动效果低;

C:行动者能动性低,政策行动效果高;

D:行动者能动性低,政策行动效果低。

表 17-1　行动者能动性与政策行动效果的关联

		政策行动效果	
		高	低
行动者能动性	高	A	B
	低	C	D

　　这也就说明:(1)当地方领导人的个人意图围绕着海洋生态损害补偿,符合他个人的政绩增长点,那么,补偿的治理行动能动性越强,至于政策行动效果会出现 A 和 B 两种情形。(2)当地方领导人的个人意图不关注海洋生态环境损害补偿,不符合他(们)的政绩增长点,那么补偿的治理行动能动性越低,至于政策行动效果会出现 C 和 D 两种情形。

　　一般来说,先有海洋政策价值,然后才可进行海洋政策制定,最终产生海洋法律政策实施,并且三者之间构成了一个循环往复的过程。当然,作为现实结果体现的海洋政策实施情况也会反过来影响海洋政策价值的修正,还影响到海洋政策制定环节。而且,在这三个层次中,"制度"与"人"之间的关系是至关重要的,哪些制度与哪些行动者及其之间的互动关系最终都会影响到海洋政策的三个层面,并最终反映在海洋生态损害补偿治理活动当中。

二、三个不同层面的治理在海洋生态损害补偿中的地位和作用

　　法律价值建构、法律政策制定和法律政策执行分别在海洋生态损害补偿治理过程中发挥着不同的作用,并在治理结构中处于不同的地位。相应地,三个层面既有宏观的视角,也有中观的和微观的视角。这样,对海洋生态损害补偿治理行动体系可以在理论上进行较为完整和科学的解构与功能解释。

　　法律价值建构在海洋生态损害补偿中处于较为宏观的层面和前置的地位,是一种指导另外两个层次——法律政策制定和法律政策执行——的基础性架构和一种重要的制度依据,也是产生后两者的前提。

法律政策制定体现为较为中观的层面,上承法律价值建构,下接法律政策执行,也是海洋生态损害补偿治理行动的规则体系制定和执行的基本行动体现。法律政策制定更为重要的作用还体现在海洋生态损害补偿治理行动中一切相关规则进入到现实实践阶段的根本途径。

法律政策执行是在法律政策制定的基础上更为进一步的实践,使得各类与海洋生态损害补偿治理的规则体系得到有效的遵守和实施。在海洋生态损害补偿治理的结构体系中,法律政策执行处于一个微观的位置,但是,其现实作用不可被忽视。

在现实中,法律价值建构、法律政策制定、法律政策执行三个层次并非像理论上被区分得那样清晰和明确。治理行动者在组织的集体行动中通过习惯化、客观化、沉淀化三个步骤最终形成对组织和规范(制度)的认同。① 在海洋生态损害补偿过程中,这些行动者的自身特征主要是主体的多元化、利益的多样化、行动策略的网络化、损害的事由多样化等。海洋生态损害补偿的行动者的根本目标是通过公共政策实现海洋生态损害补偿治理,实现对国家海洋所有权的保护。在补偿过程中,行动者对海洋生态损害补偿实施公共政策时主要从政策价值、政策制定、政策实行三个方面着手,分别考虑维护海洋正义的角度来推行海洋生态环境的保护。

在海洋生态损害补偿治理方面的主要责任主体仍然是政府,但作为治理主体的补充还需其他多方的参与,例如社会、市场以及其他国内、国际主体合作等。因而,按照治理主体的不同便可分国家补偿、社会补偿、政府补偿、各主体合作式补偿、国际多元合作补偿等治理活动。在此基础上,按照治理主体的不同,海洋生态治理研究一般可分为政府与公众层面的治理。政府层次的治理模式可以探索诸如高层次区域间综合管理机构、整合统一的政府间协调机制等,并将信息沟通、自愿协商和利益分享等运行机制作为其有效运作的润滑

① Tolbert,P.S.,Zucker,L.G.,"The Institutionalization of Institutional Theory",*Handbook of Organization Studies*,1996.

剂加以合理利用。公众层面的海洋治理研究则主要侧重于借助环保社团组织的力量监督与海洋生态利益相关的决策活动与行为、利用当地利益相关者及社会公众在海洋生态保护治理中加强与政府部门的合作等。

总之,公众层面的海洋治理研究比较倾向于统筹各方力量参与海洋生态治理存在的诸如公众范围有限和程序保障缺失等问题,他们站在第三方的角度上对政府也提出了相应的意见和建议,例如他们认为政府应完善公众参与制度,提高公众参与层次,开拓公众参与路径,加强海洋生态治理信息公开化等。未来的海洋生态损害补偿治理决策要加强人与海洋环境的关系——建立公众的亲环境沟通战略,也是以贾克布斯等为代表的学者们在运用结构方程模型(SEM)进行了实证分析的基础上提出的相关主张。[①]

三、三个层面的海洋生态损害补偿治理对治理结构形成的意义

海洋生态损害补偿存在一系列的制度体系,这对它的行动者产生了相互性的影响。可以说,有什么样的补偿制度设计,就会产生什么样的行动者。适应的政策元价值是行动者采取公共集体行动的基本逻辑,行动者通过相适应的补偿规则或日常惯例实现制度化的公共政策过程;而且,历史沉淀下的规则对当代的补偿行动仍然具有惯性影响作用;此外,制度体系中的制度与行动者之间互动是依靠彼此的信任来支持的。[②]

从治理结构来看,依据补偿主体的不同,海洋生态损害补偿主要包括一国行政层级下的补偿治理、政府与社会及市场之间合作的补偿治理和国际多方合作的补偿治理;依据补偿客体的不同,海洋生态损害补偿可以划分为浅海与远洋渔业捕捞、远洋科研探索、岛礁经济开发、深海资源勘探等;依据补偿方式

---

① Jacobs, S., Sioen, I., Henauw, S. D., et al., "Marine Environmental Contamination: Public Awareness, Concern and Perceived Effectiveness in Five European Countries", *Environmental Research*, No.11, 2015.

② March, J., Olsen, J.P., *Rediscovering Institutions: The Organizational Basis of Politics*, New York: The Free Press, 1989, p.38.

的不同,海洋生态损害补偿可以通过国家赔偿、国家补偿、社会基金补助、市场运作等方面来实现。再从本质上来看,海洋生态损害补偿治理具有主体多元性、客体共存性及形式协调性等基本特征。海洋生态损害补偿治理作为新时期海权盛行的观念产物和行动结果,具有长远的善治意义,它不仅使得国家和政府的治理责任内容更丰富,也促成了社会和市场的公共作用的发挥。

第十八章　海洋生态损害补偿治理的要素分析

　　海洋生态损害补偿是为了保护受损的海洋资源与环境,促进海洋资源环境的可持续利用而采用包括政府管理、市场调节等在内的各种激励手段来调节相关者之间利益关系的一种行为。① 因此,海洋生态损害补偿其实是一个治理问题。对于海洋生态损害补偿,人们更多地关注补偿的结果,但首先要对海洋生态损害补偿治理问题有一个清楚的认识。从问题的属性差异来看,海洋生态损害补偿治理问题可分成法律政策价值构建性的、法律政策制定性的、法律政策实施性的三类海洋生态损害补偿治理。而且在不同层次的海洋生态损害补偿治理中,各类要素也会有很大的差异。本章将治理要素分成三类:行动者、行动者之间的关系以及行动者赖以交往的行动舞台,并逐类在不同层面的海洋生态损害补偿治理中结合具体的海洋生态损害补偿治理案例进行分析。

---

　　① 丘君、刘容子、赵景柱等:《渤海区域生态补偿机制的研究》,《中国人口·资源与环境》2008 年第 2 期。

第一节　海洋生态损害补偿治理的
行动者要素分析

在海洋生态损害补偿治理中,作为主体的行动者是一个很重要的分析要素。如何来研究海洋生态损害补偿治理中的行动者? 本书认为,海洋生态损害补偿治理的运作过程及其治理结构的产生,本质上是不同的行动者类型之间不断相互交往而逐渐形成的治理网络。因此,在分析海洋生态损害补偿治理中的行动者时,应该将行动者放置在治理网络中,来分析其内涵和特征。

关于治理网络的研究,从其理论发展脉络来看,主要可以分为利益协调学派和治理学派。以英美学者为代表的利益协调学派认为,治理网络是分析政府、社会组织、企业、公民等多类行动者之间形成的制度化的交换关系的工具,反映特定利益在某一治理领域的相对地位、权力及其影响机制,从而分析其对政策结果的影响。[①] 以德国为代表的欧洲大陆的利益协调学派认为,治理网络是在资源、权力相互依赖的基础上,在彼此交往中逐渐产生的复杂组织。[②] 海洋生态损害补偿是密切关系到利益冲突、资源分配的多元主体参与互动的治理过程。因此,本书沿袭利益协调学派的理论,再结合第三代政策网络研究的技术和方法,[③]展开海洋生态损害补偿治理中行动者内涵和特征的研究。本节拟选取行动者类型与数量、目标和策略、资源、影响力和角色等五个要素分析海洋生态损害补偿治理中的行动者。

[①]　Marsh,D.,Smith,M.,"Understanding Policy Networks:Towards a Dialectical Approach",*Political Studies*,Vol.48,No.1,2000.

[②]　Rhodes,R.A.W.,*Control and Power in Central-local Government Relations*,Franborough:Gower/SSRC,1981.

[③]　龚虹波:《论西方第三代政策网络研究的包容性》,《南京师大学报(社会科学版)》2014年第6期。

一、海洋生态损害补偿治理的行动者类型与数量

行动者的类型与数量表征行动者的身份和数量。本书依据行动者不同的身份来划分行动者类型,如政府部门、民间组织、国际组织、企业、公民等。一般来说,对于某一海洋生态损害补偿治理事项,治理网络中行动者类型越丰富、每一类行动者参与者越多、行动者之间建立的联结越多,那么这一海洋生态损害补偿事项的治理就展开得越深入。

从海洋生态损害补偿治理的行动者类型构成看,起码包括八类行动者:第一类为保护海洋环境,促进海洋可持续利用而推进全球、大洋、边缘海、大型海湾等全球或区域海洋生态治理法律政策制定的联合国相关组织、区域或国家间相关组织。比如,为推进《国际海洋法公约》,联合国作为行动者,召开了三次海洋法会议,于1982年的第三次海洋法会议才通过该公约。在推进这个国际法制定过程中,联合国及其相关机构就成为法律政策价值构建性和法律政策制定性层面的行动者。2016年11月10日,欧盟委员会作为法律政策价值构建性和法律政策制定性层面的行动者,通过了首个欧盟层面的《全球海洋治理联合声明》。第二类为以国家、地方各级政府组织为主体的行动者。海洋生态损害补偿治理主体涉及国务院、海洋局、环保部、安监总局、国土资源部、农业部与地方政府等诸多不同部门,如国务院、中央全面深化改革领导小组就是国家层面的行动者,如国务院作为主要行动者推进了2017年发布的《关于印发〈围填海管控办法〉的通知》(国海发〔2017〕9号)的制定。2018年印发的《关于加强滨海湿地保护严格管控围填海的通知》,国务院同样扮演着行动者的角色。为了更好地管控全省的海洋生态红线,实现保有自然岸线比率的目标,促进海岸功能提升,加强海岸修复与海岸线可持续利用,浙江省海洋与渔业局作为浙江省海洋环境保护的实施主体、海洋生态环境治理的行动者,编制了《浙江省海岸线整治修复三年行动方案》(浙海渔规〔2018〕2号)。为保护宁波近海环境质量,宁波市政府于2017年发布了《关于做好宁波市近

岸海域海面漂浮垃圾监管处置工作的实施意见》,该意见明确规定了海面漂浮垃圾监管整治的流程及相应措施。第三类为各级政府海洋生态损害补偿治理中的核心领导人。当然,各级政府的领导人从属于各级政府,但在我国的海洋生态损害补偿治理中,国家与地方政府领导人作为行动者,对加强海洋生态损害补偿治理的法律政策价值构建起着重要作用,其在相关会议上的讲话,对于海洋生态损害补偿治理法律、政策的制定与执行起着决定性的作用。如2017年4月19日,习近平总书记考察了广西北海金海湾红树林生态保护区,指出红树林是我国重要的湿地资源,一定要加强红树林的保护工作。① 第四类为从事海洋生态损害补偿治理研究的专家学者。专家基于自己对海洋开发利用与海洋环境保护的认识,通过学术讲座、报告、专著、论文等多种形式发表自己的观点,让自己的观点为社会大众所接受。第五类为相关媒体。媒体通过纸质、互联网等多种形式将国家政府的相关法律政策、领导人讲话、专家学者的研究成果向社会大众推介,使得海洋生态环境保护、海洋生态损害补偿治理等理念为社会大众所接受。第六类为参与海洋生态损害补偿治理的各种社会组织。为了加强受损海洋环境的保护,各种政府、非政府组织的海洋环保组织纷纷出现。如绿色和平组织明确提出要保护海洋动物资源。国内参与海洋生态损害补偿治理的社会组织也越来越多,上海仁渡海洋公益发展中心2014年首次对我国海洋环保组织进行了梳理,并编辑整理而成《海洋环保组织名录》(2014年版)。② 第七类为与海洋生态损害补偿治理相关的企业。在通常情况下,企业由于其生产经营活动往往是海洋生态的侵害者和生态补偿的主体,比如大连7·16海洋溢油生态损害补偿事件中,补偿主体为三家企业:辉

---

① 《国家海洋主管部门学习贯彻习近平海洋强国思想纪实》,2017年10月22日,见http://www.china.com.cn/haiyang/2017-10/22/content_41772849_2.htm。
② 2014年的名录共收录了111家海洋环保组织,包括28家国内海洋环保社会组织、3家国内海洋环保学生社团、6家国内涉海环保基金会、12家国际涉海环保组织、29家国内涉海环保社会组织、5家国内涉海环保学生社团、28家缺乏信息的海洋环保组织。另,附有21家支持性组织。2017年的《中国海洋环保组织目录》,见http://www.ccmc.org.cn/node/184。

盛达公司、祥诚公司和中石油公司。另外,特别是沿海企业的排污、垃圾倾倒以及围海造田的用海企业更是海洋生态损害补偿事件频频出现的主体,这种转移实际上导致了跨国公司在海洋生态损害补偿治理中政治角色的形成。[①]第八类为社会公众。社会公众对海洋环境保护的重要性的认识程度直接关系到海洋生态损害补偿治理的实施成效。社会公众既是海洋生态治理的逐利者,同时也应该是海洋生态治理者。他们以两种身份存在于海洋生态损害补偿治理的实际案例中。因此,可能从自身利益出发对海洋生态损害补偿治理表现出不同的行为。

二、海洋生态损害补偿治理的行动者目标和策略

行动者的目标和策略是指行动者在海洋生态损害补偿中的行为目的,以及基于自身的利益考量之上的策略选择,如在治理网络中如何选择交往对象、如何建构与其他行动者之间的交往关系,乃至如何建构整个治理网络的功能。

海洋生态损害补偿的总体目标是针对海洋开发利用过程产生的生态损害问题,确定如何补偿、谁来补偿、补偿多少、如何补偿,建立和实现海洋生态损害补偿"有法可依,有法能依"的治理体系,促进海洋生态保护与环境修复。在实现这一总体目标的过程中,上述各类行动者应当为实现海洋生态保护和海洋的可持续利用,强调海洋生态损害补偿治理法律政策制定对规范用海行为,保护海洋生态环境的作用。首先,需要各类行动者对海洋治理价值有正确的认识;其次,使得各类行动者形成正确的海洋伦理观;最后,需要各类行动者形成正确的全球海洋观。可以说,这是海洋生态损害补偿治理中政府和各类社会组织在治理网络内行动者目标管理倡导的价值和努力的方向。

但是,在具体的海洋生态损害补偿案例中,由于涉及切身利益,而且当较

---

① 王振江:《全球治理——跨国公司的作用探析》,《新西部》2016 年第 9 期。

明显的海洋生态损害发生,涉及的利益往往是非常巨大的。比如,大连7·16海洋溢油生态损害补偿事件,恢复工程费用达4.24亿元;某一围海造田项目能否上马更是关系企业的巨大利益。因此,在现实的海洋生态损害补偿治理案例中,各类行动者都会带着各自的目标和策略与其他行动者建立联系、进行互动。行动者选取的策略、与其他行动者建立的关系构建了具体的海洋生态损害补偿治理网络的结构,并影响治理网络的有效运作。如在全球层面的海洋生态损害补偿治理中,行动者带着各自的目标通过多边合作推动全球海洋生态损害补偿治理理念成为共识,以合作共赢理念构建全球海洋生态损害补偿治理的治理框架。在区域层面,如南太平洋地区,包括太平洋岛国和属地(太平洋共同体)所在的太平洋的一部分,由包括北马里亚纳群岛、汤加王国等在内的22个政治实体构成。[①] 南太平洋地区面临着诸多海洋环境保护问题,因此,它也成为海洋生态损害补偿治理实践的"先行者"。各行动者为促进保护南太平洋地区的海洋环境,促进可持续发展目标的达成,其行动策略是制定《太平洋岛国区域海洋政策与联合战略行动框架》、强调区域组织之间的协调与合作、强化蓝色太平洋共识、构建区域海洋治理伙伴关系,并将地区海洋治理理念与全球海洋治理理念有效对接。在国家与地方政府层面,海洋生态损害补偿治理中起主要作用的是中央政府、地方政府、海洋环境保护组织和企业。在我国,各级政府是主导力量,有着实现海洋生态损害补偿治理总体目标的动力。由于海水的流动性、海洋的广袤性、海域边界的模糊性等自然特性使得很多海洋生态损害补偿治理问题具有了跨区域性,某地区排放的陆源污染物可能对临近地区的海域产生影响。因此,跨区域治理就成为海洋生态损害补偿治理的重要制度。[②] 政府的行动策略可通过

---

① 梁甲瑞、曲升:《全球海洋治理视域下的南太平洋地区海洋治理》,《太平洋学报》2018年第4期。

② 全永波:《海洋跨区域治理与"区域海"制度构建》,《中共浙江省委学校学报》2017年第1期。

主体间的信任机制构建、跨国家的"区域海"制度实施、海洋污染刑法规范完善措施①,以推进海洋生态损害补偿治理跨区域治理的制度化水平。同样,专家学者、企业、社会公众等行动者在海洋生态损害补偿治理中也将为各自的目标而采取相应的行动策略。

三、海洋生态损害补偿治理的行动者资源

行动者拥有的资源是指行动者拥有的权威、权力、资金、合法性、组织、知识和信息等。在海洋生态损害补偿治理网络中,任何一个行动者,必须依赖于其他行动者的资源共享和交换而发展,为实现治理目标,行动者之间必须交换资源。行动者在治理网络内运作种种策略,与其他行动者进行资源交换,实现自身目标。

在海洋生态损害补偿治理过程中,不同的行动者拥有不同的权威、权力、资金、合法性、组织、知识和信息等资源,这些资源对海洋生态损害补偿治理的实现都具有重要意义。在海洋生态损害补偿治理网络运作过程中,不同行动者所拥有的资源在法律政策价值构建层面与法律政策制定及实施层面发挥着不同的作用,并且彼此之间对各自拥有的资源具有互相依赖的特征,因此需要分享和交换,才能促进自身目标的达成。② 总体上看,全球海洋环境问题的解决需要各个层级的政府组织乃至国际组织、各种类型社会组织和企事业单位、各领域的专业技术人才,以及广大民众等众多行动者在上述三个层面形成有效的集体行动。在改善海洋环境的努力中,法律政策价值构建性层面的各类行动者(包括全球所有国家和非国家行为体)拥有不同的资源。这些资源可以是"组织或个人拥有的资源",也可以是"社会结构赋予组织

---

① 全永波:《海洋环境跨区域治理的逻辑基础与制度供给》,《中国行政管理》2017 年第 1 期。

② Pfeffer, J., Salancik, G.R., *The External Control of Organizations: A Resource Dependence Perspective*, Stanford, CA: Stanford University Press, 1978.

或个人的资源"①,但无论何种资源在海洋生态损害补偿的法律政策价值构建性过程中进行灵活的分享或交换,对整个行动者共同体应对海洋生态环境恶化的趋势,以预防长期的全球性灾难是必不可少的。从各类行动者拥有资源类型来看,在全球海洋生态损害补偿治理中,主要的行动者包括国家行为体、国际政府间组织、国际非政府组织、跨国公司等都拥有不同的资源类型。② 从国家行为体来看,沿海国家占有与享有更多的海洋资源,海洋生态损害补偿治理问题对沿海国家的影响也更直接。国际政府间组织是主权国家之外的具有一定权力或政策手段,能影响大多数国家决策的组织机构,并在协调海洋生态损害争端调解及治理中发挥重要作用。③ 全球海洋治理主体的涉海国际非政府组织的成员往往具有非常专业的知识背景,如由世界野生动物基金会和联合利华创办的非营利组织——海洋管理委员会,它凭借自己的影响力,普及海洋保护,在抵制非法海洋生物产品方面就有独特的作用。④ 国际海洋保护及海岸清理组织(ICCC)在推动海洋垃圾防治体制的不断发展与完善方面也有其特有的资源优势。⑤ 跨国公司能够在不同国家和非国家行为体之间进行协调,在法律政策价值构建性层面,促成全球海洋生态损害补偿治理各行动者之间进行资源的相互依赖与交换。⑥ 同样,在区域、国家及地方政府海洋生态损害补偿治理中,不同的行动者也拥有不同的资源,它们在海洋治理网络

---

① Park, H.H., Rethemeyer, R.K., Hatmaker, D.M., "The Politics of Connections: Assessing the Determinants of Social Structure in Policy Networks", *Journal of Public Administration Research and Theory*, 2012.

② 袁沙、郭芳翠:《全球海洋治理:主体合作的进化》,《世界经济与政治论坛》2018年第1期。

③ 让-马克·柯伊考:《国际组织与国际合法性:制约问题与可能性》,《国际社会科学杂志》2002年第4期。

④ Steven, J.C., et al., "Sustainable Seafood Ecolabeling and Awareness Initiatives in the Context of Inland Fisheries: Increasing Food Security and Protecting Ecosystems", *Bio Sccience*, Vol.61, No.11, 2011.

⑤ 王振江:《全球治理——跨国公司的作用探析》,《新西部》2016年第9期。

⑥ 孙宽平、滕世华:《全球化与全球治理》,湖南人民出版社2003年版。

运作过程中,依据各自所拥有的资源,在海洋生态环境治理中发挥着各自的作用。

四、海洋生态损害补偿治理的行动者影响力

行动者的影响力表征行动者在治理网络的重要程度,具体体现在行动者与其他行动者建立交往联结的数量多少、行动者在网络中心化程度、行动者处于网络的核心还是边缘。① 一个行动者与其他行动者建立的交往联结越多,在网络中其中心化程度越高,且处于网络的核心地位,那么这一行动者在治理网络的影响力就越大。

在海洋生态损害补偿治理的各个层面中,行动者的影响力直接表征其在治理网络中的重要程度。一般来说,行动者在海洋生态损害补偿治理网络中越处于核心地位,与之相联结的行动者越多、各类网络中心度数值越高,那么该行动者在治理网络中影响力就越大。② 但是,有时在治理网络中处于比较特殊的结构性位置时,即在网络内两类行动者之间起桥梁连接作用的行动者,此时该行动者在网络中的各项数值中心性均不明显,但对海洋生态损害补偿治理却有很强的影响力。③ 另外,行动者的影响力又与行动者拥有的资源相关。比如在全球海洋生态损害补偿治理中,主管国际组织在治理网络起着核心作用。《联合国海洋法公约》生效后建立的国际海事组织、国际海底管理局、政府间海洋学委员会等国际组织,是全球海洋生态损害补偿治理中合作与协调的核心行动者,并且呈现加速发展的趋势。可以说,国际组织在海洋生态损害补偿治理中的影响力加强与传统国家影响力的削弱,已经成为全球海洋生态损害补偿治理中一个突出现象。④

---

① 刘军:《整体网分析讲义》,格致出版社 2009 年版。
② David,K.,Kuklinski,J.H.,*Network Analysis*,ThousandOaks,CA:Sage Publications,1982.
③ Granovetter,M.S.,"The Strength of Weak Ties",*American Journal of Sociology*,No.6,1973.
④ 郑苗壮:《全球海洋治理的发展趋势》,《中国海洋报》2018 年 3 月 28 日。

随着国家对海洋经济的日益重视及海洋战略的实施,中国在参与全球海洋生态损害补偿治理中的作用不断加强。随着全球海洋治理体系的变革,参与全球海洋生态损害补偿治理的各行动者的影响力正在发生深刻变化,传统西方海洋强国地位下降,使得新兴海洋大国能够冲击原有力量格局,且非国家行为体的角色和作用也有所加强,全球海洋生态损害补偿治理呈现主体多元化、分散化的趋势。中国提出了21世纪海上丝绸之路重大倡议,为增强海洋生态损害补偿治理法律政策价值构建性层面的影响力,进一步参与并引领全球海洋生态损害补偿治理奠定了坚实能力基础。

总体上看,在国家与地方层面,[①]不同的行动者在海洋生态损害补偿的法律政策价值构建、制定和执行层面的治理中具有不同的影响力。在很长一段时间内,我国各级政府将在海洋生态损害补偿治理中持续发挥主导作用。与此同时,专家学者、民间组织、企业、公众在海洋生态损害补偿治理中的作用与影响力也在逐渐加强。未来的发展前景是在国家、政府治理体系完善和治理能力现代化的背景下推进社会治理的发展;同时,以社会治理的发展来推动国家、政府治理绩效的提升。[②]

五、海洋生态损害补偿治理的行动者角色

海洋生态损害补偿治理的行动者角色是指行动者在海洋生态损害补偿中所承担的角色,如海洋生态损害补偿治理的驱动者、管理者,海洋生态损害补偿的受益者、受损者。在海洋生态损害补偿治理网络中,行动者的角色可以分为参与者、中间人、网络管理者等。尽管在具体的海洋生态损害补偿治理网络中行动者的角色有时会发生转变,但一般来说在具体的损害补偿治理中,行动者的角色是比较明显的。由于行动者的角色与行动者的目标和策略、行动者

---

① 胡志勇:《积极构建中国的国家海洋治理体系》,《太平洋学报》2018年第4期。
② 关爽、郁建兴:《国家治理体系下的社会治理:发展、挑战与改革》,《江苏行政学院学报》2016年第3期。

拥有的资源及其运作资源的方式(即如何发挥影响力)是密切相关的。因此,分析海洋生态损害补偿治理网络内的行动者角色,对于深刻地理解治理网络的运作过程、结构和运作结果是非常必要的。

随着社会经济的发展及陆域资源的不断耗竭,人类对地球资源的开发利用重心逐渐由陆域转向海洋,海岸带及海洋资源的开发利用已引起沿海国家的普遍重视。随着全球化进程的进一步发展,以经济全球化为主线,包含各国政治、军事、科技、安全航运、环境等领域在内的多层次、多领域的交互联系,深刻地影响着海洋资源与环境,海洋资源的争夺导致海洋环境的破坏日益严重。世界范围内政府组织与非政府组织,甚至企业与个人都逐渐认识到海洋环境治理的重要性。

在上述海洋生态损害补偿治理中,不同的行动者可能承担不同的角色,并且可能会相互转化。这些角色包括海洋生态损害补偿治理的驱动者、管理者;海洋生态损害补偿的受益者、受损者等。从总体上看,法律政策价值构建性层面的行动者应该是海洋生态损害补偿治理驱动者。无论是国家行为体、国际政府间组织、国际非政府组织、跨国公司,还是专家学者、社会公众,都在积极推进海洋生态损害补偿治理的价值理念。而在法律政策的执行层面,国家行为体、国际政府间组织、国际非政府组织、跨国公司等行动者就可能成为海洋生态损害补偿治理的管理者。当海洋生态损害发生时,拥有所有权的国家行为体就成为海洋生态损害补偿的受损者。企业等组织往往作为海洋生态系统的直接使用者,利用海洋产生经济收益,消耗海洋资源,部分用海行为甚至对海洋生态资源产生损害,其通常成为海洋生态治理中的损害者。社会组织和公众作为海洋生态损害补偿治理的重要角色,也是海洋生态系统的直接利益涉及者或间接利益涉及者,海洋生态损害可能使其失去生产生活条件、文化享受机会等。因此,社会组织和公众在海洋生态损害补偿治理中也一定程度上扮演着积极的参与者角色。

综上所述,分析海洋生态损害补偿治理中的行动者,可以从以下五个要素入手,即行动者类型与数量、行动者的目标和策略、行动者拥有的资源、行动者在治理网络内的影响力和行动者的角色。当然,分析海洋生态损害补偿治理只关注行动者是不够的,要深入考察治理结构和过程,以更好地解释治理绩效,更重要的是分析这些行动者之间形成的关系,即具有这些特征的行动者之间形成了什么的联结关系。

第二节　海洋生态损害补偿治理行动者
之间的关系要素分析

海洋生态损害补偿治理对行动者之间关系的研究来自社会网络分析的理论传统。21 世纪以来,社会学领域社会网络分析的巨大发展对公共治理领域的治理网络研究产生了很大影响。社会资本理论、社会结构理论、社会嵌入理论、行动者之间的强联结和弱联结等理论者将研究视角由行动者更多地转向行动者之间的关系,以及由行动者之间的关系所形成的社会结构。[1] 由此可以说,行动者之间的关系要素改变了过去单纯地研究"行动者的行为"来解释集体行动、制度变迁和社会现象,它将个人放在社会情境中分析行动者的行为。这里的行动者之间的关系要素的研究目的不仅仅在于行动者之间的广泛联系,而是要去探索隐藏在行动者之间的关系后面的结构性特征,具体而言,通过分析"行动者之间的关系"形成的集聚(Cluster)、结构洞(Structure Hole)、核心与边缘(Cores and Peripheries)、枢纽与权威(Hubs and Authorities)等"互动秩序"来分析影响互动关系的社会规则和资源。[2]

---

[1]　Kapucu,N.,"Interagency Communication Networks during Emergencies Boundary Spanners in Multiagency Coordination",*The American Review of Public Administration*,Vol.36,2006. Lee,Y.,Lee,I. W.,Feiock,R.C.,"Interorganizational Collaboration Networks in Economic Development Policy:An Exponential Random Graph Model Analysis",*Policy Studies Journal*,No.40,2012.

[2]　龚虹波:《走向"结构"与"行动"的融合——论中国政府改革研究的政策网络进路》,《社会科学战线》2015 年第 1 期。

在海洋生态损害补偿治理中,直接影响过程、结构和结果的是有着不同角色和各自目标和策略、拥有不同资源和影响力的行动者采取了什么样的互动行为、形成了什么样的关系联结。因此,本书选取四个要素来分析海洋生态损害补偿治理中行动者之间的关系:关系内容、行为规则、信任基础和权力关系。关系内容指的是在海洋生态损害补偿治理网络内行动者之间交往所呈现的实质性理由,如利益关系、需求关系、命令控制关系等。这些关系内容可能根据不同的研究需要进行分类、选择并加以考察。行为规则指行动者在海洋生态损害补偿治理网络内形成的一系列指导行动者行为的正式或非正式制度。它反映行动者之间是相互对立的或相互合作的;制度是可以突破的或必须遵守的;是由规则主导的或由人情主导的;是集体主义导向的或个人主义导向的。信任基础反映海洋生态损害补偿治理网络内行动者之间互动、合作的信任是基于制度、契约、个人声誉、私交"关系",或是共同利益。权力关系则是指在政策网络内行动者之间的权力分配特征,反映行动者之间地位是平等—协商的,还是命令—控制的。

一、海洋生态损害补偿治理行动者之间的关系内容

由于海洋生态损害补偿治理涉及损害主体、客体、损害物等方方面面。因此,在实际海洋生态损害补偿治理中,与海洋生态损害补偿及海洋生态损害补偿治理相关的各行动者及行动者之间就不是单独的主体,它们在生态损害补偿事件中将相互联系或相互影响,共同构成海洋生态损害补偿治理网络。在治理网络内,行动者之间的关系内容主要是海洋生态损害补偿所引发的利益关系,但由于海洋生态资源损害的跨国别、跨区域,又会增加国际关系和府际关系等内容,在复杂的海洋生态损害补偿案例中还会有文化差异、制度差异等引发的各种关系。

比如 2010 年 4 月 20 日,墨西哥湾发生的著名的"深水地平线"石油钻井机爆炸,就显现了海洋生态损害补偿治理行动者之间的关系内容不仅有海洋

生态损害补偿关系,还有国际政治、经济关系。墨西哥湾发生的"深水地平线"石油钻井机爆炸由于没有可行的技术及时封堵井喷,导致每天53000桶(约8400立方米)的原油不断地从泄漏的井口溢出。[①] 至2010年7月15日泄漏的井口被封盖为止,历经87天,共造成490万桶(约78万立方米)原油泄漏。[②] 石油漂移面积约为2500至68000平方英里(约6500至18万平方千米)。[③] 该事故被认定为世界石油工业历史上最大的海上溢油事故。[④] 墨西哥湾石油泄漏事件对整个墨西哥湾海洋生物多样性,沿墨西哥湾各州的经济、全球能源市场和相关政策,尤其是对美英两国关系产生了重大影响。在该海洋生态损害补偿治理事件中,行动者主体主要包括美国政府、英国政府("深水地平线"石油钻井机所属国家)、英国石油公司(British Petroleum,BP)及其美国分公司(BP America)、承包商哈里伯顿公司(Halliburton CO.)、越洋公司(Transocean CO.)、墨西哥湾沿岸各州政府、渔业企业、旅游业企业、沿岸公众等。这些行动者在整个海洋生态损害补偿治理中构成了复杂的生态损害治理网络。

墨西哥湾石油开采项目由英国石油公司的美国子公司承担,美国子公司则围绕油气开发,吸引钻井承包商、油田服务商和设备提供商等企业参与开发,从而形成相应的利益关系。由于钻井平台价格昂贵,而专门从事石油开采的石油公司,为降低成本、减少对平台的管理费用等,其更愿意租用钻井平台承包商的平台,并由钻井平台的承包商承担一部分钻探工作。承包商则通过租赁钻井平台,并参与钻探获取利润。在墨西哥湾石油泄漏事件发生后,需要

---

① Roberson,C.,Krauss,"C.Gulf Spill is the Largest of Its Kind Scientists Say",*The New York Times*,http://www.nytimescom,12-14,2010-08-02.

② Roberson,C.,Krauss,"C.Gulf Spill is the Largest of Its Kind Scientists Say",*The New York Times*,http://www.nytimescom,12-14,2010-08-02.

③ Burdeau,Holbrook,M.,*Expert:Bp Gulf Oil Spill 68000 Square Miles of Htm*,Skytnuth,Associated Press,2010.

④ 刘家沂:《海洋生态损害的国家索赔法律机制与国际溢油案例研究》,海洋出版社2010年版。

根据法律程序,厘清海上油气开发所涉主体之间的法律关系,明确界定责任主体,以充分保障受害人的权益。

但是墨西哥湾石油泄漏事件同时也给英美两国带来了巨大的政治压力。① 为平息灾难带来的跨大西洋两大国的紧张关系,时任美国总统奥巴马称,对墨西哥湾溢油环境灾难的愤怒并非是针对英国的攻击,而且也没有意图损害英国石油公司的价值利益。英国首相卡梅伦称,英国石油公司将承担必要的赔偿责任。而事实上,美国民众特别是墨西哥湾沿岸居民对英国石油公司的反感很难消除。这种不良情绪的发泄便是抵制使用英国石油公司连锁加油站的汽油。事实上,在该事件中,墨西哥湾沿岸渔业、旅游服务业等行动者因海水污染而遭受损失,美国墨西哥湾沿岸居民的身体健康也因此而受到影响。在墨西哥湾石油泄漏的生态损害补偿及法律责任承担与诉讼过程中,需要分析海洋生态损害补偿治理行动者关系,厘清各主体之间的利益关系、政府与企业之间的权力关系、企业与用户之间的需求关系、母公司与子公司之间的命令控制关系,等等。

二、海洋生态损害补偿治理行动者的行为规则

海洋生态损害补偿是对海洋使用过程中相关利益方经济利益的协调。在海洋生态损害补偿治理网络中有着众多的行动者。但这些行动者从环境法学角度,根据环境与资源保护法律关系主体的分类,可分为海洋生态损害的补偿主体和受偿主体。② 在海洋生态损害补偿治理中,补偿主体往往是在整个海洋生态损害补偿过程中起主导、监督及管理作用的各级政府组织和从事影响海洋生态环境开发建设的单位和个人等行动者。而海洋生态损害补偿的受偿

---

① 刘家沂:《海洋生态损害的国家索赔法律机制与国际溢油案例研究》,海洋出版社 2010 年版。

② 吕良爽:《广西海洋生态补偿的主体和客体研究》,中国海洋大学硕士学位论文,2015 年。

主体则为对遭受破坏的海洋生态环境进行生态修复作出贡献的相关单位和个人,以及由于海洋开发活动及其产生的污染事故而受到损害的单位和个人。海洋生态损害补偿的补偿主体和受偿主体若在行为规则的认同上有差异时,就会出现海洋生态损害补偿的治理困境。如在慈溪市的围填海治理事件中,行动者涉及地方政府、土地需求方、渔民、养殖户、相关工业企业、滨海旅游业及游客等。地方政府或土地需求方为海洋生态损害补偿治理中的补偿主体,渔民、养殖户、相关工业企业、滨海旅游业及游客等在海洋生态损害补偿治理中为受偿主体。围填海区的海洋资源环境本身则为海洋生态补偿客体,一般由地方政府代表。在围填海事件治理过程中,不同行动者由于有着不同的组织文化、社会背景和利益关联,在海洋生态损害补偿治理网络中有着不同的行为规则。地方政府从区域经济发展和领导人政绩追求的角度形成倾向于对企业、公民以行政命令和契约规则相结合的行为规则;企业虽然更倾向于契约规则,但对地方政府也往往采取功利的行为依附和合谋的行为规则;而渔民、养殖户则有自己"靠山吃山、靠海吃海"的生存逻辑。因此,只有这些不同的行为规则在对话中能相互理解,并找到利益博弈的均衡点,才能实现海洋生态损害补偿的有效治理。如作为受偿主体的渔民、养殖户、相关工业企业、滨海旅游业及游客等在海洋生态损害补偿治理中就形成了合作关系,并可能在与地方政府或土地需求方形成对立的前提下,补偿主体与受偿主体的相关行动者以海洋生态损害补偿标准来进行商议、谈判和合作,在不同的行动规则下解决海洋生态损害补偿治理问题。

三、海洋生态损害补偿治理行动者之间的信任基础

在海洋生态损害补偿治理中,政策网络内行动者的联结需要有信任基础。[①] 这种信任基础在不同的政治、社会文化背景和具体的补偿治理案例中

---

① Berardo,R.,Scholz,J.,"Self Organizing Policy Networks:Risk,Partner Selection,and Cooperation in Estuaries",*American Journal of Political Science*,No.54,2010.

是有多种形式的。它既包括具有约束力的国际国家法律、地方政策规范等制度，又包括政府、企业、个人的声誉和影响力，行动者之间的人情面子和私交"关系"，以及不同行动者之间的共同利益等。

在具体的海洋生态损害补偿治理案例中，不同形式的信任基础是共同起作用的。比如东海海域象山县水湖涂二号区块围涂养殖工程（位于鹤浦镇南田岛水湖涂，面临东海猫头洋，南田湾）①生态损害补偿治理案例。该区块围涂用于名优水产养殖，这将使得区域内滩涂资源丧失，特别是紫菜育苗室的育苗条件——取水条件丧失。鉴于此，象山县鹤浦镇人民政府需着手协调围涂的海洋生态损害补偿治理事宜。造成的生态损害补偿治理涉及行动者包括象山县海洋与渔业局、象山县鹤浦镇人民政府、紫菜养殖户、当地渔民等。在该海洋生态损害补偿治理案例中，众多行动者形成补偿共识，形成治理互动行为的最基础的信任基础即是相关法律、法规。紫菜养殖户、当地渔民与象山县海洋与渔业局、象山县鹤浦镇人民政府等行动者有明确的共识：围涂所引发生态损害补偿是各级法律明文规定并要求严格执行的。② 此外，象山县海洋与渔业局委托宁波海洋开发研究院完成的《象山县水湖涂二号区块拟出让海域使用论证报告书》（2016 年 6 月）就拟出让海域用海资源环境影响分析、海洋开发利用协调分析，拟出让海域用海与海洋功能区划及相关规划符合性分析，拟出让海域用海合理性分析、海域使用对策措施等详细的分析，并对海域出让的生态损害补偿作出结论。这一基于专业知识基础的研究报告，通过政府相关部门的宣传和解读使得作为受偿主体的紫菜养殖户、当地渔民对于面临的海

---

① 宁波海洋开发研究院：《象山县水糊涂二号区块拟出让使用论证报告书》，2016 年第 6 期。

② 围涂生态补偿的相关法规，包括《中华人民共和国海域使用管理法》（2002 年 1 月 1 日起施行）、《海域使用权管理规定》（2007 年 1 月 1 日起施行）、《浙江省海域使用管理条例》（2013 年 3 月 1 日）、《关于印发海域使用论证有关技术导则的通知》（国海发〔2010〕22 号）、《浙江省海域使用申请审批管理办法》（2006 年 9 月 1 日起施行）、《浙江省海域使用论证管理办法》（2006 年 9 月 1 日起施行）、《浙江省招标拍卖挂牌出让海域使用权管理暂行办法》（2013 年 3 月 1 日）。

洋生态损害问题有一定的认识。同时,在这一围涂海洋生态损害补偿治理案例中,地方政府的公信力、海域受让方(企业)的信誉也为紫菜养殖户、当地渔民等行动者提供了信任基础。另外,基层政府工作人员与紫菜养殖户、当地渔民之间乡里乡亲的熟人关系也为补偿治理的对话互动提供信任基础。而对于海域受让方(企业)来说,相关法律法规、项目论证报告以及象山县海洋与渔业局、象山县鹤浦镇人民政府的公信力为其提供了开发利用该海域的信任基础。这种信任关系使得围涂工作及围涂后的海洋生态损害补偿治理工作能得以顺利进行。

四、海洋生态损害补偿治理行动者之间的权力关系

在海洋生态损害补偿治理过程中,各行动者之间具有复杂的权力关系。虽然海洋生态损害补偿治理往往被看成是多个行动者之间的利益协调过程,治理网络也被看成是一种不同于传统政府管理的新型治理工具,但这并不意味着海洋生态损害补偿治理网络内的权力关系是平等协作的。由于海洋生态损害补偿治理网络整合了不同层级的政府、企业、社会组织及公民等,因此海洋生态损害补偿治理网络内的权力关系既有不同层级政府间的命令—控制关系、业务指导关系,也有同级政府部门的平等协作关系,也有政府和企业、社会的指导、合作关系。补偿主体、受偿主体等各类行动者在具体的海洋生态损害治理事件中所具有的身份、地位不同,其权力关系也各不相同。以围填海生态损害补偿治理事件为例,作为行动者的国家或地方政府具有保护和管理海洋生态环境的职责。它可以在分析拟围填海域对其他海域开发活动是否有影响,对国家安全和军事活动、对国家海洋权益是否有影响的基础上,委托相关单位进行围填海可行性论证,分析拟围填海域是否与海洋功能区域相符,是否与相关规划相符,如何处理利益相关者的关系,如何进行风险防范。同时,国家或地方政府可根据围填海造成的海洋生态损害补偿标准对开发利用者造成海洋生态损害的主体提出强制性补偿要求。国家或地方政府在海洋生态损害

补偿治理网络中根据事项的不同性质与其他行动者形成命令—控制、委托合作、平等协商等权力关系。渔民、养殖户没有行政权力，但作为受损主体有权向相关工业企业提出要求，有权要求国家或地方政府与开发利用者执行对围填海造成的海洋生态损害进行补偿。围填海后的土地使用方，即开发利用者有权要求组织对补偿标准的论证，而后通过多方博弈，形成一个大家都能够接受的补偿标准。而在一个围填海区，如果土地需求方用于污染严重的化工项目上马，则有可能因为周边民众担心环境污染而遭到抵制。或者当渔民、养殖户对补偿标准无法接受时，也可能对围填海项目或后期开发进行抵制。这时渔民、养殖户与其他行动者关系就不再是平等协商的关系了。此外，公众与媒体也可能参与其中，也影响着各方的权力博弈与相互关系。

第三节 海洋生态损害补偿治理行动舞台的要素分析

行动舞台指的是个体间相互作用、交换商品、资源和服务、解决问题、(在个体与行动舞台上所做的很多事情中)相互支配或斗争的社会空间。[1] 海洋生态损害补偿治理的行动舞台是指为实施海洋生态补偿，各行动者在形成合作或对立的个体关系、交流信息、权力博弈、达成协议而相互支配或斗争的社会空间。在海洋生态损害补偿治理中行动舞台是行动者之间建立关系的活动平台，它为各种海洋生态损害补偿活动的开展提供可能。影响行动舞台结构包括以下三个变量：行动舞台的类型和数量、行动者是否有根据需要进行拓展的能力、现有行动舞台的适宜性等。另外，行动者用以规范交往关系的规则、任一特定行动舞台所处的更普遍的共同体结构、外部的政治经济社会文化环境等也会影响行动舞台结构。

---

① [美]埃里诺·奥斯特罗姆：《制度性的理性选择：对制度分析和发展框架的评估》，载《政策过程理论》，生活·读书·新知三联书店 2004 年版，第 57 页。

一、海洋生态损害补偿治理中行动舞台的类型和数量

海洋生态损害补偿治理中行动舞台可以根据研究需要作出不同分类。一般来讲,在研究中比较常用的分类是根据与行动舞台相关联的行动者身份不同,分成正式的行动舞台和社会自组织的行动舞台,以及介于两者之间的行动舞台。这些行动舞台的形式是多样化的,可以是政府的组织机构、政府部门召开的会议、项目论证会、志愿者生态损害宣传会、社会组织发布生态损害补偿信息和知识的微信公众号、受偿主体交流信息的微信 QQ 群,乃至受偿主体的抗议集会。从某种程度上看,在具体的海洋生态损害补偿治理案例中,行动舞台中类型和数量的多寡、行动者拓展行动舞台的能力以及所拥有行动舞台的适宜性,能反映海洋生态损害补偿治理绩效和能力。

行动舞台作为在海洋生态损害补偿中,行动者之间相互作用、交换商品、资源和服务、解决问题并相互支配或斗争的社会空间,它的组织形态也是多种多样的。以围填海海洋生态损害补偿治理为例,其行动舞台既包括围填海实施过程中与围填海治理监管过程中的政府组织内的行动舞台、社会自组织的行动舞台,以及介于两者之间难以定性的连通政府与社会的行动舞台,如在围填海实施过程中的行动舞台包括用海项目立项论证、用海申请与受理、海域使用论证与环境影响评价等,围填海治理监管过程包括各方博弈及用海补偿标准确定、海域使用项目审批与施工、海域使用监管等政府组织内的行动舞台。而在围填海海洋生态损害补偿治理中,行动者为了自身利益也会形成一些社会自发的行动舞台,如当地渔民对围填海有抵制情绪,自发组织请愿活动等行动舞台。对于围填海的损害补偿标准问题,当地渔民也可能自发组织起来协商(如微信 QQ 群),商讨大家均能接受的标准,以便在与土地需求方博弈过程中形成优势。而在项目实施后,即围填海治理监管过程,如果土地需求方的开发行为超过了原先的约定,当地渔民也可能首先通过自组织的行动舞台进行协商,然后再在海域使用监管等政府组织的行动舞台上采取相应的行动。

二、海洋生态损害补偿治理中行动舞台的适宜性

行动舞台的适宜性是指该行动舞台是否适合该海洋生态损害补偿治理问题的解决，能否在解决海洋生态损害补偿治理问题中有效地发挥作用。行动舞台的适宜性直接关系到海洋生态损害补偿治理能否有效实施。以围填海治理为例，政府组织的工作会议、论证会议、现场办公会、行政审批流程和平台、招投标流程和平台等是否适宜且足够可以从以下几个方面来衡量：一是严管严控围填海政策法规规划落实是否到位；二是围填海海域使用审批、监管是否规范；三是海洋生态环境保护与修复是否存在薄弱环节。有些地方政府为规避国务院审批，在海域使用项目审批与施工、海域使用监管等正式的行动舞台上审批不规范、监管不到位，出现化整为零、分散审批现象。如宁波北仑区在查处白峰峙南区块围涂工程指挥部违法用海案件时，错误地将建设填海造地认定为农业填海造地，少计算罚款约 7.41 亿元。① 同样是用海项目，浙江舟山市和温州市的涉海企业根据用海项目的海洋环境影响报告，牵涉涉海工程海洋生态补偿合同，通过工程方式对海洋生态环境损害进行补偿。由此对比可见，在海洋生态损害补偿治理中依赖于政府组织内的行动舞台，并不见得如人们所期望的那样有效。引入技术专家、第三方组织，采用政府组织外或者政府组织内外相结合的行动舞台，有利于海洋生态补偿损害行为的责任主体明确，海洋生态损失能够准确计算，而且有监督管理机构促使责任主体按要求完成海洋生态损害补偿工作，更能体现科学、公平、公正原则，实现海洋生态环境损害补偿的有效治理。

由此可见，如果行动者在一个海洋生态损害补偿治理的行动舞台内，可以规避法律并且进行信息、利益垄断时，行动舞台的适宜性就应该受到质疑。为有效解决海洋生态损害补偿的治理问题，收集更好的信息及专用知识，积极构

---

① 郭媛媛：《国家海洋督察组向浙江反馈围填海专项督察情况》，2018 年 7 月 6 日，见 http://wemedia.ifeng.com/68042066/wemedia.shtml。

建多种类型的行动舞台能促进行动舞台的适宜性。

三、海洋生态损害补偿治理中行动者拓展行动舞台的能力

行动者拓展行动舞台的能力是指海洋生态损害补偿治理过程中,行动者为维护自身利益、需要与其他行动者共享资源、交流观点和信息,而去组建、改进行动舞台的能力。在海洋生态损害补偿治理中,行动者仅有交往互动的意愿是不够的,必须找到合适的行动舞台。行动者拓展行动舞台的能力直接关系到其在海洋生态损害补偿治理博弈中的利益表达和行动能力。在海洋生态损害补偿治理中,涉及行动者众多,如中央政府、地区政府、企业及公众。不同的行动者在实际的海洋生态损害补偿治理中诉求不同,会尽可能地从自身利益角度出发来拓展行动舞台。当然,作为正式组织的各级政府机构的拓展能力远远大于作为个体行动者的企业或个人。但在信息网络时代,自媒体的快速发展也有助于个体行动者提升拓展行动舞台的能力。

比如在沿海企业排污污染水体致使当地渔民受损的海洋生态损害补偿案例中,作为受损方的当地渔民等行动者希望得到尽可能高的补偿,而作为补偿方的企业也会期待为自己的损害行为支付较低的成本。尽管国家或地区法律法规在一定程度上具有强制性、监督性,并且可以就损害事件采取适宜的评估方法,得到较为科学的补偿标准,但在海洋生态损害补偿的具体运作过程中,涉及的是各类行动者积极拓展行动舞台在治理网络中博弈。在这种情况下,关于补偿标准的确定与执行可能会出现一定程度上的争执。作为补偿方的企业设法拓展与政府部门沟通的行动舞台,在法律法规的弹性空间内争取有利地位;作为受偿方的各行动者也会积极拓展与政府、媒体等沟通渠道,希望政府和媒体主持公道、严惩过错方。在这个过程中行动者展示拓展行动舞台的能力,对其治理网络中的利益博弈,寻求自己的利益最大化是至关重要的。当然,政府组织既有的正式制度可为利益主体提供可进行协商的行动舞台,而适宜的评估方法可为协商提供参考标准,但在此基础上通过各行动者积极

拓展对自己有益的行动舞台,通过博弈最终得到能为补偿、受偿各方所接受的标准。尽管最终标准是利益主体间意愿协商后的结果,为大家所接受,但此过程中行动者拓展行动舞台的能力对于其在利益博弈中占据主动地位非常重要。

第十九章　海洋生态损害补偿治理的
　　　　　运作机制分析

　　海洋生态损害补偿的实现依赖于有效的治理。我国海洋生态损害补偿治理中急需解决如下问题：如何正确发挥政府在海洋生态损害补偿中的作用，提升其治理能力以防止政府失灵；如何提升企业、社会组织、科研机构、公众等在海洋生态损害补偿治理中的参与能力以防止市场失灵和社会失灵；如何制定良好的法律政策并加以实施以防止制度失灵。这些问题的解决有赖于建立有效的海洋生态损害补偿治理的运作机制。如前所述，海洋生态损害补偿治理涉及三个要素，行动者、行动者之间的关系以及行动舞台，而且海洋生态损害补偿治理就其问题属性而言也涉及不同层面。因此，本章拟解决两个问题：一是众多的行动者如何在不同层面的海洋生态损害补偿治理问题中选择行动舞台、寻找合作伙伴并交换信息、建立信任、产生影响力，从而形成有效治理？二是不同层面和不同层级的海洋生态损害补偿治理如何联结以形成有序稳定的治理结构？这些问题的解决都需要在海洋生态损害补偿治理的具体问题中将微观层面的个体行为与中观层面的治理结构融合起来。

第一节　不同层面海洋生态损害补偿治理运作
　　　　过程的三要素之间的关系分析

　　海洋生态损害补偿治理问题可以分成三个层面，即法律政策价值构建性

413

的、制定性的、实施性的海洋生态损害补偿治理问题。在现实运作过程中,这三个层面并不是截然分开的,而是彼此嵌套、相互影响的。分析每一个层面的海洋生态损害补偿治理,都可以考察行动者、行动者之间的关系和行动舞台三个重要的变量。本节基于三个层面海洋生态损害补偿治理运作过程分析,探讨行动者、行动者之间关系、行动舞台特征的相互影响作用过程,揭示海洋生态损害补偿治理的运作特征,为治理运作机制分析提供微观基础。

一、行动者对行动舞台的影响分析

海洋生态损害补偿治理过程中,作为行动者的各方包括国家、地方政府、海洋资源需求方或损害方、当地居民等主要利益相关者,除此之外,还包括其他有相关利益的产业、社会团体及个人(如游客)等次要利益相关者。其中,国家、地方政府、海洋资源需求方或损害方、当地居民作为主要利益相关方的利益诉求与矛盾能否解决,直接关系到经济、环境与生态三大效益能否统一,直接关系到海洋生态损害补偿的有效治理能否实现。在海洋生态损害补偿治理实践中,作为补偿主体、受偿主体的各类行动者将根据自己所扮演的角色,利用自己的资源与影响力,采用一定的策略,尽力拓展各种适宜行动舞台来实现自己的目标。下面以海岛开发生态损害补偿治理为例分析行动者要素是如何影响行动舞台要素的。

(一)海岛开发生态损害补偿治理行动者要素

在海岛开发生态损害补偿治理中,涉及的主要行动者,即海岛开发的相关利益方,主要包括地方政府、海岛开发商及海岛居民三大类。其他相关的行动者还包括海岛开发规划设计方、生态环境影响评价方等第三方组织、海岛生态环境保护社会组织等。这几类行动者在海岛开发生态损害补偿治理网络中有着不同的角色、不同的行动目标和策略、不同的影响力。地方政府承担着海岛经济建设与环境保护者的双重责任,在海岛生态损害补偿治理实践中,它的目标既要实现经济利益,促进海岛的发展;又要对海岛开发行为进行监管,防止海岛生态破坏与环境恶化。因此,它往往和海岛开发商一起成为海岛开发的发起者,同时它又是海岛开发生态损害补偿的发起者,在海岛开发生态损害补偿治理网络中扮演着网络管理者和核心行动者的角色。同时,地方政府在整个海岛开发生态损害补偿治理中由于其拥有的国土资源、行政资源、宣传资源和财政资源以及核心的治理网络位置而拥有很大的影响力。海岛开发商通过支付海岛使用金方式获取海岛使用开发权。海岛开发商作为行动者,其首要目标是实现商业利益的最大化,当然客观上也促进了地方经济建设,并对海岛居民带来一定的经济利益。一般来说,海岛开发商是海岛开发生态损害的补偿方,拥有财力资源。它会在海岛开发生态损害补偿治理网络内揣摩地方政府的政策目标、行动取向,审时度势地选取有利于自身的损害补偿行为。海岛开发对海岛居民而言,不可避免地对其生存环境带来一定的负面影响,获取最大的海岛开发生态损害补偿就成为海岛居民的首要目标。但个体行动者的行动资源和影响力在面对强大的地方政府和海岛开发商时显得非常渺小,因此,除非补偿非常顺利并达到了预期目标,海岛居民会设法凝聚在一起,充分运用自己在海岛开发生态损害补偿中的正义资源(即损害获得补偿是应当且必需的)和民情舆论。因此,在海岛开发生态损害补偿网络中,各类行动者为达到各自的目的,将充分利用自己的资源与影响力,积极发挥在各种行动舞台上的作用。

(二)海岛开发生态损害补偿治理的行动舞台

与海岛开发生态损害补偿治理相关的正式的行动舞台包括三大类:海岛开发行动舞台、海岛开发后保护监管行动舞台和生态损害补偿行动舞台。虽然可以做这种类别区分,但在具体的海岛开发生态损害补偿治理实践中,这三类行动舞台是相互联系、相互影响的。地方政府通过制定相关法规,加强基础设施建设,实施税收优惠等政策,通过各种宣传途径,以营造良好的投资环境,发挥自己的海岛开发拓展各类行动舞台上的优势,吸引开发商进行海岛开发,获取海岛地区的社会经济发展。在海岛开发后的监管舞台上,地方政府将发挥自己作为国家资源的保护者和监管者的权利,比如设立海洋自然保护区和海岛生态保护功能区来实现海岛生态系统的保护;监督与惩治各种破坏海岛生态环境的行为,防止开发商为片面追求经济效益,逃避海洋环境规制,降低海岛环境保护成本,而损害公众利益。比如推广海岛环境修复治理保证金制度。海岛开发商凭借自己的经济实力与开发能力,通过承诺对海岛进行投资开发、促进海岛居民就业及交纳一定数量的海岛开发生态补偿费等来争取在海岛开发行动舞台上的胜出,获取海岛开发经营权。在海岛开发后的监管舞台上,海岛开发商通过承担一定的海岛生态保护责任,增加海岛生态环境治理投资,实施绿色发展战略来树立良好的企业形象,并推动海岛经济的持续发展。海岛居民在海岛开发行动舞台上,可根据自己对海岛开发可能产生影响的判断,在海岛开发行动舞台的开发听证、论证及补偿标准制定等环节上发声,寻求信息沟通渠道,表达自己的利益诉求。在海岛开发监管舞台上,如果出现开发商的经济补偿没有到位、环境保护承诺没有实现,海岛居民可由海岛社区居委会或居民代表与地方政府和海岛开发商协调,要求解决相关问题。

此外,在海岛开发生态损害补偿治理中,还存在一些非正式的行动舞台。比如由于地方政府执政信息不公开,利益表达渠道不通畅,或海岛开发商承诺的经济补偿没有完全兑现,或生态环境保护投入不足而损害到海岛居民的相关利益时,海岛居民可能采取静坐示威、干扰生产甚至械斗等形式来维护自身的合法权益。对于这些非正式的行动舞台的出现,地方政府与海岛开发商需要及时进行排解、安抚,采取有效措施进行解决。

(三)海岛开发生态损害补偿治理行动者对行动舞台的影响

在海岛开发生态损害补偿治理过程中,行动舞台的数量、可拓展性及适宜性对各类行动者实现自己的目标至关重要。由于海岛对外界自然和人类开发活动的干扰较为敏感,如果相关制度和措施缺位,既会影响海岛开发商的经济利益,挫伤开发积极性,又会影响整个海岛生态保护的效果和可持续性,丧失海岛原有的宝贵价值。由于我国海岛归属于国家所有,以法定形式授权地方政府各部门管理和保护。因此,地方政府对于海岛开发生态损害补偿治理中拓展行动舞台和增进行动舞台适宜性的能力也最具有利地位。

地方政府可以利用自己拥有的自然资源、影响力及主导角色对行动舞台的数量、可拓展性和适宜性产生影响。海岛经济活动的主体随着社会的发展和所处环境的不同而发生改变,经济社会的发展及宏观调控政策的转换都会影响到参与经济活动的主角。因此,作为海岛管理者的地方政府在进行海岛开发过程中可根据海岛开发的实际需要,拓展行动舞台,并选择合适的行动舞台。地方政府可以选择的行动舞台有政府主导型、企业主导型与民间投资主导型等。如海岛设施建设和规模较大的开发项目,具有资金投入大、回收期长、资金收益率难以确定、风险较大等特征,难以通过市场方式进入,就可能需要政府出资主导进行协调治理。此外,如一些自然资源贫乏,短期看不到收益,以逐利性为目的的企业、个人不愿投资的海岛,也可能需要政府主导出资,通过政府外包的方式进行开发。而对于资源丰富的海岛,地方政府则可以打破政府主导开发模式的垄断地位,选择企业主导型的行动舞台,构建海岛开发的"招拍挂"平台,地方政府将海岛资源开发权通过招标方式有偿转让给实力强、资质好、美誉度高的企业法人主体,地方政府重点做好服务职能。对于一些中小型海岛,地方政府在构建行动舞台时,可采取宽松的政策和商业化的收益分配原则,吸引民间闲散投资,促进海岛经济发展,并促进就业。海岛资源种类丰富,有渔业水产资源、地质地貌资源、森林景观资源、港口工业资源等多种类型。地方政府可基于海岛资源及其组合特征,在政府主导型、企业主导型与民间投资主导型等行动舞台的基础上,进一步明确这些行动舞台的定位,形成渔业开发、港口工业和旅游开发等模式。

海岛开发商通过支付海岛使用金方式获取海岛使用开发权,其首要目的是获取更大的利益回报。当然,海岛开发活动满足了国家与地方经济发展需求,也有利于提高海岛居民的生活水平。由于海岛开发市场竞争相对较小,海岛开发商利用自身优势和社会影响力获取海岛开发权的同时,会尽量构建各种行动舞台来获取更多资源,同时规避海洋生态损害补偿的各种支出。在这个过程中,海岛开发商除了其在市场中惯用的合同契约外,为了企业利益的最大化,往往通过舆论宣传、政策法规和社会民意等因素来构建各种正式和非正式的行动舞台。海岛开发商可能为获取高额利润,消极被动地进行环境治理工作。当然,随着人们环保意识的增强,或迫于政府施加的压力及为了提高企业市场竞争力和树立良好的企业经营者形象,海岛开发商也可能构建各种行动舞台,积极协调社会各方矛盾,推行绿色发展理念,承担海岛环境保护的应有责任。

海岛居民是海岛开发生态损害补偿治理的直接影响者。一方面,海岛开发可能会给海岛居民带来经济效益,带来就业机会。而另一方面,海岛开发也可能改变海岛生态环境,并直接影响海岛居民的生活。因此,在海岛开发生态损害补偿治理中,海岛居民既要享受海岛开发带来的红利,又要尽量减少海岛开发对自己生活环境、生活质量与生活方式带来的负面影响。因此,海岛居民需要通过一定的行动舞台,形成集体行动的合力,提升海岛生态保护意识,维护其在海岛生态损害补偿中的利益。如通过海岛社区居委会普及生态补偿、保护知识,通过设立宣传栏举办生态保护培训班等形式,增强生态保护宣传和教育内容,注重海岛生态道德教育。另外,如通过"海岛生态保护志愿者日"来整合海岛居民保护海岛生态系统、发现海岛开发生态损害等。相反,在很多情况下,海岛居民由于缺乏建构行动舞台的能力,无法把分散的居民联合起来,无法克服个体居民在海岛开发生态损害补偿中"搭便车"的心理,或过分依赖地方政府,往往会使自己成为海岛开发生态损害的最大受害者。在海岛开发生态损害补偿治理中,由于海岛居民缺乏构建行动舞台的能力,而沦落至既失去土地,又没有获得补偿,还要忍受环境恶化带来严重影响的境遇的案例实在不在少数。

二、行动舞台要素对行动者关系的影响分析

在海洋生态损害补偿治理中,各行动者所具有的影响力、在治理中所扮演的角色,以及目标和策略的实现,均需要一定的行动舞台来实现。同时,在海洋生态损害补偿治理实践中,行动者之间的关系内容、行为规则、信任基础和权力关系也均需要在一定的行动舞台得以体现。而海洋生态损害补偿治理中行动舞台的类型和数量、行动舞台的适宜性和行动者拓展行动舞台的能力直接关系到海洋生态损害补偿治理能否很好地执行。下面以陆源污染生态损害补偿治理为例探讨行动舞台对行动者关系的影响。

(一)陆源污染生态损害补偿治理的行动舞台

陆源污染涉及的行动者主要有内陆政府、沿海政府、内陆排污企业、沿海排污企业、沿海居民等。不同行动者为了自身的利益构建相应的行动舞台来推进陆源污染生态损害补偿治理。总体上来说,陆源污染生态损害补偿治理中涉及的行动舞台可以根据不同行动者在陆源污染生态损害补偿治理的不同阶段进行划分,包括陆源污染产生前、陆源污染产生时及陆源污染产生后的行动舞台。

总体而言,陆源污染生态损害补偿治理主体呈现出以政府为主导,以企业、公众共同参与的格局。在陆源污染产生前,内陆政府与内陆排污企业、沿海政府与沿海排污企业就企业排污是否达标、政府如何监管构建行动舞台。在陆源污染产生时,内陆政府、内陆排污企业、沿海政府、沿海排污企业之间构建行动舞台,就陆源污染生态损害补偿如何治理进行谈判。在陆源污染产生后,内陆政府、内陆排污企业、沿海政府、沿海排污企业、沿海居民等主体之间构建行动舞台,就陆源污染生态损害程度、陆源污染生态损害补偿标准、生态补偿分配、污染监管等构建行动舞台。主导陆源污染生态损害补偿治理的政

府通过建构海洋环境实时在线监控、"湾长制"、重点海域排污总量控制、海洋
生态红线、排污许可、海洋督察、海污染源排查工作小组、海洋污染源排查工作
交流会等各类陆源污染产生之前、陆源污染产生时及陆源污染产生后的行动
舞台。

(二)陆源污染生态损害补偿治理的行动者关系

在陆源污染生态损害补偿治理中,由于涉及的行动者主体较多,不同主体
在治理过程中均有自己的目标及行动策略。因此,行动者主体在陆源污染生
态损害补偿治理过程中构成了复杂的关系并不断发展。[①] 内陆政府与内陆排
污企业之间,沿海政府与沿海排污企业之间具有互动发展的关系。在陆源污
染生态损害补偿治理中,政府对排污企业的影响是从控制、引导到合作的发展
历程,其对企业的控制权力逐渐削弱;企业相对政府而言,则是从独立、参与到
合作的发展历程,其对政府的影响逐步增强。政府与沿海居民在陆源污染生
态损害补偿治理过程中,政府扮演着陆源污染生态损害补偿治理中的管理者
角色,而沿海居民则是陆源污染的受害者及补偿对象。政府需要在陆源污染
生态损害补偿治理中发挥主导作用,确保沿海居民在生态损害补偿治理中的
合理诉求,维护沿海居民的正常权益。排污企业与沿海居民在陆源污染生态
损害补偿治理过程中,排污企业是陆源污染的引起者,而沿海居民则是企业排
污的直接受害者,企业应该尽力保证环境保护投资充足,减少对沿海居民造成
的负面影响。同时,对已产生的损害,应主动合理地进行补偿。

(三)陆源污染生态损害补偿治理行动舞台对行动者关系的影响

正如前文所述,在陆源污染产生前、产生时和产生后等不同阶段,行动者
之间针对陆源污染治理构建相应的行动舞台。行动舞台的类型与数量、行动

---

① 王艺霏:《中国海洋陆源污染治理中主体的行为互动研究》,上海海洋大学硕士学位论
文,2017年。

舞台的拓展能力及行动舞台的适宜性直接影响着陆源污染补偿治理中行动者的相互关系。

2017年12月,国家海洋主管部门通过陆源污染源"一张图"这个行动舞台,将全国参与陆源入海污染源基本信息摸排行动者联系了起来,实现了资源和信息共享,并且为陆源污染补偿相关法律和政策的制定提供了实地调查数据,也为后续的陆源污染补偿法律法规政策的执行提供了清楚的依据。① 另外,各种形式的"专题会"是政府将各类行动者集中起来,建立工作关系、交流信息和知识的最常用的行动舞台。比如,原国家海洋局东海分局2017年9月在温州组织召开了陆源入海污染源排查工作交流会。这个会议为原国家海洋局生态环境保护司、国家海洋环境监测中心,东海环保处、东海监测中心、分局所属各中心站的分管领导和主要技术人员等20多个涉及陆源入海污染源的主要行动者提供了一个行动舞台。② 同时,也可以发现政府与企业之间就企业排污是否达标、如何监管,以及污染后如何补偿等也会设置相应的行动舞台,如"湾长制""网格化""陆源入海污染源排查小组""陆源入海污染源损害补偿工作组"等,将各类行动者组合起来建立宣传、监管、补偿的交往关系,以实现政府既要追求经济的快速增长,又要注重环境保护的政策目标。而企业为寻求最大化的经济效益,希望付出尽可能少的环境治理费用,由于两者追求目标的差异,彼此之间存在既相互储存,又相互对立的关系,需要就排污标准的确定进行博弈以达成协议。在陆源污染产生时,各类行动者构建的行动舞台对陆源污染损害补偿治理过程中的行动者关系产生不同的影响。针对内陆向沿海排放陆源污染,内陆政府、内陆排污企业与沿海政府、沿海排污企业构建的行动舞台需要就排污权的交易进行沟通与谈判,包括初始排污权分配制

① 赵婧、金昶、孙安然:《陆源污染源"一张图"》,2017年12月27日,见 http://www.oceanol.com/zhuanti/201712/27/c71965.html。

② 赵婧、金昶、孙安然:《陆源污染源"一张图"》,2017年12月27日,见 http://www.oceanol.com/zhuanti/201712/27/c71965.html。

度,排污权交易制度,如何将排污权公平有效地分配给内陆政府、沿海政府与排污企业,如何通过契约对排污权交易的数量、价格、时间等内容进行规定,建立排污权交易的监督制度和排污权交易冲突的协调机制,确保排污权交易的顺利进行。制度、契约是决定内陆政府、沿海政府与排污企业在该行动舞台中关系的主要因素。在陆源污染产生后,内陆政府、内陆排污企业、沿海政府、沿海排污企业、沿海居民等主体之间构建行动舞台主要是为了实现对陆源污染排放生态损害补偿治理。在该行动舞台中,由于各方行动者目标利益的差异,行动者关系就显得非常复杂。内陆政府与内陆排污企业关注排污通量,沿海政府除关注排污通量外,还关注陆源污染排放产生的实际生态损害,沿海居民在该行动舞台中可能更关注陆源排污对自己带来的负面影响以及能得到多少的损害补偿。各类行动者追求自己目标利益的时候,不可避免地出现与其他行动者的利益冲突。这时,政府作为陆源污染排放损害补偿治理的主要管理者,需要拓展行动舞台的类型、寻找适宜的行动舞台来协调彼此之间的关系。

由此可见,在陆源污染生态损害补偿治理中,行动者往往通过建构或重构行动舞台来建立行动者的关系。在补偿治理中,行动者之间关系的重构往往是通过行动舞台的创新来实现的。因此,陆源污染生态损害补偿治理的管理者会有意或无意地关注治理行动舞台。

三、行动者要素对行动者关系要素的影响分析

在海洋生态损害补偿治理中,各类行动者基于自身的利益目标,在治理网络的行动舞台中与其他行动者形成复杂的相互关系。包括与海洋生态损害补偿治理中的其他行动者之间的利益关系、权力关系、需求关系等,以及他们在治理网络内形成的行为规则、信任基础和权力关系等。不同的行动者在形成行动者之间关系的能力上、形成的关系内容、建立的信任基础和权力关系均不同。下面以围填海生态损害补偿治理为例探讨行动者要素对行动者关系的影响。

（一）围填海生态损害补偿治理中的行动者要素

在围填海生态损害补偿治理中,涉及的行动者主要可以分为国家海洋主管部门、地方政府、围填海使用单位或个人、专家学者、宣传媒体、渔民、养殖户、当地居民等。比如,以国家海洋主管部门为首的中央政府代表国家行使海域使用权,承担海域生态开发和保护的职责。而地方政府在围填海生态损害补偿治理中,其角色是围填海行为的实际管理者,需要协调围填海开发经济效益与海洋生态环境保护之间的矛盾。同时,地方政府也是围填海使用收益的实际收取者,需要协调围填海收益与海洋环境保护支出的关系。由此可以看出,地方政府和以国家海洋主管部门为首的中央政府在补偿治理中的目标是有差异的。地方政府在经济发展和海洋生态保护中更偏向前者;而以国家海洋主管部门为首的中央政府则更加注重后者。但这种目标差异是会随着政策的改变而发生变化的。围填海使用单位或个人通过向地方政府交纳一定的海域使用金,成为围填海项目土地或海域的使用者,通过土地的开发利用来获取收益,其目标是获取最大的经济效益。在围填海生态损害补偿治理中,围填海使用单位或个人会尽可能地采取各种策略来规避海洋生态环境保护的投入、海域使用费的支出、违规开发的罚金和其他与围填海造地有关的支出。渔民、养殖户、当地居民是围填海项目的直接影响者,既可能因为海域被围而失业,影响其生产方式与生活方式,也可能因围填海的开发活动给其周边环境带来污染等负面影响。当然,围填海的开发活动也可能带来周边社会经济的发展,形成明显的经济效益。渔民、养殖户、当地居民对围填海的态度与围填海对其的影响直接相关。在围填海生态损害补偿治理中,还有两类团体即专家学者和宣传媒体虽然不与围填海生态损害补偿有直接的利益相关,但是也起着很重要的作用。在2018年我国出台史上最严围填海管控政策之前,海洋治理学者们对围填海生态损害管控共识的形成与管控必要性的论证和宣传起着重要作用。以中国经济时报为代表的宣传媒体也在管控政策的宣传、管控政策的落实监督中发挥了重要作用。

(二)围填海生态损害补偿治理中的行动者关系

在围填海生态损害补偿治理中,国家海洋主管部门、地方政府、围填海使用单位或个人、专家学者、宣传媒体、渔民、养殖户、当地居民等行动者基于自己在治理网络结构中的行为目的和利益考量彼此之间形成不同类型的行动者关系,这种关系会随着其行为目的与利益的实现程度而发生变化。

首先,在围填海生态损害补偿治理所有行动者之间的关系中以国家海洋主管部门为代表的中央政府与地方政府的关系是最核心的。从理论上说,地方政府与以国家海洋主管部门为代表的中央政府是行政隶属关系,地方政府应该服从中央政府的决策,但由于我国条块分割的行政格局使得地方政府面临着条块政府的多头领导,而分税制的财政体制迫使地方政府必须坚守发展经济为首要任务。因此,在实际操作中,地方政府与以国家海洋主管部门为代表的中央政府会有权力的博弈关系,即地方政府在可能的情况下会规避性、对策性或选择性地实施中央政策,以实现地方利益最大化。因地方政府追逐经济利益而出现围填海无序和过度开发,正是这种关系的体现。

其次,地方政府和围填海使用单位或个人的关系既有市场交易的契约关系,又有一定的权力关系,在某种情况下甚至有"人情—面子"关系。地方政府在围填海生态损害补偿治理中,主要是通过相关政策法规以及各种行政性手段调节各类行动者的利益,并根据政府在不同关系中所处地位的不同而有所差异。地方政府通过围填海开发的政策优惠吸引围填海使用单位或个人来投资建设,以获取海域开发的经济效益,促使地方经济的发展。同时,为保护生态环境,地方政府在围填海生态损害补偿治理中会采取严厉的措施对围填海使用单位或个人破坏环境的行为进行处罚,以保证经济效益、生态效益与社会效益的统一。

最后,渔民、养殖户、当地居民与地方政府、围填海使用单位或个人之间的关系。作为围填海使用单位或个人与渔民、养殖户、当地居民之间的中间人,地方政府要协调弱势的渔民、养殖户、当地居民利益与强势的围填海使用单位或个人利益之间的关系。围填海使用单位或个人的行业特点决定了其以获取更大的经济效益为目的。一方面,尽可能提高围填海获得的土地利用效益,尽量减少在围填海生态损害补偿治理中的各种支出。在此过程中,围填海使用单位或个人可能会利用优惠政策等合法手段来提高经济效益,也可能通过偷排、漏排等非法手段来减少环境保护方面的支出,达到企业利益的最大化。另一方面,围填海使用单位或个人的这些行为受到地方政府的政策法规、环保监管及渔民、养殖户、当地居民的舆论民意影响。其中,渔民、养殖户、当地居民在围填海生态损害补偿治理中与地方政府、围填海使用单位或个人的关系具有两面性。当围填海对他们的切身利益造成明显伤害时,如围填海导致渔民、养殖户、当地居民失去劳动对象而失业,围填海的商业化影响到他们的生活质量,围填海造成生态环境恶化等,他们与地方政府、围填海使用单位或个人可能形成对立关系。但是,当围填海及其配套基础设施建设给他们生活质量带来显著改善且能享受围填海开发带来的经济效益,而造成的负面影响不大时,他们对围填海可能就持支持态度,与地方政府、围填海使用单位或个人关系和谐。

(三)围填海生态损害补偿治理中行动者要素对行动者关系的影响

国家海洋主管部门、地方政府、围填海使用单位或个人、专家学者、宣传媒体、渔民、养殖户、当地居民等行动者在围填海生态损害补偿治理中扮演的角色、目标利益及影响力对行动者关系产生直接影响。而以国家海洋主管部门为代表的中央政府、地方政府在我国围填海生态损害补偿治理中的行动者之间有着很大的影响。在我国围填海生态损害补偿治理中,以国家海洋主管部门为代表的中央政府在围填海生态损害补偿治理的价值构建层面①、政策制定层面②和政策执行层面③均发挥着主导性作用。中央政府在围填海政策的制定和落实改变它与地方政府之间的行为关系,也势必会影响到地方政府与围填海使用单位或个人、渔民、养殖户、当地居民等行动者之间的关系。

例如,在最严格围填海政策出台前,地方政府代表国家行使海域使用权,负责围填海管理。地方政府在围填海开发中,利用政府的权力,采用财政转移支付、政策补偿等方式提高对围填海使用者的吸引力,与围填海使用单位或个人主要形成海岸线开发的契约合作关系。而在最严格围填海政策出台后,除了符合政策的少量项目还可以上马,大部分海岸线开发的契约合作关系都将停止。地方政府与围填海使用单位或个人的行为关系将会部分转向围填海后的生态保护和损害补偿。地方政府渔民、养殖户、当地居民等行动者之间的关系主要是地方政府通过财政支出,对海洋生态环境的保护者或者既有利益的受损者进行补偿,以减少围填海使用者的相关支出。通过税收优惠返还、行政性收费减免、财政优惠政策、劳保优惠待遇等对围填海使用者进行补偿。地方政府为了局部利益与短期利益,可能会违反国家规定进行围填海审批。根据原国家海洋局督察组向浙江反馈围填海专项督察结果,浙江省海域使用存在化整为零、分散审批现象,舟山、台州 3 个用海项目填海 259.7 公顷,被拆分为 8 个单宗不超过 50 公顷的项目由省政府审批,规避国务院审批。嘉兴、宁波通过招拍挂方式,将 3 个区块 309.23 公顷海域,拆分为单宗面积小于 50 公顷

---

① 以国家海洋局为代表的中央政府通过吸纳乃至动员专家学者参与围填海对生态环境质量的影响研究,允许乃至发动宣传媒体对围填海对生态环境质量损害的严重性进行宣传,以使在价值构建层面对围填海生态损害补偿治理达成共识。

② 以国家海洋局为代表的中央政府在围填海生态损害补偿治理共识达成后,出台一系列政策,如 2017 年 10 月印发《海岸线保护与利用管理办法》、2017 年 12 月印发《关于开展编制省级海岸带综合保护与利用总体规划试点工作的指导意见》,引入重大围填海项目第三方评审制度。

③ 以国家海洋局为代表的中央政府在政策执行层面也有很大动作,实施了 6 个暂停措施(如暂停下达 2017 年地方围填海计划指标,暂停审批和受理全国范围内区域用海规划),对 11 个涉海(区、市)进行严格的海洋专项督察。

的 10 个区块出让。招拍挂方案报省政府批准后,同一天招拍挂,同一公司中标,最终中标公司获得同一海域面积超过 50 公顷的填海海域使用权,以规避国务院审批。[①] 国家与地方政府作为围填海生态损害补偿治理的管理者,存在着长远利益和短期利益、全局利益和局部利益的冲突,地方政府与地方官员在政绩考核压力下,与围填海使用单位或个人串通,以"上有政策、下有对策"违背国家政策进行围填海活动,影响国家政策的落实。

围填海生态损害补偿治理中,围填海使用者与地方政府及渔民、养殖户、当地居民之间也存在利益博弈关系。当围填海使用者遵守海洋可持续发展的原则,实施有序开发时,围填海使用者与地方政府及渔民、养殖户、当地居民形成一种协调的持续发展关系。而当围填海使用者由于追逐经济效益而不受外力制约时,它将加大开发力度或逃避保护环境的义务,以获取高额利润。但围填海使用者的这种行为将导致其与地方政府及渔民、养殖户、当地居民处于对立地位,地方政府需采取措施对围填海使用者进行处罚。当地方政府对违规开发的围填海使用者的处罚小于其违规开发获得的收益时,围填海使用者可能会继续冒风险加大开发力度。只有当政府的处罚远大于违规开发收益时,围填海使用者才会采取可持续的开发方式。

第二节　海洋生态损害补偿治理的运作机制理论

通过上文的分析可以发现,海洋生态损害补偿治理问题可以分为三个层面,即海洋生态损害补偿价值构建层面、政策制定层面和政策执行层面;在每个治理问题的层面中都存在三类要素,即行动者、行动者之间的关系以及行动者交往的行动舞台。在每个治理问题的层面中,这三个要素是彼此联系、相互影响的。那么,整个海洋生态损害补偿治理的运作机制是怎么样的?不同层面的治理问题是如何联结在一起相互影响的?微观层面的个人选择又是如何集合起来变成海洋生态损害补偿治理的集体行动的呢?本节试图归纳海洋生态损害补偿治理的运作机制理论。

一、不同层面海洋生态损害补偿治理相互影响的运作机制

在海洋生态损害补偿治理中,根据治理问题属性的不同,可分成三个层面,即价值构建层面、政策制定层面和政策执行层面。这三个层面致力于寻找的规则不同,所分析问题不同,治理展开的过程也不同,但在现实的海洋生态损害补偿治理中,这三个层面并不是截然分开的,而是相互粘连、相互影响的(见图19-1)。正是这种相互粘连、相互影响的运作机制不断推动着海洋生态损害补偿治理的发展。

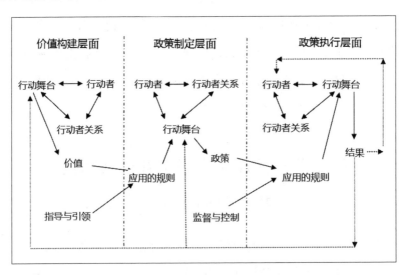

图 19-1　海洋生态损害补偿治理分析的三个层面之间的关系

从图19-1可知:第一,海洋生态损害补偿治理三个层面所致力寻找的规则是不同的。价值构建层面并不像政策制定层面一样出台正式文件,而是寻找解决海洋生态损害补偿治理问题的一种指导性思想、一种共识、一种舆论氛

围。在 2018 年我国出台史上最严围填海管控政策之前,形成若干共识:一是围填海工程降低了附近海域的生态环境质量,对自然景观也会带来不可逆的负面影响。二是相关监督保护与利用并行的管控制度与规划落实应被视为破解海洋开发利用与海洋生态矛盾的利器。这些共识虽然不是政策文本,但它们是指导各类法律法规和政策的元规则。政策制定层面往往发生在政府组织内部,这是我国现有公共政策和政府代表国家行使海域使用权所决定的。而且在现有的政治、行政体制和政府间利益格局下,海洋生态损害补偿治理的政策往往是自上而下的。大多是中央政府拟定相关的法律、法规和政策,经过一定程序后下发至各级地方政府。以国家海洋主管部门为代表的中央政府在 2017 年 10 月印发《海岸线保护与利用管理办法》、2017 年 12 月印发《关于开展编制省级海岸带综合保护与利用总体规划试点工作的指导意见》,引入重大围填海项目第三方评审制度等。在政策执行层面,市县乡镇往往需要根据中央文件的精神,因地制宜地制定具有可操作性实施方案。由此可见,海洋生态损害补偿治理的价值建构、政策制定和政策执行三个层面所寻找的规则是不同的。

第二,海洋生态损害补偿治理三个层面所解决的问题是不同的。价值建构层面并不像政策执行层面一样直接面对海洋生态损害补偿的具体问题,如围填海使用者对海洋生态保护责任的损害补偿的逃避,或是渔民、养殖户、当地居民要求补偿的抗议,它只关注围填海海洋生态的损害,倡导在围填海中放弃经济为重的短期逐利行为,坚持走可持续发展的道路。在政策制定层面则考虑如何来管控围填海行为,损害如何防范、补偿采用什么原则、如何补偿等原则性的指导意见或管理办法和制度。由于政策制定层面的核心行动者是中央政府,因此,这些指导意见和管理办法往往是原则性的,需要地方政府结合地方的具体情况和具体经验来加以细化、执行。在政策执行层面,基层政府则大多不再关注价值追求,而是依据上级政府要求的力度来寻找落实的方案,解决具体的问题。由此可见,三个层面的核心行动者所处的位置不同,所要解决的治理也是各不相同的,但这些各不相同的治理问题其实是具有内在关联的。

第三,海洋生态损害补偿治理三个层面展开的过程是不同的。上述三个层面寻找的规则不同,致力于解决的问题不同,其治理活动展开的过程也是不同的。价值构建层面的启动可能是一位国家主要领导人的讲话,如习近平总书记提出的"绿水青山就是金山银山"重要理念①,也可能是一起海洋生态损害所产生的恶劣后果引起了社会的广泛关注。在这样的政策背景下,中央政府开始思考海洋生态损害补偿治理的重要性。这时,中央政府开始关注专家学者的研究和声音。事实上,关于海洋生态损害补偿的重大意义,专家学者平时也在提倡,但这时恰如"政策窗"打开,专家学者倡导的海洋生态损害补偿的价值诉求进入政府的政策制定。中央政府在价值构建层面并不会停留于自身而找到共识,而是会动用各种媒体,或各种政治动员的方式,在各级政府乃至全社会倡导这种价值。在政策制定层面,由于中央政府在政策制定中较少有民众直接参与,即使有听证会或网络参与等形式,由于其政策的原则性,民众的参与积极性也不高。因此,主要由国家海洋主管部门牵头,联合相关部门展开调研,形成政策预案,然后在政府组织内上、下级或平级政府部门间进行意见交流和反馈、专家论证,最后经过一定程序形成正式的法律法规和政策下发。当然,政策下发后的政策解释和执行评估也在政策制定层面。政策执行层面的核心行动者是地方政府。在这一层面,海洋生态损害补偿治理不再只关注政策的合理和合法,由于其与民众、用海企业和个人、社会组织等直接接触,直接面临利益冲突和分配,除地方政府之外的其他行动者参与的积极性很高。因此,这一层面的治理过程更多地关注政策的可落实性,政策解释也更加因地制宜和灵活。由此可见,上述三个层面由于治理问题不同,治理层级不同,其治理过程也各不相同。

---

① 中共中央宣传部编:《习近平总书记系列重要讲话读本(2016年版)》,学习出版社、人民出版社2016年版。

　　第四，海洋生态损害补偿治理三个层面是相互联系、相互影响的。正是这种相互联系、相互影响的运作机制不断推动着海洋生态损害补偿治理的发展。虽然上述三个治理层面寻找的规则不同、致力于解决的问题不同、治理过程不同，但事实上这三个层面是相互粘连、相互影响的。比如，2018年我国出台史上最严围填海管控政策，这正是海洋生态环境研究领域的著名专家、学者大力呼吁并和以国家海洋主管部门为代表的中央政府，形成了围填海工作对海洋生态损害大，必须严加管控的共识，这些共识经过领导人讲话、知名学者公开讲话、各类媒体、政府组织内各种会议在各级政府组织与整个社会广为宣传和发动。这为下一步的政策制定、出台和政策执行做了充分准备。政策制定出台是政策执行的主要依据。同时政策执行的情况又会反过来影响价值构建层面和政策制定层面。由于地方政府过于强调地方经济的发展，追逐经济利益的无序、过度开发导致渔业资源减少、生物多样性降低等，对自然景观也会带来不可逆的负面影响。正是看到了围填海管理方面存在的"失序、失度、失衡"等问题，于是我国开始着手围填海治理的政策制定并强化执行监督。同时政策执行的结果也会引起专家学者的关注，大量的围填海工程使专家学者重视其对海洋生态的影响。学者们通过研究发现，围填海工程降低了附近海域的生态环境质量；围填海工程导致潮滩湿地生境退化，降低了海域的环境容量；围填海对海洋生物产生一定影响，比如可使海水中悬浮物增加、海水透明度下降等。因此，引发价值构建层面的一系列治理行为。由此可见，海洋生态损害补偿治理三个层面是相互联系、相互影响的，而且正是这种相互联系、相互影响的机制使得政府在海洋生态损害补偿治理中不断地去发现问题，解决问题。当然，复杂的海洋生态损害补偿治理问题很难在一个价值构建、政策制定和政策执行过程中加以解决，但是在这三个治理层面的不断互动中，海洋生态损害补偿治理有了发展的动力，并且这三个层面为海洋生态损害补偿治理的行动者提供了治理活动的空间。

二、三类要素在不同层面海洋生态损害补偿治理中的运作机制

如前所述,在海洋生态损害补偿治理中,从宏观层面看,价值构建层面、政策制定层面和政策执行层面是相互联结、相互影响的,正是这三个层面的不断互动促动着海洋生态损害补偿治理向前发展。那么这三个层面相互联系、相互影响的微观机理是怎样的呢? 换言之,海洋生态损害补偿治理的三个要素,行动者、行动者之间的关系和行动舞台是怎样在三个层面中联系在一起,并相互影响的呢? 三类要素在不同层面海洋生态损害补偿治理中的运作机制如图19-2所示:

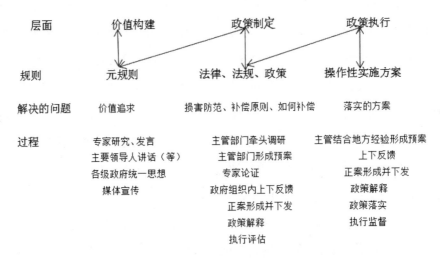

图 19-2　三类要素在不同层面海洋生态损害补偿治理中的运作机制

首先,各个层面三个要素的内容、形式有区别又有联系。在海洋生态损害补偿治理中,由于价值构建层面、政策制定层面和政策执行层面所要解决的问题不同、寻找的规则不同,活动的过程也不同,因此,参与这三个层面行动者、行动者之间的关系和行动舞台也不相同,但它们之间又是有内在联系的。

就行动者而言,不同层面的参与者是有差异的,当然有些行动者会横跨几个层面。价值构建层面的行动者主要包括国家海洋主管部门、决策者、专家学

者、宣传媒体;政策制定层面的行动者主要包括国家海洋主管部门、同级政府其他部门、地方政府、专家学者、宣传媒体;政策执行层面的行动者主要包括国家海洋主管部门、地方政府、围填海使用单位或个人、宣传媒体、渔民、养殖户、当地居民、社会组织。在各个层面的行动者,以国家海洋主管部门为代表的中央政府在史上最严围填海管控中处于核心地位,它既是价值构建层面的发起者,又是政策制定层面的行动者,还是政策执行的监管者。宣传媒体则会根据党和国家的方针政策宣传报道各个层面的活动内容和结果。

就行动者之间的关系而言,不同层面建立的行动者之间的关系是不同的,但这些关系内容又是彼此关联的。由于不同层面要解决的问题不同,因此即便是相同的行动者在不同层面建立的关系内容也是不同的。以国家海洋主管部门为代表的中央政府在价值构建层面,它与专家学者、宣传媒体建立的关系是要寻找、论证和宣传围填海对海洋生态的损害,倡导海洋生态保护和可持续发展战略;在政策制定层面,与同级政府其他部门、地方政府、专家学者、宣传媒体建立的关系内容是制定出合法合理的围填海管控和补偿政策;在政策执行层面,与地方政府之间的关系内容是围填海生态损害补偿政策的监督。同时,在不同层面以国家海洋主管部门为代表的中央政府与其他行动者的权力关系也不同。在价值构建层面主要是合作关系;政策制定层面主要是协商、咨询关系;政策执行层面则是上下级的命令—控制关系。但这三个层面的关系内容又是彼此关联的,只有解决了价值追求问题才会有正确的政策制定,有了政策制定才可能有政策的执行。

就行动舞台而言,不同层面建构的行动舞台是不同的。价值构建层面行动舞台的参与者主要是专家学者和高层官员,人数相对较少,因此行动舞台往往是小型研讨会、政府发包的科研项目,采访等;政策制定层面的行动舞台围绕政策文本的形成有政府部门的调研、相关部门碰头会、文件制定(起草)小组等;政策执行层面的行动舞台主要在基层,面向广大人民,参与人数多,有各类行动组织、社会组织甚至各类小型的自组织活动。这一个层面需要行动舞台的类型最多,开拓性最强。

其次,各个层面通过三要素产生的活动结果彼此联系。在海洋生态损害补偿治理中,价值构建层面、政策制定层面和政策执行层面通过行动者、行动者之间关系有内在沟联外,最直接的联系便是这三个层面内三要素相互作用产生的活动结果。价值构建层面内行动者在行动舞台内建立行动者之间的关系,彼此互动产生的活动结果即某种价值或共识,将作为政策制定层面在制定法律、法规、政策文件时应用的规则;在这些应用规则的引领下,政策制定层面的行动者在其行动舞台上相互作用形成各种行动者之间的关系,其活动所产生的结果便是法律、法规、政策文件的形成,这些法律、法规、政策文件又将作为政策执行层面寻找操作性方案时的应用规则;在这些应用规则的监督和执行下,政策执行层面的行动者创建各类行动舞台建立关系、形成互动,产生政策结果;至此,完成海洋生态损害补偿治理的一个周期的运作。更为重要的是,政策执行层面产生的结果分别反馈于三个层面。首先政策执行层面的行动者会感知政策执行结果、及时根据上级要求调整操作方案;其次政策制定层面的行动者通过监督检查和舆论感知政策执行结果,并督促地方政府或改进政策方案,必要时甚至重新启动价值构建,寻找新的政策方案;最后价值构建层面的行动者通过实地调研、采访和舆论也能感知政策执行结果,并分析治理现状及问题。

在围填海管控政策制定之前,海洋生态环境研究领域的著名专家、学者和以国家海洋主管部门自然资源部为代表的中央政府形成了共识,因此中央政府出台的政策《海岸线保护与利用管理办法》《关于开展编制省级海岸带综合保护与利用总体规划试点工作的指导意见》、引入重大围填海项目第三方评审制度、六个暂停审批等政策将成为地方政府落实这些政策、调整自身政府行为的应用规则。在这些政策的落实过程中,中央政府会有严密的监督,如组建督察组、动态监视应急监测车、无人机,以"海陆空"联动的方式开展现场核查。政策执行结果势必会调整中央政府、地方政府以及各层面行动者的选择性行为。

再次,各个层面通过不同的活动方式相互影响。在海洋生态损害补偿治理中,价值构建层面、政策制定层面和政策执行层面三个层面相互联系、相互影响,但三个层面之间相互影响的方式是不同的。这意味着海洋生态损害补偿治理网络的管理者需要根据不同的层面、采用不同的方式来推进治理进程。

其中,价值构建层面对政策制定层面和政策执行层面的影响主要是通过价值指导和引领的方式进行的。但从总体上看,这个层面的影响是在其他两个层面的行动者主动接受或潜移默化接受的基础上产生的。政策制定层面对政策执行层面的影响是监督和控制。不管地方政府和基层行动者愿意或不愿意,法律、法规和政策文件出台以后就会具有强制力,要求在政策执行层面加以贯彻。当然,贯彻并不是自然而然会发生的。这个过程伴随着地方政府基于自身利益与中央政府的博弈,也伴随着基层行动者基于自身利益展开的博弈。而中央政府监督和控制的力度是保障政策得以贯彻的重要条件,特别是在利益调配幅度比较大的情况下,更是如此。但我国海岸线绵长,事实上中央政府严格的监督和控制所花费的成本是巨大的,这也是我国海洋生态损害补偿治理所面临的困境之一。政策执行层面对政策制定层面和价值构建层面的影响通常是自然而然发生的,或者说是后两个层面的行动者在主动寻找政策执行结果时是自然而然发生的。政策执行结果以成效、问题乃至危机的形式呈现在政策制定者和价值构建者面前,促使前两个层面的行动者通过寻找行动舞台建立关系、采取行动。

最后,政策执行结果和价值重新构建是海洋生态损害补偿治理运作机制的动力来源。三类要素在不同层面的海洋生态损害补偿治理中的运作机制是通过行动者、行动者之间关系联结、通过各个层面三类要素的活动结果采用不用的方式相互影响的。那么这个运作机制的动力来源于何处呢?最重要的海洋生态损害补偿治理运作机制的动力来源于政策执行结果。政策执行结果作为一种现状、问题或危机推动着海洋生态损害补偿治理活动的开展。正是由于我国经历了围海晒盐治理沿海滩涂发展制盐业、围垦沿海滩涂扩展农业地以及发展海洋养殖等原因经历过三次大规模的围填海时期,许多地方政府过于注重经济发展,而忽略了海洋生态保护,对海洋生态系统产生了不可逆转的损害。这些严重的问题引起专家的警觉、政府的重视、民众的抱怨,甚至国际社会的关注。因此,围填海生态损害补偿治理的政策窗才会打开,史上最严格的围填海管控政策在2017—2018年相应出台。最直接的海洋生态损害补偿治理运作机制的动力来源于核心行动者(如以原国家海洋局为代表的中央政府)。在海洋生态损害补偿治理中,以国家海洋主管部门为代表的中央政府贯彻三个层面的行动,是海洋生态损害补偿治理的直接责任人、治理网络的核心行动者、网络管理者。因此,这一行动者在政治、行政体系中所承接的任务压力和扮演的角色、目标和策略、影响力、拥有的资源,及其对条块各级政府组织的管理能力都会影响到海洋生态损害补偿治理的动力。以国家海洋主管部门为代表的中央政府致力于出台史上最严格的围填海管控政策,得益于当前政治、行政体系中开始强化环境生态保护的价值导向,强调"生态优先,绿色发展"理念,强调可持续发展的话语体系。在这样的话语体系下,以国家海洋主管部门为代表的中央政府面临的围填海生态损害补偿治理压力增大,这才可能去主动打开政策窗,启动围填海生态损害严控政策程序。

当然,由于我国是海洋大国,以国家海洋主管部门为代表的中央政府如何在行政体系内调动资源、发挥影响力、层层传递压力,实现政策目标是一个非常艰难的问题。这也正是我国海洋生态损害补偿治理需要在现有治理结构的基础上,找出其存在的问题,从治理结构的层面来加以设计和改进,从而提高我国海洋生态损害补偿的治理能力。

第三节　推动海洋生态损害补偿治理运作机制的政策建议

如前所述,在海洋生态损害补偿治理运作机制中,价值构建层面、政策制定层面和政策执行层面是相互联系、彼此嵌套的;各个层面内的三要素(行动者、行政舞台和行动者相互之间的关系)产生的活动结果彼此联结。然而这一治理机制的有效运作在大多数情况下不能自发地形成,而是需要以政府为主的公共组织来加以引导、培育和管理。因此,为触动海洋生态损害补偿治理运作机制可从以下三个方面入手。

一、强化价值理念宣传,贯通海洋生态损害补偿的三个治理层面

海洋生态损害补偿治理价值构建层面的元规则在产生时局限在专家学者、研究人员、高层官员等群体内。因此,强化海洋生态损害补偿的价值理念宣传,使这一层面的元规则能被海洋生态损害补偿政策制定和执行层面的群体和人员所接受就显得尤为重要。海洋生态损害补偿的价值理念宣传的目标有以下三点:第一,使得企业认识到海洋生态资源的使用并不是无偿的。企业在组织产品生产时应尽可能地减少对海洋生态资源和环境的损耗,使海洋生态损害补偿成为企业自觉的行为,而不是外在监督和惩罚的结果。第二,加强海洋生态损害补偿的价值理念宣传和普及,必须改变政府官员唯经济发展论的政绩观。强调经济发展和环境保护并举,而海洋生态损害补偿治理是促进经济效益与环境效益同时取得的有效保障。因此,各级政府组织必须在正确的政绩观引导下来认识并宣传海洋生态损害补偿的价值理念。第三,重视海洋生态损害补偿价值理念在公民层面的推广与普及,使之成为公民的自觉意识和自觉行为,力使每一个公民(无论利益涉及与否)都认为海洋生态损害补偿是理所当然之事,为海洋生态损害补偿各类制度、政策的建立、执行提供舆论支持和社会保障。

二、破除单一维度的行动者思维,从多维治理层面激活各类行动者

在传统的海洋生态损害补偿中,无论是研究者还是实践者大多把海洋生

态损害补偿中的行动者根据利益流向划分为补偿者与受偿者。我国海洋生态损害补偿一般按照"谁保护、谁受益""谁改善、谁得益""谁贡献大、谁多得益"原则来进行利益分配。而实际上这种对海洋生态损害补偿中的行动者分类是非常片面的。前言已述,海洋生态损害补偿治理的行动者类型起码包括国际、区域或国家间组织,国家、地方各级政府组织、各级政府海洋生态环境治理补偿治理中的核心领导人,相关专家学者,相关媒体,参与海洋生态环境补偿治理的社会组织,与海洋生态环境补偿治理相关的企业,社会公众等。各类行动者在整个海洋生态环境补偿治理中并不能完全归入到补偿者与受偿者。国际、区域或国家间组织,社会公众,专家学者等可能不是利益相关者,他们在一定程度上可以说是海洋生态损害补偿治理的局外人士,但却关注海洋生态损害补偿治理。在海洋生态损害补偿治理中,需激活多维治理层面的各类行动者。在法律政策价值建构层面,国际海洋法、国家宪法及相关法律、执政党与政府的政策意图等都是海洋生态损害补偿治理的价值渊源,并会给海洋生态损害补偿治理带来一定的路径依赖。而这些价值渊源不仅仅只是国家与地方政府,社会公众等不同类型的行动者都应对加强海洋生态损害补偿治理的法律政策价值构建发挥作用。如"桑吉轮事件"中,由于没有加入民事油污责任基金公约而得不到数亿美元的赔偿。这里就需要不同类型的行动者参与其中对海洋生态损害补偿治理的法律政策价值建构进行重新探讨。在法律政策制定、法律政策执行层面,同样需要激活不同类型的行动者,统一海洋生态资源开发与海洋生态环境保护的职权,以促进海洋生态资源在社会各领域的合理配置,并提高不同类型的行动者海洋生态资源与环境保护的积极性。

三、探寻多样化的行动舞台,激活各类行动者和行动者之间的关系

　　海洋生态损害补偿治理的目的在于修复海洋生态环境。因此,围绕这一目的可以在不同领域建构各类行动舞台以激活海洋生态损害补偿治理中的各

类行动者及其关系。首先,在政府组织内,可建构形式多样的"政府—海洋"类行动舞台,激活或拓展政府组织内部参与海洋环境治理各类行动者。比如征收国家生态补偿税、各级政府的财政转移支付、政府组织内的综合治理、湾长制等由政府单一行动以推进海洋生态损害补偿治理。由于海洋生态损害补偿治理问题的复杂性,即使仅在政府组织内部建构行动舞台也不容易。其次,在市场领域,建构各类"企业—海洋"类行动舞台,激活或拓展政府组织和市场领域内的主要行动者之间形成海洋生态损害补偿关系。比如设置生态补偿费,在这一领域内建构行动舞台的主要思路是,在明晰海洋生态资源产权的基础上,将海洋生态损害补偿的权利市场化,从而形成海洋生态损害补偿的市场治理模式。最后,建构连通"政府—企业—社会—海洋"类的行动舞台,激活或拓展政府、市场、社会领域内的主要行动者之间形成海洋生态损害补偿关系。比如,政府通过各类海洋生态损害补偿项目,将相关的各级政府组织、从事海洋生态损害补偿的企业、拥有海洋生态损害补偿知识的专家、技术人员、与海洋生态损害补偿直接或不直接相关的公民等通过政府提供的海洋生态损害补偿项目连接起来,共同为推进海洋生态损害补偿努力。

第二十章　海洋生态损害补偿治理结构分析与设计

海洋生态损害补偿治理的行动者在价值构建、政策制定、政策执行等各个层面寻找行动舞台，与其他行动者建立交往关系，以期实现自身的目标和利益。在海洋生态损害补偿治理中，这些微观层面上的个体行动会形成中观层面上模式化的关系，即治理结构，①而治理结构形成后又会反过来影响海洋生态损害补偿治理中个体的行为选择。因此，对海洋生态损害补偿治理的分析不能仅停留在个体交往的微观层面，而要探究已形成的治理结构和恰当的可追求的治理结构。本章从分析海洋生态损害补偿既有的治理结构入手，剖析其存在的问题，并试图设计出切合我国海洋生态损害补偿的治理结构。

第一节　海洋生态损害补偿治理结构分析

海洋生态损害补偿治理结构是在微观个体行动者的行为选择基础上形成

---

① 荣格·西邦指出，结构（Structure）与模式化的关系、人类行动的限制以及宏观的社会现象相联系，行动（Agency）则往往与人类的创造力和社会行动相联系。从本体论上看，有学者认为，人类行动有本体论的优先性，结构是由个人目标最大化的个体创造的；而有的学者则认为，社会结构有本体论的优先性，人类的行动是由结构塑造的。事实上，自韦伯以降，社会理论的大家们，如福柯、吉登斯、布迪厄、哈贝马斯等都在努力融合这两条进路，以缓解行动与结构之间的紧张。RogerSibeon, *Rethinking Social Theory*, London：Sage Publications Ltd, 2004.

的,又会反过来影响个体行动者的选择。因此,海洋生态损害补偿治理结构是一个中观层面的解释工具。对于我国海洋生态损害补偿既有的治理结构及其发展趋势,已有不少学者从不同视角做了研究。有学者认为,我国海洋生态损害补偿治理结构应从单中心管理模式转向多中心治理模式、从单一管理模式转向多元化治理模式、从碎片化管理模式转向系统性治理模式。① 有学者探讨海洋生态环境的跨区域、跨部门的治理机制和路径;②也有学者探讨政府、企业与公众在海洋环境治理中的定位。③ 由于海洋生态损害补偿治理结构涉及的领域、政府层级、问题层次等太过繁复,本章选择对我国海洋生态损害补偿治理影响比较核心的三个治理结构来加以研究。其中不同层级的海洋生态损害补偿治理结构分析要概括出中央、省、市、县、乡镇五级政府在海洋生态损害补偿治理关系之上形成的结构;基层政府是海洋生态损害补偿治理中任务最重、关键所在,基层海洋生态损害补偿治理结构分析要概括出我国基层各类行动者关系之上形成的结构;"政府—社会—经济"之间的关系是我国治理体系建设中的最核心问题,"政府—社会—经济"海洋生态损害补偿治理结构要概括阐释我国政府、社会、经济在海洋生态损害补偿治理关系之上形成的结构。

一、不同层级政府的海洋生态损害补偿治理结构分析

以海岛开发生态损害、陆源污染生态损害和围填海生态损害为主要类型的海洋生态损害补偿治理问题频频出现,纵观诸多案例可以发现,其实每一个治理事件都会涉及不同层级政府间的治理结构。海洋生态损害补偿治理涉及

---

① 沈满洪:《海洋环境保护的公共治理创新》,《中国地质大学学报(社会科学版)》2018 年第 2 期。

② 全永波:《海洋环境跨区域治理的逻辑基础与制度供给》,《中国行政管理》2017 年第 1 期。

③ 宁凌、毛海玲:《海洋环境治理中政府、企业与公众定位分析》,《海洋开发与管理》2017 年第 4 期。

的不同层级政府部门包括:国家海洋主管部门、沿海各省、自治区、直辖市海洋厅(局)、省级人民政府、沿海地方人民政府、与制定海岸线保护与利用规划的有关部门,军事部门,另外还有临时成立的各类治理领导小组,如规划编制领导小组、督查小组等等。从整体上看,我国不同层级政府的海洋生态损害补偿治理结构可以概括为"条块分散、综合补充"。

海洋生态损害补偿治理结构的条块特征来自于我国的行政体制结构。即在我国"条块分割"的总体行政体制结构下,海洋事务也像教育、农业、外交、商务等事务按项管理活动的类别划分给不同职能部门进行分工管理。在中央政府层面,1964 年成立了我国第一个海洋事务管理的专门机构——国家海洋局,至 2018 年国家海洋局并入自然资源部①,在半个多世纪的发展中,原国家海洋局的职能不断扩展。但是,我国海洋环境管理的职能并不能全部归并在原国家海洋局之下,由于事务性质的差异,与海洋环境管理相关的政府部门还有环境保护部门、国家海事部门、国家渔业部门等。② 在省、市及地方政府层面,从"条"上看,都有与中央政府对口的职能部门,如省、市、县等沿海各级政府都有海洋与渔业局来对口国家海洋局和农业部渔业局。从"块"上看,"条"上与海洋环境管理相关的职能部门均隶属于从中央到地方的五级政府。因此,在海洋生态损害补偿治理结构的"条"上使劲时,势必再关注"块"上目标和策略,实现"条"与"块"的整合,是治理结构发挥作用的前提。③ 但是,由于海洋事务的综合性,使得它的管理事项不得不分散到各个政府部门。因此,海洋生态损害补偿治理结构首先具有条块分散的特征。

---

① 在 2018 年 3 月的国务院机构改革中,国家海洋局并入自然资源部,对外仍然保留国家海洋局的牌子,其监管全国海洋环境、海洋污染损害补偿等职责并未削弱,而是为解决长期以来不同部门之间管理内容交叉、管制重叠、标准不一,为实现多规合一而做的结构改进。

② 王刚、宋锴业:《中国海洋环境管理体制:变迁、困境及其改革》,《中国海洋大学学报(社会科学版)》2017 年第 2 期。

③ 在原国家海洋局 2017 年 3 月下发的《海岸线保护与利用管理办法》中将自然岸线保护纳入沿海地方人民政府政绩考核,就是在"条"的管理上促动"块"、实现"条""块"整合的范例之一。

　　海洋生态损害补偿治理结构的综合特征来自于海洋事务的不可分割性。与陆地相对固定、可划分相比较,海洋的流动性、整体性和外部效用不可划性,使得按职能分类架构起来的"条块"行政结构不仅失去效率,而且有时会显得寸步难行,因此,在海洋生态损害补偿治理结构的改造中,开始探索解决"九龙治海"的问题。在实务工作中,"综合"的因素也在不断地补充到我国海洋生态损害补偿治理结构中来,比如原国家海洋局按区域设置东海分局、北海分局和南海分局;国家渔业局按区域划分为黄渤海区渔政局、东海区渔政局和南海区渔政局。这些按海域来设置的机构主要用来打破"条块"结构下的行政区划壁垒,以适应海洋的综合治理需求。另外,在海洋生态损害补偿治理中,用非常设性的"工作领导小组"的方式将分散的各部门统一起来,也是普遍采用的方式。2018 年 3 月的国务院机构改革将原国家海洋局并入自然资源部,也可以看作是加强海洋事务治理"综合"性的结构性改造。需要指出的是,即便如此,我国的海洋生态损害补偿治理结构总体上还是以"条块"结构为主,综合性因素尚处于补充地位。

二、基层海洋生态损害补偿治理结构分析

　　海洋生态损害补偿治理在中央、省、市级政府的主要是价值构建层面和政策制定层面,许多补偿治理政策执行在县、乡镇等基层政府。它们直接面对海洋生态资源的使用、损害和补偿,也直接面对用海企业和个人、渔民、养殖户、沿海居民、社会组织等。同时,县、乡镇等基层政府又是海洋生态损害补偿治理事件和矛盾的直接处理者。因此,基层海洋生态损害补偿治理结构就显得尤为重要。从总体上看,我国基层海洋生态损害补偿治理结构呈现"政府核心、群体分割"的特征。

　　在基层海洋生态损害补偿治理结构中呈现"政府核心"的特征,是因为基层政府由于拥有强大的行政权力资源、财政资源、知识和信息资源、同时又是法律法规政策的解释者和执行者。当然,基层政府核心作用不仅表现在它自

身所拥有的资源和影响力,而且还表现在以下几个方面:一是基层政府在海洋生态损害补偿治理中起着动员者的作用。基层海洋生态损害补偿治理往往需要动员基层民众、当地技术人员、具有地方性知识的靠海居民的参与,此时,基层政府就起着动员社会力量的作用。比如,原国家海洋局东海分局排查东海区海岸线的各类型陆源入海污染源,以获取第一手现场资料;9600 余个陆源入海污染源数据的监测、填报、审核、统计、查询、可视化展示等都需要调动大量的基层社会的力量。[①] 二是基层政府在海洋生态损害补偿治理中起着宣传者的作用。海洋生态损害补偿治理相关法律、法规和政策的贯彻执行离不开价值和理念宣传。就像中央政府在政策制定前需要统一认识一样,基层政府在执行政策时,更需要让政策的目标团体了解政策的价值取向、来源以及重大意义。它们要向用海企业和个人宣传,也向渔民、养殖户、沿海居民、社会组织宣传。三是基层政府还往往是基层海洋生态损害补偿治理中其他行动者的中间人或仲裁者。在海洋生态损害补偿治理事件发生时,用海企业和个人由于对渔民、养殖户、沿海居民的生活造成损害,往往形成补偿主体和受偿主体之间的对立和冲突,这时基层政府将是中间人或仲裁者。基层政府解释相关法律法规和政策,并仲裁执行相关规定。同时,基层政府也是基层社会与市级以上政府联结的桥梁。由此可见,在基层海洋生态损害补偿治理结构中"政府核心"的特征是非常明显的。

基层海洋生态损害补偿治理结构中除呈现"政府核心"的特征外,还具有"群体分割"的特征。"群体分割"的特征是指基层海洋生态损害补偿治理结构中,利益和属性相同的行动者之间会以各种各样的形式联系起来形成小群体,但这些小群体之间缺乏沟通的桥梁(中间人和沟通平台)。特别是在基层海洋生态损害补偿冲突事件发生时,这种"群体分割"的特征就表现得更加明显。比如在陆源排污导致海水中悬浮物增加、海水透明度下降,从而使

---

① 赵婧、金昶、孙安然:《陆源污染源"一张图"》,2017 年 12 月 27 日,见 http://www.oceanol.com/zhuanti/201712/27/c71965.html,2017-12-27。

沿海养殖户产量大幅度降低、渔民捕捞量大幅度减少的案例中,沿海养殖户、渔民通过微信群、QQ 群等形成小群体,就生态损害取证、要求补偿等事宜进行讨论,也会自发组织起来采取必要行动,并向当地政府反映、举报。参与陆源排污的企业为了自身利益也会通过碰头会等建立小群体,商讨如何应对损害补偿事件。同时政府有关部门也在举行会议,研讨损害补偿牵涉的方方面面。但这些群体之间缺乏沟通的渠道和平台。沿海养殖户、渔民群体和陆源排污企业群体是分割的;沿海养殖户、渔民群体与政府群体也缺乏信息交流的平台;陆源排污企业群体与政府群体之间也缺乏顺畅的制度性的沟通平台。

　　这种在海洋生态损害补偿治理突发事件产生时所出现的"群体分割"特征,与日常基层海洋生态损害补偿治理中"政府核心"的特征息息相关。由于在日常治理中政府一直处于核心,其他行动者处于被动的边缘地位,没有发育出各群体之间交往的制度性的行动舞台,因此,在突发事件产生时,企业和民众作为海洋生态损害补偿治理的利益相关方,除以个体形式存在,还包括以集体形式存在的群体组织。此时,政府无法及时作出回应,便出现了"群体分割"的现象。

三、"政府—社会—经济"海洋生态损害补偿的治理结构分析

　　从基层海洋生态损害补偿治理结构"政府核心、群体分割"的特征,可以初步在基层治理微观个体行动者的交往中感知"政府—社会—经济"关系的概况。那么从宏观的角度来看,在我国海洋生态损害补偿治理中,"政府—社会—经济"结构性关系的特征又是怎么样的呢? 从总体上看,这三者之间的关系存在着"联结方式单一、行动舞台缺乏"的特征。

　　"联结方式单一"是指"政府—社会—经济"在海洋生态损害补偿治理结构依靠政府的命令—控制式关系联结在一起。我国海洋生态损害补偿治理主要是由政府,更确切地说是中央政府发动的,通过政府组织内层层传递压力至

经济和社会领域,再由中央政府监督、核查的命令—控制式治理。① 海洋生态损害补偿事件发生时,常用的解决方式便是行政命令加法律辅助。导致"政府—社会—经济"在海洋生态损害补偿治理结构中"联结方式单一"的原因主要有以下几点:第一,我国海洋生态损害补偿是在经济发展到一定阶段后开始关注的问题,对补偿治理的研究和实践尚不够深入。在改革开放之后很长一段时期内,经济发展一直是关注的焦点、也是衡量官员政绩的唯一标准,但随着经济的发展、环境的恶化,特别是海洋过度开发所造成的生态损害日益凸显,海洋生态损害补偿治理成为政府的重要议程。作为一个新的治理命题,我国政府采用了最直接的命令—控制式治理,形成了"联结方式单一"的特征。第二,海洋生态损害补偿在大多数情况下是公共事务,是一个需要政府主导来解决的问题。我国政府在与经济、社会的关系中一直处于核心强势地位,因此采用了单一的命令—控制式联结。第三,在社会和经济领域内行动者还没有找到自己在海洋生态损害补偿治理中的位置和着力点。比如在经济领域内,除了用海企业和个人作为海洋生态损害补偿治理中的补偿主体外,是否还可以拓展在海洋生态损害补偿治理中的作用,将海洋生态损害补偿作为一个产业来发展,至今经济领域内尚无这种联结方式;在社会领域内,有关海洋生态损害补偿的社会组织如何与政府、企业建立制度性的联结。上述这些联结方式都有待于发展。

"行动舞台缺乏"是指"政府—社会—经济"在海洋生态损害补偿治理结构中行动者缺乏赖于建立、发展交往关系的途径、平台。"行动舞台缺乏"的特征与"政府—社会—经济"在海洋生态损害补偿治理结构"联结方式单一"是紧密相关的。各级政府组织虽然拥有丰富的资源、强大的影响力,拓展行动舞台的能力也非常强大,但是由于其主要通过命令—控制的方式联系,由此拓展的行动舞台也往往与之相对应。比如形成的"规划编制领导小组""海洋督

---

① 这种命令—控制式治理表现在政策表述上往往是"红线""最严格"等,在制度上也表现为"湾长制""督查小组"等。

察组""海陆空联动现场核查"等等。即便各级政府拓展出各种各样的命令—控制型联结舞台,海洋生态损害补偿治理结构内市场和社会领域的行动者依然会感觉到行动舞台的缺乏。由此可见,拓展行动舞台首先需要政府改变"政府—社会—经济"在海洋生态损害补偿治理结构中的单一的联结方式。联结方式的改变将成为不同类型行动舞台产生的增长点,从而推进海洋生态损害补偿治理的发展。

第二节　海洋生态损害补偿治理
结构存在的问题分析

我国海洋生态损害补偿治理结构从不同层级政府、基层社会和"政府—社会—经济"三个角度来看,分别具有"条块分散、综合补充""政府核心、群体分割""联结方式单一、行动舞台缺乏"的特征。这些特征基本上反映了我国海洋生态损害补偿治理结构的现状,对于这些现状特征的把握有利于进一步明晰我国海洋生态损害补偿治理结构存在的问题,并为提出可能的解决路径服务。

一、各级政府在海洋生态损害补偿治理结构中缺乏多元化的核心作用

基于海洋生态损害补偿治理所面临对象的物品属性和我国一贯具有的强政府性质,各级政府在海洋生态损害补偿治理中的核心地位是无可置疑的,同时也反映了政府执政为民、敢于担当的作风。虽然政府在海洋生态损害补偿治理结构中处于核心地位,但不等于各级政府(特别是中央政府)就是补偿治理的核心行动者,因为政府组织不仅受到政治、行制体制的牵制(条块分割、职能分散),而且行动资源、精力和能力总是有限的。各级政府(特别是中央政府)在我国海洋生态损害补偿治理结构中的核心作用应有多元化的发挥渠

道,各级政府应该是海洋生态损害补偿治理网络的核心设计者、建构者、管理者和调动者,而不仅仅是海洋生态损害补偿治理的核心行动者。

在海洋生态损害补偿治理结构中,"条块整合"是始终面临的一个大问题。"条"上的海洋生态损害补偿治理事项若没有"块"的支持,就很难贯彻下去。这也是上级"条"向下级"条"布置任务时,要对下级"块"政府进行绩效考核的原因。然而下级"块"政府面临着许多"条条"上的工作,同时又有自己的目标和策略。因此,海洋生态损害补偿治理中"条块整合"并非总能实现。也有学者提出在海洋事务的治理中抛弃"块",完全归属"条"。① 这样设计确实可以彻底消除"条块整合难"问题,但无法解决"条块冲突"问题。从另一角度看,海洋生态损害补偿治理中"条块整合"过程其实是"条块冲突"在体制内的消化。

我国海洋生态损害补偿治理结构中的"综合"因素主要通过设置跨区域管辖机构(如原国家海洋局东海分局)和设立临时的工作领导小组来实现的。但这种方式在我国海洋生态损害补偿治理结构中的"综合"力还不够强大。跨区域管辖机构(如原国家海洋局东海分局)只是管理区域打破了行政区划分割,并没有实现各区域行政力量的整合,如东海分局是原国家海洋局下面的一个行政机构,代表中央政府行使海洋管辖权;各类工作领导小组的设立是为了应对海洋事项在各职能部门的分散,成立一个临时性或虚设的行动舞台。

二、命令—控制式的海洋生态损害补偿治理结构难以发挥应有的治理能力

海洋生态损害补偿治理结构内行动者的联结方式单一,尚需大力拓展。如前所述,我国海洋生态损害补偿治理结构内行动者的联结主要是命令—控制式。这导致了各类行动者之间行动舞台的缺乏,从而影响海洋生态损害补

① 王刚、宋锴业:《中国海洋环境管理体制:变迁、困境及其改革》,《中国海洋大学学报(社会科学版)》2017年第2期。

偿治理能力的提升。因此,各级政府(特别是中央政府)在从补偿治理的核心行动者向核心设计者、建构者、管理者和调动者转变时,需大力拓展政府—社会—经济新的联结方式。用市场运作机制、合作治理机制、网络化的治理机制的联结方式来丰富、补充政府单一的命令—控制式联结方式。

基层政府对辖区海洋生态损害补偿的治理主要是不同层级间的"命令—控制"型的治理模式的延续。针对我国海洋生态损害的严峻形势,①我国政府主要采用依法治海、联合执法、严密监督、网络化管理的治理方式。比如,拥有丰富海洋渔业资源的福建,就采用横向联合执法、系统联合执法、海峡两岸协同执法等综合执法的形式,打击了非法捕捞、非法采捕红珊瑚、涉渔"三无"船舶等各类海洋违法行为,推进海洋生态损害补偿;中国海监东海总队还借助高科技手段,利用卫星、飞机、监控视频对海域使用进行动态监管。2018 年 9月,象山县人民检察院、县海洋与渔业局工作人员监督涉嫌非法捕捞的涉案人员用缴纳的 6 万元生态补偿费用购买的 1.5 万尾鱼苗投放在象山港出海口附近海域。② 由此可见,我国基层政府对辖区海洋生态损害补偿的治理主要还是严厉的监控型。然而,由于基层政府所辖海域面积较大,需要处理的海洋生态损害补偿治理事件多,基层监督力量不够时,也会发动基层民众的力量来参与监督,比如鄞州区水资源的监察中队就向社会招募了 65 名"协管员"。③ 这些协管员虽然来自社会,但他们的职责是协助政府监管,是政府部门工作网络在社区层面的延续。

①　《2015 年中国海洋环境状况公报》指出,我国部分近岸海域生态损害非常严重。在面积100 平方千米以上的 44 个大中型海湾中,21 个海湾全年四季均出现劣四类海水水质;在实施监测的河口、海湾、滩涂湿地、珊瑚礁、红树林和海草床等典型海洋生态系统中,处于健康、亚健康和不健康状态的分别占 14%、76% 和 10%;陆源入海排污口达标排放率仍然较低,88% 的排污口邻近海域水质不能满足所在海洋功能区环境质量要求。另外,在近海海域,我国原本 18000 多千米海岸线在当下肆意填海造地,将海岸线去曲取直的过程中,已缩短近 2000 千米;原本 7600 多个岛屿因填海连岛、炸岛取石、岛屿开发等行为,消失近 1000 个。

②　方芳、余亚亚:《象山:增殖放流修复海洋生态环境》,象山县人民检察院,2018 年 9 月14 日。

③　监察中队向 65 名协管员支付薪酬、培训相关管理知识,并制定相应的奖惩措施。

政府部门间的治理结构由中央制定、各级政府层层向下贯彻。市级以上海洋生态损害补偿治理网络内的行动者均是政府部门。因此，只要命令足够明确（如三条红线、四项制度）、监督足够严格（如出台的各项考核指标），海洋生态损害补偿政策就可以有效地层层传递。但事实上，海洋生态损害补偿的真正落实并不在市级以上的政府部门，而在于县级以下的基层社会。这一层面的行动者不仅仅是政府组织，还有用海企业和个人、渔民、养殖户、沿海居民、社会组织、协管员、与政府合作的企业等。在基层海洋生态损害补偿治理结构内，尽管从行动者类型看，政府部门及其派出机构占了绝大多数，但从行动者数量上来看，用海企业和个人、渔民、养殖户、沿海居民、社会组织的数量远远超过政府可以监管的程度。而且，在基层执行最严格的海洋生态损害补偿政策与熟人社会中自然形成的"人情—面子"关系相抵触。在这样的情况下，"命令—控制"海洋生态损害补偿治理结构即使在各政府部门内运作良好，但其对社会的管理能力也有限。

三、单一的"政府—社会—经济"治理结构导致治理过程的高成本与高不稳定性

如前所述，我国"政府—社会—经济"海洋生态损害补偿的结构关系比较单一。这主要表现在三者之间的联结方式单一，行动舞台缺乏。我国海洋生态损害补偿治理主要是由政府，更确切地说是中央政府发动的，通过政府组织内层层传递压力至经济和社会领域，再由中央政府监督、核查的命令—控制式治理。这种治理结构执行成本巨大，而且容易受到外界环境的影响。细言之，政府、行政体制内的政策关注点的移动都会影响到海洋生态损害补偿政策贯彻中的"条块整合"和"综合治理"。这种单一联结方式的治理结构高成本和高不稳定性是很难克服的。

毋庸置疑，各级政府（特别是中央政府）在我国海洋生态损害补偿治理结构中处于独一无二的核心地位，但这种独一无二的核心地位是永远的、长期

的,还是暂时的? 这个问题关系我国海洋生态损害补偿治理结构的建构。从长远发展的眼光来看,这种地位应该是暂时的,是在我国海洋生态损害补偿治理起步不久,不得不面对的结构性现象。但是考虑到各级政府(特别是中央政府)在政府组织内的条块整合并不能一直有效、各部门职能分散的综合有一定限度,政府组织在处理海洋生态损害补偿治理这个综合性问题时存在着结构性弱势,因此,政府虽然必须承担保护海洋生态、推进海洋生态损害补偿的职责,但履责手段应该多样化。其中一部分职责可向社会、市场转移,另一部分则应形成宏观调控的长效政策体系。因此,各级政府(特别是中央政府)在我国海洋生态损害补偿治理结构的地位应从长远发展的眼光重新定位。

综上所述,我国海洋生态损害补偿治理尚面临着急需解决的结构性问题。那么针对我国海洋生态损害补偿治理的发展现状,什么样的治理结构是我们应该且可以追求的呢? 这个问题的解决将有助于我国海洋生态损害补偿治理结构的有效改进和健康发展。

第三节　理想的海洋生态损害补偿治理结构设计

海洋生态损害补偿治理结构是参与海洋生态损害补偿的行动者在追求个体目标最大化的互动过程中所形成的,同时它又会反过来影响海洋生态损害补偿中的行动者的选择性行为。海洋生态损害补偿治理网络的管理者无法直接改造治理结构,但他可以通过改变行动者的目标和策略、改变行动舞台、改变行动者之间关系,从而改进海洋生态损害补偿治理结构。管理者从治理结构形塑的角度来推进海洋生态损害补偿治理时,将使这种管理行为变得有力而长效。

管理者对海洋生态损害补偿治理结构形塑源于对现有治理结构的了解,以走向理想的治理结构。虽然这个过程充满困难和挫折,甚至最后到达也不是当初设想的状态,但这个理想的治理结构可以指引前进的方向。因此,针对我国海洋生态损害补偿治理结构现状,设计出理想的治理结构,是海洋生态损害补偿治理研究的应有之义。如前所述,海洋生态损害补偿治理结构是一个中观层面的解释工具,涉及的领域、政府层级、问题层次等太过繁复,本节选择对我国海洋生态损害补偿治理影响比较核心的三个治理结构,即不同层级政府的、基层社会的和"政府—社会—经济"的结构关系来加以研究。

一、不同层级海洋生态损害补偿的理想治理结构设计

我国不同层级的海洋生态损害补偿治理结构主要存在着条块整合难、海洋事务管理分散于不同职能部门,以及综合因素较弱等问题。针对上述问题,不少学者从制度或体制的角度做过深入研究,并提出了改进的指导思想和具体方案,[1]但是实际效果并不理想。因此,本节提出从治理结构改进的视角来作出分析和设计。[2] 针对我国海洋生态损害补偿治理现状,理想的治理结构可用"弱化条块、强化综合"来描述。

在我国政治、行政体制下海洋生态损害补偿治理要抛开"块"是不太可行的,但"条块结合"又不利于海洋生态损害补偿治理推进。基于此,在现有治理结构内,弱化"条块"的影响,即将目标明确—手段清晰—利益冲突不大的治理事项和政策在"条块"结构内推进,而将目标不明确、手段不清晰或利益冲突大的治理事项和政策放在"综合平台"里推进,以此来弱化"条块"牵制的影响。

我国海洋生态损害补偿治理结构中"加强综合"可通过以下两条途径来

---

① 吕建华、高娜:《整体性治理对我国海洋环境管理体制改革的启示》,《中国行政管理》2012年第5期。王刚、宋锴业:《中国海洋环境管理体制:变迁、困境及其改革》,《中国海洋大学学报(社会科学版)》2017年第2期。

② 从治理结构的角度来研究上述问题时将不再仅局限于改进和重塑体制或制度,而且还包括对行动者、行动者关系和行动舞台改变的设计。

实现:一是在国家海洋行政主管部门增设国家海洋生态损害补偿治理委员会。这个委员会成员可由中央、省、市、地方与海洋生态损害补偿治理相关行政部门的行政人员、技术人员、专家等组成,负责海洋生态损害补偿治理法律、法规和政策的制定、向下贯彻和执行监督。在具体的运作过程中,国家海洋生态损害补偿治理委员会可根据开展各类治理事项的需要成立"委员会工作小组"。这样行动舞台设置有利于不同职能部门根据项目需要建立交往关系,也有利于"条块整合"。二是通过"项目制"的方式把利益相关的各级政府和各政府职能部门整合在一起。在海洋生态损害补偿治理中,有一些重要的事项国家有强大的财政支持,如海洋生态损害补偿中"海草"覆盖面的恢复。美国坦帕湾流域的海草覆盖率提升就成功地运用了项目制的方式。因为海草覆盖率所涉及海洋生态环境治理的方方面面,单个行动者增加坦帕湾海草覆盖率的努力几乎不可能成功。坦帕湾河口计划(TBEP)组织了氮管理协会、地方政府常设联盟、各级政府管理机构和影响坦帕湾过度营养化的主要企业,制订并实施了坦帕湾氮排入计划以恢复水下海草床。正是通过项目制将众多行动者整合在一起的努力,使坦帕湾海草覆盖率逐年增加,并于 2015 年恢复到 20 世纪40 年代被破坏前的水平。[①] 由此可见,通过"项目制"的方式不仅可以将不同层级、不同职能部门的政府组织整合起来,加强海洋生态损害补偿治理结构中的"综合"因素,而且它也可以延伸至社会和经济领域,将这两个领域的行动者整合进来。

二、基层海洋生态损害补偿的理想治理结构设计

如前所述,从总体上看,我国基层海洋生态损害补偿治理结构呈现"政府核心、群体分割"的特征。这种特征来源于政府在对基层社会的海洋生态损

---

① Johansson,J.O.R.,Greening,H.S.,*Seagrass Restoration in Tampa Bay:A Resource-based Approach to Estuarine Management:Subtropical and Tropical Seagrass Management Ecology*,Boca Raton:CRC Press,1999.

害补偿治理中仍旧延续了不同层级间的"命令—控制"型的治理模式,在基层海洋生态损害补偿治理中仍旧延续了类似于政府部门间的治理结构。打破政府单个核心,群体分割难以沟通的结构困境,理想的基层海洋生态损害补偿应该由政府部门间的治理结构向合作伙伴型治理结构转变。在基层海洋生态损害补偿治理结构内恰当地引入行动者的平等、自愿、合作等因素,建构合作伙伴型治理结构就显得特别重要。

实现基层海洋生态损害补偿应该由政府部门间的治理结构向合作伙伴型治理结构转变,应该致力于达成治理结构的三个变化:第一,在权力关系上,实现由命令—控制型为主,向命令—控制型和平等合作型并重,最后实现平等合作型为主。在基层海洋生态损害补偿治理结构中,除了政府组织、用海企业和个人、渔民、养殖户、沿海居民等直接的利益相关者外,还有科研组织、教育组织、企业、社区、公民自发组织以及众多利益不同乃至冲突的个体。这些组织和个体未必能就某个具体的海洋生态损害补偿事件联系在一起,但他们确确实实与海域生态损害休戚相关。他们之间可能既不存在权力关系,也没有业务联系。因此,需要用平等合作、资源共享的模式将他们整合起来,在基层海洋生态损害补偿中发挥越来越大的作用。第二,在行为规则上,基层海洋生态损害补偿治理结构要合理地吸纳并运作基层熟人社会中"人情—面子"关系的影响。① 在命令—控制型的基层海洋生态损害补偿治理网络内,管理对象是以"规则要求—受罚概率—利益考量"作为策略选择依据的。这种"罚不到即可行"的行为规则需要大量的监管成本,具有不可持续性。因此,基层的海洋生态损害补偿应该和基层熟人社会中"人情—面子"关系相结合,作为熟人之间的自觉自愿、彼此认同并遵守的行为规则。第三,需要通过搭建行动舞台设法使各类组织和个体整合在基层海洋生态损害补偿治理结构中,让他们能

---

① 课题组在访谈中发现,无论监察队员还是协管员,在熟人熟面的同乡同村里严格执行海洋生态损害补偿相关政策,是有一定难度的。将邻居或亲戚扭送到监察中队罚款或教育,这是很没有人情味的。

彼此互通信息、相互对话,共同建构对海洋生态损害补偿的信心。基层海洋生态损害补偿的行动舞台的形式众多:一是开展各种海洋生态损害补偿主题的工作坊和专题事件活动。这些活动甚至深入到中、小学的暑假社会实践活动。二是建设大众交流渠道。如微信公众号、讨论交流群、电子时事通信等来加强各类组织和个体之间就海洋生态损害补偿问题进行交流。三是开展"给海湾一日"活动,依托社区志愿者来推广海洋生态损害补偿相关知识和文化。四是建立海洋生态损害补偿社区咨询委员会。

三、"政府—社会—经济"海洋生态损害补偿的理想治理结构设计

鉴于"政府—社会—经济"单一的命令—控制式的海洋生态损害补偿治理结构自身存在的问题,难以发挥其应有的治理能力。因此,必须实现"政府—社会—经济"海洋生态损害补偿治理结构从单一联结方式向多元联结方式转变。具体而言,即是实现从单一的"命令—控制"型向合同契约型的市场运作和平等合作型等多元联结的多中心治理结构转变。

首先,政府、社会和经济这三个领域的权力关系性质不同,因此在不同领域内应采取不同的治理结构。如政府组织内部上下层级更多的是"命令—控制"型;社会领域内的成员不具有权力从属关系,因此更多的是基于资源共享基础上的平等合作关系;在经济领域,行动者以追求利润最大化为目标,则大多采用合同契约的市场机制。但事实上,这只是一个非常表层的依据属性分类,在具体的海洋生态损害补偿治理结构中,"命令—控制"型、合同契约型、平等合作型等多元联结方式完全可以根据需要运用于政府、社会和经济这三个领域。比如,在政府组织内部,同级的不同职能部门之间在海洋生态损害补偿治理中可以采用平等合作型,甚至合同契约型建立联结。

其次,政府与社会、经济领域联结时,不能采用单一的"命令—控制"型,

将政府组织内不同层级的治理结构延伸至社会、经济领域,而应该采用多元联结方式。这样不仅政策执行成本低,而且效果更好。比如菲律宾在马卡哈拉湾的海洋生态损害补偿治理中将海洋周围的 12 个自治市和两个城市结成"马卡哈拉湾发展联盟"。这个联盟积极开展涉及利益相关者的网络活动,包括私营部门、非政府组织、人民团体、学术界和青年,来鼓励多领域、多部门的合作管理。在海洋生态损害监测中,将各级国家政府机构包括 25 个办事处、附属机构和区域办事处,11 个地方政府单位、1 个大学、2 个非政府组织达成协定,将监测网络从海湾地区逐步扩大到支流和流域面。[①] 同时,政府也可以将合同契约型的市场运作机制引入海洋生态损害补偿治理,如建立海洋生态资源的市场化交易价格制度,海洋生态的保护者和生态使用者、损害者通过市场化的议价模式达成交易。另外,还可建立海洋生态损害补偿银行,让用海企业和个体在银行里有储蓄、有提取。

最后,各级政府(特别是中央政府)在建构海洋生态损害补偿的治理结构时,既要明确自身职责,但也要知晓自身能力限度所在。在"命令—控制"型治理方式可退出之处,及时地让位于其他治理方式,积极构建多元治理方式并存的"政府—社会—经济"海洋生态损害补偿的多中心治理结构。在单一联结方式的治理结构中,中心只有一个,即政府。社会和经济领域的行动者由政府命令—控制,这些行动者既没有参与的政策空间,也没有参与的行动舞台。因此,处于被动而无序的状态。在"政府—社会—经济"海洋生态损害补偿的多中心治理结构中,政府要培育社会和经济领域的自组织能力,并在各自领域形成动态发展的核心行动者,并逐渐形成这三个领域相互依存、相互促进的多个中心,形成一个稳定性强且可持续发展的"政府—社会—经济"海洋生态损害补偿的治理结构。

综上所述,我国海洋生态损害补偿治理结构的改进是必需且急迫的。这

---

① 杨振姣、闫海楠、王斌:《中国海洋生态环境治理现代化的国际经验与启示》,《太平洋学报》2017 年第 4 期。

不仅关系着我国海洋生态损害补偿工作的推进、海洋生态环境的保护,也是我国海洋环境治理现代化的必然要求。基于此,本书将针对现实的与理想的海洋生态损害补偿治理结构之间的差距,分析建设有序稳定、可持续发展的海洋生态损害补偿治理结构所需要的各类保障机制。

第二十一章　海洋生态损害补偿治理结构建设的保障机制分析

海洋生态损害原因是复杂多样的,其催生了多元化的海洋生态损害补偿治理主体和多样化的治理方式。越来越多的实践经验表明,海洋生态损害补偿治理单靠政府自上而下的"命令—控制"式治理是远远不够的,应当联动政府、市场和社会多方行动主体,建立一个有效的补偿治理的结构体系。而这个治理结构体系的建设是一个系统工程,需要复合且强大的保障机制予以支撑。海洋生态损害补偿治理保障机制必须立足于海洋生态的一般特点和实际问题,如海洋生态系统的整体性、流动性和立体性,以及行动者、行动者之间关系和行动舞台的特点,如渔民强海洋依赖性与弱势主体性等,进行有针对性的制度设计,在技术性保障的基础上重点考虑制度性保障问题。海洋生态损害补偿治理保障机制可以从海洋生态损害补偿治理的目标形成机制、不同层级政府治理结构保障机制及基层政府协同治理保障机制等方面加以设计与配置。

第一节　实现不同层面政府海洋生态损害补偿治理的保障机制

为了保障不同层面,即法律政策价值构建的、制定性的、实施性的政府海

458

洋生态损害补偿的有效治理,首先需要在这三个层面形成相应的机制,即价值目标形成机制、政策制定的目标形成机制和政策实施的目标形成机制。海洋生态损害补偿目标形成机制主要是补偿目标如何选择的问题。这主要体现在政府、市场和社会等不同主体的治理结构的价值目标设计上。针对"价值",探究其内涵,在常规意义上主要是指对客体能够有效满足主体需要的属性,在经济意义上则是指通过货币来衡量的凝结人类无差别劳动的结晶。尽管很多海洋生态环境要素不一定具有经济意义上的价值,是不能直接用货币的形式来衡量的,但也有着常规意义上无可预估的生态价值,其对整个地球上的人类乃至所有生物种群的生存发展产生了不可替代的作用。所以,海洋生态损害补偿治理的目标层面的设计,在价值目标、政策制定、政策实施三个层面上,应兼顾环境—经济—社会价值协调机制。

一、海洋生态损害补偿治理的价值目标形成机制

海洋生态损害补偿治理的价值目标形成机制是指人们通过长期的社会实践与科学考察对海洋生态损害补偿实现有效治理的决策与制度目标的理念与思想渊源总和,包括了人们对海洋生态开发与保护的概念性理解,以及国家与政府对海洋生态开发与保护的政策性内容。海洋生态损害补偿治理结构的基础的设计与制定依靠海洋生态损害补偿治理的价值目标形成机制。

第一,海洋生态损害补偿治理的价值目标形成机制有赖于人们对海洋生态自然地理知识的生产。依据人类已有的对海洋的认识,海洋占地球表面积近71%,尚有大量未得到充分开发利用的资源宝库与广阔空间,如其所蕴含的渔业、矿产、油气等丰富资源,近海、滩涂、深海的"上—中—下立体广阔空间"。海洋的生存空间价值、鱼盐舟楫之便价值、交通通道价值、经济价值亦是不言自明。而且,海洋所蕴含的"生态价值"尤其需要深入认识。现有科学研究结果也表明海洋对于人类生命支持系统的重要性,在地球上起到能量循环关键作用的因素是海洋,以作为地球生态环境的调节器的形式而存在。海

洋生态系统的稳定关系着整个人类的生存发展、生态安全。人们对海洋生态环境及其资源利用的认识在一定程度上决定了海洋生态损害补偿治理的价值目标形成机制的理论来源。

第二,海洋生态损害补偿治理的价值目标形成机制镶嵌于海洋生态开发与保护的社会公平与正义理念之中。"生态治理体系和能力现代化的目标之一就是维护生态正义。"[①]一方面,对海洋具有强依赖性的渔民将"面临失海、沦为失海渔民"的风险、"下海无渔、养殖无滩、种田无地、转产无岗"等窘境,进而导致渔民因"政策性失海、失业式失海"而"走向返贫、走向弱势",沦为"弱势群体"。这显性地破坏了社会的公平与正义。对渔民的正当利益保护与补偿在发展海洋经济、开发海洋资源过程中应当予以充分关注与体现,这无疑是海洋生态损害补偿中所应关注的社会效应之一。另一方面,海洋生态环境正义的追求不仅是海洋生态损害补偿治理的基本立足,也是它的根本目标。海洋生态环境对全球人类的生存与发展的决定性使得保护海洋生态环境、追求环境正义具有不言而喻的重要性。另外,在海洋生态损害补偿目标设计中,关于海洋生态利益的分割与平衡不仅要协调当代人之间的关系,也要注重海洋利益在整体性和可持续性上的分配内容,更要维护当代人与后代人之间的海洋资源利益分配方面平衡。海洋生态损害补偿及其机制设计应关注当代人与后代人之间海洋正义失衡的矫正,在二者之间架起公平正义的桥梁,最终追求与维护海洋生态正义。

第三,海洋生态损害补偿治理的价值目标形成机制根植于新时期国家的海洋发展战略的阐释与解读。随着我国海洋经济的发展,滩涂围垦、项目征地、临港工业、房地产开发等攫取海洋资源的一系列行动所带来的是海洋生态问题的日渐突出、渔民的渔业生产作业空间日益受到压缩等。为此,党和国家出台了许多关于海洋生态保护的法律、法规和政策文件。党的十八届三中全

---

① 潘书宏:《"治理"语境下福建省海洋生态补偿制度之完善》,《海峡法学》2017年第3期。

会聚焦全面深化改革议题,作出"建立系统完善的生态文明制度体系"的战略部署,将生态治理现代化作为国家治理体系和治理能力现代化的核心内涵之一。那么,海洋生态补偿治理的目标形成机制处于推进生态治理现代化的关键"生态位"(Ecological Niche)的核心位置。《中华人民共和国海洋环境保护法》《中共中央办公厅　国务院办公厅关于划定并严守生态保护红线的若干意见》《国家海洋局关于全面建立实施海洋生态红线制度的意见》《海洋生态保护红线监督管理办法》等法律、法规及政策性文件,都规定了政府相关的海洋环境保护部门的检测、执法职责、主要的执法内容及主体,从而"三位一体"地为海洋生态损害补偿治理的目标价值形成机制的战略奠定政策文本基础。

海洋生态损害补偿治理的价值目标形成机制落实到现实中,表现为一系列官方的法律文本与政策文件的集合体以及社会中足以集中反映海洋生态损害补偿治理公平正义价值理念的习惯及其舆论,从多元角度来形成价值目标体系,并推进价值目标的形成机制。在海洋生态损害补偿治理价值目标的形成过程中,主要包括了元价值输入机制、政策价值形成机制以及政策价值检查机制,实现海洋生态损害补偿治理的价值目标形成机制的良性循环。

总而言之,海洋生态损害补偿治理的价值目标形成机制起源于新时期人们对海洋资料开发利用及其生态保护的价值观危机,尤其是表现为人们在海洋开发利用方面的生态伦理道德的缺失。"谁污染、谁治理"的传统工业化老路子已不适合新时期我国海洋开发战略的需要,因为"边污染、边治理"的发展代价太大,在海洋生态损害补偿治理的价值目标上,亟须精准定位于"生态优先,绿色发展"的资源利用与环境治理机制与技术,促进与保障我国海洋生态损害补偿治理的有效实现。

二、海洋生态损害补偿治理的政策制定目标形成机制

海洋生态损害补偿治理的政策制定目标形成机制是价值目标落实到政策实践中的具体表现,也是前面提到的价值目标通过提升政策议程转化为政策

制定目标的变化过程。海洋生态损害补偿治理的政策制定目标形成机制主要包括了海洋生态损害补偿治理的终极目标和绩效评估机制等部分,是围绕着开发海洋资源与有效保护海洋生态的价值目标的合理性,海洋生态损害补偿治理政策制定者致力推行的政策制定目标。

第一,海洋生态损害补偿治理的政策制定目标形成机制致力于价值目标的实现。海洋生态损害补偿治理的终极目标是实现海洋生态损害补偿、修复,并促进海洋生态文明的发展。因此,海洋生态损害补偿、修复的实施情况应当成为海洋生态损害补偿治理绩效评估的中心环节和重要指标。科学的标准应当在海洋生态修复状况的评估过程中予以制定,对海洋生态状况的变化情况进行科学监测、科学分析和科学认定,充分考虑客观实际情况,不能以单一标准代替多样化指标,不能将生态环境的变化完全归因于生态损害补偿的实施情况,否则看似评估结果客观、真实,却可能会导致实质的不公平。海洋生态损害补偿治理的政策目标形成的价值目标确保了海洋生态损害补偿治理的政策制定目标体系的有效实现。

第二,海洋生态损害补偿治理的政策制定目标形成机制还体现在其治理绩效的评估机制。从某种意义上来说,治理绩效的评估机制本身就是对治理本身的一种政策目标的检视与反思。在海洋生态损害补偿治理过程中的绩效评估机制对海洋生态损害补偿治理工作中对相关利益人互动所形成的补偿治理绩效会产生一个多维度、全方位评估的制度建构的作用与影响。海洋生态损害补偿治理绩效评估是生态损害补偿实施过程中必不可少的重要环节,可为生态损害补偿治理政策的调整完善提供参考,促进生态损害补偿治理政策实现科学化、体系化。海洋生态损害补偿治理绩效的评估机制应体现多维度、全方位的评估目标,即实现对责任承担主体、环境修复状况、环境损害受害者和社会效应等的多方评估。海洋生态损害补偿治理过程中的绩效评估机制在一定程度上是将海洋生态损害补偿治理的元价值目标与政策制定目标有机沟通、联系起来的桥梁。

第三,海洋生态损害补偿治理的政策制定目标形成机制还体现在妥善解决在海洋生态损害补偿治理过程中的"搭便车"问题。首先,海洋开发主体在自身的实践活动中通常会使用海洋生态资源,获取了海洋生态资源的价值;其次,海洋开发主体的过度活动不仅会破坏海洋生态资源,甚至还影响到其他利益相关者对于海洋生态服务系统的享有;最后,"搭便车"行为也要付费,纳入其海洋生态保护和建设的成本。

三、海洋生态损害补偿治理的政策实施目标形成机制

海洋生态损害补偿治理的政策实施目标形成机制实际上是政策制定目标的再转化过程。[①] 政策过程将公共政策分解为元价值、政策制定及政策实施(包含政策反馈)等有机组成部分,海洋生态损害补偿治理的政策过程也表现为一种特殊的公共政策,在一定程度上实现了从价值目标到政策制定目标再到政策实施目标之间的有机联系与合理转化。海洋生态损害补偿治理的政策实施目标的形成机制包括对"海"的生态补偿治理和对"人"的经济补偿治理等方面,这是两个不同层面的补偿治理的政策实施目标,通过非货币的或货币等形式得到实现。

海洋生态损害补偿治理的政策实施目标形成机制主要关注政策制定目标的现实执行(执法)标准(或程序)的确定问题。例如,在对海洋生态损害补偿治理进行绩效评估时,应当关注环境损害受害者的受偿情况。一方面是受害者是否得到了与其所遭受的侵害相一致的损害赔偿。一般而言,环境污染对人造成的健康上的损害是间接的,评估标准难以确定,因此必须结合具体情况合理赔偿。另一方面是受害者在得到损害赔偿后是否继续遭受侵害,损害赔偿并不是最终目的,如果侵害持续存在,赔偿数额的多少将变得毫无意义,因为长期损害身体的必然结果是生命的代价。这也就意味着海洋生态损害补偿

---

① 赫伯特·西蒙:《管理行为》,詹正茂译,北京经济学院出版社1988年版。

治理并不是机械地适用于经济标准,而是在对"海"和"人"的正确认知基础上,对生态标准与经济标准之间的综合权衡。

海洋生态损害补偿治理的绩效评估在另一个角度上,还是从政策制定目标通向政策实施目标的渠道。不同于海洋生态损害补偿治理的执行标准或执法程序的适用,其治理绩效评估更侧重于对海洋生态损害补偿治理的社会效益的实现。海洋生态损害补偿治理的绩效评估要注重海洋生态损害补偿的社会效应,即生态损害补偿的社会效果。衡量生态损害补偿成效的重要指标之一就是社会效果。一般来说,海洋生态损害补偿实现了环境修复和受害者补偿的统一,便能够得到普遍的肯定,实现良好的社会效果。另外,政府要善于利用媒体的宣传作用,及时客观地通报海洋生态损害补偿的落实情况,保障公众的知情权及参与权。

按海洋生态损害补偿治理的实施划分,主体主要可分为市场补偿实施主体和政府补偿实施主体。

海洋生态损害补偿治理的政策目标实施机制主要是从政策执行及其反馈的角度来进行设计的,特别强调海洋生态损害补偿治理的政策目标的有效实现和顺利达成。无论是针对陆源污染的治理还是针对近海污染的治理,海洋生态损害补偿治理的政策目标实施机制都将致力于对各类海洋污染造成的损害进行有效的符合社会公平正义的治理活动。从时间上来看,海洋生态损害补偿治理的政策目标实施机制包含了远期的规划目标实现、中期的计划目标实现和近期的实施目标实现三个层次;从阶段上来看,治理的政策目标执行过程隶属于海洋生态损害补偿治理的政策目标实施机制,并通过治理的政策目标检查过程以及治理的政策目标再执行过程的互动从而形成良性循环。

综上所述,海洋政策实施目标形成机制是所有海洋生态损害补偿政策目标转化过程的媒介,从"海"和"人"两个角度来对海洋生态损害补偿进行治理,更加关注于执行标准和执法程序等内容,从政策的价值目标到政策的制定和实施方面,都要把"海"与"人"两个方面考虑在内,保证在海洋生态损害补偿中各利益相关方都能够得到利益平衡,同时还旨在推进海洋生态损害的恢复性治理,实现经济价值与社会价值的双重性恢复。海洋生态损害补偿政策实施目标形成机制不仅需要强制性的政府介入,还需要柔性的市场和社会力量加入,治理补偿主体自主的价值选择和自治取向形成需要进行一定的引导,实现对海洋生态资源的经济价值和社会价值的满足,最终实现海洋环境资源及生态保护的海洋政策实施目标。

第二节　实现不同层级政府海洋生态损害补偿治理结构的保障机制

从治理角度来看,政府的不同层级之间的合作事实上对海洋生态损害补偿治理结构起到了牵一发而动全身的重要作用。随着我国四十余年的改革开放与市场经济发展,我国政府不同层级之间的关系早已不是原先的"铁板"一块,而是在上下级(纵向)、同级(横向)、不同级(交叉)等结构上出现了协作乃至多中心的新特征。这对海洋生态损害补偿治理结构产生了一种适应时代特征的保障机制。具体来看,不同层级政府海洋生态损害补偿治理结构的保障机制主要包括府际协调机制、海洋治理协同功能区机制与海洋治理政府问责机制等内容。

一、海洋生态损害补偿治理的府际协调机制

海洋生态损害补偿治理的府际协调机制着重解决的是从中央到地方、地方不同层级政府及其海洋治理部门之间的治理责任协调问题,从而破解陆地上行政区划分割、部门林立、规则互相抵触的弊端。一般来说,海洋生态损害补偿治理的府际协调机制强调流域政府间以及利益相关各方进行有效的信息沟通,确立起信任关系,分管海域的地方政府之间更应该采取协商手段来解决

矛盾和冲突,进而更可以实现对流域生态损害补偿的合作治理。① 为了实现这样的制度设计初衷,应当从以下两个方面着手:

一方面,建立统一完整的海洋区而非陆地行政区内部的财政转移责任,以打破陆地上部门分割的问题,以适应海洋环境生态系统整体性、流动性、立体性的特征。另外,每个行政区属的渔民对海洋依赖程度不一致。因此,政府部门要根据具体情况加强同级政府协同机制和上下级政府联动机制保障建设。具体而言,同级政府协同机制的建立需要注意下列几点:一是财政转移支付中增加海洋生态要素补偿的比例,增加对重点海洋功能区的支持力度,例如渤海湾、东海等;二是将现行财政体制上的返还部分(税收返还、体制补助和结算补助等)一并纳入一般性转移支付体系,增加财政转移支付资金;三是建立横向财政转移支付制度,加强区域间地方政府的协同与合作,可在重点海洋功能区先行试点,发挥先发地区的经济优势和区域联动优势,如先促进长三角的江浙沪、珠三角的广东省九市区域联动的形成;四是建立权责明确、权责一致的管理机制,确保通过财政转移支付,将海洋生态损害补偿基金真正用在特定的海洋生态损害补偿项目上。

另一方面,建构海洋生态损害补偿治理主体划分明确的责任体系。海洋生态损害补偿治理主体类型的明确是补偿实施的前提。经济学、生态学、管理学等不同学科都对生态损害补偿的主体进行了不同层面的界定。在海洋生态损害补偿治理的现行条件及制度设计背景下,保障海洋生态损害补偿治理结构的有效作用,明确政府是我国海洋生态损害补偿治理的关键主体,其上下联动意义深远。

一要发挥中央政府的宏观指引作用。海洋是国家的重要战略资源,尤其是海洋生态价值在国际博弈形势下的特殊性与重要性,决定了在海洋生态损害补偿中,中央政府的统筹管理对其有必然性。而政府是国家的行政机构,法

---

① 王勇:《论流域水环境保护的府际治理协调机制》,《社会科学》2009 年第 3 期。

律规定和人民授予了其运用公权力,监管国家环境资源的职责与职能。其中也包括对海洋环境资源及生态保护的职责与职能。由于海洋生态的公共性,中央政府还具有直接补偿的责任。海洋区实际上是一个统一完整的地理概念。尽管我们在行政政务上将之区分为渤海、东海、南海等海洋区,这并不会阻挡各个海洋之间的洋流交换。从这个角度来看,海洋生态损害补偿治理应该是一种涵盖全国领土范围的国家性公共产品,确实要求中央政府首先承担全部的、直接的治理责任。

我国相关法律规定国家和政府需要通过政府的行政职能来实现。显然,借助政府的职能对于自然资源的行政管理更易于集中优势对海洋资源进行管理,政府通过财政转移支付、开征生态税收等手段,实现对海洋生态损害补偿,矫正失衡的海洋生态利益分配。当然,由于海洋所具有的整体性、流动性等特点,现实中可能基于跨国海洋环境问题而导致的跨国海洋生态损害补偿问题(如日本福岛核电站泄漏事件就涉及韩国、朝鲜、中国和俄罗斯等诸多国家),外国政府、国际组织也可以作为海洋生态损害补偿治理的主体。因此,在海洋生态损害补偿及其机制设计中,应加以认识与考虑。

从世界范围来看,需要借助中央加以统筹,并且也需要各主权国家的通力合作。中央对海洋管理的统筹主要表现在编制海洋生态损害补偿规划(如国家海洋事业发展"十二五""十三五"规划等),制定海洋生态损害补偿政策、法律和法规,颁布海洋生态损害补偿工作指南、海洋生态损害补偿监测报告的发布等。海洋生态损害补偿治理是一种全国性公共产品,更加强调统一性和完整性,而这一方面的公共职责只能由中央政府来推行与实现。

二要发挥地方政府的实施主力作用。海洋生态损害补偿治理的具体落实还需要地方政府共同协作,发挥自身不可替代的作用。各个沿海的管理相关海域的地方政府在发展本地海洋经济和保护海洋生态时,不仅要遵循中央的统一部署,还要根据地方的实际情况来编制本地区的海洋生态损害补偿治理的政策规划。地方政府在海洋生态损害补偿治理及其机制的运行中的定位:

一是海洋生态损害补偿治理的直接实施主体;二是海洋生态损害补偿治理主体的直接接触方。

　　三要实现不同层级政府之间的相互协作。在海洋生态损害补偿治理中,打破传统的上下级之间"命令—控制"型和平级政府之间的"各自为政、互不干涉"的局面显得尤为重要。在不同层级政府之间建立相互协作的关系,需要注意以下几点:第一,实现海洋生态损害补偿治理中各级政府特别是上下级政府之间的平等沟通;第二,打破各地方政府之间或不同职能部门间"各自为政、互不干涉"的习惯,强调就海洋生态损害补偿事项本着真诚和合作的精神进行交流、咨询、质疑和争辩;第三,尊重各级政府自身的利益和本流域辖区居民的利益,只有承认不同的利益的存在及其合理性,才能实现利益相关者的参与、协商,才能实现真正的相互协作。不同层级的政府在相互协作中本着相互合作平等,允许利益表达,才会有自主交谈意愿和能力,中央政府才可能真实了解地方政府的利益需求,其对海洋生态损害补偿治理的价值目标和政策目标也更能获得地方政府的认同和支持。只有通过相互协作的机制,地方政府才能获得更多的信息和了解对方的真实意愿,或者通过质疑和争辩彼此改进在海洋生态损害补偿治理中的策略选择。总之,在海洋生态损害补偿治理中建立不同层级政府之间的协作机制有助于克服传统的上下级之间"命令—控制"型和平级政府之间的"各自为政、互不干涉"的情形,保障海洋生态损害补偿治理结构的有效运作。

　　因此,海洋的整体性、流动性、立体性等特性决定了配之以"中央—地方联动机制"的必然性。与此同时,实践也证明,只有"中央—地方三级联动机制"的设计与配置,才能适应海洋生态损害补偿治理的跨区域性问题及挑战,充分实现海洋生态损害补偿治理的失衡利益矫正与补偿的目的。当然,海洋生态损害补偿治理的府际协调机制不仅针对解决央地关系的协调,还旨在解决地方政府及其海洋治理职能部门之间的责任关系协调,这也需要中央政府的全盘统筹与斡旋处理。

二、海洋生态损害补偿治理的协调功能区机制

海洋生态损害补偿治理的协调功能区机制在一定意义上是根据现实中的各级政府关于海洋治理的制度试验而深化构思的制度设想。这种海洋生态损害补偿治理的协调功能区主要着眼于解决海洋区生态统一性与完整性问题。在现实中,海洋生态损害补偿治理的协调功能区的试验渊源主要包括以下几种类型:

第一,海洋生态保护功能区建设是海洋生态管理的重要方面。海洋保护区(MPA)制度是对被法律或法规保留的海洋环境的任何区域中部分或全部自然资源或文化资源提供保护的制度,其目的是通过限制人类活动而保护自然资源。① 一方面,管理权的分散,各级政府及部门机构设置重叠,职权界限不明,在造成我国资源环境公共物品的"九龙治水"典型困境的同时,又不能适应海洋环境要素分布的跨行政区域性,影响整个海洋生态系统建设的整体性。② 另一方面,无人管理的状况多可能出现在跨行政区划的海域。不同类型、不同区域的区域化海洋发展战略及规划,都充分展示了地方在发展海洋经济、衡平失衡海洋生态利益中所起的功能及其重要战略地位。

第二,海洋主体功能区是新时期我国区域管理的重要创新。③ 海洋主体功能区生态损害补偿治理的目标是海洋生态保护,补偿治理方式是公共服务均等化。海洋主体功能区作为一种新型生态损害补偿方式,这种生态损害补偿方式的目标在于促进限制开发区和禁止开发区生态修复并调动其生态保护积极性、实现生态损害补偿的社会化、市场化和法制化。④ 针对海洋生态损害

---

① 朱炜、王乐锦、谈立群等:《海洋生态补偿的制度建设与治理实践——基于国际比较视角》,《管理世界》2017 年第 12 期。

② 李思佳:《论海洋生态损害补偿机制及其实施》,《前沿》2014 年第 7 期。

③ 孙姗姗、朱传耿:《论主体功能区对我国区域发展理论的创新》,《现代经济探讨》2006 年第 9 期。

④ 梁丽娟、葛颜祥:《关于我国构建生态损害补偿机制的思考》,《软科学》2006 年第 4 期。

补偿功能区来说,优先开发和重点开发区域占有更多的资源,能够集中精力进行开发和利用,从而获得较高海洋生态补偿的经济收益。

第三,海洋主体功能区的海洋生态损害补偿治理主要由政府主导,但是市场化的程度较低,导致行政的低效率。限制和禁止开发的海洋区域的战略定位是保护海洋生态,促进可持续发展,但这样的海洋区域不仅经济效益受损,甚至可能承担海洋生态损害的不利后果,必须借助政府的力量进行利益的平衡,以实施海洋生态损害补偿。但政府的财政是有限的,尤其是对于限制和禁止开发的海洋区域所在的政府来说,财政来源不足,而财政负担较重,很可能出现捉襟见肘的尴尬局面,影响政府公共服务的提供,降低公众对政府的满意度。

第四,有关海洋生态损害补偿治理的协同治理功能区的法律制度不健全。虽然涉及生态损害补偿这一概念的法律制度已经存在,但是关于生态损害补偿的规定散见于有关环境保护和自然资源的法律、规章中,我国还没有颁布一部统一的关于生态损害补偿的法律法规。① 在海洋生态损害补偿主体功能区,生态损害补偿的法律制度不完善具体体现在海洋生态损害的评估,海洋生态损害的主体、补偿对象、补偿标准等。从海洋生态损害这里的协同治理补偿功能区的全局来看,如何协调不同功能区之间的利益,使不同类型的功能区享有更加平等的发展机会,合理地利用和开发海洋资源,是海洋生态损害治理的协同治理功能区建设必须面临的重大课题。

三、海洋生态损害补偿治理的政府问责机制

海洋生态损害补偿治理的政府问责机制是其治理结构实现的又一重要保障机制。建立健全海洋生态损害补偿治理的政府问责机制,从理论的角度来讲,海洋生态损害补偿是指因经济主体(公民、法人)的涉海活动,致使海洋生

---

① 穆琳:《我国主体功能区生态损害补偿机制创新研究》,《财经问题研究》2013 年第 7 期。

活环境、生产环境和生态环境遭受污染或破坏,从而损害一定区域人们的生活权益、生产权益和环境权益的行为人所应承受的民事上的法律后果。海洋生态损害补偿治理的政府问责机制是指使造成海洋生态损害的主体实施海洋生态损害补偿治理,并承担相应责任的机制,旨在解决在海洋生态损害补偿的治理过程中怎样定责、如何追责的问题。其中,需要首先明确三个问题:一是海洋生态损害补偿治理的责任主体的确认,二是海洋生态损害补偿治理责任的内容确定,三是海洋生态损害补偿治理的责任承担的具体方式。

科学建立海洋生态环境保护责任追究和环境损害赔偿制度,确保海洋生态环境保护法律责任、行政责任、经济责任的"三重落实",是保障保护海洋生态环境,维护公众海洋环境权益的必然要求,同时也是制裁环境违法行为的要求。① 基于此,海洋生态损害补偿治理的政府问责机制需从以下几方面展开:

首先,海洋生态损害补偿治理主体的确认。在海洋生态损害补偿中按照"谁损害,谁补偿""谁受损,谁受偿"的原则就容易明确各自的权利义务。谁是海洋生态损害者,梳理各类海洋生态损害的类型,就可以知道,海洋生态损害者可能是企业、居民,也可能是政府。违反海洋生态保护的义务是"企业、居民、政府"承担生态损害补偿的原因。但在海洋生态损害补偿治理中,由于海洋生态损害补偿问题的复杂性,谁是治理主体,往往不是显而易见的。不同层级的政府、不同流域的同级政府、同级政府的不同职级部门都可能成为生态损害补偿治理问责的对象。因此,在海洋生态损害补偿治理中确认治理主体是问责的前提。

其次,明确海洋生态损害补偿治理责任的具体承担方式。海洋生态损害补偿治理问题具有复杂性,在治理过程中,某一环节的过失可能有着复杂的前期和同期原因。这给明确海洋生态损害补偿治理责任的具体承担方式带来困

---

① 郑苗壮、刘岩:《关于建立海洋生态损害补偿机制的思考》,《改革与战略》2014 年第11 期。

难。因此,在治理责任的考量和具体承担方式的确认中,基于政府海洋生态损害补偿治理绩效评估的结果,问责主体依法定程序追究没有达到基本绩效目标的政府组织及其公务人员的公共责任的过程进行绩效问责。它关注于官员在海洋生态损害补偿治理的有效政绩和贡献。在治理绩效问责制下,"无过"并不能成为逃避责任的借口。① 政府官员会因为没有达到应有的绩效水平而被追究责任,而且依据其与应有的绩效水平的差距来确定其承担何种问责方式,如检查、通报、记过、诫勉、调整职务、责令辞职、降职、免职等。

总之,海洋生态损害补偿治理的政府问责机制主要是从法治政府建设的角度来推进关于海洋生态损害补偿治理领域的政府问责事项,确保督促政府积极履行海洋生态损害补偿治理的公共职责。事权清晰,公责也要清晰,这样才能确保政府在海洋生态损害补偿治理领域中有效发挥自身的治理功能。

第三节　实现基层政府海洋生态损害补偿治理结构的保障机制

一般来说,府际关系即各级政府之间的关系,不仅包括了中央政府,还包括了地方政府(省级及以下政府)。上文为了在行文逻辑上更好地阐释与说明海洋生态补偿治理结构中保障机制的建构问题,府际关系中的政府没有特别就基层政府展开论述,但事实上,县、乡镇级地方政府在海洋生态损害补偿治理中的作用特别重要。如果其他各级政府海洋生态损害补偿治理结构的保障机制主要是针对政策制定目标的实现问题,那么,基层政府海洋生态损害补偿治理结构更加关乎着政策实施目标的实现问题。

---

① 朱黄涛、毛晚春:《政府问责方式的新发展:绩效问责制探析》,《理论观察》2009 年第3 期。

一、基层政府协调治理机制

首先,从一定程度看,基层政府在海洋生态损害补偿及其机制运行中的作用集中体现于海洋生态补偿治理具体的责任承担问题。海洋生态系统具有整体性、公共性等特征。由于市场通常在海洋生态损害补偿中存在局限性,使得政府在海洋生态损害补偿及其机制运行中的作用尤为重要。政府在海洋生态损害补偿中承担何种责任、如何承担,直接关系到海洋生态损害补偿治理机制能否良性运行。我国海洋生态损害补偿治理的市场化还处于起步阶段,海洋生态系统服务市场尚未真正建立,必须依托政府的干预。

其次,充分发挥基层政府在海洋生态损害补偿市场机制中的协调治理作用。长期以来,学界一直在探讨通过市场机制来解决环境污染问题。市场通过不具有"刚性"手段的强制效果,引导主体进行自主的价值选择。使其经过"成本—效益"分析,并依托市场法则来规范市场行为,从而实现海洋生态的保护目标。从而通过将海洋生态服务功能及其效益纳入市场调节渠道,借助市场机制功能,来降低海洋生态保护的成本。因此,相比政府补偿手段,市场机制成本较低,且更为灵活。当然市场手段也面临着信息不对称、交易成本高、盲目性大等问题,这将影响市场补偿机制的运行。[1]

最后,基层政府和市场可以在生态损害补偿治理机制中基于自身的优势发挥其功效。总体上,基层政府补偿治理具有政策方向性强、目标明确、容易启动等优势,因此,在海洋生态损害补偿治理中政府依然是主力军。但是也有诸多无法避免的缺陷,如运作成本高(人力成本和财力成本)、标准确定难及财政压力大、体制灵活性差等,所以在海洋生态保护的许多领域,基层政府参与生态损害补偿治理效果并不都很理想。因此,也常常会在海洋这一公共物品的生态损害补偿治理及其机制运行中,面临"政府失灵"。与此同时,我国

---

[1] 朱丹果:《生态损害补偿法律机制研究》,西安建筑科技大学硕士学位论文,2008年。

市场经济发展需要进一步完善,生态保护的市场机制建设也需要进一步完善。对于海洋这一公共物品,市场的调节及其功能发挥也常常面临"市场失灵"的境况。

海洋生态损害补偿治理机制中的基层政府协调机制主要是在具体的落实与实施层面来看待海洋生态损害补偿治理的实现问题,强调发挥政府与市场两个积极性,适当时候也可以引入社会的积极性,从而确保海洋生态损害补偿治理始终在社会公平正义的轨道上行驶。从法治政府建设的角度来看,在海洋生态损害补偿治理中的基层协调机制要通过国家立法的形式解决政府补偿与市场补偿的功能范围与纠纷解决等问题,以确保最大限度地发挥治理效能。

因此,基层政府补偿和市场补偿的优势作用不仅仅要在海洋生态损害补偿治理机制中充分发挥出来,同时也要针对"市场失灵"与"政府失灵",需要引入社会资源及力量的参与和填补,协助基层政府与市场一起加以协同解决。

二、监测监察执法机制

海洋生态损害监测机制涉及海洋生态损害监测的技术问题和制度问题。技术主要靠市场和社会的提供以及政府的购买,制度的运行主要靠政府的制定实施和市场、社会的共同参与。因此,政府、市场和社会要相互配合、相互促进、相互制约才能更好地做好海洋生态损害监测。监测主要是指通过海洋环境监测掌握海洋环境状况,一般有调查性监测、污染事故监测、常规性监测、研究性监测等。[1] 及时准确地获取海洋环境质量信息,掌握海洋环境的实时状态、污染源头及其影响范围、危害和变化趋势等,从而更好地实现对海洋生态损害的预警和应对。一方面,实现海洋环境风险监控的全面覆盖。海洋环境风险监测必须实现多领域的全面覆盖。海洋风险监测的多领域覆盖并不是盲目地采用同样的标准进行各个领域的风险监控,而是强调"准全面高效",即

---

① 马春生:《发展海洋环境监测的意义和作用》,《科技创新导报》2010 年第 3 期。

在全面实施监测的前提下力求实现海洋风险监控的高效率。根据不同领域的不同特点进行风险监控设计,但不能出现盲点。海洋环境风险监测还必须实现多环节的全面覆盖。海洋环境风险监控的全面覆盖海洋风险监测的多环节是指在事前、事中、事后三阶段均进行有效的环境风险监测。要建立三阶段风险监测保障机制,可以探索海洋监控报告制度,即在三个不同的阶段进行监控的过程中,依据海洋监控内容的不同和不同的特点,分别提出不同的应对建议和反思,可以促进海洋风险监控的完善,也能和其他环节密切配合,共同做好海洋生态损害事件的监测工作。另一方面,开展海洋项目生态损害事件过程控制。海洋环境风险监测需要按照一定的步骤和流程,其中应当特别注意海洋环境风险监测的动态式跟进,走动态化路径进行控制。海洋生态损害补偿治理的监察监测机制是构筑于海洋生态损害补偿治理全过程中的事先预防与事后纠正的辅助性治理措施,确保整个治理过程在两性的循环过程之中。海洋生态监察监测机制不仅是一种科学考察的监控机制,也可以用在对海洋生态损害补偿治理过程的预测与评价活动之中,进一步推进海洋生态损害补偿治理的科学性效果。

三、信息公开机制

信息公开是公众参与的基本条件和前提。建立完善海洋生态环境政务信息发布制度,及时、准确地公开关涉海洋环境生态损害补偿治理的法律、法规,规章、标准和其他规范性文件,海洋生态环境质量状况,主要污染源以及相关治理项目,治理绩效评估等。建立智慧生态损害补偿治理信息平台,利用大数据来实现信息的互联互通。通过多渠道、多维度地发布海洋生态补偿治理的相关信息,是海洋生态损害补偿治理机制建设的重要环节,具有重要的意义。

第一,信息公开机制必须着眼于在海洋生态损害补偿过程中的社会响应的问题。从某种角度来说,海洋生态损害补偿信息披露机制就是海洋生态损害补偿的社会响应问题,满足社会公众对海洋生态损害情况及其损害补偿情况的了解期望,监督作用和社会管理作用。在海洋生态损害补偿治理信息的披露机制建设的过程中,可以借鉴美国联邦政府下属的环保署在环境风险全过程治理过程中的信息披露机制。在突发环境事件爆发前,有关部门对危险废物污染源进行普查,列出污染源的清单,并要求针对每个潜在的、可能的污染源制定出预警方案,及时向社会披露可靠信息。美国联邦政府不仅日常定期向社会披露污染源信息,在事故发生后,更是及时向社会披露污染及清理信息。如墨西哥漏油事件发生后,创建"深水地平线应急反应"官方网站:现场直播发布最新信息,征召志愿者、提供索赔通道、拯救野生动物等多项功能。随着救灾的深入,联邦政府成立"修复墨西哥湾"网站,增加了事故调查、健康与安全等栏目,整合了联邦政府和地方政府的资源,公众的知情权也得到了保障。

第二,信息公开机制还应当着眼于对海洋生态损害补偿治理的全过程的关注。海洋生态损害补偿治理信息披露也应当贯穿生态损害补偿全过程,即生态损害补偿前期、中期、后期。在海洋生态环境遭受损害后,政府有关部门要迅速行动,科学评估,开展持续监测,并初步制定生态损害补偿的方案,及时将损害信息公之于众。根据持续评估和监测的结果,要求产生负外部性的企业或个人进行生态损害补偿,在决策的过程中,要及时公布补偿的标准和数额,认真听取当事人意见,广泛征求社会意见,避免"拍脑袋"决策,实现科学决策。在实施生态损害补偿后,要定期开展海洋生态损害修复评估,及时披露生态损害修复情况,让生态损害补偿的进展能够有效地接受公众监督,让生态损害补偿的成效能够充分为公众所了解。在2011年中海油渤海湾漏油事故中,溢油事故生态损害补偿后的信息披露成为公益诉讼的焦点问题。在对溢油事故进行生态损害补偿后,生态损害补偿的资金是否应用于生态修复,责任主体是否履行生态修复的义务,相关信息的披露不足都是当下须重点解决的机制创新问题。此外,海洋生态损害补偿的信息披露要实现"信息交流"的特点,必须提升公众参与水平和健全信息沟通救济机制。

第三,加强在信息公开机制中对海洋生态损害补偿治理过程中的公众参与。公众参与是海洋生态损害补偿治理信息披露的基础。要实现有效的信息交流,必须从根本上改变政府与公众在生态损害补偿治理中的不平等地位。公众作为海洋生态环境损害的受害者,有资格、有权利参与到与政府和企业的交流沟通中,行使监督权利,提出合理建议。因此,推动建立政府与公众信息交流的强制性的法律法规,对于保障信息交流制度化、规范化,具有极其重要的意义。

信息公开机制是海洋生态损害补偿治理过程中重要的桥梁机制,实现了社会公众对海洋生态损害补偿情况及其治理过程的信息知情权,确保政府在治理过程中时刻处于公众的监督之下,促使政府治理的现代化,保证政府养成积极与公众沟通与对话的回应习惯,同时也是对社会治理的积极性引入的一种较好的辅助措施。通过发挥社会公众参与的作用,可以推动政府在海洋生态损害补偿治理过程中有效履职。

因此,海洋生态损害补偿治理的信息公开机制的建立,不是一朝一夕就能够完成的,因此探索建立信息披露救济机制,无疑会对海洋生态损害补偿信息披露这一"全局"有重大促进作用。更为关键的是,探索这一机制将促使政府进一步明确责任,企业忠实履行义务,通过传导压力和问责,使公众的信息需求得以满足,提高行政效率,实现海洋生态损害补偿治理的价值目标。

主要参考文献

［1］埃莉诺·奥斯特罗姆：《公共事务的治理之道：集体行动制度的演进》，余逊达等译，上海译文出版社 2012 年版。

［2］艾丽娟、刘娜、王子彦：《京津冀地区环境治理绩效评价公正性研究》，《改革与开放》2016 年第 14 期。

［3］爱蒂丝·布朗·魏伊丝：《公平地对待未来人类：国际法、共同遗产与世代间衡平》，汪劲等译，法律出版社 2000 年版。

［4］安东尼·吉登斯：《现代性的后果》，田禾译，译林出版社 2011 年版。

［5］安然：《海洋生态补偿与财政转移支付制度的建立》，《现代商贸工业》2018 年第 12 期。

［6］安然：《海洋生态损害补偿国际经验及启示》，《合作经济与科技》2016 年第 24 期。

［7］安然：《海洋生态补偿标准核算体系研究》，《合作经济与科技》2018 年第 7 期。

［8］保罗·A.萨巴蒂尔、埃莉诺·奥斯特罗姆：《制度性的理性选择对制度分析和发展框架的评估》，《政策过程理论》，上海三联书店 2004 年版。

［9］闭明雄：《潜规则与制度和经济秩序》，《湖北经济学院学报》2013 年第 4 期。

［10］闭明雄、杨春学：《自由裁量权的经济学分析》，《经济学动态》2017 年第 12 期。

［11］布坎南、塔洛克：《同意的计算——立宪民主的逻辑基础》，陈光金译，中国社会科学出版社 2000 年版。

［12］蔡邦成：《生态建设补偿模式探析》，中国可持续发展研究会，2006 年。

［13］蔡长昆：《制度环境、制度绩效与公共服务市场化：一个分析框架》，《管理世

界》2016 年第 4 期。

［14］蔡守秋:《环境公平与环境民主——三论环境资源法学的基本理念》,《河海大学学报(哲学社会科学版)》2005 年第 3 期。

［15］蔡先凤、郑佳宇:《论海洋生态损害的鉴定评估及赔偿范围》,《宁波大学学报(人文科学版)》2016 年第 5 期。

［16］常荆莎、严汉民:《浅议机会成本概念的内涵和外延》,《石家庄经济学院学报》1998 年第 3 期。

［17］常鹏翱:《合法行为与违法行为的区分及其意义——以民法学为考察领域》,《法学家》2014 年第 5 期。

［18］陈传波、李爽、王仁华:《重启村社力量,改善农村基层卫生服务治理》,《管理世界》2010 年第 5 期。

［19］陈凤桂、张继伟、陈克亮等:《基于生态修复的海洋生态损害评估方法研究》,海洋出版社 2015 年版。

［20］陈海嵩:《环境侵权案件中司法公正的量化评价研究》,《法制与社会发展》2018 年第 6 期。

［21］陈海嵩:《生态环境损害赔偿制度的反思与重构——宪法解释的视角》,《东方法学》2018 年第 6 期。

［22］陈江麟、刘文新、刘书臻等:《渤海表层沉积物重金属污染评价》,《海洋科学》2004 年第 12 期。

［23］陈克亮、张继伟、陈凤桂:《中国海洋生态补偿制度建设》,海洋出版社 2015 年版。

［24］陈克亮、张继伟、姜玉环等:《中国海洋生态补偿立法:理论与实践》,海洋出版社 2018 年版。

［25］陈琳、欧阳志云、王效科等:《条件价值评估法在非市场价值评估中的应用》,《生态学报》2006 年第 2 期。

［26］陈强:《高级计量经济学及 Stata 应用》(第二版),高等教育出版社 2014 年版。

［27］陈善能、陈宝忠:《国际船舶污染公约在低碳经济时代下的发展》,《中国海事》2010 年第 6 期。

［28］陈尚、任大川、李京梅等:《海洋生态资本概念与属性界定》,《生态学报》2010 年第 19 期。

［29］陈尚、任大川、夏涛等:《海洋生态资本理论框架下的生态系统服务评估》,《生态学报》2013 年第 19 期。

[30]陈尚、张朝晖、马艳等:《我国海洋生态系统服务功能及其价值评估研究计划》,《地球科学进展》2006年第11期。

[31]陈伟:《环境侵权因果关系类型化视角下的举证责任》,《法学研究》2017年第5期。

[32]陈伟琪、张珞平、洪华生等:《近岸海域环境容量的价值及其价值量评估初探》,《厦门大学学报(自然科学版)》1999年第6期。

[33]陈永星:《福清东壁岛围垦对海域生态环境影响及保护对策》,《引进与咨询》2003年第4期。

[34]陈忠禹:《建立健全海洋生态补偿法律机制》,《光明日报》2018年3月13日。

[35]陈仲新、张新时:《中国生态系统效益的价值》,《科学通报》2000年第1期。

[36]程飞、纪雅宁、李佰莹等:《象山港海湾生态系统服务价值评估》,《应用海洋学学报》2014年第2期。

[37]程家骅、姜亚洲:《海洋生物资源增殖放流回顾与展望》,《中国水产科学》2010年第3期。

[38]程雪阳:《国有自然资源资产产权行使机制的完善》,《法学研究》2018年第6期。

[39]初建松:《大海洋生态系管理与评估指标体系研究》,《中国软科学》2012年第7期。

[40]道格拉斯·C.诺斯:《制度、制度变迁与经济绩效》,刘守英译,上海三联书店1994年版。

[41]邓邦平、纪焕红、何彦龙等:《东海区国家级海洋保护区发展研究》,《海洋开发与管理》2017年第10期。

[42]邓海峰:《海洋环境容量的物权化及其权利构成》,《政法论坛》2013年第2期。

[43]邓海峰:《海洋油污损害之国家索赔主体资格与索赔范围研究》,《法学评论》2013年第1期。

[44]丁凤楚:《论国外的环境侵权因果关系理论——兼论我国相关理论的完善》,《社会科学研究》2007年第2期。

[45]丁建伟:《舟山市海洋生态补偿的实践与思考》,《渔业信息与战略》2014年第2期。

[46]董直庆、蔡啸、王林辉:《技术进步方向、城市用地规模和环境质量》,《经济研究》2014年第10期。

［47］杜国英、陈尚、夏涛等:《山东近海生态资本价值评估——近海生物资源现存量价值》,《生态学报》2011 年第 19 期。

［48］杜辉:《论制度逻辑框架下环境治理模式之转换》,《法商研究》2013 年第 1 期。

［49］杜群:《生态补偿的法律关系及其发展现状和问题》,《现代法学》2005 年第 3 期。

［50］段厚省:《海洋环境公益诉讼四题初探——从浦东环保局诉密斯姆公司等船舶污染损害赔偿案谈起》,《东方法学》2016 年第 5 期。

［51］樊辉、赵敏娟:《自然资源非市场价值评估的选择实验法:原理及应用分析》,《资源科学》2013 年第 7 期。

［52］樊胜岳、杨建东、陈玉玲:《生态治理项目的交易成本及其绩效评价》,《电子科技大学学报(社科版)》2014 年第 6 期。

［53］冯俊华:《企业管理概论》,化学工业出版社 2006 年版。

［54］冯佰香、李加林、龚虹波等:《30 年来象山港海岸带土地开发利用强度时空变化研究》,《海洋通报》2017 年第 3 期。

［55］冯友建、楼颖霞:《围填海生态资源损害补偿价格评估方法探讨研究》,《海洋开发与管理》2015 年第 7 期。

［56］傅郁林:《审级制度的建构原理——从民事程序视角的比较分析》,《中国社会科学》2002 年第 4 期。

［57］高建华、白凤龙、杨桂山等:《苏北潮滩湿地不同生态带碳、氮、磷分布特征》,《第四纪研究》2007 年第 5 期。

［58］戈华清:《构建我国海洋生态补偿法律机制的实然性分析》,《生态经济》2010 年第 4 期。

［59］龚虹波、冯佰香:《海洋生态损害补偿研究综述》,《浙江社会科学》2017 年第 3 期。

［60］龚虹波:《走向"结构"与"行动"的融合——论中国政府改革研究的政策网络进路》,《社会科学战线》2015 年第 1 期。

［61］龚虹波:《论西方第三代政策网络研究的包容性》,《南京师大学报(社会科学版)》2014 年第 6 期。

［62］顾骅珊:《杭州湾海域水污染演变及污染源分析》,《嘉兴学院学报》2015 年第 1 期。

［63］谷口安平:《程序的正义与诉讼》,中国政法大学出版社 2002 年版。

［64］关江华、黄朝禧、胡银根:《基于 Logistic 回归模型的农户宅基地流转意愿研究——以微观福利为视角》,《经济地理》2013 年第 8 期。

［65］郭国峰、郑召锋:《基于 DEA 模型的环境治理效率评价——以河南为例》,《经济问题》2009 年第 1 期。

［66］郭玉坤:《海洋油污染纯粹经济损失求偿主体探究》,《苏州大学学报(哲学社会科学版)》2015 年第 3 期。

［67］韩立民、陈艳:《海域使用管理的理论与实践》,中国海洋大学出版社 2006 年版。

［68］韩秋影、黄小平、施平:《生态补偿在海洋生态资源管理中的应用》,《生态学杂志》2007 年第 1 期。

［69］郝林华、陈尚、夏涛等:《用海建设项目海洋生态损失补偿评估方法及应用》,《生态学报》2017 年第 20 期。

［70］赫伯特·西蒙:《管理行为》,詹正茂译,北京经济学院出版社 1988 年版。

［71］侯西勇、毋亭、侯婉等:《20 世纪 40 年代初以来中国大陆海岸线变化特征》,《中国科学:地球科学》2016 年第 8 期。

［72］胡素清:《以人海关系为核心的海洋观》,《浙江学刊》2015 年第 1 期。

［73］胡小颖、雷宁、赵晓龙等:《胶州湾围填海的海洋生态系统服务功能价值损失的估算》,《海洋开发与管理》2013 年第 6 期。

［74］胡学军:《环境侵权中的因果关系及其证明问题评析》,《中国法学》2013 年第 5 期。

［75］胡正良、刘畅、张运鑫:《海洋生态资源损害赔偿制度的不足与完善——从蓬莱 19—3 油田溢油事故谈起》,《中国海商法研究》2012 年第 4 期。

［76］胡志勇:《积极构建中国的国家海洋治理体系》,《太平洋学报》2018 年第 4 期。

［77］郇庆治:《论我国生态文明建设中的制度创新》,《学习论坛》2013 年第 8 期。

［78］黄彬、周颖:《船舶污染海洋环境的损害赔偿》,《水运管理》2008 年第 4 期。

［79］黄菲、史虹:《我国水电开发生态补偿的模式探究及应用》,《水利经济》2015 年第 3 期。

［80］黄万华:《财政分权、政治晋升、环境规制失灵:一个政治经济学的分析框架》,《理论导刊》2011 年第 4 期。

［81］黄锡生:《自然资源物权法律制度研究》,重庆大学出版社 2012 年版。

［82］黄锡生:《环境与资源保护法学典型案例解析》,重庆大学出版社 2010 年版。

［83］黄晓凤、王廷惠：《创新海洋生态损害补偿机制》，《中国社会科学报》2017年3月8日。

［84］黄秀清、王金辉、蒋晓山：《象山港海洋环境容量及污染物总量控制研究》，海洋出版社2008年版。

［85］季林云、韩梅：《环境损害惩罚性赔偿制度探析》，《环境保护》2017年第20期。

［86］贾海波、邵君波、曹柳燕：《杭州湾海域生态环境的变化及其发展趋势分析》，《环境污染与防治》2014年第3期。

［87］姜雅：《"鱼"和"熊掌"难两全——填海造地国际经验与启示》，《资源导刊》2013年第10期。

［88］姜忆湄、李加林、龚虹波等：《围填海影响下海岸带生态服务价值损益评估——以宁波杭州湾新区为例》，《经济地理》2017年第11期。

［89］金高洁、方凤满、高超：《构建生态补偿机制的关键问题探讨》，《环境保护》2008年第2期。

［90］金海统：《自然资源使用权：一个反思性的检讨》，《法律科学（西北政法大学学报）》2009年第2期。

［91］柯武刚、史漫飞：《制度经济学：社会秩序与公共政策》，韩朝华译，商务印书馆2000年版。

［92］孔凡斌：《生态补偿机制国际研究进展及中国政策选择》，《中国地质大学学报（社会科学版）》2010年第2期。

［93］李爱年、刘旭芳：《对我国生态补偿的立法构想》，《生态环境》2006年第1期。

［94］李纯厚、黄洪辉、林钦等：《海水对虾池塘养殖污染物环境负荷量的研究》，《农业环境科学学报》2004年第3期。

［95］理查德·斯科特：《制度与组织——思想观念与物质利益》，姚伟、王黎芳译，中国人民大学出版社2010年版。

［96］李国平、李潇、萧代基：《生态补偿的理论标准与测算方法探讨》，《经济学家》2013年第2期。

［97］李继龙、王国伟、杨文波等：《国外渔业资源增殖放流状况及其对我国的启示》，《中国渔业经济》2009年第3期。

［98］李京梅、曹婷婷：《HEA方法在我国溢油海洋生态损害评估中的应用》，《中国渔业经济》2011年第3期。

［99］李京梅、刘铁鹰：《围填海造地环境成本评估：以胶州湾为例》，《海洋环境科

学》2011 年第 6 期。

　　[100]李京梅、苏红岩:《海洋生态损害补偿标准的关键问题探讨》,《海洋开发与管理》2018 年第 9 期。

　　[101]李京梅、王颖梅:《围填海造地生态补偿指标体系的建立与应用》,《生态经济》2016 年第 6 期。

　　[102]李京梅、杨雪:《海洋生态补偿研究综述》,《海洋开发与管理》2015 年第 8 期。

　　[103]李强:《浅谈港口污染及防治对策》,《北方经贸》2016 年第 5 期。

　　[104]李荣光:《域外海洋生态补偿法律制度对我国的启示》,《荆楚学刊》2018 年第 4 期。

　　[105]李睿倩、孟范平:《填海造地导致海湾生态系统服务损失的能值评估——以套子湾为例》,《生态学报》2012 年第 18 期。

　　[106]李少波:《环境维权"民告官"的困境与出路——以行政诉讼原告适格规则为分析对象》,《法学论坛》2015 年第 4 期。

　　[107]李思佳:《论海洋生态损害补偿机制及其实施》,《前沿》2014 年第 7 期。

　　[108]李铁军、徐丹、徐汉祥等:《浙江省围填海工程对海洋生态环境和渔业资源的影响分析》,《现代农业科技》2017 年第 18 期。

　　[109]李文华、刘某承:《关于中国生态补偿机制建设的几点思考》,《资源科学》2010 年第 5 期。

　　[110]李文华:《生态系统服务功能价值评估的理论、方法与应用》,中国人民大学出版社 2008 年版。

　　[111]李文钊、蔡长昆:《政治制度结构、社会资本与公共治理制度选择》,《管理世界》2012 年第 8 期。

　　[112]李小苹:《生态补偿的法理分析》,《西部法学评论》2009 年第 5 期。

　　[113]李潇、杨翼、杨璐等:《海洋生态环境监测体系与管理对策研究》,《环境科学与管理》2017 年第 8 期。

　　[114]李晓璇、刘大海、刘方明:《海洋生态补偿概念内涵研究与制度设计》,《海洋环境科学》2016 年第 6 期。

　　[115]李新、周青松、俞存根等:《浙江三门湾春季鱼类种类组成及多样性研究》,《浙江海洋学院学报(自然科学版)》2014 年第 6 期。

　　[116]李雪松:《生态文明视野下的生态环境公共治理探析》,《贵州广播电视大学学报》2015 年第 2 期。

[117]李洋、黄鹄、佟智成:《钦州保税港区围填海工程生态损失及其补偿价值研究》,《钦州学院学报》2016年第1期。

[118]李莹坤:《海洋生态补偿的几个关键问题研究》,《科技与企业》2015年第19期。

[119]李永宁:《论生态补偿的法学涵义及其法律制度完善——以经济学的分析为视角》,《法律科学(西北政法大学学报)》2011年第2期。

[120]连娉婷、陈伟琪:《填海造地海洋生态补偿利益相关方的初步探讨》,《生态经济》2012年第4期。

[121]梁慧星、陈华彬:《物权法》,法律出版社2007年版。

[122]梁甲瑞、曲升:《全球海洋治理视域下的南太平洋地区海洋治理》,《太平洋学报》2018年第4期。

[123]梁丽娟、葛颜祥:《关于我国构建生态损害补偿机制的思考》,《软科学》2006年第4期。

[124]梁增然:《湿地生态补偿制度建设研究》,《南京工业大学学报(社会科学版)》2015年第2期。

[125]林楠、冯玉杰、吴舜泽等:《基于生境等价分析法的溢油生态损害评估》,《哈尔滨商业大学学报(自然科学版)》2014年第4期。

[126]刘超:《环境侵权责任的行为责任性质之论证及其规范意义》,《中国地质大学学报(社会科学版)》2012年第6期。

[127]刘大椿:《环境思想研究》,中国人民大学出版社1998年版。

[128]刘丹:《渤海溢油事故海洋生态损害赔偿研究——以墨西哥湾溢油自然资源损害赔偿为鉴》,《行政与法》2012年第3期。

[129]刘家沂:《海洋生态损害的国家索赔法律机制与国际溢油案例研究》,海洋出版社2010年版。

[130]刘家沂:《论油污环境损害法律制度框架中的海洋生态公共利益诉求》,《中国软科学》2011年第5期。

[131]刘慧、黄秉杰、杨坚:《山东半岛蓝色经济区海洋生态补偿机制研究》,《山东社会科学》2012年第11期。

[132]刘军:《整体网分析讲义》,格致出版社2009年版。

[133]刘敏、侯立军、许世远等:《长江河口潮滩表层沉积物对磷酸盐的吸附特征》,《地理学报》2002年第4期。

[134]刘敏:《论我国民事诉讼二审程序的完善》,《法商研究(中南政法学院学

报）》2001年第6期。

［135］刘敏燕、沈新强：《船舶溢油事故污染损害评估技术》，中国环境出版社2014年版。

［136］刘乃忠：《跨区域海洋环境治理的法律论证维度》，《中外企业家》2015年第34期。

［137］刘容子等：《我国无居民海岛价值体系研究》，海洋出版社2006年版。

［138］刘霜、张继民、唐伟：《浅议我国填海工程海域使用管理中亟须引入生态补偿机制》，《海洋开发与管理》2008年第11期。

［139］刘薇：《市场化生态补偿机制的基本框架与运行模式》，《经济纵横》2014年第12期。

［140］刘旭、刘艳、赵瑞亮等：《烟台海洋倾倒区生物群落结构现状及动态变化分析》，《海洋通报》2010年第4期。

［141］刘雪莲、王勇：《全球化时代海陆关系的超越与中国的选择》，《东北亚论坛》2011年第3期。

［142］楼丹、刘又毓、孙元等：《象山港春季浮性鱼卵数量分布和仔稚鱼种类组成》，《水产科技情报》2016年第4期。

［143］陆铭、李爽：《社会资本、非正式制度与经济发展》，《管理世界》2008年第9期。

［144］陆荣华、于东生、杨金艳等：《围（填）海工程对厦门湾潮流动力累积影响的初步研究》，《台湾海峡》2011年第2期。

［145］路文海、向先全、杨翼等：《海洋环境监测数据处理技术流程与方法研究》，《海洋开发与管理》2015年第2期。

［146］栾维新：《海陆一体化建设研究》，海洋出版社2004年版。

［147］罗伯特·V.珀西瓦尔：《美国环境法——联邦最高法院法官教程》，赵绘宇译，法律出版社2014年版。

［148］罗冬莲：《悬浮物对鱼卵仔稚鱼的影响分析及其损失评估——以厦漳跨海大桥工程为例》，《海洋通报》2010年第4期。

［149］罗尔斯：《正义论》，何怀宏等译，中国社会科学出版社1988年版。

［150］罗汉高：《关于构建海洋环境保护中生态补偿法律机制的思考》，《中共山西省直机关党校学报》2015年第2期。

［151］罗来军：《为长江经济带发展"立规矩"》，《人民日报》（海外版）2018年4月27日。

［152］罗丽：《环境侵权民事责任概念定位》，《政治与法律》2009 年第 12 期。

［153］罗小芳、卢现祥：《环境治理中的三大制度经济学学派：理论与实践》，《国外社会科学》2011 年第 6 期。

［154］吕华庆：《象山港海域环境评价与发展》，海洋出版社 2015 年版。

［155］吕建华：《中国海洋倾废管理的理论与实践》，人民出版社 2013 年版。

［156］吕建华、高娜：《整体性治理对我国海洋环境管理体制改革的启示》，《中国行政管理》2012 年第 5 期。

［157］吕忠梅：《环境法学》（第二版），法律出版社 2008 年版。

［158］吕忠梅：《环境法新视野》，中国政法大学出版社 2000 年版。

［159］吕忠梅：《环境法原理》，复旦大学出版社 2007 年版。

［160］马春生：《发展海洋环境监测的意义和作用》，《科技创新导报》2010 年第 3 期。

［161］马克·柯伊考：《国际组织与国际合法性：制约问题与可能性》，《国际社会科学杂志》2002 年第 4 期。

［162］马明飞、周华伟：《完善我国海洋生态补偿法律制度的对策研究》，《环境保护》2013 年第 12 期。

［163］马骧聪：《俄罗斯联邦环境保护法和土地法典》，中国法制出版社 2003 年版。

［164］马歇尔：《经济学原理》，商务印书馆 2011 年版。

［165］马玉艳、屠建波、张秋丰等：《天津滨海新区围填海工程对海洋生态系统服务功能价值的损失评估》，《海岸工程》2017 年第 3 期。

［166］迈克尔·波兰尼：《社会、经济和哲学（波兰尼文选）》，商务印书馆 2006 年版。

［167］曼瑟尔·奥尔森：《集体行动的逻辑》，陈郁、郭宇峰、李崇新译，上海人民出版社 1994 年版。

［168］孟范平、李睿倩：《基于能值分析的滨海湿地生态系统服务价值定量化研究进展》，《长江流域资源与环境》2011 年第 S1 期。

［169］苗丽娟、于永海、关春江等：《机会成本法在海洋生态补偿标准确定中的应用——以庄河青堆子湾海域为例》，《海洋开发与管理》2014 年第 5 期。

［170］苗丽娟、于永海等：《确定海洋生态补偿标准的成本核算体系研究》，《海洋开发与管理》2013 年第 11 期。

［171］默里·帕特森、布鲁斯·格拉沃维奇：《海洋与海岸带生态经济学》，陈林生、高健等译，海洋出版社 2015 年版。

［172］牟丽环、杜永平：《海洋生态损害的侵权行为分析》，《重庆与世界（学术版）》2013 年第 5 期。

［173］穆琳：《我国主体功能区生态损害补偿机制创新研究》，《财经问题研究》2013 年第 7 期。

［174］宁凌、毛海玲：《海洋环境治理中政府、企业与公众定位分析》，《海洋开发与管理》2017 年第 4 期。

［175］诺思：《西方世界的兴起》，厉以平等译，华夏出版社 2009 年版。

［176］诺思：《制度、制度变迁与经济绩效》，杭行等译，格致出版社 2008 年版。

［177］欧维新、杨桂山、高建华：《盐城潮滩湿地对 N、P 营养物质的截留效应研究》，《湿地科学》2006 年第 3 期。

［178］欧阳志云、王如松、赵景柱：《生态系统服务功能及其生态经济价值评价》，《应用生态学报》1999 年第 10 期。

［179］帕特南：《使民主运转起来——现代意大利的公民传统》，王列等译，江西人民出版社 2001 年版。

［180］潘澎、李卫东：《我国伏季休渔制度的现状与发展研究》，《中国水产》2016 年第 5 期。

［181］潘书宏：《"治理"语境下福建省海洋生态补偿制度之完善》，《海峡法学》2017 年第 3 期。

［182］潘怡、叶属峰、刘星等：《南麂列岛海域生态系统服务及价值评估研究》，《海洋环境科学》2009 年第 2 期。

［183］彭本荣、洪华生、陈伟琪等：《填海造地生态损害评估：理论、方法及应用研究》，《自然资源学报》2005 年第 5 期。

［184］彭德琳：《准市场调控中的政策整合》，《学术界》2008 年第 5 期。

［185］戚道孟：《论海洋环境污染损害赔偿纠纷中的诉讼原告》，《中国海洋大学学报（社会科学版）》2004 年第 1 期。

［186］祁毓、卢洪友、吕翅怡：《社会资本、制度环境与环境治理绩效——来自中国地级及以上城市的经验证据》，《中国人口·资源与环境》2015 年第 12 期。

［187］钱弘道：《论司法效率》，《中国法学》2002 年第 4 期。

［188］秦传新、陈丕茂、张安凯等：《珠海万山海域生态系统服务价值与能值评估》，《应用生态学报》2015 年第 6 期。

［189］秦扬、车亮亮：《我国海洋油气管道泄漏生态损害补偿法律问题研究》，《广西社会科学》2015 年第 7 期。

[190]秦玉才、汪劲:《中国生态补偿立法:路在前方》,北京大学出版社 2013 年版。

[191]卿臻:《价值观与制度变迁:基于〈宪法〉为核心的考察》,《学理论》2010 年第 32 期。

[192]丘君、刘容子、赵景柱等:《渤海区域生态补偿机制的研究》,《中国人口·资源与环境》2008 年第 2 期。

[193]全国人大常委会法制工作委员会:《中华人民共和国非物质文化遗产法释义及实用指南》,中国民主法治出版社 2011 年版。

[194]全永波:《海岛资源开发利用法律问题研究》,海洋出版社 2016 年版。

[195]全永波、尹李梅、王天鸽:《海洋环境治理中的利益逻辑与解决机制》,《浙江海洋学院学报(人文科学版)》2017 年第 1 期。

[196]全永波:《海洋跨区域治理与"区域海"制度构建》,《中共浙江省委学校学报》2017 年第 1 期。

[197]饶欢欢、彭本荣、刘岩等:《海洋工程生态损害评估与补偿——以厦门杏林跨海大桥为例》,《生态学报》2015 年第 16 期。

[198]任海、邬建国、彭少麟等:《生态系统管理的概念及其要素》,《应用生态学报》2000 年第 3 期。

[199]阮成宗、孔梅、廖静:《浙江省海洋生态补偿机制实践中的问题与对策建议》,《海洋开发与管理》2013 年第 3 期。

[200]阮荣平等:《水域滩涂养殖使用权确权与渔业生产投资——基于湖北、江西、山东和河北四省渔户调查数据的实证分析》,《中国农村经济》2016 年第 5 期。

[201]尚金城:《环境规划与管理》,科学出版社 2009 年版。

[202]邵明、周文:《论民事之诉的合法要件》,《中国人民大学学报》2014 年第 4 期。

[203]申萌等:《技术进步、经济增长与二氧化碳排放:理论和经验研究》,《世界经济》2012 年第 7 期。

[204]沈满洪:《环境管理中补贴手段的效应分析》,《数量经济技术经济研究》1998 年第 7 期。

[205]沈满洪、余璇:《习近平建设海洋强国重要论述研究》,《浙江大学学报(人文社会科学版)》2018 年第 6 期。

[206]沈满洪:《海洋环境保护的公共治理创新》,《中国地质大学学报(社会科学版)》2018 年第 2 期。

[207]沈满洪、何灵巧:《外部性的分类及外部性理论的演化》,《浙江大学学报(人

文社会科学版)》2002 年第 1 期。

[208]沈满洪、谢慧明、王晋等:《生态补偿制度建设的"浙江模式"》,《中共浙江省委党校学报》2015 年第 4 期。

[209]沈满洪、谢慧明:《公共物品的问题及解决思路——公共物品理论文献综述》,《浙江大学学报(人文社会科学版)》2009 年第 6 期。

[210]沈满洪、杨天:《生态补偿机制的三大理论基石》,《中国环境报》2004 年 3 月 2 日。

[211]沈满洪:《资源与环境经济学》(第三版),中国环境出版社 2020 年版。

[212]沈满洪、谢慧明等:《绿水青山的价值实现》,中国财政经济出版社 2019 年版。

[213]史定刚、关万春、艾为明等:《三门核电站周边海域叶绿素 a 及初级生产力时空分布》,《浙江农业学报》2014 年第 5 期。

[214]石洪华、郑伟、陈尚等:《海洋生态系统服务功能及其价值评估研究》,《生态经济》2007 年第 3 期。

[215]石洪华、郑伟、丁德文等:《典型海洋生态系统服务功能及价值评估——以桑沟湾为例》,《海洋环境科学》2008 年第 2 期。

[216]史尚宽:《债法总论》(上册),中国政法大学出版社 2000 年版。

[217]施志源:《生态文明背景下的自然资源国家所有权研究》,法律出版社 2015 年版。

[218]宋敏:《生态补偿机制建立的博弈分析》,《学术交流》2009 年第 5 期。

[219]苏源、刘花台:《海洋生态补偿方法以及国内外研究进展》,《绿色科技》2015 年第 12 期。

[220]隋吉学:《海洋工程生态补偿探究》,海洋出版社 2016 年版。

[221]隋玉正、李淑娟、张绪良等:《围填海造陆引起的海岛周围海域海洋生态系统服务价值损失——以浙江省洞头县为例》,《海洋科学》2013 年第 9 期。

[222]孙成华、陈阳:《对中国传统"重陆轻海"国防观的思考》,《太原师范学院学报(社会科学版)》2009 年第 5 期。

[223]孙吉亭、卢昆:《中国海洋捕捞渔船"双控"制度效果评价及其实施调整》,《福建论坛(人文社会科学版)》2016 年第 11 期。

[224]孙宽平、滕世华:《全球化与全球治理》,湖南人民出版社 2003 年版。

[225]孙姗姗、朱传耿:《论主体功能区对我国区域发展理论的创新》,《现代经济探讨》2006 年第 9 期。

［226］孙寓姣、郝旭光、王红旗:《不同温度下石油污染土壤中石油降解菌群的实验研究》,《石油学报(石油加工)》2010 年第 1 期。

［227］孙悦民:《海洋治理概念内涵的演化研究》,《广东海洋大学学报》2015 年第 2 期。

［228］索安宁、张明慧、于永海等:《曹妃甸围填海工程的海洋生态服务功能损失估算》,《海洋科学》2012 年第 3 期。

［229］所罗门:《市场营销学原理》,经济科学出版社 2005 年版。

［230］谭柏平:《〈海域使用管理法〉的修订与海域使用权制度的完善》,《政法论丛》2011 年第 6 期。

［231］谭秋成:《资源的价值及生态补偿标准和方式:资兴东江湖案例》,《中国人口・资源与环境》2014 年第 12 期。

［232］陶涛、郭栋:《我国开征生态税的思考》,《生态经济(学术版)》2000 年第 3 版。

［233］田圣庭:《环境侵权惩罚性赔偿的经济学分析》,《咸宁学院学报》2009 年第 1 期。

［234］田志宏:《我国各地农机化发展水平的一种有序样本分类法》,《中国农业大学学报》1994 年第 6 期。

［235］同春芬、刘宗霞:《山东半岛海岸带陆源污染的原因及综合管理刍议——以威海市为例》,《海洋开发与管理》2010 年第 11 期。

［236］涂正革、谌仁俊:《排污权交易机制在中国能否实现波特效应?》,《经济研究》2015 年第 7 期。

［237］王大鹏、陈晓汉、何安尤等:《叶绿素 α 法估算隆林网箱养殖区初级生产力》,《广西水产科技》2008 年第 2 期。

［238］王彬彬、李晓燕:《生态补偿的制度建构:政府和市场有效融合》,《政治学研究》2015 年第 5 期。

［239］王灿发、江钦辉:《论生态红线的法律制度保障》,《环境保护》2014 年第 2 期。

［240］王晨:《司法公正的内涵及其实现路径选择》,《中国法学》2013 年第 3 期。

［241］王刚、宋锴业:《中国海洋环境管理体制:变迁、困境及其改革》,《中国海洋大学学报(社会科学版)》2017 年第 2 期。

［242］王广正:《论国家和组织中的公共物品》,《管理世界》1997 年第 1 期。

［243］王海英:《司法效率理念的法经济学思考》,《中共福建省委党校学报》2003

年第 8 期。

　　[244]王荭、王俊英:《关于海洋生态系统服务的经济属性研究》,《海洋工程》2006
年第 4 期。

　　[245]王金坑、余兴光、陈克亮等:《构建海洋生态补偿机制的关键问题探讨》,《海
洋开发与管理》2011 年第 11 期。

　　[246]汪劲:《环境法律的理念与价值追求——环境立法目的论》,法律出版社
2000 年版。

　　[247]汪劲:《环境法学》(第二版),北京大学出版社 2011 年版。

　　[248]汪劲:《论生态补偿的概念——以〈生态补偿条例〉草案的立法解释为背
景》,《中国地质大学学报(社会科学版)》2014 年第 1 期。

　　[249]王静、徐敏、张益民等:《围填海的滨海湿地生态服务功能价值损失的评
估——以海门市滨海新区围填海为例》,《南京师大学报(自然科学版)》2009 年第
4 期。

　　[250]王军锋、侯超波:《中国流域生态补偿机制实施框架与补偿模式研究——基
于补偿资金来源的视角》,《中国人口·资源与环境》2013 年第 2 期。

　　[251]王克稳:《论自然资源国家所有权的法律创设》,《苏州大学学报(法学版)》
2014 年第 3 期。

　　[252]王丽、陈尚、任大川等:《基于条件价值法评估罗源湾海洋生物多样性维持服
务价值》,《地球科学进展》2010 年第 8 期。

　　[253]王丽荣、于红兵、李翠田等:《海洋生态系统修复研究进展》,《应用海洋学学
报》2018 年第 3 期。

　　[254]王立安、许晓敏:《海洋生态补偿机制的研究现状及其展望探析》,《经济研
究导刊》2016 年第 22 期。

　　[255]王玫黎:《中国船舶油污损害赔偿法律制度研究》,中国法制出版社 2008
年版。

　　[256]王淼、段志霞:《关于建立海洋生态补偿机制的探讨》,《海洋信息》2007 年第
4 期。

　　[257]王琪、何广顺:《海洋环境治理的政策选择》,《海洋通报》2004 年第 3 期。

　　[258]王其翔、唐学玺:《海洋生态系统服务的内涵与分类》,《海洋环境科学》2010
年第 1 期。

　　[259]王清军:《生态补偿主体的法律建构》,《中国人口·资源与环境》2009 年第
1 期。

[260]王树义:《俄罗斯生态法》,武汉大学出版社 2001 年版。

[261]王伟定、徐汉祥等:《浙江省休闲生态型人工鱼礁建设现状与展望》,《浙江海洋学院学报》2007 年第 3 期。

[262]王显金、钟昌标:《沿海滩涂围垦生态补偿标准构建——基于能值拓展模型衡量的生态外溢价值》,《自然资源学报》2017 年第 5 期。

[263]王晓春:《港口污染问题与对策》,《黑龙江环境通报》2005 年第 3 期。

[264]王萱、陈伟琪、张珞平等:《同安湾围(填)海生态系统服务损害的货币化预测评估》,《生态学报》2010 年第 21 期。

[265]王衍、孙士超:《海南洋浦围填海造地的海洋生态系统服务功能价值损失评估》,《海洋开发与管理》2015 年第 7 期。

[266]王勇:《论流域水环境保护的府际治理协调机制》,《社会科学》2009 年第 3 期。

[267]王涌:《自然资源国家所有权三层结构说》,《法学研究》2013 年第 4 期。

[268]王翊嘉、左孝凡、卢秋佳等:《公众参与环境治理绩效及其影响因素研究——基于全国 5 地环境群体事件案例》,《中南林业科技大学学报(社会科学版)》2018 年第 2 期。

[269]王增焕、李纯厚、贾晓平:《应用初级生产力估算南海北部的渔业资源量》,《渔业科学进展》2005 年第 3 期。

[270]王臻荣:《治理结构的演变:政府、市场与民间组织的主体间关系分析》,《中国行政管理》2014 年第 11 期。

[271]王振波、于杰、刘晓雯:《生态系统服务功能与生态补偿关系的研究》,《中国人口·资源与环境》2009 年第 6 期。

[272]王振江:《全球治理——跨国公司的作用探析》,《新西部》2016 年第 9 期。

[273]魏超、叶属峰、韩旭等:《滨海电厂温排水污染生态影响评估方法》,《海洋环境科学》2013 年第 5 期。

[274]韦森:《再评诺斯的制度变迁理论》,《经济学(季刊)》2009 年第 2 期。

[275]习近平:《决胜全面建成小康社会　夺取新时代中国特色社会主义伟大胜利——在中国共产党第十九次全国代表大会上的报告》,《人民日报》2017 年 10 月 27 日。

[276]夏光:《再论生态文明建设的制度创新》,《环境保护》2012 年第 23 期。

[277]夏章英、卢伙胜、冯波等:《海洋环境管理》,海洋出版社 2014 年版。

[278]相景昌:《海洋生态系统服务及其价值评估研究进展》,《广州化工》2015 年

第 12 期。

[279]肖国兴、肖乾刚:《自然资源法》,法律出版社 1999 年版。

[280]肖建红、陈东景、徐敏等:《围填海工程的生态环境价值损失评估——以江苏省两个典型工程为例》,《长江流域资源与环境》2011 年第 10 期。

[281]肖建红、王敏、刘娟等:《基于生态标签制度的海洋生态产品生态补偿标准区域差异化研究》,《自然资源学报》2016 年第 3 期。

[282]谢高地、曹淑艳:《生态补偿机制发展的现状与趋势》,《企业经济》2016 年第 4 期。

[283]谢高地、曹淑艳、鲁春霞等:《中国生态资源承载力研究》,科学出版社 2011 年版。

[284]谢高地、张彩霞、张昌顺等:《中国生态系统服务的价值》,《资源科学》2015 年第 9 期。

[285]谢高地、张彩霞、张雷明等:《基于单位面积价值当量因子的生态系统服务价值化方法改进》,《自然资源学报》2015 年第 8 期。

[286]谢高地、甄霖、鲁春霞等:《一个基于专家知识的生态系统服务价值化方法》,《自然资源学报》2008 年第 5 期。

[287]谢慧明、俞梦绮、沈满洪:《国内水生态补偿财政资金运作模式研究:资金流向与补偿要素视角》,《中国地质大学学报(社会科学版)》2016 年第 5 期。

[288]谢亚力、伍冬领:《三门湾滩涂围垦对海湾水动力及海床影响初步分析》,中国水利水电出版社 2006 年版。

[289]邢克波、房锦东:《论对我国两审终审制度的坚持和完善——兼论司法体制改革》,《当代法学》2002 年第 8 期。

[290]熊萍、陈伟琪:《机会成本法在自然环境与资源管理决策中的应用》,《厦门大学学报(自然科学版)》2004 年第 S1 期。

[291]徐本鑫、刘清轩:《制度需求与供给视角下生态损害赔偿的法律进路》,《昆明理工大学学报(社会科学版)》2015 年第 5 期。

[292]徐沛勔:《环境治理条件的绩效评估:文献综述与引申》,《重庆社会科学》2016 年第 12 期。

[293]许树柏:《实用决策方法:层次分析法原理》,天津大学出版社 1988 年版。

[294]徐舒等:《技术扩散、内生技术转化与中国经济波动——一个动态随机一般均衡模型》,《管理世界》2011 年第 3 期。

[295]徐现祥、周吉梅、舒元:《中国省区三次产业资本存量估计》,《统计研究》

2007 年第 5 期。

［296］徐祥民:《海上溢油生态损害赔偿的法律与技术研究》,海洋出版社 2009 年版。

［297］徐向华:《立法学教程》(第二版),北京大学出版社 2017 年第 2 版。

［298］徐祥民、邓一峰:《环境侵权与环境侵害——兼论环境法的使命》,《法学论坛》2006 年第 2 期。

［299］许阳:《中国海洋环境治理的政策工具选择与应用——基于 1982—2016 年政策文本的量化分析》,《太平洋学报》2017 年第 10 期。

［300］许志华、李京梅、杨雪:《基于生境等价分析法的罗源湾填海生态损害评估》,《海洋环境科学》2016 年第 1 期。

［301］薛杨、杨众养、王小燕等:《海南省红树林湿地生态系统服务功能价值评估》,《亚热带农业研究》2014 年第 1 期。

［302］亚历山大·基斯:《国际环境法》,张若思编译,法律出版社 2000 年版。

［303］姚炎明、黄秀清:《三门湾海洋环境容量及污染物总量控制研究》,海洋出版社 2015 年版。

［304］杨桂元、宋马林:《影子价格及其在资源配置中的应用研究》,《运筹与管理》2010 年第 5 期。

［305］杨磊、李加林、袁麒翔等:《中国南方大陆海岸线时空变迁》,《海洋学研究》2014 年第 3 期。

［306］杨荣、新乔欣:《重构我国民事诉讼审级制度的探讨》,《中国法学》2001 年第 5 期。

［307］杨润高、李红梅:《国外环境补偿研究与实践》,《环境与可持续发展》2006 年第 2 期。

［308］杨寅、韩大雄、王海燕:《生境等价分析在溢油生态损害评估中的应用》,《应用生态学报》2011 年第 8 期。

［309］杨振姣、闫海楠、王斌:《中国海洋生态环境治理现代化的国际经验与启示》,《太平洋学报》2017 年第 4 期。

［310］叶梦姚、史小丽、李加林等:《快速城镇化背景下的浙江省海岸带生态系统服务价值变化》,《应用海洋学学报》2017 年第 3 期。

［311］叶祖超:《深化改革,加强海洋监测"一站多能"建设》,《中国海洋报》2017 年 3 月 1 日。

［312］易承志:《宗教信仰对集体行动参与的影响及其机制——基于 CGSS2010 数

据的实证分析》,《复旦学报(社会科学版)》2017 年第 1 期。

[313]伊迪丝·布朗·韦斯等:《国际环境法律与政策》(英文版影印本),中信出版社 2003 年版。

[314]于冰、胡求光:《海洋生态损害补偿研究综述》,《生态学报》2018 年第 19 期。

[315]於方、刘倩、牛坤玉:《浅议生态环境损害赔偿的理论基础与实施保障》,《中国环境管理》2016 年第 1 期。

[316]余红、沈珍瑶:《非点源污染不确定性研究进展》,《水资源保护》2008 年第 1 期。

[317]余敏江:《论区域生态环境协同治理的制度基础——基于社会学制度主义的分析视角》,《理论探讨》2013 年第 2 期。

[318]于淑玲、崔保山、闫家国等:《围填海区受损滨海湿地生态补偿机制与模式》,《湿地科学》2015 年第 6 期。

[319]袁沙、郭芳翠:《全球海洋治理:主体合作的进化》,《世界经济与政治论坛》2018 年第 1 期。

[320]曾江宁、陈全震、黄伟等:《中国海洋生态保护制度的转型发展——从海洋保护区走向海洋生态红线区》,《生态学报》2016 年第 1 期。

[321]曾荣、许艳、杨翼等:《海洋环境监测数据统计研究》,《海洋开发与管理》2017 年第 4 期。

[322]曾祥生、方昀:《环境侵权行为的特征及其类型化研究》,《武汉大学学报(哲学社会科学版)》2013 年第 1 期。

[323]詹姆斯·萨尔兹曼、巴顿·汤普森:《美国环境法》(第四版),徐卓然、胡慕云译,北京大学出版社 2016 年版。

[324]张朝晖、吕吉斌、丁德文:《海洋生态系统服务的分类与计量》,《海岸工程》2007 年第 1 期。

[325]张朝晖、吕吉斌、叶属峰等:《桑沟湾海洋生态系统的服务价值》,《应用生态学报》2007 年第 11 期。

[326]张朝晖、叶属峰、朱明远:《典型海洋生态系统服务及价值评估》,海洋出版社 2008 年版。

[327]张诚谦:《论可再生资源的有偿利用》,《农业现代化研究》1987 年第 5 期。

[328]张华、康旭、王利等:《辽宁近海生态系统服务及其价值测评》,《资源科学》2010 年第 1 期。

[329]张慧、孙英兰:《青岛前湾填海造地海洋生态系统服务功能价值损失的估

算》,《海洋湖沼通报》2009 年第 3 期。

[330]张建、夏凤英:《论生态补偿法律关系的主体:理论与实证》,《青海社会科学》2012 年第 4 期。

[331]张健、杨翼、曲艳敏等:《人类用海活动造成珊瑚礁损害的生态补偿方法研究——以三亚为例》,《环境与可持续发展》2017 年第 1 期。

[332]张璐:《自然资源损害救济机制类型化研究——以权利与损害的逻辑关系为基础》,法律出版社 2015 年版。

[333]张清勇、王梅婷、丰雷等:《欲海难平:中国围填海造地的形势与对策》,《财经智库》2016 年第 3 期。

[334]张文显:《法理学》(第三版),法律出版社 2007 年版。

[335]张晓:《国际海洋生态环境保护新视角:海洋保护区空间规划的功效》,《国外社会科学》2016 年第 5 期。

[336]张鑫、张绍文:《南麂列岛国家级海洋自然保护区生态补偿机制分析》,《管理观察》2009 第 18 期。

[337]张玉强、张影:《海洋生态补偿机制研究——基于利益相关者理论》,《浙江海洋学院学报(人文科学版)》2017 年第 2 期。

[338]张云德:《社会中介组织的理论与运作》,上海人民出版社 2003 年版。

[339]章铮:《环境与自然资源经济学》,高等教育出版社 2008 年版。

[340]赵鼎新:《社会与政治运动讲义》,北京社会科学文献出版社 2006 年版。

[341]赵海兰:《生态系统服务分类与价值评估研究进展》,《生态经济》2015 年第 8 期。

[342]赵婧:《入海排污口不合理设置问题突出》,《中国海洋报》2018 年 1 月 31 日。

[343]赵婧:《海蓝蓝的时代变迁》,《中国海洋报》2018 年 5 月 8 日。

[344]赵淑江、吕宝强、王萍等:《海洋环境学》,海洋出版社 2011 年版。

[345]赵旭东:《民事诉讼第一审的功能审视与价值体现》,《中国法学》2011 年第 3 期。

[346]郑冬梅:《海洋保护区生态损害的评估方法》,《中共福建省委党校学报》2009 年第 4 期。

[347]郑贵斌、孙吉亭:《我国海域使用权的流转问题初探》,《东岳论丛》1998 年第 5 期。

[348]郑琳、刘艳、袁媛等:《渤海倾倒区沉积物重金属富集特征及其潜在生态风险

评价》,《海洋通报》2014 年第 3 期。

［349］郑苗壮:《全球海洋治理的发展趋势》,《中国海洋报》2018 年 3 月 28 日。

［350］郑苗壮、刘岩、彭本荣等:《海洋生态补偿的理论及内涵解析》,《生态环境学报》2012 年第 11 期。

［351］郑苗壮、刘岩:《建立完善的海洋生态补偿机制》,《中国海洋报》2015 年 3 月 10 日。

［352］郑苗壮、刘岩:《关于建立海洋生态损害补偿机制的思考》,《改革与战略》2014 年第 11 期。

［353］郑伟、王宗灵、石洪华等:《典型人类活动对海洋生态系统服务影响评估与生态补偿研究》,海洋出版社 2011 年版。

［354］郑伟、徐元、石洪华等:《海洋生态补偿理论及技术体系初步构建》,《海洋环境科学》2011 年第 6 期。

［355］朱程、马陶武、周科等:《湘西河流表层沉积物重金属污染特征及其潜在生态毒性风险》,《生态学报》2010 年第 15 期。

［356］朱广新:《惩罚性赔偿制度的演进与适用》,《中国社会科学》2014 年第 3 期。

［357］朱黄涛、毛晚春:《政府问责方式的新发展:绩效问责制探析》,《理论观察》2009 年第 3 期。

［358］朱静、王靖飞、田在峰等:《海洋环境容量研究进展及计算方法概述》,《水科学与工程技术》2009 年第 4 期。

［359］朱军:《基于 DSGE 模型的"污染治理政策"比较与选择——针对不同公共政策的动态分析》,《财经研究》2015 年第 2 期。

［360］朱留财、陈兰:《西方环境治理范式及其启示》,《环境保护与循环经济》2008 年第 6 期。

［361］朱留财:《从西方环境治理范式透视科学发展观》,《中国地质大学学报(社会科学版)》2006 年第 5 期。

［362］朱炜、王乐锦、王斌等:《海洋生态补偿的制度建设与治理实践——基于国际比较视角》,《管理世界》2017 年第 12 期。

［363］竺效:《我国生态补偿基金的法律性质研究——兼论〈中华人民共和国生态补偿条例〉相关框架设计》,《北京林业大学学报(社会科学版)》2011 年第 1 期。

［364］周劲松、吴舜泽、洪亚雄:《我国环境风险现状及管理对策》,《环境保护与循环经济》2010 年第 5 期。

［365］周珂:《我国民法典制定中的环境法律问题》,知识产权出版社 2011 年版。

［366］周黎安:《中国地方官员的晋升锦标赛模式研究》,《经济研究》2007年第7期。

［367］周兆媛、张时煌、高庆先等:《京津冀地区气象要素对空气质量的影响及未来变化趋势分析》,《资源科学》2014年第1期。

［368］周梓萱:《生态文明视阈下构建我国海洋生态补偿机制的探讨》,《广州航海学院学报》2016年第2期。

［369］邹雄:《对民事诉讼举证责任若干问题的思考》,《西南政法大学学报》2004年第2期。

［370］邹雄:《论环境侵权的因果关系》,《中国法学》2004年第5期。

［371］邹旭东、杨洪斌、张云海等:《1951—2012年沈阳市气象条件变化及其与空气污染的关系分析》,《生态环境学报》2015年第1期。

［372］Adamowicz,W.,Boxall,P.,Williams,M.,et al.,"Stated Preference Approaches for Measuring Passive Use Values:Choice Experiments and Contingent Valuation",*American Journal of Agricultural Economics*,Vol.80,1998.

［373］Barbier,E.B.,Koch,E.W.,Silliman,B.R.,"Coastal Ecosystem-based Management with Nonlinear Ecological Functions and Values",*Science*,No.319,2008.

［374］Begossi,A.,May,P.H.,Lopes,P.F.,Oliveira,L.E.C.,et al.,"Compensation for Environmental Services from Artisanal Fisheries in SE Brazil:Policy and Technical Strategies",*Ecological Economics*,Vol.71,2011.

［375］Berardo,R.,Scholz,J.,"Self Organizing Policy Networks:Risk, Partner Selection,and Cooperation in Estuaries",*American Journal of Political Science*,No.54,2010.

［376］Bo,R.,*A New Handbook of Political Science*,Oxford,1998.

［377］Brady,A.F.,Boda,C.S.,"How do We Know if Managed Realignment for Coastal Habit at Compensation is Successful? Insights from the Implementation of the EU Birds and Habitats Directive in England",*Ocean & Coastal Management*,Vol.143,2017.

［378］Brouwer,R.,Hadzhiyska,D.,Ioakeimidis,C.,et al.,"The Social Costs of Marine Litter along European Coasts",*Ocean & Coastal Management*,Vol.138,2017.

［379］Charnes,A.,Cooper,W.W.,Rhodes,E.,"Measuring the Efficiency of Decision Making Units",*European Journal of Operational Research*,Vol.2 No.6,1978.

［380］Coase,R.H.,"The Problem of Social Cost",*Classic Papers in Natural Resource Economics*,1960.

［381］Costanza,R.D.,Arge,R.,De,Groot,R.,et al.,"The Value of the World's Ecosystem Services and Natural Capital", *Nature*, No.387, 1997.

[382] Cowell, R., "Substitution and Scalar Politics: Negotiating Environmental Compensation in Cardiff Bay", *Geoforum*, Vol.34, No.3, 2003.

[383] Daily, G. C., Soderquist, T., Aniyar, S., et al., "The Value of Nature and the Nature of Value", *Science*, No.289, 2000.

[384] Daily, G.C., "Introduction: What are Ecosystem Services? Nature's Services: Societal Dependence on Natural Ecosystems", *Washington DC*, 1997.

[385] Desvousges, W.H., Gard, N., Michael, H.J., et al., "Habitat and Resource Equivalency Analysis: A Critical Assessment", *Ecological Economics*, Vol.143, 2018.

[386] Dunford, R.W., Ginn, T.C., Desvousges, W.H., "The Use of Habitat Equivalency Analysis in Natural Resource Damage Assessments", *Ecological Economic*, No.1, 2004.

[387] Elliott, M., Cutts, N.D., "Marine Habitat: Loss and Gain, Mitigation and Compensation", *Environment Marine Pollution Bulletin*, No.9-10, 2004.

[388] Fischer, C., Springborn, M., "Emissions Targets and the Real Business Cycle: Intensity Targets Versus Caps or Taxes", *Journal of Environmental Economics and Management*, Vol.62, No.3, 2011.

[389] Frank, M., *Marine Resource Damage Assessment: Liability and Compensation for Environmental Damage*, Springer, 2005.

[390] Freeman, A.M., Herriges, J.A., Kling, C.L., *The Measurement of Environmental and Resource Values: Theory and Methods*, Resources for the Future Press: Washington, 2003.

[391] Freeman, R.E., Harrison, J.E., Wicks, A.C., *Managing for Stakeholders: Survival, Reputation and Success*, Yale University Press, 2007.

[392] Gibson, J.M., Rigby, D., Polya, D.A., et al., "Discrete Choice Experiments in Developing Countries: Willingness to Pay Versus Willingness to Work", *Environmental and Resource Economics*, Vol.65, 2016.

[393] Glicksman, R.L., Thoko, K., "A Comparative Analysis of Accountability Mechanisms for Ecosystem Services Markets in the United States and the European Union, 2020", *Transnational Environmental Law*, Vol.2, No.2, 2013.

[394] Granovetter, M.S., "The Strength of Weak Ties", *American Journal of Sociology*, No.6, 1973.

[395] Greene, W.H., "On the Asymptotic Bias of the Ordinary Least Squares Estimator of the Tobit Model", *Econometrica*, Vol.49, 1981.

［396］Groot, R. S. D., Wilson, M. A., Boumans, R. M. J., "A Typology for the Classification, Description and Valuation of Ecosystems Functions, Goods and Services", *Ecological Economics*, No3, 2002.

［397］Gunnar, M., *The Challenge of World Poverty-A World Anti-Poverty Program in Outline*, New York Randow House, 1970.

［398］Guo X.R., Liu H.F., Mao X.Q., et al., "Willingness to Pay for Renewable Electricity: A Contingent Valuation Study in Beijing, China", *Energy Policy*, Vol.68, 2014.

［399］Han, F., Yang, Z., Xu, X., "Estimating Willingness to Pay for Environment Conservation: A Contingent Valuation Study of Kanas Nature Reserve, Xinjiang, China", *Environmental Monitoring and Assessment*, Vol.180, 2011.

［400］Hardin, G., "The Tragedy of the Commons", *Science*, Vol.162, No.3859, 1968.

［401］Herbert, S., "Human Nature and Politics: The Dialogue of Psychology with Political Science", *American Political Science Review*, No.79, 1985.

［402］Heutel, G., "How Should Environmental Policy Respond to Business Cycles? Optimal Policy under Persistent Productivity Shocks", *Review of Economic Dynamics*, Vol.15, No.2, 2012.

［403］Jacobs, S., Sioen, I., Henauw, S.D., et al., "Marine Environmental Contamination: Public Awareness, Concern and Perceived Effectiveness in Five European Countries", *Environmental Research*, No.11, 2015.

［404］Jaffe, A. B., Newell, R. G., Stavins, R. N., "Environmental Policy and Technological Change", *Environmental & Resource Economics*, Vol.22, No.1-2, 2002.

［405］March, J., Olsen, J.P., *Rediscovering Institutions: The Organizational Basis of Politics*, New York: The Free Press, 1989.

［406］James, L.D., Lee, R.R., *Economics of Water Resources Planning*, McGraw-Hill, 1971.

［407］Johansson, J. O. R., Greening, H. S., *Seagrass Restoration in Tampa Bay: A Resource-based Approach to Estuarine Management: Subtropical and Tropical Seagrass Management Ecology*, Boca Raton: CRC Press, 1999.

［408］Kapucu, N., "Interagency Communication Networks during Emergencies Boundary Spanners in Multiagency Coordination", *The American Review of Public Administration*, Vol. 36, 2006.

［409］Trends, F., Group, K., *Payments for Ecosystem Services: Getting Started in Marine* and Costal Ecosyste", A Primer, 2010.

[410] Shepsle, K., Weingast, B., "The Institutional Foundations of Committee Power", *American Political Science Review*, No.81, 1987.

[411] Keswani, A., Oliver, D.M., Gutierrez, T., et al., "Microbial Hitchhikers on Marine Plastic Debris: Human Exposure Risks at Bathing Waters and Beach Environments", *Marine Environmental Research*, Vol.118, 2016.

[412] Kydland, F.E., Prescott, E.C., "Time to Build and Aggregate Fluctuations", *Econometric*, Vol.50, No.6, 1982.

[413] Lancaster, K.J., "A New Approach to Consumer Theory", *Journal of Political Economy*, Vol.74, 1966.

[414] Lee, Y., Lee, I.W., Feiock, R.C., "Interorganizational Collaboration Networks in Economic Development Policy: An Exponential Random Graph Model Analysis", *Policy Studies Journal*, No.40, 2012.

[415] Levrel, H., Pioch, S., Spieler, R., "Compensatory Mitigation in Marine Ecosystems: Which Indicators for Assessing the 'No Net Loss' Goal of Ecosystem Services and Ecological Functions?", *Marine Policy*, Vol.6, No.36, 2012.

[416] Li, C.Z., Kuuluvainen, J., Pouta, E., et al., "Using Choice Experiments to Value the Natura 2000 Nature Conservation Programs in Finland", *Environmental and Resource Economics*, Vol.29, 2004.

[417] Lloret, J., Zaragoza, N., Caballero, D., et al., "Impacts of Recreational Boating on the Marine Environment of Cap De Creus (Mediterranean Sea)", *Ocean & Coastal Management*, No.51, 2008.

[418] Löhr, A., Savelli, H,, Beunen, R., et al., "Solutions For Global Marine Litter Pollution", *Current Opinion in Environmental Sustainability*, Vol.28, 2017.

[419] Loomis, J., Santiago, L., "Economic Valuation of Beach Quality Improvements: Comparing Incremental Attribute Values Estimated from Two Stated Preference Valuation Methods", *Coastal Management*, Vol.41, 2013.

[420] Marsh, D., Smith, M., "Understanding Policy Networks: Towards a Dialectical Approach", *Political Studies*, Vol.48, No.1, 2000.

[421] Mazzotta, M.J., Opaluch, J.J., Grigalunas, T.A., "Natural Resource Damage Assessment: The Role of Resource Restoration", *Natural Resources Journal*, No.1, 1994.

[422] McFadden, D., "Conditional Logit Analysis of Qualitative Choice Behavior", in:

Zarembka, P. (Ed.), *Frontiers in Econometrics*, Academic Press, New York, 1974.

[423] Mcguire, M., "Intergovernmental Management: A View from the Bottom", *Public Management Review*, No.5, 2006.

[424] McNeely, J. A., et al., *Conserving the Word's Biological Diversity*, Island Press, 1990.

[425] Milgrom, P., Roberts, J., "Complementarities and Systems: Understanding Japanese Economic Organization", *Estudios Económicos*, 1994.

[426] Mouat, J., Lozano, R. L., Bateson, H., "Economic Impacts of Marine Litter", *KIMO International*, 2010.

[427] Munari, C., Corbau, C., Simeoni, U., et al., "Marine Litter on Mediterranean Shores: Analysis of Composition, Spatial Distribution and Sources in Northwestern. Adriatic Beaches", *Waste Management*, Vol.49, 2016.

[428] Nordhaus, W., *A Question of Balance: Weighing the Options on Global Warming Policies*, Yale University Press, 2008.

[429] North, D.C., *Understanding the Process of Economic Change*, Princeton University Press, 2005.

[430] Odum, H.T., "Models for National, International, and Global Systems Policy", *Economic-ecological Modeling*, No.2, 1987.

[431] Olesom, K.L.L., Barnes, M., Brander, L.M., et al., "Cultural Bequest Values for Ecosystem Service Flows among Indigenous Fishers: A Discrete Choice Experiment Validated with Mixed Methods", *Ecological Economics*, Vol.114, 2015.

[432] Park, H.H., Rethemeyer, R.K., Hatmaker, D.M., "The Politics of Connections: Assessing the Determinants of Social Structure in Policy Networks", *Journal of Public Administration Research and Theory*, 2012.

[433] Pfeffer, J., Salancik, G.R., *The External Control of Organizations: A Resource Dependence Perspective*, Stanford, CA: Stanford University Press, 1978.

[434] Putnam, R.D., Leonardi, R., Nonetti, R.Y., *Making Democracy Work: Civic Traditions in Modern Italy*, Princeton University Press, 1994.

[435] Rao, H.H., Lin, C.C., Kong, H., et al., "Ecological Damage Compensation for Coastal Sea Area Uses", *Ecological Indicators*, Vol.38, 2014.

[436] Reilly, K., O' Hagan, A. M., Dalton, G., "Developing Benefit Schemes and Financial Compensation Measures for Fishermen Impacted by Marine Renewable Energy Pro-

jects", *Energy Policy*, Vol.97, 2016.

[437] Rhodes, R.A.W., *Control and Power in Central-local Government Relations*, Franborough: Gower/SSRC, 1981.

[438] Salonius, P., et al., *Graumlich Will Steffen Sustainability or Collapse? An Integrated Historyand Future of People on Earth*, MIT Press, 2007.

[439] Santos, I. R., Friedrich, A. C., Kersanach, M. W., et al., "Influence of Socio-economic Characteristics of Beach Users on Litter Generation", *Ocean & Coastal Management*, Vol.48, 2005.

[440] Seaman, W.J., *Artificial Reef Evaluation with Application to Natural Marine Habitats*, USA: CRC Press, New York, 2000.

[441] Smith, R.J., "Resolving the Tragedy of the Commons by Creating Private Property Rights in Wildlife", *Cato Journal*, Vol.1, No.2, 2012.

[442] Smith, V.K., Zhang, X.L., Palmquist, R.B., "Marine Debris, Beach Quality, and Non-Market Values", *Environmental and Resource Economics*, Vol.10, 1997.

[443] Solow, R.M., "Technical Change and the Aggregate Production Function", *Review of Economics & Statistics*, Vol.39, No.3, 1957.

[444] Steven, J.C., et al., "Sustainable Seafood Ecolabeling and Awareness Initiatives in the Context of Inland Fisheries: Increasing Food Security and Protecting Ecosystems", *BioScience*, Vol.61, No.11, 2011.

[445] Strange, E., Galbraith, H., Bickel, S., et al., "Determining Ecological Equivalence in Service – to – service Scaling of Salt Marsh Restoration", *Environmental Management*, No.2, 2002.

[446] Swallow, B.M., Kallesoe, M.F., Iftikhar, U.A., et al., "Compensation and Rewards for Environmental Services in the Developing World: Framing Pan-tropical Analysis and Comparison", *Ecology and Society*, No.2, 2009.

[447] Tobin, J., "Estimation of Relationships for Limited Dependent Variables", *Econometrica*, Vol.26, 1958.

[448] Tolbert, P.S., Zucker, L.G., "The Institutionalization of Institutional Theory", *Handbook of Organization Studies*, 1996.

[449] Tone, K., "A Slacks-based Measure of Efficiency in Data Envelopment Analysis", *European Journal of Operational Research*, Vol.130, No.3, 2001.

[450] Tone, K., "A Slacks-based Measure of Super-efficiency in Data Envelopment A-

nalysis", *European Journal of Operational Research*, Vol.141 No.1, 2002.

[451] Torres, J.L., "Introduction to Dynamic Macroeconomic General Equilibrium Models", *Vernon Press Titles in Economics*, 2013.

[452] Tsai, T.H., "The Impact of Social Capital on Regional Waste Recycling", *Sustainable Development*, Vol.16, No.1, 2010.

[453] Tullock, G., "The Welfare Costs of Tariffs, Monopolies, and Theft", *Western Economic Journal*, Vol.5, No.3, 1967.

[454] Ulgiati, S., Brown, M.T., Bastianoni, S., et al., "Emergy-based Indices and Ratios to Evaluate the Sustainable Use of Resources", *Ecological Engineering*, No.4, 1995.

[455] Uphoff, N., "Understanding Social Capital: Learning from the Analysis and Experience of Participation", *Social Capital A Multifaceted Perspective*, 2000.

[456] Venkatachalam, L., "The Contingent Valuation Method: A Review", *Environmental Impact Assessment Review*, Vol.24, 2004.

[457] Hattam, V., C., *Labor Visions and State Power, The Origins of Business Unionism in the United States*, Princeton University Press, 1993.

[458] Viehman, S., Thur, S.M., Piniak, G.A., "Coral Reef Metrics and Habitat Equivalency Analysis", *Ocean & Coastal Management*, No.3, 2009.

[459] Vo, Q.T., Kuenzerb, C., Vo, Q.M., "Review of Valuation Methods for Mangrove Ecosystem Services", *Ecological Indicators*, No.23, 2012.

[460] Westman, W. E., "How much are Nature's Services Worth?", *Science*, No. 197, 1977.

[461] Woo, J., Kim, D., Yoon, H.S., et al., "Characterizing Korean General Artificial Reefs by Drag Coefficients", *Ocean Engineering*, No.82, 2014.

[462] Zhai, G. F., Suzuki, T., "Public Willingness to Pay for Environmental Management, Risk Reduction and Economic Development: Evidence from Tianjin, China", *China Economic Review*, Vol.19, 2008.

后　　记

党的十八大报告提出了"建设海洋强国"的目标,党的十九大报告进一步强调"坚持陆海统筹,加快建设海洋强国"。海洋强国建设至少涉及发展海洋经济、保护海洋环境、创新海洋科技、维护海洋权益等内容。以美丽海洋为目标的海洋生态文明建设任重道远,以海洋生态文明制度建设推进美丽海洋建设是治本之策。海洋生态损害补偿制度便是海洋生态文明制度建设的重要内容,因此,2016年度国家社科基金重大招标项目指南将该选题列入其中。

本书是我主持的2016年国家社科基金重大招标项目《海洋生态损害补偿制度及公共治理机制研究——以中国东海为例》(批准号:16ZDA050)的最终成果。该成果以"免鉴定"成绩结项(证书号:2019&J153)。本书是课题组合作完成的成果。由我拟定各章主题,由各章负责人起草具有章节目的提纲,课题组集体讨论后形成完整的提纲;经浙江省规划办主持的重大项目开题报告会,根据专家提出的建议进一步修改完善并审定后,各章分别撰写初稿;我对每一章的初稿做了认真审读并提出修改意见,各章形成修改稿后合成书稿讨论稿;然后举行课题组研讨会,对每一章的创新点进行提炼,对存在的问题提出修改建议,作者再次进行修改;修改合成后的送审稿经过查重,根据查重结果作者做了又一轮修改,最终由我审读、修改、补充和定稿。

本书各章分工及执笔如下:

第一篇　总论篇　负责人:沈满洪教授(浙江农林大学生态文明研究院、

浙江省乡村振兴研究院）

　　第一章　沈满洪

　　第二章　张骞（宁波大学商学院）、沈满洪

　　第三章　于冰（宁波大学商学院）、沈满洪

　　第四章　张骞、沈满洪

　　第二篇　基础篇　负责人：胡求光教授（宁波大学商学院、东海战略研究院）

　　第五章　胡求光、陈琦（宁波大学商学院）

　　第六章　胡求光、沈伟腾（宁波大学商学院）

　　第七章　胡求光、余璇（宁波大学商学院）

　　第八章　胡求光、陈琦

　　第三篇　主体篇　负责人：谢慧明教授（宁波大学商学院、长三角生态文明研究中心）

　　第九章　谢慧明、强朦朦（浙江理工大学经济管理学院）、张婉清（浙江理工大学经济管理学院）

　　第十章　张婉清、谢慧明

　　第十一章　张婉清、谢慧明

　　第十二章　毛狄（浙江大学经济学院）、谢慧明

　　第四篇　评估篇　负责人：李加林教授（宁波大学地理科学与旅游文化学院、东海战略研究院）

　　第十三章　李加林、何改丽（宁波大学地理科学与旅游文化学院）

　　第十四章　李加林、何改丽

　　第十五章　李加林、冯佰香（宁波大学地理科学与旅游文化学院）

　　第十六章　李加林、黄日鹏（宁波大学地理科学与旅游文化学院）

　　第五篇　治理篇　负责人：龚虹波教授（宁波大学法学院）

　　第十七章　吕承文（宁波大学法学院）

第十八章　龚虹波

第十九章　龚虹波

第二十章　龚虹波

第二十一章　黄秀蓉(宁波大学法学院)、吕承文

课题结题时共有六篇二十九章。为了控制篇幅,删除了第一篇的"文献综述"、第二篇的"案例分析"、第三篇的"模型分析"、第四篇的"案例分析"、第五篇的全部内容。留下五篇二十一章的框架。虽然这样处理是忍痛割爱,但总体上并不影响本书的逻辑结构。

本项目举行了正式的开题报告。在开题报告会上,得到下列专家的指导:上海财经大学副校长、博士生导师郑少华教授,中国生态经济学会副会长兼秘书长、中国社科院农村发展研究所研究室主任、博士生导师于法稳研究员,国家海洋局东海分局海洋生态经济学专家、东海环境检测中心副主任叶属峰教授,嘉兴学院原科研处处长虞锡君教授,浙江大学公共管理学院教授、原宁波大学商学院院长、博士生导师范柏乃教授。

在课题调研过程中得到了有关政府部门的大力配合,主要有:上海市海洋渔业局;浙江省宁波市、舟山市、温州市;福建省福州市、厦门市。在此,向所有给予课题调研以支持的领导和同志表示衷心感谢!

一个国家社科基金重大项目的顺利完成离不开课题组成员的紧密配合。本书是由浙江农林大学、宁波大学、浙江大学、中国海洋大学、浙江理工大学等单位的学者联合组成的课题组的集体结晶。正是课题组全体成员的精诚团结、合作攻关、勠力创新,才使得这一项目如期完成,并且取得发表40多篇学术论文的前期成果。在此,要向课题组全体成员尤其是子课题负责人胡求光教授、李加林教授、谢慧明教授、龚虹波教授、蔡先凤教授表示衷心感谢!

在宁波大学工作期间,我极力推进学科海洋化,并且亲力亲为,将自己的部分学术研究精力投入到海洋生态经济问题中。2020年8月,我卸任宁波大

学校长,就任浙江农林大学党委书记。因此,本书第一作者的第一单位署名为
"浙江农林大学生态文明研究院"。

沈满洪

2020 年 11 月 27 日